北大社"十三五"职业教育规划教材

高职高专土建专业"互联网+"创新规划教材

全新修订

建筑施工组织设计

主　编◎徐运明　邓宗国

副主编◎陈梦琦　欧阳文利

参　编◎刘春燕　刘灿红

欧　亚　陈　晖

主　审◎胡六星

内容简介

本书论述了建筑施工组织设计的相关内容，共分7个单元，内容包括建筑施工组织基本知识、施工准备工作、横道图进度计划、网络计划技术、施工进度计划控制、施工平面布置图和施工组织设计实施。每个单元设置了岗位工作标准、知识目标、典型工作任务和案例，每单元后还附有小结和习题。

本书作为高职高专土建专业"互联网+"创新规划教材，适用于高等职业院校、高等专科学校土建施工类和建设工程管理类专业教学使用，也可供各普通高等学校设立的成教学院、网络学院及电视大学等同类专业教学使用，还可作为相关专业工程技术人员的参考用书。

图书在版编目(CIP)数据

建筑施工组织设计/徐运明，邓宗国主编．—北京：北京大学出版社，2019.3
高职高专土建专业"互联网+"创新规划教材
ISBN 978-7-301-30236-1

Ⅰ.①建…　Ⅱ.①徐…②邓…　Ⅲ.①建筑工程—施工组织—设计—高等职业教育—教材　Ⅳ.①TU721

中国版本图书馆CIP数据核字(2019)第008312号

书　　名　建筑施工组织设计
JIANZHU SHIGONG ZUZHI SHEJI
著作责任者　徐运明　邓宗国　主编
策划编辑　杨星璐
责任编辑　伍大维
数字编辑　贾新越
标准书号　ISBN 978-7-301-30236-1
出版发行　北京大学出版社
地　　址　北京市海淀区成府路205号　100871
网　　址　http://www.pup.cn　新浪微博：@北京大学出版社
电子信箱　pup_6@163.com
电　　话　邮购部010-62752015　发行部010-62750672　编辑部010-62750667
印 刷 者　北京市科星印刷有限责任公司
经 销 者　新华书店
787毫米×1092毫米　16开本　19.25印张　插页1　450千字
2019年3月第1版　2023年6月修订　2023年6月第4次印刷
定　　价　43.00元

“建筑施工组织设计”是土建施工类专业和建设工程管理类专业的一门主干专业课，主要研究建筑工程施工组织的一般规律，课程紧密结合施工进度控制和施工现场管理，具有技术性强、实践性强和综合复杂等特点。本书以教育部等六部门印发的《现代职业教育体系建设规划（2014—2020年）》和《建筑与市政工程施工现场专业人员职业标准》（JGJ/T 250—2011）为指导，对接建筑企业施工员、造价员等职业资格标准，参照《建筑施工组织设计规范》（GB/T 50502—2014）、《工程网络计划技术规程》（JGJ/T 121—2015）等现行规范和标准编写。本书在修订过程中，融入党的二十大精神，突出职业素养的培养，全面贯彻党的二十大内容。

本书在编写过程中融入了建筑工程技术专业技能考核标准和试题等相关内容，并以典型工作任务为表现形式，充分体现了“教、学、做”一体化的职业教育理念。全书有以下几个突出特点。

（1）对接工作过程，突出实用技能的培养。本书各单元典型工作任务紧密对接建筑岗位工作过程，便于加强教学与实际的联系，突出实用技能的培养。

（2）融入职业资格标准，实现“双证融通”。本书融入了建筑施工企业典型工作岗位如施工员、造价员的岗位工作标准，提炼、整合了教学内容，可有效实现“学历教育”与“岗位资格认证”的“双证融通”。

（3）借助“互联网+”平台，开启线上线下相结合的教学模式。本书整合了施工员、造价员及拓展岗位资格考试的典型真题、工程案例、建筑工程技术专业技能抽查试题及参考答案等相关课程资源，读者可通过手机的“扫一扫”功能，扫描书中的二维码来获取这些资源，开启线上线下相结合的教学模式。

本书由湖南城建职业技术学院徐运明、邓宗国担任主编，湖南城建职业技术学院陈梦琦、湖南建筑高级技工学校欧阳文利担任副主编，湖南城建职业技术学院刘春燕、刘灿红、欧亚和长沙环保职业技术学院陈晖参编，湖南城建职业技术学院胡六星副教授担任主审。本书具体编写分工如下：单元1由徐运明、邓宗国编写，单元2由欧阳文利编写，单元3由徐运明、邓宗国、刘春燕编写，单元4由徐运明、刘灿红编写，单元5由欧亚、徐运明、陈梦琦编写，单元6

【在线开放课程】

【资源索引】

由徐运明、陈晖编写，单元7由陈梦琦编写。全书由徐运明负责统稿。湖南城建职业技术学院王勇龙、卢晨煜、李瑶、李凡、谢静思、王兴培、胡蓉、李帅、邹艳花、陈叶、葛莎参与了课程资源库的建设。

本书在编写过程中参阅了大量资料，选用了部分网络资源，吸收了许多同行专家的最新研究成果，湖南建工集团有限公司、中国建筑第二工程局有限公司、远大住宅工业集团股份有限公司、上海宝业（集团）有限公司提供了部分案例素材，在此一并向相关作者表示感谢。

课程资源库的建设和教学改革是一个系统工程，需要不断更新与完善，恳切希望广大专家、同人和读者向编者提供宝贵意见和珍贵素材（请发送至 383184793@qq.com），不胜感激。限于编者水平，书中疏漏之处在所难免，敬请广大读者批评指正。

编　者

目录

建筑施工组织基本知识

施工员岗位工作标准

能够参与编制施工组织设计和专项施工方案。

造价员岗位工作标准

具备从事一般建筑工程施工项目进度管理的能力。

知识目标

1. 了解建设项目组成及建设程序。
2. 了解建筑产品及其施工的特点。
3. 掌握施工组织设计的分类、编制原则、编制依据和基本内容。
4. 掌握施工组织设计的管理流程。

典型工作任务

任务描述	施工组织设计的内容与审批
考核时量	15 分钟
背景资料	某建筑施工单位在新建办公楼工程前，按《建筑施工组织设计规范》（GB/T 50502—2209）规定的单位工程施工组织设计应包含的各项基本内容编制了本工程的施工组织设计，经相应人员审批后报监理机构，在总监理工程师审批签字后按此组织施工。
问题描述	（1）本工程的施工组织设计中应包含哪些内容？ （2）施工单位哪些人员具备审批单位工程施工组织设计的资格？

【单元1任务答案】

1.1 建设项目组成及建设程序

1.1.1 建设项目及其组成

1. 项目

项目是指在限定时间、限定费用及限定质量标准等约束条件下，具有特定的明确目标和完整的组织结构的一次性任务或管理对象。一项任务只有同时具有项目的一次性（单件性）、目标的明确性和项目的整体性这三个特征，才能称为项目。

工程项目是项目中数量最大的一类，按照专业可将其分为建筑工程、公路工程、水电工程、港口工程、铁路工程等项目。

【建设项目的基本特征】

2. 建设项目

建设项目是固定资产投资项目，是作为建设单位的被管理对象的一次性建设任务，是投资经济科学的一个基本范畴。固定资产投资项目又包括新建、扩建等扩大生产能力的基本建设项目和以改进技术、增加产品品种、提高产品质量、治理“三废”、劳动安全、节约资源等为主要目的的技术改造项目。

建设项目在一定的约束条件下，以形成固定资产为特定目标。约束条件包括：时间约束，即有建设工期目标；资源约束，即有投资总量目标；质量约束，即有预期的生产能力（如公路的通行能力）、技术水平（如使用功能的强度、平整度、抗滑能力等）或使用效益目标。

3. 施工项目

施工项目是施工企业自施工投标开始到保修期满为止的全过程中完成的项目，是作为施工企业的被管理对象的一次性施工任务。

施工项目的管理主体是施工承包企业。施工项目的范围是由工程承包合同界定的，可能是建设项目的全部施工任务，也可能是建设项目中的一个单项工程或单位工程的施工任务。

4. 建设项目的组成

按照对建设项目分解管理的需要，可将建设项目分解为单项工程、单位工程、分部工程、分项工程和检验批。

1）单项工程

一个单项工程（也称工程项目）具备独立的设计文件，可以独立施工，竣工后可以独立发挥生产能力或效益。一个建设项目可由一个或几个单项工程组成。单项工程体现了建设项目的主要内容，其施工条件往往具有相对的独立性，如工业建设项目中各个独立的生产车间、办公楼，民用建设项目中学校的教学楼、食堂、图书馆等。

2）单位工程

具备独立施工条件（具有单独设计，可以独立施工），并能形成独立使用功能的建筑物及构筑物为一个单位工程。单位工程是单项工程的组成部分，一个单项工程一般都由若干个单位工程所组成。

一般情况下，单位工程是一个单体的建筑物或构筑物。建筑规模较大的单位工程，可将其能形成独立使用功能的部分作为一个子单位工程。

3）分部工程

组成单位工程的若干个分部称为分部工程。分部工程的划分应按专业性质、工程部位确定。如一幢房屋的建筑工程，可以划分为土建工程分部和安装工程分部，而土建工程分部又可划分为地基与基础、主体结构、建筑装饰装修和建筑屋面等子分部工程。

4）分项工程

组成分部工程的若干个施工过程称为分项工程。分项工程应按主要工种、材料、施工工艺、设备类别等进行划分。如主体混凝土结构，可以划分为模板、钢筋、混凝土、预应力、现浇结构、装配式结构等分项工程。

5）检验批

按《建筑工程施工质量验收统一标准》(GB 50300—2013) 的规定，建筑工程质量验收时，可将分项工程进一步划分为检验批。检验批是指按相同的生产条件或按规定的方式汇总起来供检验用的、由一定数量样本组成的检验体。一个分项工程可由一个或若干个检验批组成，检验批可根据施工及质量控制和专业验收需要按楼层、施工段、变形缝等进行划分。

【验收层次划分】

1.1.2 基本建设程序

基本建设程序是指拟建建设项目在建设过程中各个工作必须遵循的先后次序，是指建设项目从决策、设计、施工、竣工验收到投产交付使用的全过程中，各个阶段、各个步骤、各个环节的先后顺序，是拟建建设项目在整个建设过程中必须遵循的客观规律。基本建设程序的主体单位是建设单位（业主方）。

根据建设的实践经验，我国已形成了一套科学的建设程序，一般可将基本建设程序划分为决策阶段、实施阶段和使用阶段，如图 1-1 所示。

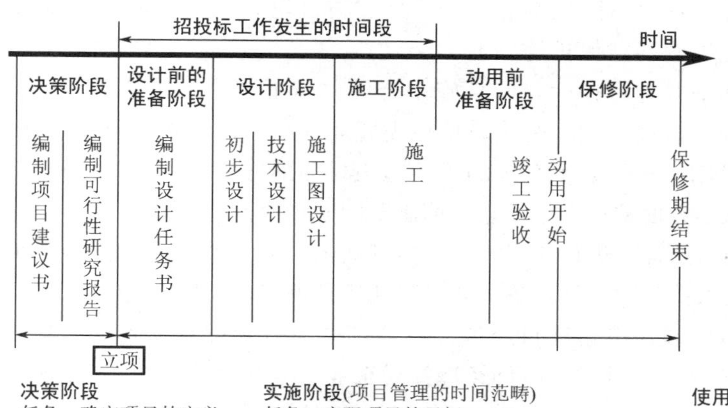

图 1-1　基本建设程序

【项目建议书】

（1）决策阶段。这个阶段包括编制项目建议书和编制可行性研究报告两个步骤，以编制可行性研究报告为工作中心。这个阶段工作量最小，但是对建设项目影响最大。管理的主要任务是确定项目的定义，包括项目实施的组织，确定和落实建设地点，确定建设任务和建设原则，确定和落实项目建设的资金，确定建设项目的投资、进度和质量目标等。

（2）实施阶段。这个阶段包括设计前的准备阶段、设计阶段、施工阶段、动用前准备阶段和保修阶段，其中招标工作按照施工发承包方式的不同，可能分散在设计前的准备阶段、设计阶段和施工阶段中进行。管理的主要任务是通过管理使项目的目标得以实现。

（3）使用阶段。这个阶段是指工程项目开始发挥生产功能或者使用功能直到工程项目终止的阶段。

1.1.3 施工项目管理程序

【施工项目管理的全过程】

施工项目管理是企业运用系统的观点、理论和科学的方法对施工项目进行计划、组织、监督、控制、协调等全过程的管理。施工项目管理应体现管理的规律，企业应利用制度保证项目管理按规定程序运行，以提高建设工程施工项目的管理水平，促进施工项目管理的科学化、规范化和法制化，使其适应市场经济发展的需要，与国际惯例接轨。

施工项目管理程序是拟建工程项目在整个施工阶段中必须遵循的客观规律，是长期施工实践经验的总结，反映了整个施工阶段必须遵循的先后次序。施工项目管理程序由下列各环节组成。

（1）编制项目管理规划大纲。项目管理规划分为项目管理规划大纲和项目管理实施规划。项目管理规划大纲，是由企业管理层在投标之前编制的作为投标依据、满足招标文件要求及签订合同要求的文件。当承包人以编制施工组织设计代替项目管理规划时，施工组织设计应满足项目管理规划的要求。

项目管理规划大纲的内容包括：项目概况、项目实施条件、项目投标活动及签订施工合同的策略、项目管理目标、项目组织结构、质量目标和施工方案、工期目标和施工总进度计划、成本目标、项目风险预测和安全目标、项目现场管理和施工平面图、投标和签订施工合同、文明施工及环境保护等。

（2）编制投标书并进行投标，签订施工合同。施工单位承接任务的方式一般有三种：国家或上级主管部门直接下达；受建设单位委托而承接；通过投标而中标承接。招投标方式是最具有竞争机制、较为公平合理的承接施工任务的方式，在我国已得到广泛普及。

施工单位要从多方面掌握大量信息，编制既能使企业盈利又有竞争力、有望中标的投标书。如果中标，则与招标方进行谈判，依法签订施工合同。签订施工合同之前要认真检查签订施工合同的必要条件是否已经具备，如工程项目是否有正式的批文、是否落实投资等。

（3）选定项目经理，组建项目经理部，签订“项目管理目标责任书”。签订施工合同后，施工单位应选定项目经理，项目经理接受企业法定代表人的委托组建项目经理部、配备管理人员。企业法定代表人根据施工合同和经营管理目标要求与项目经理签订“项目管理目标责任书”，明确规定项目经理部应达到的成本、质量、进度和安全等控制目标。

项目经理应承担施工安全和质量的责任，要加强对建筑业企业项目经理市场行为的监督管理，对发生重大工程质量安全事故或市场违法违规行为的项目经理，必须依法予以严肃处理。

工程项目施工应建立以项目经理为首的生产经营管理系统，实行项目经理负责制。项目经理在工程项目施工中处于中心地位，对工程项目施工负有全面管理的责任。

在国际上，由于项目经理是施工企业内的一个工作岗位，项目经理的责任由企业领导根据企业管理的体制和机制，以及根据项目的具体情况而定。企业针对每个项目有十分明确的管理职能分工表，在该表中明确项目经理对哪些任务有策划、决策、执行、检查等职能，其承担的则是相应的策划、决策、执行、检查等的责任。

项目经理由于主观原因或工作失误，有可能承担法律责任和经济责任。政府主管部门将追究的主要是其法律责任，企业将追究的主要是其经济责任，但如果因项目经理的违法行为而导致企业损失，企业也有可能追究其法律责任。

2003年2月27日《国务院关于取消第二批行政审批项目和改变一批行政审批项目管理方式的决定》(国发〔2003〕5号)规定："取消建筑施工企业项目经理资质核准，由注册建造师代替，并设立过渡期。"在全面实施建造师执业资格制度后仍然要坚持落实项目经理岗位责任制。项目经理岗位是保证工程项目建设质量、安全、工期的重要岗位。

项目经理，是指受企业法定代表人委托，对工程项目施工过程全面负责的项目管理者，是建筑施工企业法定代表人在工程项目上的代表人。建造师是一种专业人士的名称，而项目经理是一个工作岗位的名称，应注意这两个概念的区别和联系。取得建造师执业资格的人员表示其知识和能力符合建造师执业的要求，但其在企业中的工作岗位则由企业视工作需要和安排而定，如图1-2所示。

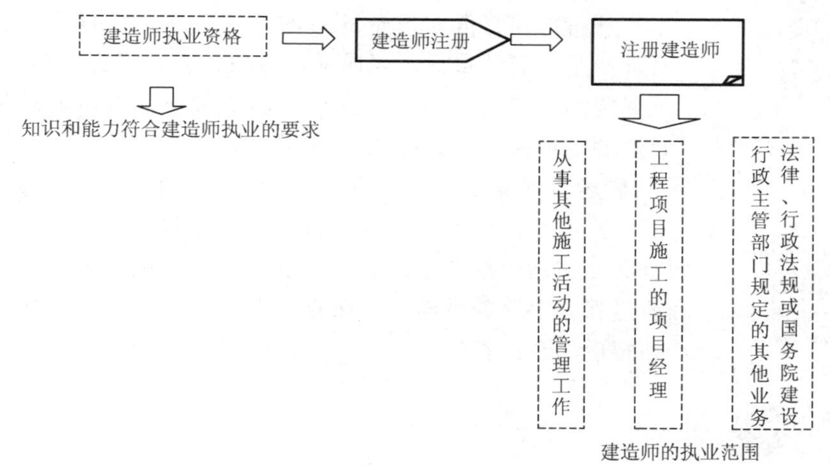

图1-2 建造师的执业范围

(4)项目经理部编制项目管理实施规划，进行项目开工前的准备。项目管理实施规划(或施工组织设计)是在工程开工之前由项目经理主持编制的，用于指导施工项目实施阶段管理活动的文件。编制项目管理实施规划的依据是项目管理规划大纲、项目管理目标责任书和施工合同。项目管理实施规划的内容，应包括工程概况、施工部署、施工方案、施工进度计划、资源供应计划、施工准备工作计划、施工平面图、技术组织措施计划、项目风险管理、信息管理和技术经济指标分析等。

项目管理实施规划应经会审后，由项目经理签字并报企业主管领导人审批。

根据项目管理实施规划，对首批施工的各单位工程应抓紧落实各项施工准备工作，使现场具备开工条件，有利于进行文明施工。具备开工条件后，应提出开工申请报告，经审查批准后，即可正式开工。

(5) 施工期间按项目管理实施规划进行管理。施工过程是一个自开工至竣工的实施过程，是施工程序中的主要阶段，在这一过程中，项目经理部应从整个施工现场的全局出发，按照项目管理实施规划（或施工组织设计）进行管理，精心组织施工，加强各单位、各部门的配合与协作，协调解决各方面问题，使施工活动顺利开展，保证质量目标、进度目标、安全目标、成本目标的实现。

【验收程序】

(6) 验收、交工与竣工结算。项目竣工验收，是在承包人按施工合同完成了项目全部任务，经检验合格后，由发包人组织验收的过程。项目经理应全面负责工程交付竣工验收前的各项准备工作，建立竣工收尾小组，编制项目竣工收尾计划并限期完成。在完成施工项目竣工收尾计划后，应向企业报告，提交有关部门进行验收。承包人在企业内部验收合格并整理好各项交工验收的技术经济资料后，向发包人发出预约竣工验收的通知书，由发包人组织设计、施工、监理等单位进行项目竣工验收。

通过竣工验收程序，办完竣工结算后，承包人应在规定期限内向发包人办理工程移交手续。

(7) 项目考核评价。施工项目完成以后，项目经理部应对其进行经济分析，做出项目管理总结报告并送企业管理层有关职能部门。

【房屋建筑质量保修期】

企业管理层组织项目考核评价委员会，对项目管理工作进行考核评价。项目考核评价的目的是规范项目管理行为、鉴定项目管理水平、确认项目管理成果，对项目管理进行全面考核和评价。项目终结性考核的内容，应包括确认阶段性考核的结果，确认项目管理的最终结果，确认该项目经理部是否具备“解体”的条件。经考核评价后，兑现“项目管理目标责任书”中的奖惩承诺，然后项目经理部解体。

【工程质量保修书】

(8) 项目回访保修。承包人在施工项目竣工验收后，对工程使用状况和质量问题向用户访问了解，并按照施工合同的约定和“工程质量保修书”的承诺，在保修期内对发生的质量问题进行修理并承担相应的经济责任。

1.2 建筑产品及其施工特点

1.2.1 建筑产品的特点

建筑产品的使用功能、平面和空间组合、结构和构造等的特殊性，以及建筑材料的品种繁多和材料物理性能的特殊性，决定了建筑产品具有以下几个特性。

1. 空间固定性

一般的建筑产品均由自然地面以下的基础和自然地面以上的主体等部分组成（地下建筑全部在自然地面以下）。基础承受主体的全部荷载并传给地基，同时将主体固定在地基上。任何建筑产品都是在选定的地点上建造和使用的，与选定地点的土地不可分割，从建造开始直至拆除均不能移动，所以建筑产品的建造和使用地点在空间上是固定的。

【空间固定性】

2. 产品多样性

建筑产品不但要满足各种使用功能的要求，而且还要体现出不同地区的风格。建筑产品受到物质文明影响，也受到地区的自然条件诸因素的限制。建筑产品在规模、结构、构造、形式、基础和装饰等方面变化纷繁，类型多样。

【产品多样性】

3. 体形庞大性

建筑产品无论是复杂还是简单，为了满足其使用功能的需求，需要大量的物质资源，并占据广阔的平面与空间，因而建筑产品的体形庞大。

【体积庞大性】

4. 构造复杂性

建筑产品是由材料、构配件、设备、零部件等组装而成的庞大的实物体系，它不仅综合了建筑物在艺术风格、建筑功能、结构构造、装饰做法等方面的技术成就，而且综合了工艺设备、配套安装、智能服务等各类设施的先进水平，这使建筑产品数量多并且相互交叉、错综复杂。

【构造复杂性】

1.2.2 建筑产品施工的特点

建筑产品地点的固定性、类型的多样性、体形庞大等特点，决定了建筑产品的施工与一般工业产品的生产相比具有自身的特殊性，具体表现为以下几点。

1. 流动性

建筑产品地点的固定性决定了参与产品生产的工人、材料、构配件等是不断流动的。一般的工业产品都是在固定的工厂、车间内进行生产，而建筑产品的生产是在不同的地区和现场、不同单位工程及不同部位来组织工人、机械围绕某一建筑产品进行生产。

2. 个别性

建筑产品类型的多样性决定了产品生产的个别性。一般的工业产品是在一定的时期里按统一的工艺流程进行批量生产，而具体的建筑产品则在国家或地区的统一规划内，根据其使用功能在选定的地点上单独设计和单独施工，即使选用标准设计、通用构件或配件，由于建筑产品所在地区的自然、技术、经济条件不同，建筑产品的结构或构造、建筑材料、施工组织和施工方法等也要因地制宜地加以修改，而使各建筑产品的生产具有个别性。

3. 地域性

建筑产品的固定性决定了具有同样使用功能的建筑产品因建造地点的不同，必然受到建设地区的自然、技术、经济和社会条件的约束，使其结构、构造、艺术形式、室内设施、材料、施工方案等有所差异，因此建筑产品的生产具有地域性。

4. 周期长

建筑产品体形庞大的特点，决定了建筑产品生产周期长，其建成必然耗费大量的人力、物力和财力。建筑产品的生产全过程还要受到工艺流程和生产程序的制约，使各专业、工种间必须按照合理的施工顺序进行配合和衔接。又由于建筑产品地点的固定性，使施工活动的空间具有局限性，导致建筑产品生产具有周期长、占用流动资金大等特点。

5. 露天作业

建筑产品体形庞大的特点，决定了建筑产品生产采用露天作业方式，因为其一般不可能在工厂、车间内直接进行施工，即使建筑产品生产达到了高度的工业化水平，也只能在工厂内生产各部分的构件或配件，仍然需要在施工现场进行总装配后才能形成最终的产品。

6. 高空作业

建筑产品体形日益庞大，决定了建筑施工具有高空作业多的特点，特别是随着城市现代化的发展，高层建筑的施工任务越来越多，这个特点越发明显。

7. 施工组织协作的综合复杂性

由上述建筑施工的特点可以看出，建筑产品生产的涉及面广。在建筑企业的内部，它涉及工程力学、建筑结构、建筑构造、地基基础、水暖电、机械设备、建筑材料施工技术等学科的专业知识，要在不同时期、不同地点和不同产品上组织多专业、多工种进行综合作业；在建筑企业的外部，它涉及不同种类的专业施工企业、城市规划、征用土地、勘察设计、消防、公用事业、环境保护、质量监督、科研试验、交通运输、银行财政、机具设备、物资材料、电水热气的供应、劳务等社会部门和各领域的复杂协作配合，使建筑产品生产的组织协作关系错综复杂。

1.2.3 建筑工业化的特点

拓展讨论

党的二十大报告中指出“推动能源清洁低碳高效利用，推进工业、建筑、交通等领域清洁低碳转型。”结合建筑工业化，讨论一下如何实现建筑业绿色低碳发展。

【建筑工业化】

建筑工业化是传统的建筑业生产方式向工业化生产方式转变的过程，其基本内涵是以绿色发展为理念、以技术进步为支撑、以信息管理为手段，运用工业化的生产方式，将工程项目的设计、开发、生产、管理的全过程形成一体化的产业链。

建筑工业化不等于装配化，也不等于传统生产方式的装配化，用传统的施工管理模式进行装配化施工并不代表建筑工业化。新型建筑工业化具有以下五大特点。

(1) 设计标准化。标准化设计的核心是建立标准化的单元，如图 1-3 所示。不同于早期标准化设计中仅采用某一方面的模数化设计或标准图集，受益于信息化尤其 BIM（建筑信息模型）技术的应用，其强大的信息共享、协同工作能力突破了原有的局限性，有利于建立标准化的单元，实现了建筑产品在建造过程中的重复使用。比如香港的公屋已经形成七个成熟的设计户型，操作起来很方便，生产效率大大提高。

(2) 生产工厂化。这是建筑工业化的主要环节，对此很多人的认识都止步于建筑部品生产的工厂化，其实主体结构的工厂化才是根本。在传统施工方式中，最大的问题是主体

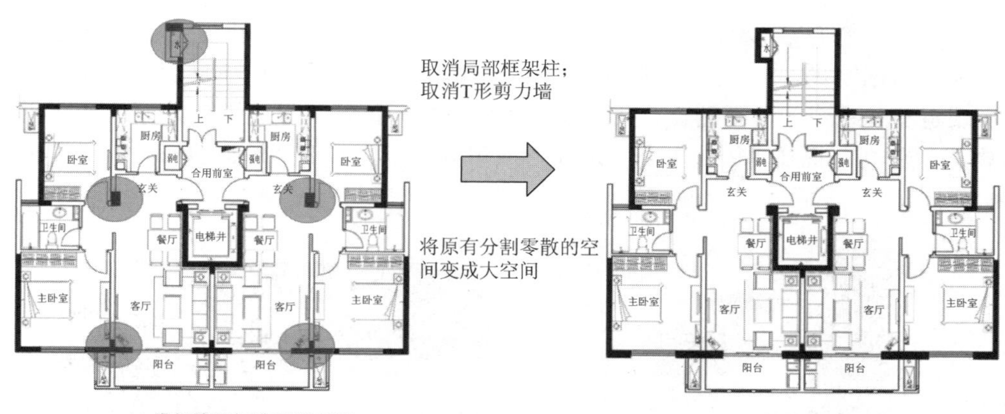

(a) 常规建筑标准层平面图

(b) 可持续建筑标准层平面图

图 1－3　标准化设计的建筑标准层

结构精度难以保证，误差控制在厘米级，比如门窗，每层尺寸各不相同；主体结构施工采用人海战术，过度依赖一线农民工；施工现场产生大量建筑垃圾，造成的材料浪费、对环境的破坏等一直被诟病；更关键的是不利于现场质量控制。这些问题均可以通过主体结构的工厂化生产得以解决，可实现毫米级的误差控制，并实现装修部品的标准化，如图 1－4 所示。真正的工业化建筑要在生产方式上实现变革，而不仅仅局限于预制率多少。

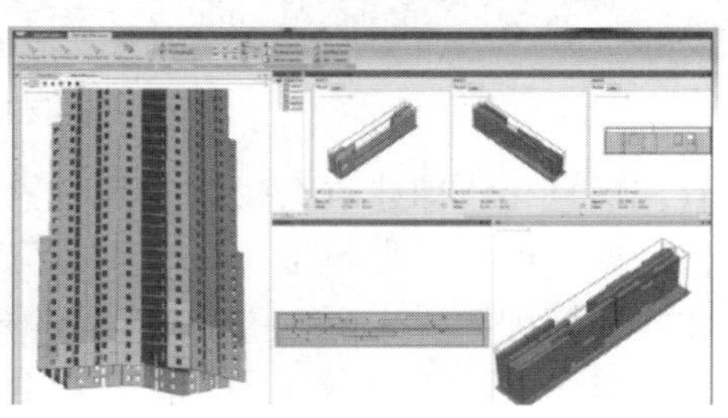

图 1－4　混凝土预制件生产（生产状态、施工状态协同管理）

（3）施工装配化。装配化施工的核心在施工技术和施工管理两个层面，特别是管理层面，工业化运行模式有别于传统形式。相对于目前层层分包的模式，建筑工业化更提倡

EPC模式，即工程总承包模式，确切地说，这是建筑工业化初级阶段主要倡导的一种模式。作为一体化模式，EPC实现了设计、生产、施工的一体化，使项目设计更加优化，有利于实现建造过程中的资源整合、技术集成及效益最大化，以保证生产方式的转变。通过EPC模式，能真正把技术固化下来，进而形成集成技术，实现全过程的资源优化和施工装配化，如图1－5所示。

图1－5　墙板吊装

（4）装修一体化。即从设计阶段开始，构件的生产、制作与装修施工一体化完成，也就是实现装修与主体结构的一体化，如图1－6所示，而不像现在毛坯房交工后再着手装修。

图1－6　装修一体化

（5）管理信息化。即建筑全过程实现信息化。装配式节点的复杂性需要BIM技术支撑，设计伊始就要建立信息模型，各专业利用这一信息平台协同作业，图纸进入工厂后再次进行优化，在装配阶段也可进行施工过程的模拟，如图1－7所示。同时构件中装有芯片，有利于质量跟踪。BIM技术的广泛应用会加速工程建设逐步向工业化、标准化和集约化方向发展，促使工程建设各阶段、各专业主体之间在更高层面上充分共享资源，有效地避免各专业、行业间不协调的问题，有效解决设计与施工脱节、部品与建造技术脱节的问题，极大地提高了工程建设的精细程度、生产效率和工程质量，充分发挥了新型建筑工业化的特点。

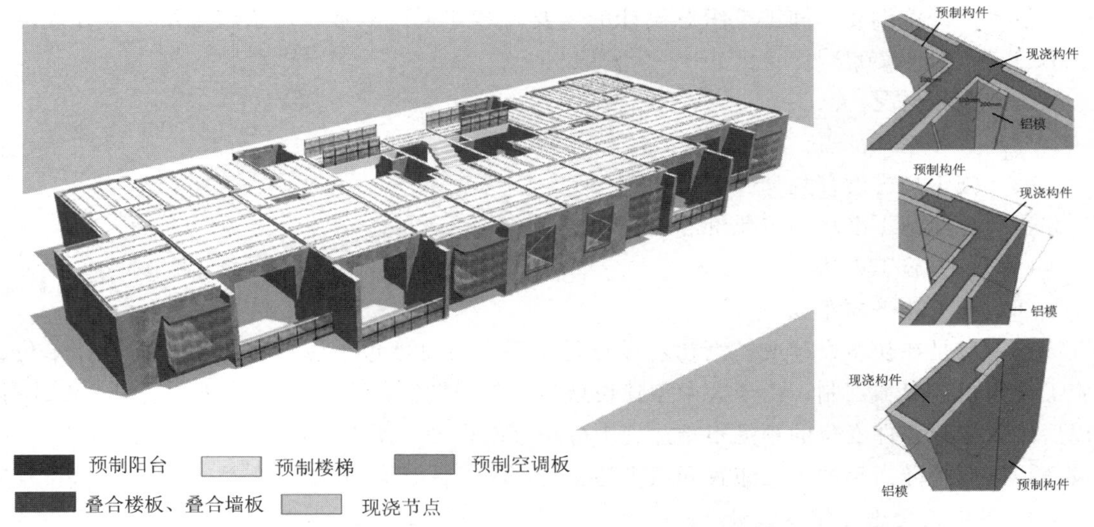

图 1-7 BIM 技术模拟施工

新一轮建筑工业化的发展是以建筑业为主体，而非房地产业，建筑工业化受益最大的还是建筑业，对此建筑企业应积极推进。

1.3 建筑施工组织设计概述

1.3.1 建筑施工组织设计的概念

建筑施工组织设计是以建筑施工项目为编制对象，用以指导施工的技术、经济和管理的综合性文件，是沟通工程设计和施工之间的桥梁，既要体现拟建工程的设计和使用要求，又要符合建筑施工的客观规律。

1.3.2 建筑施工组织设计的分类

建筑施工组织设计根据编制的广度、深度和作用不同，可分为以下 3 种类型。

(1) 施工组织总设计。

(2) 单位工程施工组织设计。

(3) 分部（分项）工程施工组织设计。

1. 施工组织总设计

施工组织总设计是以整个建设项目为对象（如一个工厂、一个机场、一个道路工程、一个居住小区等）而编制的，是对整个建设项目施工的战略部署，是指导全局性施工的技术和经济纲要。施工组织总设计的主要内容如下［参考《建筑施工组织设计规范》(GB/T 50502—2009)］。

(1) 工程概况。

(2) 总体施工部署。

(3) 施工总进度计划。

(4) 总体施工准备与主要资源配置计划。

(5) 主要施工方法。

(6) 施工总平面布置。

它一般是在初步设计或扩大初步设计批准后，由总承包单位负责，并邀请设计单位、施工分包单位参加编制。由于大中型建设项目施工工期往往需要几年，施工组织总设计对以后年度施工条件变化的预见很难达到十分精确的程度，所以一般需要编制年度施工组织设计，用以指导当年的施工布置和组织施工。

2. 单位工程施工组织设计

单位工程施工组织设计是以单位工程（如一栋楼房、一个烟囱、一段道路、一座桥等）为对象编制的，在施工组织总设计的指导下，由直接组织施工的单位根据施工图设计进行编制，用以直接指导单位工程的施工活动，是施工单位编制分部（分项）工程施工组织设计和季、月、旬施工计划的依据。单位工程施工组织设计根据工程规模和技术复杂程度不同，其编制内容的深度和广度也有所不同。对于简单的工程，一般只编制施工方案，并附以施工进度计划和施工平面图。

单位工程施工组织设计是一个工程的战略部署，是宏观定性的，体现指导性和原则性，是一个将建筑物的蓝图转化为实物的指导组织各种活动的总文件，是对项目施工全过程管理的综合性文件。

3. 分部（分项）工程施工组织设计

分部（分项）工程施工组织设计是针对某些特别重要的、技术复杂的，或采用新工艺、新技术施工的分部（分项）工程，如深基础、无黏结预应力混凝土、特大构件的吊装、大量土石方工程、定向爆破工程等为对象编制的，其内容具体、详细，可操作性强，是直接指导分部（分项）工程施工的依据。

1.3.3 建筑施工组织设计的内容

施工组织设计的内容要结合工程对象的实际特点、施工条件和技术水平进行综合考虑，一般包括以下基本内容。

1. 工程概况

(1) 本项目的性质、规模、建设地点、结构特点、建设期限、分批交付使用的条件、合同条件。

(2) 本地区的地形、地质、水文和气象情况。

(3) 施工力量，即劳动力、机具、材料、构件等资源供应情况。

(4) 施工环境及施工条件等。

2. 施工部署及施工方案

（1）根据工程情况，结合人力、材料、机械设备、资金、施工方法等条件，全面部署施工任务，合理安排施工顺序，确定主要工程的施工方案。

（2）对拟建工程可能采用的几个施工方案进行定性、定量的分析，通过技术经济评价，选择最佳方案。

3. 施工进度计划

（1）施工进度计划反映了最佳施工方案在时间上的安排，采用计划的形式，使工期、成本、资源等方面通过计算和调整达到优化配置，符合项目目标的要求。

（2）使工程有序地进行，使工期、成本、资源等通过优化调整达到既定目标，在此基础上编制相应的人力和时间安排计划、资源需求计划和施工准备计划。

4. 施工平面图

施工平面图是施工方案及施工进度计划在空间上的全面安排。它把投入的各种资源、材料、构件、机械、道路、水电供应网络、生产和生活活动场地及各种临时工程设施合理地布置在施工现场，使整个现场能有组织地进行文明施工。

5. 主要技术经济指标

技术经济指标用以衡量组织施工的水平，对施工组织设计文件的技术经济效益进行全面评价。

1.3.4 建筑施工组织设计的作用

拓展讨论

结合火神山医院的建设，并结合党的二十大报告中指所提出的" 人民健康是民族昌盛和国家强盛的重要标志。把保障人民健康放在优先发展的战略位置，完善人民健康促进政策。" 谈一谈火神山医院的建设如何通过科学的施工组织设计，达到了十天十夜完工的施工进度的。思考一下为什么要把保障人民健康放在优先发展的战略位置。

施工组织设计是用以指导施工组织与管理、施工准备与实施、施工控制与协调、资源的配置与使用等全面性的技术经济文件，是对施工活动的全过程进行科学管理的重要手段。其作用具体表现在以下几方面。

（1）施工组织设计不仅是施工准备工作的重要组成部分，也是及时做好施工准备工作的主要依据和重要保证。

【武汉火神山医院】

（2）能够按客观规律组织建筑施工活动，建立正常的施工秩序，有计划、有目标地开展各项施工过程。

（3）使参与施工的活动人员做到心中有数，主动调整施工中的薄弱环节，及时处理可能出现的问题，保证施工顺利进行。

（4）通过编制施工组织设计，可以合理地利用和安排为施工生产服务的各项临时设施，合理部署施工现场，确保文明与安全施工。

（5）施工组织设计是对施工活动实行科学管理的重要手段，是编制工程概预算的依据之一，是施工企业整个生产管理工作的重要组成部分，是编制施工生产计划和施工作业计划的主要依据。

(6) 建筑施工组织设计是检查工程质量、施工进度、投资(成本)三大目标的依据,也是建设单位与施工单位之间履行合同、处理关系的主要依据。

(7) 施工组织设计可以指导投标与签订工程承包合同,并可以将其作为投标书的内容和合同文件的一部分。

因此,编好建筑施工组织设计,对于按科学规律组织施工、建立正常的施工秩序、有计划地开展各项施工过程,对于及时做好各项施工准备工作,保证劳动力和各种资源的均衡供应和使用,对于协调各施工单位之间、各工种之间、各种资源之间及空间布置与时间安排之间的关系,对于保证施工顺利进行、按期按质按量完成施工任务、取得更好的施工经济效益等,都将起到重要、积极的作用。

1.3.5 建筑施工组织设计编制的基本原则

施工组织设计的编制必须遵循工程建设程序,并符合下列基本原则。

(1) 符合施工合同或招标文件中有关工程进度、质量、安全、环境保护、造价等方面的要求。

(2) 积极开发、使用新技术和新工艺,推广应用新材料和新设备。

(3) 坚持科学的施工程序和合理的施工顺序,采用流水施工和网络计划等方法,科学配置资源、合理布置现场,采取季节性施工措施实现均衡施工,达到合理的经济技术指标。

(4) 采取技术和管理措施,推广建筑节能和绿色施工。

(5) 与质量、环境和职业健康安全三个管理体系有效结合。

施工组织设计是对施工活动实行科学管理的重要手段,具有战略部署和战术安排的双重作用。它体现了基本建设计划和设计的要求,提供了各阶段的施工准备工作内容,可协调施工过程中各施工单位、各施工工种、各项资源之间的相互关系。通过施工组织设计,可以根据具体工程的特定条件拟定施工方案,确定施工顺序、施工方法、技术组织措施;可以保证拟建工程按照预定的工期完成;可以在开工前了解所需资源的数量及其使用的先后顺序,合理安排施工现场布置。因此施工组织设计应从施工全局出发,充分反映客观实际,符合国家或合同要求,统筹安排施工活动的各个方面,确保文明施工、安全施工。

1.3.6 建筑施工组织设计的编制依据

施工组织设计应以下列内容作为编制依据。

(1) 与工程建设有关的法律、法规和文件。

(2) 国家现行的有关标准和技术经济指标。

(3) 工程所在地区行政主管部门的批准文件,建设单位对施工的要求。

(4) 工程施工合同或招标投标文件。

(5) 工程设计文件。

(6) 工程施工范围内的现场条件,工程地质及水文地质、气象等自然条件。

(7) 与工程有关的资源供应情况。

(8) 施工企业的生产能力、机具设备状况、技术水平等。

1.4 建筑施工组织设计的管理

1. 编制、审批和交底

（1）单位工程施工组织设计的编制与审批。单位工程施工组织设计由项目负责人主持编制，项目经理部全体管理人员参加，施工单位主管部门审核，施工单位技术负责人或其授权的技术人员审批。

（2）单位工程施工组织设计经上级承包单位技术负责人或其授权的技术人员审批后，应在工程开工前由施工单位项目负责人对项目部全体管理人员及主要分包单位进行交底，并做好交底记录。

2. 过程检查与验收

（1）单位工程的施工组织设计在实施过程中应进行检查。过程检查可按照工程施工阶段进行，通常划分为地基基础、主体结构、装饰装修等阶段。

（2）过程检查由企业技术负责人或主管部门负责人主持，企业相关部门、项目经理部相关部门参加，检查施工部署、施工方法等的落实和执行情况，如对工期、质量、效益有较大影响的应及时调整，并提出修改意见。

3. 修改与补充

单位工程施工过程中，当其施工条件、总体施工部署、重大设计变更或主要施工方法发生变化时，项目负责人或项目技术负责人应组织相关人员对单位工程施工组织设计进行修改和补充，并报送原审核人审核，原审核人审批后形成《施工组织设计修改记录表》，随后对相关人员进行交底。

4. 发放与归档

单位工程施工组织设计审批后加盖受控章，由项目资料员报送及发放并登记记录，报送监理方及建设方，发放企业主管部门、项目相关单位、主要分包单位。

工程竣工后，项目经理部按照国家、地方有关工程竣工资料编制的要求，将《单位工程施工组织设计》整理归档。

5. 动态管理

（1）项目施工过程中，发生以下情况之一时，施工组织设计应及时进行修改或补充。

① 工程设计有重大修改。当工程设计图纸发生重大修改时，如地基基础或主体结构的形式发生变化、装修材料或做法发生重大变化等，需要对施工组织设计进行修改。对工程设计图纸的一般性修改，视变化情况对施工组织设计进行补充；对工程设计图纸的细微修改或更正，施工组织设计则不需调整。

② 有关法律、法规、规范和标准的实施、修订和废止。

③ 主要施工方法有重大调整。

④ 主要施工资源配置有重大调整。

⑤ 施工环境有重大改变。

（2）经修改或补充的施工组织设计应重新审批后实施。

(3) 项目施工前，应进行施工组织设计逐级交底；项目施工过程中，应对施工组织设计的执行情况进行检查、分析并适时调整。

(4) 施工组织设计应在工程竣工验收后归档。

【案例】BIM设计提升项目投标竞争力

1. 项目概况

2017年3月，湖南省花垣县×××项目（表1-1）挂网公开招标。湖南省建筑工程集团总公司BIM中心（以下简称"湖南建工BIM中心"）联合集团总公司华东工程局、湖南省建筑工程集团设计研究院参与竞标，在充分调研和论证的基础上，主导完成了设计方案。

表1-1　工程概况

序号	项目	内　　容
1	工程名称	花垣县×××项目
2	工程地址	湖南省湘西土家族苗族自治州花垣县
3	招标单位	花垣县住房和城乡建设局
4	竞标单位	湖南省建筑工程集团总公司华东工程局
5	项目简述	规划区域位于花垣县老城区中心交通枢纽地段。由于诸多历史原因，导致该区域邻近道路规划不够合理、道理狭窄、交通拥堵、公共设施残缺。项目规模设计旨在彻底改变该区域交通现状及完善公共设施，改变县城面貌

2. 方案简介

花垣县城位于湖南省西部，是一座历史悠久的古城。花垣县是苗族的主要聚居区，当地民俗文化特点突出，居民能歌善舞，服装极具特色，配饰精致美观，特别是跳苗舞时使用的红飘带更是灵动飘逸，是苗族文化的象征，如图1-8所示。

图1-8　地方特色及方案灵感

该工程方案设计以“花垣记忆”为主题，以“飞扬的苗舞红飘带”作为灵感来源，通过一条飞扬的苗舞红飘带打破城市格局，焕发城市活力。工程总平面图如图1-9所示，主要经济指标见表1-2。

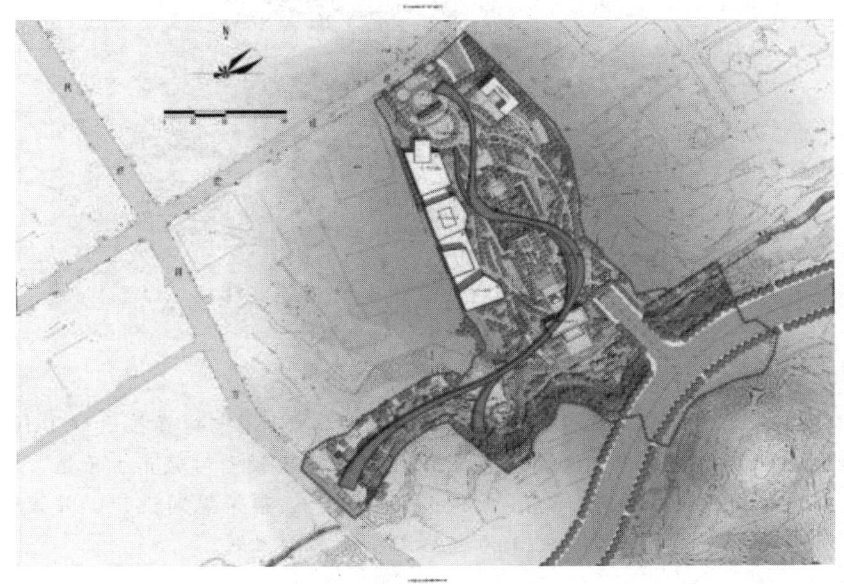

图1-9 工程总平面图

表1-2 主要经济指标

序　号	名　称	数　量
1	总用地面积	58363.7m^2
2	总建筑面积	9915m^2
3	容积率	0.18
4	建筑密度	7.24%
5	绿地率	75%

方案中蜿蜒起伏的景观桥抽象地表现了苗舞红飘带，一条笔直的景观中轴线又为曲折的景观桥起到了空间限定的作用，丰富了场地形态，使主体更加突出，形成“一带一轴”的空间布局；沿中轴线设置各种主题景观广场，真正实现“一步一景，步移景异”的空间效果。项目建筑造型提取传统苗族民居的建筑特点，将典型的黑瓦坡屋顶、干阑式建筑形式、吊脚楼式底层架空等建筑造型元素加以提炼，运用现代的手法加以表现，营造出独特的商业氛围。图1-10所示为模型渲染效果。

3. BIM技术应用

湖南建工BIM中心利用BIM技术对方案设计进行检验与优化，首先依据地形图在Infrasworks中生成三维地理信息模型，依托三维场地模型快速进行市政道路规划设计，而后导入Revit中对项目建筑、红飘带、桥梁等内容进行指标化设计并生成工程量清单。其中要点如下。

图 1-10　模型渲染效果

(1) 三维场地规划。在项目现场踏勘后，湖南建工 BIM 中心直接通过 Infrasworks 开源 GIS 和映射数据调取当地三维信息模型，依托三维场地模型对城市主干道、本地道路等不同等级道路进行纵断面、机动车道、人行道、路灯、涵洞等规划设计，并设计多个备选方案，为项目落地打下基础。图 1-11 为道路纵断面三维规划。

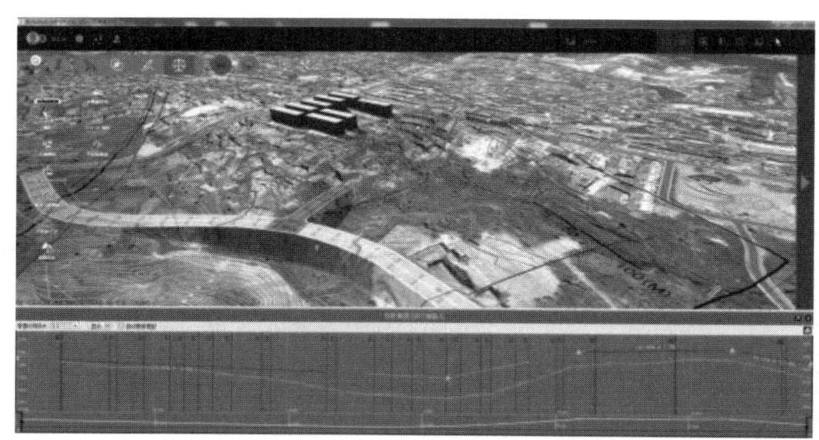

图 1-11　道路纵断面三维规划

(2) 土方平衡设计。由于项目地形环境复杂，科学竖向设计是项目的关键。在 Civil 3D 中建立三维原始地形模型，基于模型快速进行天然坡度计算、设计坡度取值、设计标高计算，确定地形改造方案。依据改造地形自动提取数据快速计算土方量，进行土方平衡计算，优化确定设计标高。土方平衡设计在场地改造设计过程中起到了很重要的指导作用，避免了以往其他方式获取数据过程烦琐的现象，确保了设计的科学合理，取得了较好的经济效益。

(3) 概念体量设计。红飘带为本方案的最大特点。该建筑形体是非线性的，这也促使项目团队努力寻求全新的工作方法及后续更详细的 3D 模型。在 Revit 中建立红飘带概念体量模型（图 1-12），用其参数化的特点来模拟红飘带的弯度、坡度、宽度等，并对其效果进行验证，以保证红飘带的可实施性与美观性。同时这些数据信息具有可描述、可调控、可传递的特征，为后续设计优化调控和设计信息的准确传达奠定了基础。

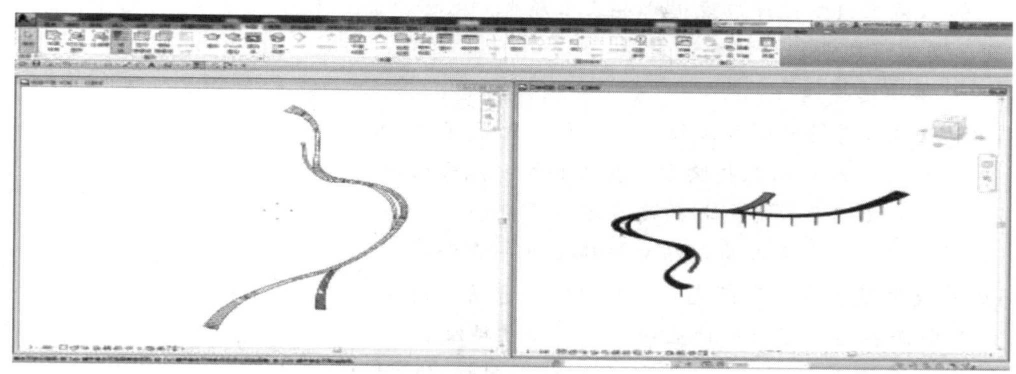

图1－12　红飘带概念体量模型

4. 总结

在方案设计的过程中，为营造一个恰当的载体，既能够充分体现当地人文特色，又满足人们对于生活便利、生态美好的需要，设计团队查阅了大量的文献资料，进行了广泛深入的调研求证，勾画了项目作为城市文化载体、新的山水公园的框架，最终在理解地域环境和社会文化的基础上，运用现代景观规划语言完成了设计，并通过BIM技术对方案进行了优化。

小　　结

基本建设程序是指拟建建设项目在建设过程中各个工作必须遵循的先后次序，一般可分为决策、准备、实施三个阶段，其主体是建设单位。

建筑施工程序是指建设项目在整个施工过程中必须遵循的先后顺序，通常分为施工准备、施工、竣工验收三个阶段，其主体是施工企业。

建筑产品的使用功能、平面和空间组合、结构和构造等特性，以及建筑材料的品种繁多和材料物理性能的特殊性，决定了建筑产品的一系列特性。

建筑施工组织设计是规划和指导拟建工程项目从施工准备到竣工验收全过程的一个综合性的技术经济文件，是沟通工程设计和施工之间的桥梁。

习　　题

一、思考题

1. 什么叫作建设项目？建设项目由哪些工作内容组成？
2. 按照《建筑工程施工质量验收统一标准》的规定，建筑工程质量验收有哪些层次？
3. 试述建筑产品及其施工的特点。
4. 试述建筑工业化的特点。

5. 建筑施工组织设计根据编制的广度、深度和作用不同可以分为几类？分别包括哪些内容？

6. 编制施工组织设计应遵循哪些基本原则？

二、岗位（执业）资格考试真题

（一）单项选择题

1. 下列施工现场文明施工措施中，正确的是（　　）。

A. 现场施工人员均佩戴胸卡，按工种统一编号管理

B. 市区主要路段设置围挡的高度不低于2m

C. 项目经理任命专人为现场文明施工第一责任人

D. 建筑垃圾和生活垃圾集中一起堆放，并及时清运

2. 单位工程施工组织设计应由（　　）主持编制。

A. 项目负责人　　B. 项目技术负责人

C. 项目技术员　　D. 项目施工员

3. 根据《建设工程项目管理规范》，分部分项工程实施前，应由（　　）向有关人员进行安全技术交底。

A. 项目经理　　B. 项目技术负责人

C. 企业安全负责人　　D. 企业技术负责人

4. （　　）的划分应按专业的性质和建筑部位确定。

A. 单位工程　　B. 分部工程

C. 分项工程　　D. 检验批

5. 某住宅小区建设中，承包商针对其中一栋住宅楼施工所编制的施工组织设计，属于（　　）。

A. 施工组织设计　　B. 单位工程施工组织设计

C. 单项工程施工组织设计　　D. 分部工程施工组织设计

6. 建设活动中各项工作必须遵循的先后顺序称为（　　）。

A. 基本建设程序　　B. 建筑施工程序

C. 建筑施工顺序　　D. 建筑施工流程

（二）多项选择题

1. 施工组织设计的编制原则包括（　　）。

A. 重视工程施工的目标控制　　B. 合理部署施工现场

C. 提高施工的工业化程度　　D. 提高施工的连续性和均衡性

E. 采用国内外最先进的施工技术

2. 项目经理部建立施工安全生产管理制度体系时，应遵循的原则有（　　）。

A. 贯彻“安全第一，预防为主”的方针

B. 必须符合有关法律、法规及规程的要求

C. 建立健全安全生产责任制度和群防群治制度

D. 遵循安全生产投入最小

E. 必须适用于工程施工全过程的安全管理和控制

【单元1参考答案】

单元2 施工准备工作

施工员岗位工作标准

1. 能够识读施工图和其他工程设计、施工等文件。
2. 能够编写技术交底文件，并实施技术交底。

知识目标

1. 了解施工准备工作的内容。
2. 掌握施工准备工作计划的编制方法。
3. 掌握施工技术交底的要求。

典型工作任务

任务描述	设计变更
考核时量	30 分钟
设计修改通知书	修改号：201701 应建设单位要求对本工程做出如下变更：三层 31～38 轴交 G～K 轴由设备机房变更为跃式户型，户型建筑平面图如下 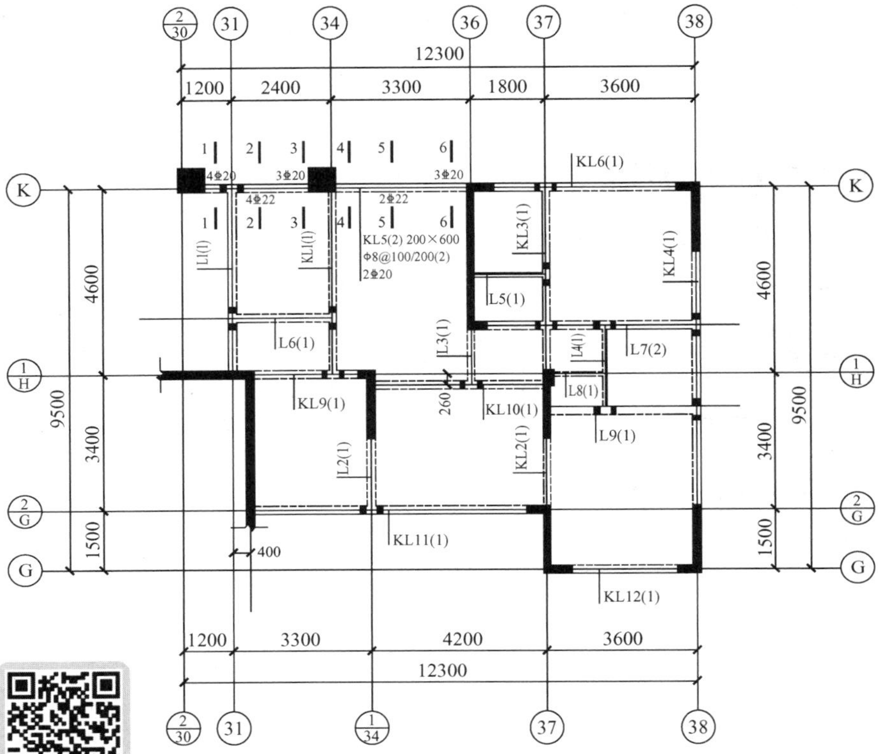 三层结构局部变更图 1∶100 【单元2任务答案】
要求	请根据三层结构局部变更图完成下列内容：绘制 KL5(2) 中 1—1、2—2、3—3、4—4、5—5、6—6 的结构断面图（翼缘板厚均为 100mm），要求注明钢筋及编号、标注尺寸、图名，绘图比例 5∶1，出图比例 1∶20

“凡事预则立，不预则废”。施工准备工作是为了保证工程顺利开工和施工活动正常进行而必须事先做好的各项工作，它不仅存在于开工之前，而且贯穿于整个工程建设的全过程。因此，应当自始至终坚持“不打无准备之仗”的原则来做好这项工作，否则就会丧失主动权，处处被动，甚至使施工无法开展。

施工准备工作是建筑业企业生产经营管理的重要组成部分。现代企业管理理论认为，企业管理的重点是生产经营，而生产经营的核心是决策。施工准备工作作为生产经营管理的重要组成部分，对拟建工程目标、资源供应、施工方案及其空间布置和时间排列等诸方面进行了选择和施工决策，这有利于企业做好目标管理，推行技术经济责任制。

施工准备工作是建筑施工程序的重要阶段。现代工程施工是十分复杂的生产活动，其技术规律和市场经济规律要求工程施工必须严格按照建筑施工程序进行。施工准备工作是保证整个工程施工和安装顺利进行的重要环节，可为拟建工程的施工建立必要的技术和物质条件，并统筹安排施工力量和施工现场。

施工准备工作的内容一般可以归纳为：原始资料的收集与整理、技术资料准备、资源准备、施工现场准备和季节性施工准备。

2.1 原始资料的收集与整理

对一项工程所涉及的自然条件和技术经济条件等施工资料进行调查研究与收集整理，是施工准备工作的一项重要内容，也是编制施工组织设计的重要依据。尤其是当施工单位进入一个新的城市或地区，对建设地区的技术经济条件、场地特征和社会情况等不太熟悉时，此项工作显得尤为重要。调查研究与收集资料的工作应有计划、有目的地进行，事先要拟定详细的调查提纲，其范围、内容要求等应根据拟建工程的规模、性质、复杂程序、工期及对当地的了解程度确定。调查时，除向建设单位、勘察设计单位、当地气象台站、有关部门和单位收集资料及相关规定外，还应到实地勘测，向当地居民了解情况。对调查收集到的资料应注意整理归纳、分析研究，对其中特别重要的资料，必须复查其数据的真实性和可靠性。

拓展讨论

党的二十大报告提出"加大文物和文化遗产保护力度，加强城乡建设中历史文化保护传承"。讨论一下在施工过程中应采取哪些措施保护历史文物？

2.1.1 原始资料的调查

1. 对建设单位与设计单位的调查

向建设单位与设计单位调查的项目见表2-1。

【校园规划】

表2-1 向建设单位与设计单位调查的项目

序号	调查单位	调查内容	调查目的
1	建设单位	(1) 建设项目设计任务书、有关文件； (2) 建设项目性质、规模、生产能力； (3) 生产工艺流程、主要工艺设备名称及来源、供应时间、分批次全部到货时间； (4) 建设期限、开工时间、交工先后顺序、竣工投产时间； (5) 总概算投资、年度建设计划； (6) 施工准备工作的内容、安排、工作进度表	(1) 施工依据； (2) 项目建设部署； (3) 制定主要工程施工方案； (4) 规划施工总进度； (5) 安排年度施工计划； (6) 规划施工总平面； (7) 确定占地范围

续表

序号	调查单位	调查内容	调查目的
2	设计单位	(1) 建设项目总平面规划； (2) 工程地质勘察资料； (3) 水文勘察资料； (4) 项目建筑规模，建筑、结构、装修概况，总建筑面积、占地面积； (5) 单项（单位）工程个数； (6) 设计进度安排； (7) 生产工艺设计、特点； (8) 地形测量图	(1) 规划施工总平面图； (2) 规划生产施工区、生活区； (3) 安排大型临建工程； (4) 概算施工总进度； (5) 规划施工总进度； (6) 计算平整场地土石方量； (7) 确定地基、基础的施工方案

2. 对自然条件的调查

此项内容包括对建设地区的气象资料、工程地形地质、工程水文地质、周围民宅的坚固程度及其居民的健康状况等进行调查，为制定施工方案、技术组织措施、冬雨期施工措施、施工平面规划布置等提供依据，为编制现场“七通一平”计划提供依据，据以做好地上建筑物的拆除、高压输电线路的搬迁、地下构筑物的拆除和各种管线的搬迁等工作。为了减少施工公害，如打桩工程在打桩前应对居民的危房和居民中的心脏病患者采取保护性措施。自然条件调查的项目见表 2－2。

表 2－2　自然条件调查的项目

序号	项目	调查内容	调查目的
1	气象资料		
(1)	气温	① 全年各月平均温度； ② 最高温度、月份，最低温度、月份； ③ 冬季、夏季室外计算温度； ④ 霜、冻、冰雹期； ⑤ 小于－3℃、0℃、5℃的天数及其起止日期	① 合理采取防暑降温措施； ② 确定全年正常施工天数； ③ 合理采取冬期施工措施； ④ 估计混凝土、砂浆强度增长情况
(2)	降雨	① 雨季起止时间； ② 全年降水量、一日最大降水量； ③ 全年雷暴天数、时间； ④ 全年各月平均降水量	① 合理采取雨期施工措施； ② 合理采取现场排水、防洪措施； ③ 合理采取防雷措施； ④ 估计雨天天数
(3)	风	① 主导风向及频率（风玫瑰图）； ② 大于或等于 8 级风的全年天数、时间	① 合理布置临时设施； ② 确定高空作业及吊装措施

续表

序号	项目	调查内容	调查目的
2	工程地形、地质		
(1)	地形	① 区域地形图； ② 工程位置地形图； ③ 工程建设地区的城市规划； ④ 控制桩、水准点的位置； ⑤ 地形、地质的特征； ⑥ 勘察文件、资料等	① 选择施工用地； ② 合理布置施工总平面图； ③ 计算现场平整土方量； ④ 查清障碍物及数量； ⑤ 拆迁和清理施工现场
(2)	地质	① 钻孔布置图； ② 地质剖面图（各层土的特征、厚度）； ③ 土质稳定性，是否有滑坡、流砂、冲沟等； ④ 地基土强度的结论，各项物理力学指标如天然含水率、孔隙比、渗透性、压缩性指标、塑性指数、地基承载力； ⑤ 软弱土、膨胀土、湿陷性黄土分布情况，最大冻结深度； ⑥ 防空洞、枯井、土坑、古墓、洞穴，地基土破坏情况； ⑦ 地下沟渠管网、地下构筑物	① 选择土方施工方法； ② 选择地基处理方法； ③ 合理采取基础、地下结构施工措施； ④ 确定障碍物拆除计划； ⑤ 确定基坑开挖方案设计 【文物挖掘】
(3)	地震	抗震设防烈度的大小	确定对地基、结构的影响，制定施工注意事项
3	工程水文地质		
(1)	地下水	① 最高、最低水位及时间； ② 流向、流速、流量； ③ 水质分析； ④ 抽水试验、测定水量	① 选择土方施工基础施工方案； ② 合理采取降低地下水位的方法、措施； ③ 判定侵蚀性质及施工注意事项； ④ 判定使用、饮用地下水的可能性
(2)	地面水（地面河流）	① 临近的江河、湖泊及距离； ② 洪水、平水、枯水时期，其水位、流量、流速、航道深度，通航可能性； ③ 水质分析	① 确定临时给水方案； ② 确定航运组织方案； ③ 确定水工工程设计
(3)	周围环境及障碍物	① 施工区域现有建筑物、构筑物、沟渠、水流、树木、土堆、高压输变电线路等； ② 临近建筑的坚固程度及其中人员的工作、生活、健康状况	① 及时做好拆迁、拆除工作； ② 做好保护工作； ③ 合理布置施工平面； ④ 合理安排施工进度

2.1.2 相关信息与资料的收集

1. 技术经济条件的调查分析

此项内容包括地方建筑材料及构件生产企业情况，地方资源情况，地区交通运输条件，供水、供电、供气条件，三大材料、特殊材料及主要设备，建设地区社会劳动力和生活设施，参加施工的各单位能力等项调查。调查项目见表2-3～表2-9。

表2-3 地方建筑材料及构件生产企业情况调查内容格式

序号	企业名称	产品名称	规格质量	单位	生产能力	供应能力	生产方式	出厂价格	运距	运输方式	单位运价	备注

注：1.“企业名称”按照构件厂，木工厂，金属结构厂，商品混凝土厂，砂石厂，建筑设备厂，砖、瓦、石灰厂等填列。

2. 资料来源：当地计划、经济、建设主管部门。

3. 调查明细应落实到物资供应。

表2-4 地方资源情况调查内容格式

序号	材料名称	产地	储存量	质量	开采（生产）量	开采费	出厂价	运距	运费	供应的可能性

注：1.“材料名称”栏按照块石、碎石、砾石、砂、工业废料（包括冶金矿渣、炉渣、电站粉煤灰）填列。

2. 调查目的：落实地方物资准备工作。

表2-5 地区交通运输条件调查内容

序号	项目	调查内容	调查目的
1	铁路	（1）邻近铁路专用线、车站至工地的距离及沿途运输条件； （2）站场卸货路线长度、起重能力和储存能力； （3）装载单个货物的最大尺寸、质量的限制； （4）运费、装卸费和装卸力量	（1）选择施工运输方式； （2）拟订施工运输计划
2	公路	（1）主要材料产地至工地的公路等级，路面构造宽度及完好情况，允许最大载重量； （2）途经桥涵等级，允许最大载重量； （3）当地专业机构及附近村镇能提供的装卸、运输能力，汽车、畜力、人力车的数量及运输效率，运费、装卸费； （4）当地有无汽车修配厂、修配能力，以及至工地的距离、路况； （5）沿途架空电线高度	

续表

序号	项目	调查内容	调查目的
3	航运	(1) 货源、工地至邻近河流、码头渡口的距离及道路情况； (2) 洪水期、平水期、枯水期和封冻期通航的最大船只及吨位，取得船只的可能性； (3) 码头装卸能力、最大起重量，增设码头的可能性； (4) 渡口的渡船能力，同时可载汽车数，每日次数，能为施工提供的能力； (5) 运费、渡口费、装卸费	

表2-6 供水、供电、供气条件调查内容

序号	项目	调查内容
1	给水排水	(1) 与当地现有水源连接的可能性，可供水量，接管地点、管径、管材、埋深、水压、水质、水费，至工地距离，地形地物情况。 (2) 临时供水源：利用江河、湖水的可能性，水源、水量、水质，取水方式，至工地距离，地形地物情况，临时水井位置、深度、出水量、水质。 (3) 利用永久排水设施的可能性，施工排水去向、距离、坡度，有无洪水影响，现有防洪设施、排洪能力
2	供电与通信	(1) 电源位置，引入的可能性，允许供电容量、电压、导线截面、距离、电费、接线地点，至工地距离，地形地物情况； (2) 建设单位、施工单位自有发电、变电设备的规格型号、台数、能力、燃料、资料及可能性； (3) 利用邻近电信设备的可能性，电话、电报局至工地距离，增设电话设备和计算机等自动化办公设备和线路的可能性
3	供气	(1) 蒸汽来源，可供能力、数量，接管地点、管径、埋深，至工地距离，地形地物情况，供气价格，供气的正常性； (2) 建设单位和施工单位自有锅炉型号、台数、能力、所需燃料、用水水质、投资费用； (3) 当地单位和建设单位提供压缩空气、氧气的能力，至工地距离

注：1. 资料来源：当地城建、供电局、水厂等单位及建设单位。

2. 调查目的：选择给水排水、供电、供气方式，做出经济比较。

表 2-7　三大材料、特殊材料及主要设备调查内容

序号	项目	调查内容	调查目的
1	三大材料	（1）钢材订货的规格、牌号、强度等级、数量和到货时间； （2）木材订货的规格、等级、数量和到货时间； （3）水泥订货的品种、强度等级、数量和到货时间	（1）确定临时设施和堆放场地； （2）确定木材加工计划； （3）确定水泥储存方式
2	特殊材料	（1）需要的品种、规格、数量； （2）试制、加工和供应情况； （3）进口材料和新材料	（1）制订供应计划； （2）确定储存方式
3	主要设备	（1）主要工艺设备的名称、规格、数量和供货单位； （2）分批和全部到货时间	（1）确定临时设施和堆放场地； 拟订防雨措施 （2）拟订防雨措施

表 2-8　建设地区社会劳动力和生活设施调查内容

序号	项目	调查内容	调查目的
1	社会劳动力	（1）少数民族地区的风俗习惯； （2）当地能提供的劳动力人数、技术水平、工资费用和来源； （3）上述人员的生活安排	（1）拟订劳动力计划； （2）安排临时设施
2	房屋设施	（1）必须在工地居住的单身人数和户数； （2）能作为施工用的现有的房屋栋数、每栋面积、结构特征、总面积、位置，水、暖、电、卫、设备状况； （3）上述建筑物的适宜用途，用作宿舍、食堂、办公室	（1）确定现有房屋为施工服务的可能性； （2）安排临时设施
3	周围环境	（1）主副食品、日用品供应，文化教育、消防治安等机构能为施工提供的支援能力； （2）邻近医疗单位至工地的距离，可能就医的情况； （3）当地的公共汽车、邮电服务情况； （4）周围是否存在有毒有害气体及其污染情况，有无地方病	安排职工生活基地，解除后顾之忧

表 2-9　参加施工的各单位能力调查内容

序号	项目	调查内容
1	工人	（1）工人数量、分工种人数，能投入本工程施工的人数； （2）专业分工及一专多能的情况、工人组队形式； （3）定额完成情况、工人技术水平、技术等级构成
2	管理人员	（1）管理人员总数，所占比例； （2）其中技术人员数、专业情况、技术职称，其他人员数

续表

序号	项目	调查内容
3	施工机械	(1) 机械名称、型号、能力、数量、新旧程度、完好率，能投入本工程施工的情况； (2) 总装备程度； (3) 分配、新购情况
4	施工经验	(1) 历年曾施工的主要工程项目、规模、结构、工期； (2) 习惯施工方法，采用过的先进施工方法，构件加工和生产能力、质量； (3) 工程质量合格情况，科研、革新成果
5	经济指标	(1) 劳动生产率，年完成能力； (2) 质量、安全、降低成本情况； (3) 机械化程度； (4) 工业化程度设备、机械的完好率、利用率

注：1. 资料来源：参加施工的各单位。

2. 调查目的：明确施工力量、技术素质，规划施工任务分配、安排。

2. 其他相关信息与资料的收集

其他相关信息与资料包括：现行的由国家有关部门制定的技术规范、规程及有关技术规定，如《建筑工程施工质量验收统一标准》(GB 50300—2013) 及相关专业工程施工质量验收规范，《建筑施工安全检查标准》(JGJ 59—2011) 及有关专业工程安全技术规范、规程，《建设工程项目管理规范》(GB/T 50326—2017)、《建设工程文件归档整理规范》(GB/T 50328—2014)、《建筑工程冬期施工规程》(JGJ/T 104—2011) 及各专业工程施工技术规范等；企业现有的施工定额、施工手册、类似工程的技术资料及平时施工实践活动中所积累的资料等。收集这些相关信息与资料，是进行施工准备工作和编制施工组织设计的依据之一，可为其提供有价值的参考。

2.2 技术资料准备

技术资料准备即通常所说的“内业”工作，它是施工准备工作的核心，指导着现场施工准备工作，对于保证建筑产品质量、实现安全生产、加快工程进度、提高工程经济效益都具有十分重要的意义。任何技术差错和隐患都可能引起人身安全和质量事故，造成生命财产和经济的巨大损失，因此，必须重视做好技术资料准备，其主要内容包括：熟悉和会审图纸，编制中标后施工组织设计，编制施工预算等。

2.2.1 熟悉和会审图纸

施工图全部（或分阶段）出图以后，施工单位应依据建设单位和设计单位提供的初步设计或扩大初步设计（技术设计）、施工图设计、建筑总平面图和城市规划等资料文件，调查、收集的原始资料和其他相关信息与资料，组织有关人员对设计图纸进行学习和会审，使参与施工的人员掌握施工图的内容、要求和特点，同时发现施工图中的问题，以确保工程施工顺利进行。

1. 熟悉图纸阶段

1）熟悉图纸工作的组织

由施工单位该工程项目经理部组织有关工程技术人员认真熟悉图纸，了解设计意图和建设单位要求，以及施工应达到的技术标准，明确施工流程。

2）熟悉图纸的要求

熟悉图纸的要点如下。

(1）先粗后细。就是先看平面图、立面图、剖面图，后看细部做法。先对整个工程的概貌有一个了解，对总的长、宽尺寸，轴线尺寸、标高、层高、总高有一个大体的印象；然后再核对总尺寸与细部尺寸、位置、标高是否相符，门窗表中的门窗型号、规格、形状、数量是否与结构相符等。

(2）先小后大。就是先看小样图，后看大样图。核对在平面图、立面图、剖面图中标注的细部做法与大样图的做法是否相符，所采用的标准构件图集编号、类型、型号与设计图纸有无矛盾，索引符号有无漏标之处，大样图是否齐全等。

(3）先建筑后结构。就是先看建筑图，后看结构图。把建筑图与结构图相互对照，核对其轴线尺寸、标高是否相符，有无矛盾，查对有无遗漏尺寸，有无构造不合理之处。

(4）先一般后特殊。就是先看一般的部位和要求，后看特殊的部位和要求。特殊部位一般包括地基处理方法、变形缝的设置、防水处理要求，以及抗震、防火、保温、隔热、防尘、特殊装修等技术要求。

(5）图纸与说明结合。就是在看图时要对照设计总说明和图中的细部说明。核对图纸和说明有无矛盾，规定是否明确，要求是否可行，做法是否合理等。

(6）土建与安装结合。就是看土建图时，要有针对性地看一些安装图。核对与土建有关的安装图有无矛盾，预埋件、预留洞、槽的位置和尺寸是否一致，了解安装对土建的要求，以考虑在施工中的协作配合。

(7）图纸要求与实际情况结合。就是核对图纸有无不符合施工实际之处。核对建筑物相对位置、场地标高、地质情况等是否与设计图纸相符；对一些特殊的施工工艺，施工单位能否做到等。

2. 自审图纸阶段

1）自审图纸的组织

由该项目经理部组织各工种人员对本工种的有关图纸进行审查，掌握和了解图纸中的细节；在此基础上，由总承包单位内部的土建与水、暖、电等专业共同核对图纸，消除差错，协商施工配合事项；最后，总承包单位与外分包单位（如桩基施工、装饰工程施工、设备安装施工等）在各自审查图纸的基础上，共同核对图纸中的差错及协商有关施工配合的问题。

2）自审图纸的要求

(1）审查拟建工程的地点，建筑总平面图同国家、城市或地区规划是否一致，以及建筑物或构筑物的设计功能和使用要求是否符合环卫、防火及美化城市方面的要求。

(2) 审查设计图纸是否完整齐全，以及设计图纸和资料是否符合国家有关技术规范要求。

(3) 审查建筑、结构、设备安装图纸是否相符，有无“错、漏、碰、缺”，内部结构和工艺设备有无矛盾。

(4) 审查地基处理与基础设计同拟建工程地点的工程地质和水文地质等条件是否一致，建筑物或构筑物与原地下构筑物及管线之间有无矛盾，深基础的防水方案是否可靠，材料设备能否解决。

(5) 明确拟建工程的结构形式和特点，复核主要承重结构的承载力、刚度和稳定性是否满足要求，审查设计图纸中形体复杂、施工难度大和技术要求高的分部分项工程或新结构、新材料、新工艺在施工技术和管理水平上能否满足质量和工期要求，选用的材料、构配件、设备等能否按期解决。

(6) 明确建设期限，分期分批投产或交付使用的顺序和时间，以及工程所用的主要材料和设备的数量、规格、来源、供货日期。

(7) 明确建设单位、设计单位和施工单位等之间的协作、配合关系，以及建设单位可以提供的施工条件。

(8) 审查设计是否考虑了施工的需要，各种结构的承载力、刚度和稳定性是否满足设置塔式起重机（内爬式、附着式、固定式）等使用的要求。

3. 图纸会审阶段

1) 图纸会审的组织

一般工程由建设单位组织并主持会议，设计单位交底，施工单位、监理单位参加。重点工程或规模较大及结构、装修较复杂的工程，如有必要可邀请各主管部门、消防、防疫与协作单位参加。图纸会审的一般组织程序是：设计单位做设计交底，施工单位对图纸提出问题，有关单位发表意见，与会者讨论、研究、协商，逐条解决问题并达成共识，组织会审的单位汇总成文，各单位会签，形成图纸会审纪要，如图 2-1 和表 2-10 所示。会审纪要作为与施工图纸具有同等法律效力的技术文件使用。

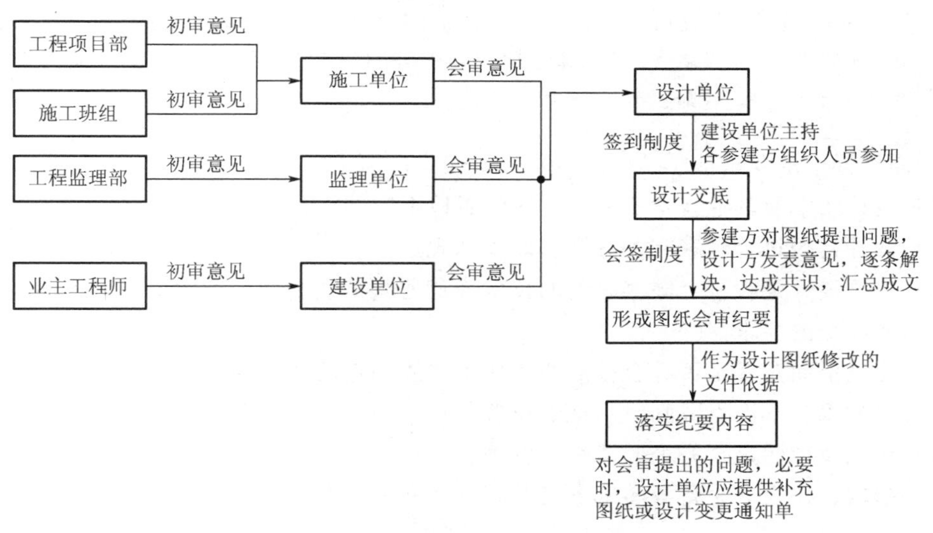

图 2-1　图纸会审的一般组织程序

【图纸会审】

表 2-10 图纸会审纪要

工程名称： 年 月 日 编号：001

建设单位			监理单位	
设计单位			专业名称	
地 点			页 数	共 页 第 页
序 号	图 号	图纸问题	答复意见	

勘察单位	设计单位	施工单位	建设单位	监理（建设）单位
签名： 年 月 日	签名： 年 月 日	签名： 年 月 日	签名： 年 月 日	签名： 项目部（章） 年 月 日

注：施工单位整理汇总的图纸会审记录应一式六份，并应由建设单位、勘察单位、设计单位、监理单位、施工单位、城建档案馆各保存一份，表中勘察单位、设计单位签字栏应为项目专业设计负责人的签字，建设单位、施工单位签字栏应为项目技术负责人或相关专业负责人签字，监理单位应为总监理工程师签字。

2）图纸会审的要求

审查设计图纸及其他技术资料时，应注意以下问题。

(1) 设计是否符合国家有关方针、政策和规定。

(2) 建筑设计是否符合国家有关的技术规范尤其是强制性标准的要求，是否符合环境保护和消防安全的要求。

(3) 建筑平面布置是否符合核准的按建筑红线划定的详图和现场实际情况，是否提供了符合要求的永久水准点或临时水准点位置。

(4) 图纸及说明是否齐全、清楚、明确。

(5) 结构、建筑、设备等图纸本身及相互之间是否有错误和矛盾，图纸与说明之间有无矛盾。

(6) 有无特殊材料（包括新材料）要求，其品种、规格、数量能否满足需要。

(7) 设计是否符合施工技术装备条件，当需采取特殊技术措施时，技术上有无困难，能否保证安全施工。

(8) 地基处理及基础设计有无问题，建筑物与地下构筑物、管线之间有无矛盾。

(9) 建（构）筑物及设备的各部位尺寸、轴线位置、标高、预留孔洞及预埋件、大样图及做法说明等有无错误和矛盾。

2.2.2 编制中标后施工组织设计

中标后施工组织设计，是施工单位在施工准备阶段编制的用于指导拟建工程从施工准备到竣工验收乃至保修回访的技术、经济、组织的综合性文件，也是编制施工预算、实行项目管理的依据，还是施工准备工作的主要文件。它是在投标书施工组织设计的基础上，结合所收集的原始资料和相关信息资料，根据图纸会审纪要，按照编制施工组织设计的基本原则，综合建设单位、监理单位、设计意图的具体要求进行编制，以保证工程好、快、省、安全、顺利地完成。

施工单位必须在约定的时间内完成中标后施工组织设计的编制与自审工作，并填写施工组织设计报审表，报送项目监理机构。总监理工程师应在约定的时间内，组织专业监理工程师审查，提出审查意见后，由总监理工程师审定批准。当需要施工单位修改时，由总监理工程师签发书面意见，退回施工单位修改后再报审，总监理工程师应重新审定。已审定的施工组织设计由项目监理机构报送建设单位。施工单位应按审定的施工组织设计文件组织施工，如需对其内容做较大变更，应在实施前将变更书面内容报送项目监理机构重新审定。对规模大、结构复杂或属于新结构、特种结构的工程，专业监理工程师提出审查意见后，由总监理工程师签发审查意见，必要时应与建设单位协商，组织有关专家会审。

2.2.3 编制施工预算

施工预算是施工单位根据施工合同价款、施工图纸、施工组织设计或施工方案、施工定额等文件进行编制的企业内部经济文件，它直接受施工合同中合同价款的控制，是施工前的一项重要准备工作。它是施工企业内部控制各项成本支出、考核用工、签发施工任务书、限额领料，基层进行经济核算、经济活动分析的依据。在施工过程中，要按施工预算严格控制各项指标，以降低工程成本和提高施工管理水平。

2.3 资源准备

2.3.1 劳动力组织准备

工程项目能否按目标完成，很大程度上取决于承担这一工程的施工人员的素质。劳动力组织准备包括施工管理层和作业层两大部分，这些人员的合理选择和配备，将直接影响工程质量与安全、施工进度及工程成本，因此，劳动力组织准备是开工前施工准备的一项重要内容。

1. 建设项目组织机构

组织是目标能否实现的决定性因素，常用的组织结构模式包括职能组织结构、线性组织结构和矩阵组织结构。

【组织机构】

对于实行项目管理的工程，建立项目组织机构就是建立项目经理部。高效率的项目组织机构的建立是为建设单位服务的，也是为项目管理目标服务的。施工企业建立项目经理部，要针对工程特点和建设单位要求，根据有关规定进行精心的组织安排，认真抓实、抓细、抓好。

(1) 项目组织机构的设置应遵循以下原则。

① 用户满意原则。

② 全能配套原则。项目经理要掌握安全管理知识、善经营、懂技术，能担任公关，且要具有较强的适应能力、应变能力和开拓进取精神。项目经理部成员要有施工经验和创新精神，同时要有较高的工作效率。项目经理部既要合理分工又要密切协作，人员配置应满足施工项目管理的需要，如大型项目，管理人员必须具有一级项目经理资质，管理人员中的高级职称人员不应低于10%。

③ 精干高效原则。施工管理机构要尽量压缩管理层次，因事设职，因职选人，做到管理人员精干、一职多能、人尽其才、恪尽职守，以适应市场变化的要求；避免纪律松散、机构重叠、人浮于事。

④ 管理跨度原则。管理跨度过大，鞭长莫及且心有余而力不足；管理跨度过小，人员增多，容易造成资源浪费。因此，施工管理机构各层面设置是否合理，要看确定的管理跨度是否科学，也就是应使每一个管理层面都保持适当的工作幅度，以使其各层面管理人员在职责范围内实施有效的控制。

⑤ 系统化管理原则。建设项目是由许多子系统组成的有机整体，系统内部存在大量的“结合”部，各层次的管理职能的设计要形成一个相互制约、相互联系的完整体系。

(2) 项目经理部的设立步骤。

① 根据企业批准的“项目管理规划大纲”，确定项目经理部的管理任务和组织形式。

② 确定项目经理部的层次，设立职能部门与工作岗位。

③ 确定人员、职责、权限。

④ 由项目经理根据“项目管理目标责任书”进行目标分解。

⑤ 组织有关人员制定规章制度和目标责任考核、奖惩制度。

(3) 项目经理部的组织形式应根据施工项目的规模、结构复杂程度、专业特点、人员素质和地域范围确定。

2. 组织精干的施工队伍

(1) 组织施工队伍，要认真考虑专业工种的合理配合，技工和普工的比例要满足合理的劳动组织要求。按组织施工方式的要求，确定建立混合施工队组或是专业施工队组及其数量。组建施工队组，要坚持合理、精干的原则，同时制订出该工程的劳动力需用量计划。

(2) 集结施工力量，组织劳动力进场。项目经理部确定之后，按照开工日期和劳动力需用量计划组织劳动力进场。

3. 优化劳动组合与技术培训

针对工程施工要求，强化各工种的技术培训，优化劳动组合，主要抓好以下几方面的工作。

【安全生产教育培训制度】

(1) 针对工程施工难点，组织工程技术人员和工人队组中的骨干力量，进行类似工程的考察学习。

(2) 做好专业工程技术培训，提高对新工艺、新材料使用操作的适应能力。

(3) 强化质量意识，抓好质量教育，增强质量观念。

(4) 工人队组实行优化组合、双向选择、动态管理，最大限度地调动职工的积极性。

(5) 认真全面地进行施工组织设计的落实和技术交底工作。施工组织设计、计划和技术交底的目的是把施工项目的设计内容、施工计划和施工技术等要求，详尽地向施工队组和工人讲解交代，交底安排在单位工程或分部（项）工程开工前及时进行，以保证项目严格地按照设计图纸、施工组织设计、安全操作规程和施工验收规范等要求进行施工。

施工组织设计、计划和技术交底的内容有：项目的施工进度计划、月（旬）作业计划；施工组织设计，尤其是施工工艺、质量标准、安全技术措施、降低成本措施和施工验收规范的要求；新结构、新材料、新技术和新工艺的实施方案和保证措施；图纸会审中所确定的有关部位的设计变更和技术核定等事项。交底工作应该按照管理系统逐级进行，由上而下直到工人队组。交底的方式有书面形式、口头形式和现场示范形式等。

【施工技术交底】

施工队组、工人接受施工组织设计、计划和技术交底后，要组织其成员进行认真的分析研究，弄清关键部位、质量标准、安全措施和操作要领。必要时应该进行示范，并明确任务、做好分工协作，同时建立、健全岗位责任制和保障措施。

(6) 切实抓好施工安全、安全防火和文明施工等方面的教育。

4. 建立、健全各项管理制度

工地的各项管理制度是否建立、健全，直接影响其各项施工活动的顺利进行。有章不循，其后果是严重的，而无章可循更危险。为此必须建立、健全工地的各项管理制度，通常其内容包括：项目管理人员岗位责任制度，项目技术管理制度，项目质量管理制度，项目安全管理制度，项目计划、统计与进度管理制度，项目成本核算制度，项目材料、机械设备管理制度，项目现场管理制度，项目分配与奖励制度，项目例会及施工日志制度，项目分包及劳务管理制度，项目组织协调制度，项目信息管理制度。项目经理部自行制定的规章制度与企业现行的有关规定不一致时，应报送企业或其授权的职能部门批准。

5. 做好分包安排

对于本企业难以承担的一些专业项目，如深基础开挖和支护、大型结构安装和设备安装等项目，应及早做好分包或劳务安排，与有关单位协调，签订分包合同或劳务合同，以保证项目按计划施工。

6. 组织好科研攻关

凡工程中采用带有试验性质的一些新材料、新产品、新工艺项目，应在建设单位、主管部门的参加下，组织有关设计、科研、教学单位共同进行科研工作。要明确相互承担的试验项目、工作步骤、时间要求、经费来源和职责分工。所有科研项目，必须经过技术鉴定后，再用于施工。

2.3.2 物资准备

物资准备是指对施工中必须有的劳动手段（施工机械、工具）和劳动对象（材料、配件、构件）等的准备，是一项较为复杂而又细致的工作。物资准备的具体内容有材料准备、构配件及设备加工订货准备、施工机具准备、生产工艺设备准备、运输准备和施工物资价格管理等。

建筑施工所需的材料、构配件、机具和设备品种多且数量大，能否保证按计划供应，对整个施工过程的工期、质量和成本有着举足轻重的作用。各种施工物资只有运到现场并有必要的储备后，才具备必要的开工条件，因此要将这项工作作为施工准备工作的一个重要方面来抓。施工管理人员应尽早计算出各阶段对材料、施工机械、设备、工具等的需用量，并说明供应单位、交货地点、运输方式等，特别是对预制构件，必须尽早从施工图中摘录出构件的规格、质量、品种和数量，制表造册，向预制加工厂订货并确定分批交货清单、交货地点及时间，对大型施工机械、辅助机械及设备要精确计算工作日，并确定进场时间，做到进场后立即使用，用毕后立即退场，提高机械利用率，节省机械台班费及停留费。

1. 材料准备

（1）根据施工方案中的施工进度计划和施工预算中的工料分析，编制工程所需材料用量计划，作为备料、供料，以及确定仓库、堆场面积及组织运输的依据。

（2）根据材料需用计划，做好材料的申请、订货和采购工作，使计划得到落实。

（3）组织材料按计划进场，按施工平面图和相应位置堆放，并做好合理储备、保管工作。

（4）严格验收、检查、核对材料的数量和规格，做好材料试验和检验工作，保证施工质量。

2. 构配件及设备加工订货准备

（1）根据施工进度计划及施工预算所提供的各种构配件及设备数量，做好加工翻样工作，并编制相应的需用量计划。

（2）根据需用计划，向有关厂家提出加工订货计划要求，并签订订货合同。

（3）组织构配件及设备按计划进场，按施工平面布置图做好存放及保管工作。

3. 施工机具准备

（1）各种土方机械、混凝土和砂浆搅拌设备、垂直及水平运输机械、钢筋加工设备、木工机械、焊接设备、打夯机、排水设备等，应根据施工方案，对施工机具配备的要求、数量及施工进度进行安排，编制施工机具需用量计划。

（2）拟由本企业内部负责解决的施工机具，应根据需用量计划组织落实，确保按期供应。

（3）施工企业缺少且需要的施工机具，应与有关方面签订订购和租赁合同，以保证施工需要。

（4）对于大型施工机械（如塔式起重机、挖土机、桩基设备等）的需求量和时间，应与有关方面（如专业分包单位）联系，提出要求，在落实后签订分包合同，并为大型机械按期进场做好现场有关准备工作。

(5) 安装、调试施工机具，按照施工机具需用量计划，组织施工机具进场，根据施工总平面图将施工机具安置在规定的地点或仓库。对于固定的施工机具，要进行就位、搭棚、接电源、保养、调试工作。所有施工机具都必须在使用前进行检查和试运转。

4. 生产工艺设备准备

订购生产用的工艺设备，要注意交货时间与土建进度密切配合，因为某些庞大设备的安装往往要与土建施工穿插进行，在土建全部完成或封顶后进行安装会有困难，故各种设备的交货时间要与安装时间密切配合，它将直接影响建设工期。准备时按照施工项目工艺流程及工艺设备的布置图，提出工艺设备的名称、型号、生产能力和需用量，确定分期分批的进场时间和保管方式，编制工艺设备需用量计划，为组织运输、确定堆场面积提供依据。

5. 运输准备

(1) 根据上述4项需用量计划，编制运输需用量计划，并组织落实运输工具。

(2) 按照上述4项需用量计划确定的进场日期，联系和调配所需运输工具，确保材料、构配件和机具设备按期进场。

6. 强化施工物资价格管理

(1) 建立市场信息制度，定期收集市场物资价格信息，提高透明度。

(2) 在市场价格信息指导下，“货比三家”，选优进货；对大宗物资的采购要采取招标采购方式，在保证物资质量和工程质量的前提下，降低成本、提高效益。

2.4 施工现场准备

施工现场是施工的全体参加者为了夺取优质、高速、低耗的目标，而有节奏、均衡、连续地进行战术决战的活动空间。施工现场的准备工作，主要是为了给施工项目创造有利的施工条件，是保证工程按计划开工和顺利进行的重要环节。

2.4.1 施工现场准备工作的范围及各方职责

施工现场准备工作由两个方面组成，一是建设单位应完成的施工现场准备工作，二是施工单位应完成的施工现场准备工作。只有当建设单位与施工单位的施工现场准备工作均就绪时，施工现场才具备施工条件。

1. 建设单位施工现场准备工作

建设单位要按合同条款中约定的内容和时间完成以下工作。

(1) 办理土地征用、拆迁补偿、平整施工场地等工作，使施工场地具备施工条件，在开工后继续负责解决以上事项的遗留问题。

(2) 将施工所需水、电、电信线路从施工场地外部接至专用条款约定地点，以保证施工期间的需要。

(3) 开通施工场地与城乡公共道路的通道，以及专用条款约定的施工场地内的主要道路，以满足施工运输的需要，保证施工期间的畅通。

(4) 向承包人提供施工场地的工程地质和地下管线资料，并对资料的真实准确性负责。

(5) 办理施工许可证及其他施工所需证件、批件和临时用地、停水、停电、中断道路交通、爆破作业等的申请批准手续（证明承包人自身资质的证件除外)。

(6) 确定水准点与坐标控制点，以书面形式交给承包人，并进行现场交验。

(7) 协调处理施工场地周围的地下管线和邻近建筑物、构筑物（包括文物保护建筑)、古树名木的保护工作，承担有关费用。

上述施工现场准备工作，承发包双方也可在合同专用条款内约定交由施工单位完成，其费用由建设单位承担。

2. 施工单位施工现场准备工作

施工单位施工现场准备工作即通常所说的室外准备，施工单位应按合同条款中约定的内容和施工组织设计的要求完成以下工作。

(1) 根据工程需要，提供和维修非夜间施工使用的照明、围栏设施，并负责安全保卫。

(2) 按专用条款约定的数量和要求，向发包人提供施工场地办公和生活的房屋及设施，发包人承担由此发生的费用。

(3) 遵守政府有关主管部门对施工场地交通、施工噪声，以及环境保护和安全生产等的管理规定，按规定办理有关手续，并以书面形式通知发包人，发包人承担由此发生的费用，因承包人责任造成的罚款除外。

(4) 按专用条款约定做好施工场地地下管线和邻近建筑物、构筑物（包括文物保护建筑)、古树名木的保护工作。

(5) 保证施工场地清洁符合环境卫生管理的有关规定。

(6) 建立测量控制网。

(7) 工程用地范围内的“七通一平”，其中平整场地工作应由其他单位承担，但建设单位也可要求施工单位完成，费用仍由建设单位承担。

(8) 搭设现场生产和生活用的临时设施。

2.4.2 拆除障碍物

【爆破拆除】

施工现场内的一切地上、地下障碍物，都应在开工前拆除。这项工作一般由建设单位来完成，但也有委托施工单位来完成的。如果由施工单位来完成这项工作，一定要事先摸清现场情况，尤其是在城市的老区中，由于原有建筑物和构筑物情况复杂，而且往往资料不全，在拆除前需要采取相应的措施，防止发生事故。

对于房屋的拆除，一般只要把水源、电源切断后即可进行作业。当房屋较大、较坚固，需采用爆破的方法时，必须经有关部门批准，由专业的爆破作业人员来承担。

架空电线（包括电力、通信)、地下电缆（包括电力、通信）的拆除，要与电力部门或通信部门联系并办理有关手续后方可进行。

自来水、污水、燃气、热力等管线的拆除，都应与有关部门取得联系，办好手续后由专业公司来完成。

场地内若有树木，需报园林部门批准后方可砍伐。

拆除障碍物留下的渣土等杂物都应清除出场外。运输时，应遵守交通、环保部门的有关规定，运土的车辆要按指定的路线和时间行驶，并采取封闭运输车或在渣土上直接洒水等措施，以免渣土飞扬而污染环境。

2.4.3 建立测量控制网

（1）场区控制网，应充分利用勘察阶段的已有平面和高程控制网。原有平面控制网的边长，应投影到测区的相应施工高程上，并进行复测检查。当原有平面控制网的精度满足施工要求时，可作为场区控制网使用，否则应重新建立场区控制网。新建场区控制网，可利用原控制网中的点组（由3个或3个以上的点组成）进行定位。小规模场区控制网，也可选用原控制网中一个点的坐标和一个边的方位进行定位。

（2）建筑物施工控制网，应根据场区控制网进行定位、定向和起算。控制网的坐标轴，应与工程设计所采用的主副轴线一致；建筑物的±0.000高程面，应根据场区水准点测设。

（3）建筑方格网点的布设，应与建（构）筑物的设计轴线平等，并构成正方形或矩形方格网。方格网的测设方法，可采用布网法或轴线法。当采用布网法时，宜增测方格网的对角线；当采用轴线法时，长轴线的定位点不得少于3个。

2.4.4 "七通一平"

"七通一平"是指建设项目在施工以前，施工现场应达到路通、给水通、排水通、排污通、电及电信通、蒸汽及燃气通和场地平整等条件的简称。

（1）路通。施工现场的道路是组织物资进场的动脉，拟建工程开工前，必须按照施工总平面图的要求，修建必要的临时性道路。为节约临时工程费用、缩短施工准备工作时间，宜尽量利用原有道路设施或拟建永久性道路解决现场道路问题，形成畅通的运输网络，确保运输和消防用车等的行驶畅通。临时道路的等级，可根据交通流量和所用车种决定。

（2）给水通。施工用水包括生产、生活与消防用水，应按施工总平面图的规划进行安排，施工给水尽可能与永久性的给水系统结合起来。临时管线的铺设，既要满足施工现场用水的需用量，又要方便施工，并且尽量缩短管线的长度，以降低工程的成本。

（3）排水通。施工现场的排水也十分重要，特别在雨期，如场地排水不畅，会影响施工和运输的顺利进行。高层建筑的基坑深、面积大，施工往往要经过雨期，应做好基坑周围的挡土支护工作，防止坑外雨水向坑内汇流，并做好基坑底部雨水的排放工作。

（4）排污通。施工现场的污水排放，会直接影响城市的环境卫生。由于环境保护的要求，有些污水不能直接排放，需进行处理后方可排放，因此现场的排污也是一项重要的工作。

(5) 电及电信通。电是施工现场的主要动力来源，施工现场用电包括施工生产用电和生活用电。由于建筑工程施工供电面积大、启动电流大、负荷变化多、手持式用电机具多，所以施工现场临时用电要考虑安全和节能措施。开工前，要按照施工组织设计的要求，接通电力和电信设施，电源首先应考虑从建设单位给定的电源上获得，如其供电能力不能满足施工用电需要，则应考虑在现场建立自备发电系统，确保施工现场动力设备和通信设备的正常运行。

(6) 蒸汽及燃气通。施工中如需要通蒸汽、燃气，应按施工组织设计的要求进行安排，以保证施工的顺利进行。

(7) 场地平整。清除障碍物后，即可进行场地平整工作，按照建筑施工总平面、勘测地形图和场地平整施工方案等技术文件的要求，通过测量，计算出填挖土方工程量，设计土方调配方案，确定场地平整的施工方案，组织人力和机械进行场地平整的工作。应尽量做到挖填方量趋于平衡，使总运输量最小，便于机械施工。应充分利用建筑物挖方填土，防止利用地表土、软润土层、草皮、建筑垃圾等做填方。

2.4.5 搭设临时设施

施工现场生产和生活用的临时设施，应按照施工平面布置图的要求进行搭设，临时建筑平面图及主要房屋结构图都应报请城市规划、市政、消防、交通、环境保护等有关部门审查批准。

为了施工方便、行人安全及文明施工，应用围墙将施工用地围护起来，围墙的形式、材料和高度应符合市容管理的有关规定和要求，并在主要出入口设置标牌挂图，标明工程项目名称、施工单位、项目负责人等。

所有生产和生活用的临时设施，包括各种仓库、搅拌站、加工厂作业棚、宿舍、办公用房、食堂、文化生活设施等，均应按批准的施工组织设计的要求组织搭设，并尽量利用施工现场或附近原有设施（包括要拆迁但可暂时利用的建筑物）和在建工程本身供施工使用的部分用房，尽可能减少临时设施的数量，以节约用地、节省投资。

2.5 季节性施工准备

【冬雨期施工技术】

建筑工程施工绝大部分工作是露天作业，受气候影响比较大，因此，在冬期、雨期及夏季施工中，必须从具体条件出发，正确选择施工方法，做好季节性施工准备工作，以保证按期、保质、安全地完成施工任务，取得较好的技术经济效果。

2.5.1 冬期施工准备

1. 组织措施

(1) 合理安排施工进度计划。冬期施工条件差，技术要求高，费用增加，因此要合理安排施工进度计划，尽量安排保证施工质量且费用增加不多的项目在冬期施工，如吊装、打桩、室内装饰装修等工程；而费用增加较多又不容易保证质量的项目，则不宜安排在冬期施工，如土方、基础、外装修、屋面防水等工程。

(2) 进行冬期施工的工程项目，在入冬前应组织编制冬期施工方案，结合工程实际及施工经验等进行，编制可依据《建筑工程冬期施工规程》(JGJ/T 104—2011)。编制的原则是：确保工程质量，经济合理，使增加的费用为最少；所需的热源和材料有可靠的来源，并尽量减少能源消耗；确保能缩短工期。冬期施工方案应包括施工程序，施工方法，现场布置，设备、材料、能源、工具的供应计划，安全防火措施，测温制度和质量检查制度等。方案确定后，要组织有关人员学习，并向队组进行交底。

(3) 组织人员培训。进入冬期施工前，对掺外加剂人员、测温保温人员、锅炉司炉工和火炉管理人员，应专门组织技术业务培训，学习本工作范围内的有关知识，明确职责，经考试合格后，方准上岗工作。

(4) 与当地气象台站保持联系，及时接收天气预报，防止寒流突然袭击。

(5) 安排专人测量施工期间的室外气温、暖棚内气温、砂浆温度、混凝土的温度，并做好记录。

2. 图纸准备

凡进行冬期施工的工程项目，必须复核施工图纸，查对其是否能适应冬期施工要求。如墙体的高厚比、横墙间距等有关的结构稳定性，现浇改为预制及工程结构能否在寒冷状态下安全过冬等问题，应通过图纸会审解决。

3. 现场准备

(1) 根据实物工程量提前组织有关机具、外加剂、保温材料和测温材料进场。

(2) 搭建加热用的锅炉房、搅拌站、敷设管道，对锅炉进行试火试压，对各种加热的材料、设备要检查其安全可靠性。

(3) 计算变压器容量，接通电源。

(4) 对工地的临时给水排水管道及石灰膏等材料做好保温防冻工作，防止道路积水成冰，及时清扫积雪，保证运输顺利。

(5) 做好冬期施工混凝土、砂浆及掺外加剂的试配试验工作，提出恰当的施工配合比。

(6) 做好室内施工项目的保温，如先完成供热系统，安装好门窗玻璃等，以保证室内其他项目能顺利施工。

4. 安全与防火

(1) 冬期施工时，要采取防滑措施。

(2) 大雪后必须将架子上的积雪清扫干净，并检查马道平台，如有松动下沉现象，务必及时处理。

(3) 施工时如接触汽源、热水，要防止烫伤；使用氯化钙、漂白粉时，要防止腐蚀皮肤。

(4) 亚硝酸钠有剧毒，要严加保管，防止突发性误食中毒。

(5) 对现场火源要加强管理。使用天然气、煤气时，要防止爆炸；使用焦炭炉、煤炉或天然气、煤气时，应注意通风换气，防止煤气中毒。

(6) 电源开关、控制箱等设施要加锁，并设专人负责管理，防止漏电、触电。

2.5.2 雨期施工准备

(1) 合理安排雨期施工。为避免雨期窝工造成的损失，一般情况下，在雨期到来之前，应多安排完成基础、地下工程、土方工程、室外及屋面工程等不宜在雨期施工的项目，多留些室内工作在雨期施工。

(2) 加强施工管理，做好雨期施工的安全教育。要认真编制雨期施工技术措施（如雨期前后的沉降观测措施，保证防水层雨期施工质量的措施，保证混凝土配合比、浇筑质量的措施，钢筋除锈的措施等），认真组织贯彻实施。加强对职工的安全教育，防止各种事故发生。

(3) 防洪排涝，做好现场排水工作。工程地点若在河流附近，上游有大面积山地丘陵，应有防洪排涝准备。施工现场雨期来临前，应做好排水沟渠的开挖，准备好抽水设备，防止场地积水和地沟、基槽、地下室等浸水，对工程施工造成损失。

(4) 做好道路维护，保证运输畅通。雨期前检查道路边坡排水，适当提高路面，防止路面凹陷，保证运输畅通。

(5) 做好物资的储存。雨期到来前，应多储存物资，减少雨期运输量，以节约费用。要准备必要的防雨器材，库房四周要有排水沟渠，并做好地面防潮和屋面防漏雨工作，防止物资淋雨浸水而变质。

(6) 做好机具设备等防护。雨期施工，对现场的各种设施、机具要加强检查，特别是脚手架、垂直运输设施等要采取防倒塌、防雷击、防漏电等一系列技术措施，现场机具设备（焊机、闸箱等）要有防雨措施。

2.5.3 夏季施工准备

(1) 编制夏季施工项目的施工方案。夏季施工条件差、气温高、干燥，针对夏季施工的这一特点，对于安排在夏季施工的项目，应编制夏季施工的施工方案并采取相应的技术措施。如对于在夏季施工的大体积混凝土，必须合理选择浇筑时间，做好测温和养护工作，以保证大体积混凝土的施工质量。

【季节性措施案例】

(2) 现场防雷装置的准备。夏季经常有雷雨，工地现场应有防雷装置，特别是高层建筑和脚手架等要按规定设置临时避雷装置，并确保工地现场用电设备的安全运行。

(3) 施工人员防暑降温工作的准备。夏季施工，还必须做好施工人员的防暑降温工作，调整作息时间，从事高温工作的场所及通风不良的地方应加强通风和降温措施，做到安全施工。

【案例】长沙×××工程双螺旋体异形钢结构BIM测量技术

1. 项目概况

长沙×××工程的标志性建筑为双螺旋体景观构筑物，最高点约34m，环道外边界直径最大约86m，两条相互环绕、采用三角支撑架结构的环形通道，由内部螺旋外扩上升，绕过柱顶后在外部螺旋收缩下降，连接着一列密集的廊柱，如图2-2所示。双螺旋体斜立柱共32根，立柱与水平面的夹角为62.02°，相邻斜立柱在水平面上的投影夹角为11.25°，相邻斜立柱之间以钢棒连接，以保证结构的整体稳定性。该种造型目前在国内鲜有出现，因此精确的结构测量是保证工程质量的关键。

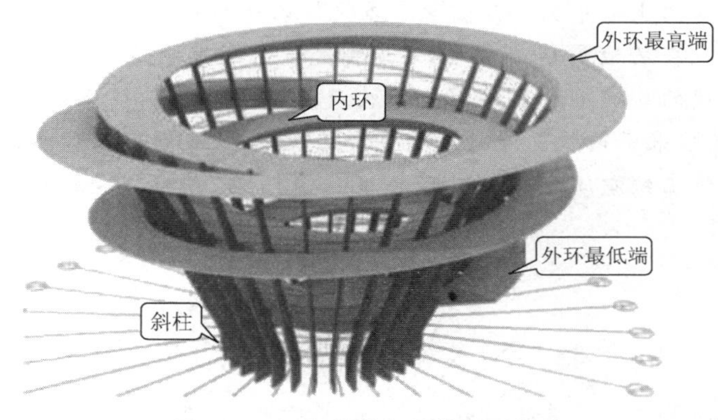

图2-2 双螺旋体钢结构环形通道

2. 重点与难点

(1) 构筑物位于梅溪湖城市岛上，高精度的高空平面控制网和高程控制点的布设受场地限制，定位测量控制难度大。

(2) 钢结构空间变化多样，多为大截面弯扭结构交错形成双螺旋体状，测控精度要求高。

(3) 施工工期短，各分项工程及工序交叉作业多，控制点使用频率高，必须建立长期稳定、统一的测量控制体系。

(4) 内业计算和外业施测工作量较大，数据处理、测控方法的选择及放样工具的选择，直接影响测量放样的速度和精度。

(5) 因日照引起的温差影响，上部钢结构易出现变形现象，所以应选择有利的观测条件和观测时间，这对控制测量精度也很重要。

3. 总体思路

(1) 双螺旋体构筑物造型复杂，应遵循“先承重结构后悬挑结构”和“关键部位重点控制”的测量控制原则。根据工程空中定位测量控制难度大、精度要求高等特点，首先需要遵循“先承重结构后悬挑结构”的测量控制原则，先从32根斜立柱开始定位安装，再分别按螺旋状顺时针定位安装内环道及逆时针定位安装外环道；其次需要对关键部位进行重点控制，以确保整个钢结构空中定位测量控制的精度，保障钢结构的安装质量。

(2) 采用“BIM+智能型全站仪”测量控制技术进行重点控制。因双螺旋体造型中设计有许多重要构件为变截面或异形曲面，其倾斜角度及定位在高空安装现场很难计算准确，必须依靠BIM技术利用计算机建立Tekla的三维实体模型，配合使用BIM 360系列软件来计算和获取测量所需的精确数据，再配合智能型全站仪进行定位测量，这大大提高了测量精度和测量控制的速度。

(3) 对于特殊部位（如双螺旋体32根斜立柱和柱顶环道安装），需要进行分段控制，预先制定好控制措施。

4. 方案实施

(1) 放样工艺流程。建立模型→校核控制点，布设三级控制网→准备数据模型→建立坐标系→创建设站控制点→创建放样点→上传及下载放样数据→搭设放样环境→设置测站→施工测量放样。

(2) 建立三维空间坐标系统。校核业主方提供的一级控制点，将误差按比例分配到首级控制网各控制点，在场地周边布置首级三维空间坐标控制体系；然后根据现场实际情况，在保证测绘精度的前提下，在双螺旋体构筑物外围布置二级三维空间坐标控制体系，如图2-3所示；最后采用内控、外控结合法将三级控制点布置在双螺旋体构筑物内部的合理位置，构成三级三维空间坐标控制体系，从而建立三维空间坐标控制系统。

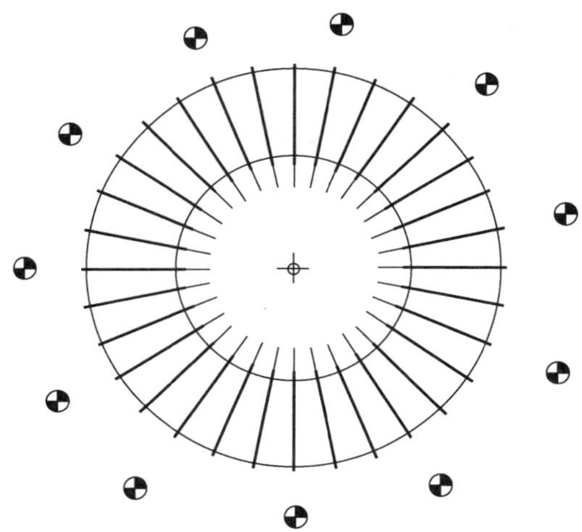

图2-3　二级三维空间坐标控制体系

(3) 螺旋体斜立柱三维定位及测量校正。

① 螺旋体钢柱锚栓定位。地脚螺栓预埋前，先在螺旋体外侧布设轴线控制点，且所布设的轴线控制点都在同一条环形线上并与相交的轴线垂直，以便于地脚螺栓的安装及钢柱的校正。埋件吊装到承台后，先用水准尺量测调平埋件板，再使用智能型全站仪测量其控制点位置的三维空间坐标，根据移动端所显示的三维坐标差值指挥班组将埋件校正到指定位置。

② 斜立柱柱底定位。柱底就位后，使用智能型全站仪测量控制点位置的三维空间坐标，用千斤顶和撬棍进行校正。柱底就位后轴线偏差应不大于5mm，钢柱扭转偏差不大于5mm。

③ 斜立柱标高校正。钢柱吊装就位后，观测设置在柱底板之上1m处的标高线，如标高超过允许偏差值，则通过增加或减薄垫板厚度来调整钢柱标高。

④ 斜立柱垂直度校正。在斜立柱柱顶双向中轴线距离柱边 100mm 处用阳冲打点作为控制点，将激光反射片粘贴于控制点上，在 BIM 360 Layout 软件中设置点位并输出其三维坐标值（X，Y，Z）。柱子吊装到位后，将自动照准 WinCE 智能全站仪架设到视野开阔、平整且便于大面积观测的平面上，利用其免棱镜测量功能逐一测设各点，直到柱子设计坐标值与仪器所测坐标相吻合。钢柱安装垂直度允许偏差不应大于 $H/1000$ 及 ± 10mm。

⑤ 斜立柱二节及以上柱定位及校正。对于第二节以上的钢柱吊装，首先是柱与柱接头应相互对准，塔式起重机松钩后，用智能型全站仪进行三维坐标点测量，校正上节钢柱垂直度时要考虑下节钢柱相对于轴线的偏差值，校正后上节柱顶相对于下节柱顶的偏差值应为负值，以使柱顶偏回到设计位置，从而便于钢柱的顺利吊装及保证钢柱的安装精度，如图 2-4 所示。

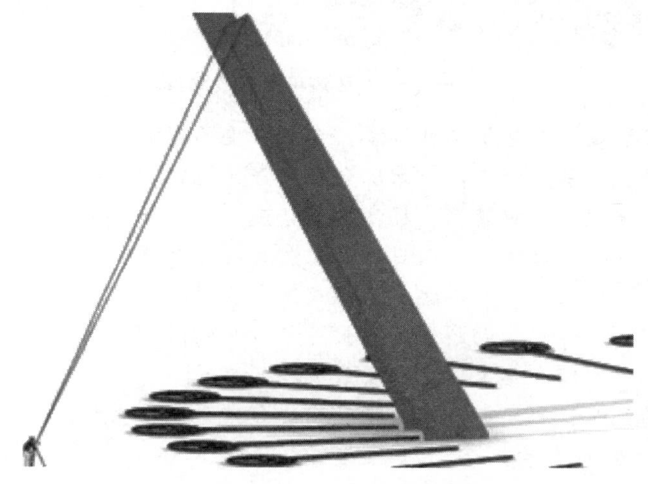

图 2-4 斜立柱三维定位及测量校正

当焊接完成后，对钢柱再次复测并做好记录，作为资料和上节钢柱吊装校正和焊接的参考依据。

（4）螺旋体环道三维定位及测量校正。

① 环道单元的拼装测量。环道单元拼装之前，根据深化设计图所给的各点（拼装胎架及拼装构件）相对三维坐标，对构件进行放样点的选取。在拼装过程中对需拼装构件三维坐标点进行测量，使其一一吻合，以完成拼装。

② 环道单元的安装测量。在环道单元的上表面 4 个角点用阳冲打点作为控制点，然后用智能型全站仪对各控制点进行三维坐标控制，环道单元通过连接板与斜立柱进行连接。环道单元安装测量示意如图 2-5 所示。

③ 环道单元的测量校正。环道单元临时固定后，使用智能型全站仪逐一校核各点，根据移动端显示的三维坐标差值，利用捯链微调环道的空间位置，直到移动端显示的三维坐标差值等于零为止。

5. 精度控制

（1）树立测量工程师的高精度意识，对 BIM 模型的建立、控制点的设计、放样点的选取、点位数据的计算、施测等做到步步有校核，在现场测量过程中，严格贯彻测量工作的自检、互检制度。

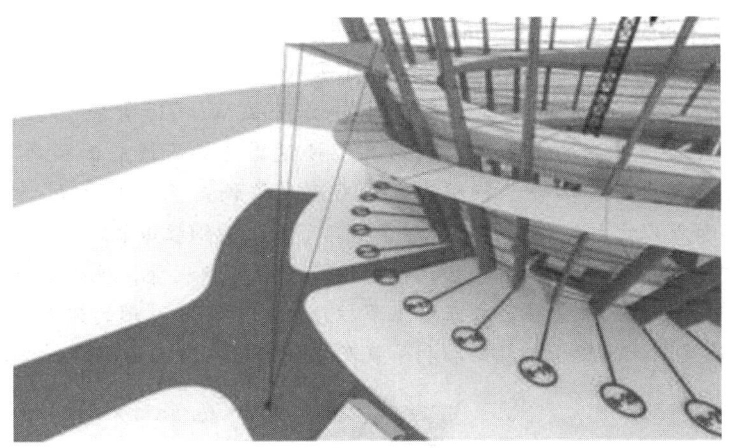

图 2-5 环道单元安装测量示意

(2) 由于安装过程中悬挑构件较多，会在自重的影响下发生不同程度的变形，因此构件在运输、倒运、安装过程中，应采取合理的保护措施，如合理布设吊点、局部采取加强抵抗变形措施等来减少自重变形，提高安装精度。

(3) 钢构件在安装过程中，因日照温差、焊接等会使钢结构产生收缩变形，从而影响结构的安装精度。因此在上一单元安装结束后，要通过观测其变形规律，结合具体变形条件，总结其变形量和变形方向，在下一构件定位测控时对其定位轴线实施反向预偏，即节点定位实施反三维空间变形，以消除安装误差的累积。

(4) 在现场施工过程中，日照温度过高会导致光线发生折射现象。为了减小这种误差对测量工作所产生的影响，观测时间宜主要设在 6:00～10:00、17:00～19:00 的低温时段。

6. 效益分析

(1) 确保测量精度。智能型全站仪精度较普通全站仪要高，可减少仪器本身误差对精度的影响；按“BIM＋智能型全站仪”测量技术结合 BIM 模型所包含的点位数据进行放样，三维坐标差值在移动端实时显示，可有效降低测量施工中的人为误差，使安装精度控制在 5mm 以内。

(2) 提高测量效率。“BIM＋智能型全站仪”放样测量相对于传统放样方法需投入人数（3～4 人）可减少一半，只需 1～2 人即可，放样速度在 200～250 放样点/工作日（大面积放样），可节省人工 50%，缩短工期 20%以上。

(3) 降低安全隐患。钢结构安装作业属于高空作业，使用自动照准 WinCE 智能全站仪配合激光反射片进行测量校核，减少了人工高空作业时间，有利于保证人员安全，减少事故发生的可能性。

(4) 提升 BIM 应用价值。“BIM＋智能型全站仪”测量技术可以最大限度地把人从施工现场繁重的劳动中解脱出来，并能得到精度较高的数据。今后相关技术必将沿着数字化、一体化、自动化、信息化的方向发展，其发展趋势将是与云技术进一步集成，通过使用云技术利用网络可以达到移动终端和云端数据的同步，使 BIM 测量放样数据下载到移动终端和实际测量放样数据上传至云端更加快捷；还将与项目质量管控进一步融合，使质量控制和模型修正无缝地融入原有工作流程中，提升 BIM 的应用价值。

小 结

施工准备工作作为生产经营管理的重要组成部分，是对拟建工程目标、资源供应和施工方案的选择及其空间布置和时间排列等诸方面进行的施工决策。它有利于企业搞好目标管理，推行技术经济责任制。

施工准备工作的内容一般可以归纳为：原始资料的收集与整理、技术资料准备、资源准备、施工现场准备和季节性施工准备。

施工准备工作贯穿于施工全过程中，做好施工准备工作，不打“无准备之战”，可以为项目带来良好的经济效益。

习 题

一、思考题

1. 试述施工准备工作的重要性。
2. 简述施工准备工作的分类和主要内容。
3. 原始资料的调查包括哪些方面？还需要收集哪些相关信息与资料？
4. 熟悉图纸有哪些要求？图纸会审应包括哪些内容？
5. 资源准备包括哪些方面？如何做好劳动组织准备？
6. 施工现场准备包括哪些内容？
7. 如何做好冬期施工准备工作？
8. 如何做好雨期施工准备工作？
9. 如何做好夏季施工准备工作？

二、岗位（执业）资格考试真题

（一）单项选择题

1. 通常情况下，向施工单位提供施工场地内地下管线资料的单位是（　　）。

A. 勘察单位　　B. 建设单位　　C. 设计单位　　D. 监理单位

2. 下列是工程参建单位进行图纸会审的意义表述，不正确的是（　　）。

A. 熟悉施工图纸　　B. 领会设计意图、掌握工程特点

C. 调整预算造价　　D. 将设计缺陷消灭在施工之前

3. 图纸会审的一般程序排序正确的是（　　）。

①会审；②初审；③综合会审；④图纸学习

A. ①②③④　　B. ②④③①　　C. ④②①③　　D. ④②③①

4. 设计部门对原施工图纸和设计文件中所表达的设计标准状态的改变和修改称为（　　）。

A. 图纸会审　　B. 设计变更　　C. 工程签证　　D. 竣工验收

5. 关于施工预算和施工图预算比较的说法，正确的是（　　）。

A. 施工预算既适用于建设单位，也适用于施工单位

B. 施工预算的编制以施工定额为依据，施工图预算的编制以预算定额为依据

C. 施工预算是投标报价的依据，施工图预算是施工企业组织生产的依据

D. 编制施工预算依据的定额比编制施工图预算依据的定额粗略一些

（二）多项选择题

下列关于设计变更的管理，说法正确的有（　　）。

A. 变更发生得越早损失越小

B. 变更发生得越早损失越大

C. 在采购阶段变更仅需要修改图纸

D. 在采购阶段变更不仅需要修改图纸，还需要重新采购设备、材料

【单元2参考答案】

单元3 横道图进度计划

施工员岗位工作标准

1. 能正确划分施工区段，合理确定施工顺序。
2. 能够进行资源平衡计算。
3. 可参与编制施工进度计划及资源需求计划。

造价员岗位工作标准

具备从事一般建筑工程施工项目进度管理的能力。

知识目标

1. 了解组织施工的基本方式。
2. 掌握流水施工原理。
3. 掌握横道图的绘制方法。
4. 熟练应用横道图进度计划技术进行项目管理。

典型工作任务

任务描述	绘制基础工程横道图进度计划
考核时量	2.5 小时（可划分为多个子任务：查阅定额、资源计算、绘制横道图进度计划）
设计条件及要求	

（1）位于湖南省××市区的某住宅楼工程，为五层砖混结构，建筑面积为 3300m^2，建筑平面为 4 个标准单元组合。施工模板采用竹胶合板，现场采用商品混凝土，仅砂浆现场拌制，垂直运输机械为塔式起重机。

（2）本工程开工日期为 2016 年 5 月 3 日，竣工日期为 6 月 20 日（工期可以提前，但必须控制在 10%以内；工期不能延后）。

（3）采用流水施工方式组织施工。

（4）采用 CAD 软件绘制基础工程横道图进度计划，A2 图幅。

（5）提供现行《建设工程劳动定额》一套，A4 白纸每人 2 张。

续表

<table>
<tr><th colspan="7">工程量一览表（工艺顺序请自行调整）</th></tr>
<tr><th rowspan="2">序号</th><th colspan="2">分部分项工程名称</th><th colspan="2" rowspan="2">施工条件说明</th><th colspan="2">工程量</th></tr>
<tr><th colspan="2">基础工程</th><th>单位</th><th>数量</th></tr>
<tr><td>1</td><td colspan="2">人工挖基槽</td><td colspan="2">基槽底宽＜1.5m，深度＜3m，三类土</td><td>m^3</td><td>594</td></tr>
<tr><td>2</td><td colspan="2">基础及室内回填土</td><td colspan="2">夯填，基槽底宽＞0.5m</td><td>m^3</td><td>428.5</td></tr>
<tr><td>3</td><td colspan="2">砌砖基础</td><td colspan="2">上部1砖厚大放脚条形基础</td><td>m^3</td><td>200.4</td></tr>
<tr><td rowspan="3">4</td><td rowspan="3">钢筋混凝土地圈梁</td><td>支模板</td><td>竹胶合板模板，圈梁高＞0.12m</td><td rowspan="3">圈梁尺寸240mm×240mm，纵筋4Φ12</td><td>m^2</td><td>160</td></tr>
<tr><td>扎钢筋</td><td>机制手绑</td><td>t</td><td>1.5</td></tr>
<tr><td>浇混凝土</td><td>商品混凝土机捣，现场地泵运送</td><td>m^3</td><td>19.8</td></tr>
<tr><td>5</td><td colspan="2">混凝土垫层</td><td colspan="2">带形混凝土垫层，商品混凝土机捣，现场地泵运送</td><td>m^3</td><td>90.3</td></tr>
</table>

【单元3任务答案】

流水施工方法是组织施工的一种科学方法。建筑工程的流水施工与工业企业中采用的流水线生产极为相似，不同的是，工业生产中各个工作在流水线上从前一工序向后一工序流动，生产者是固定的；而在建筑施工中各施工对象是固定不动的，专业施工队伍则由前一施工段向后一施工段流动，即生产者是移动的。生产实践证明，流水施工是组织工程项目施工最科学有效的方法之一，它建立在分工协作的基础上，充分利用工作面和工作时间，可提高劳动生产率，保证施工连续、均衡、有节奏地进行，达到提高工程质量、降低工程成本、缩短工期的效果。

3.1 施工进度计划概述

3.1.1 施工进度计划的分类

施工进度计划按编制对象的不同，可分为施工总进度计划、单位工程进度计划、分阶段工程（或专项工程）进度计划、分部分项工程进度计划四种。

3.1.2 施工程序和顺序合理安排的原则

施工程序和顺序随着施工规模、性质、设计要求、施工条件和使用功能的不同而变化，但仍有可供遵循的共同规律，在施工进度计划编制过程中，需注意如下基本原则。

(1) 在安排施工程序的同时，首先安排其相应的准备工作。

(2) 首先进行全场性工程的施工，然后按照单位工程的顺序逐个进行单位工程的施工。

(3) “三通”工程应先场外后场内、由远而近、先主干后分支，排水工程要先下游后上游。

(4) 遵循“先地下后地上”和“先深后浅”的原则。

(5) 主体结构施工在前，装饰工程施工在后，随着建筑产品生产工厂化程度的提高，它们之间的先后时间间隔的长短也将发生变化。

(6) 既要考虑施工组织要求的空间顺序，又要考虑施工工艺要求的工艺顺序；必须在满足施工工艺要求的前提下，尽可能利用工作面，使相邻两个工种在时间上合理且最大限度地搭接起来。

3.1.3 施工进度计划的表达方式

施工总进度计划可采用网络图或横道图表示，并附必要说明。单位工程施工进度计划一般工程用横道图（本单元讲述）表示即可，工程规模较大、工序比较复杂的工程宜采用网络图（单元4讲述）表示。

3.2 逻辑关系及组织施工的方式

3.2.1 逻辑关系

任何一个建筑工程都是经许多施工过程完成的，而每一个施工过程可以组织一个或多个施工队组（专业施工队伍）来进行施工。各施工过程之间存在的相互制约或依赖的关系，称为逻辑关系。施工过程之间的逻辑关系，包括工艺关系和组织关系。

1. 工艺关系

工艺关系是指生产工艺上客观存在的先后顺序关系，或者是非生产性工作之间由工作程序决定的先后顺序关系。如建筑工程施工时，一般先做基础后做主体，先做结构后做装修。一般情况下，工艺关系是不能随意改变的。

2. 组织关系

组织关系是指在不违反工艺关系的前提下，人为安排工作的先后顺序关系。如建筑群中各个建筑物的开工顺序的先后，施工对象的分段流水作业等。组织顺序可以根据具体情况，按安全、经济、高效的原则统筹安排。

3.2.2 组织施工的方式

下面以一个实例来说明组织施工的方式。

【例 3-1】 某四幢相同的砌体结构房屋的基础工程，划分为基槽挖土、混凝土垫层、砖砌基础、基槽回填土四个施工过程，每个施工过程安排一个施工队组，一班制施工，其中每幢楼挖土方工作队由 16 人组成，2 天完成；垫层工作队由 30 人组成，1 天完成；砌基础工作队由 20 人组成，3 天完成；回填土工作队由 10 人组成，1 天完成。试制订其施工进度计划。

1. 依次施工

【依次施工】

依次施工也称顺序施工，是将工程对象任务分解成若干个施工过程，按照一定的施工顺序，前一个施工过程完成后，后一个施工过程才开始施工；或前一个施工段完成后，后一个施工段才开始施工。它是一种最基本、最原始的施工组织方式。

若按照依次施工组织方式来进行施工，本例的进度计划安排如图 3-1、图 3-2 所示。

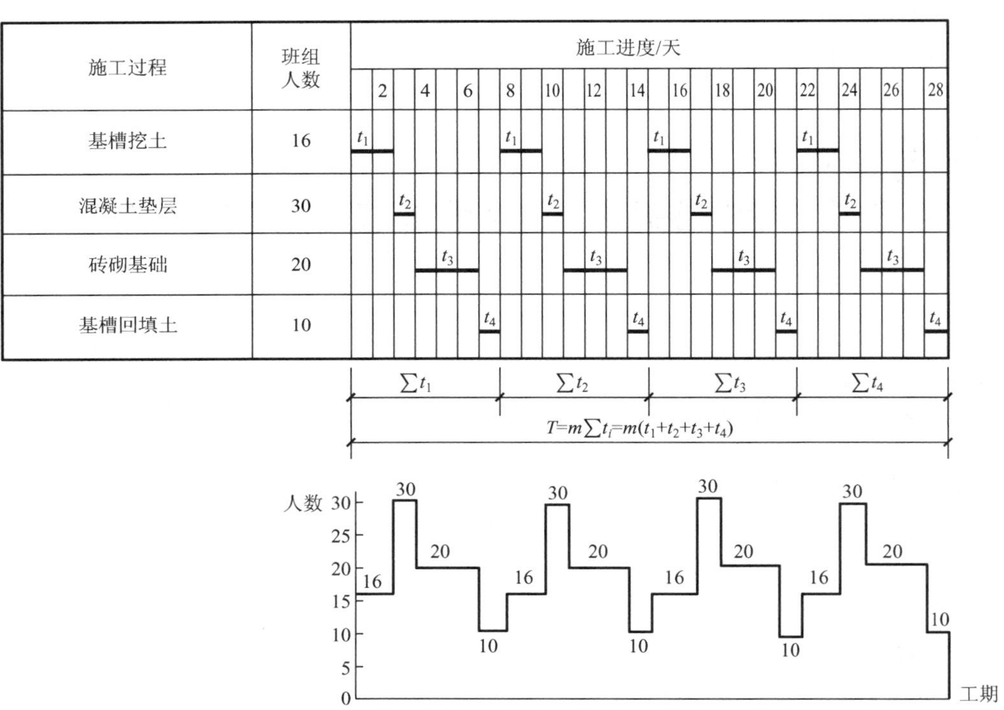

图 3-1 按幢（或施工段）依次施工

由图 3-1 和图 3-2 可以看出，依次施工组织方式的优点是每天投入的劳动力较少，机具使用不集中，材料供应较单一，施工现场管理简单，便于组织和安排。但依次施工组织方式的缺点如下。

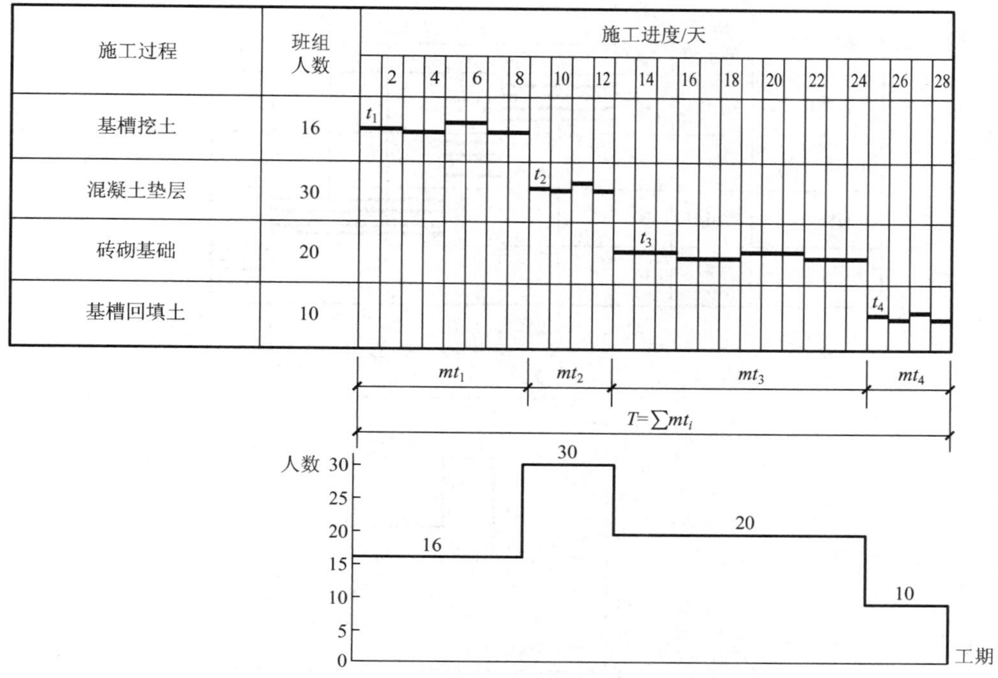

图 3-2 按施工过程依次施工

(1) 由于没有充分利用工作面去争取时间，所以工期长。

(2) 各队组施工及材料供应无法保持连续和均衡，工人有窝工的情况。

(3) 不利于改进工人的操作方法和施工机具，不利于提高工程质量和劳动生产率。

(4) 按施工过程依次施工时，各施工队组虽能连续施工，但不能充分利用工作面，工期长，且不能及时为上部结构提供工作面。

由此可见，采用依次施工不但工期拖得较长，而且在组织安排上也不尽合理。当工程规模比较小、施工工作面又有限时，依次施工是比较合适的，也是常见的。

2. 平行施工

平行施工组织方式是全部工程任务的各施工段同时开工、同时完成的一种方式。例 3-1 如果采用平行施工组织方式，其施工进度计划如图 3-3 所示。

【平行施工】

由图 3-3 可以看出，平行施工组织方式的特点是：能充分利用工作面，完成工程任务的时间最短；施工队组数成倍增加，机具设备也相应增加，同时要求材料供应集中；临时设施、仓库和堆场面积也要增加，从而造成组织安排和施工管理困难，施工管理费用增加。

平行施工一般适用于工期要求紧、大规模的建筑群及分批分期组织施工的工程任务。该方式只有在各方面的资源供应有保障的前提下才是合理的。

3. 流水施工

【流水施工】

流水施工组织方式是指所有的施工过程按一定的时间间隔依次投入，各个施工过程陆续开工、陆续竣工，使同一施工过程的施工队组保持连续、均衡施工，不同的施工过程尽可能采用平行搭接的施工组织方式。

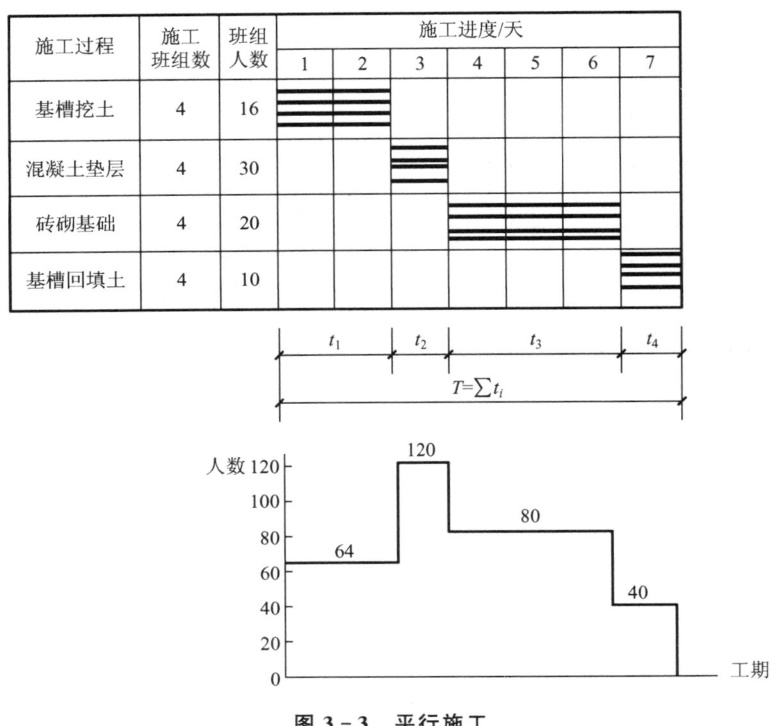

图 3－3　平行施工

例 3－1 若采用流水施工组织方式，其施工进度计划如图 3－4 所示。

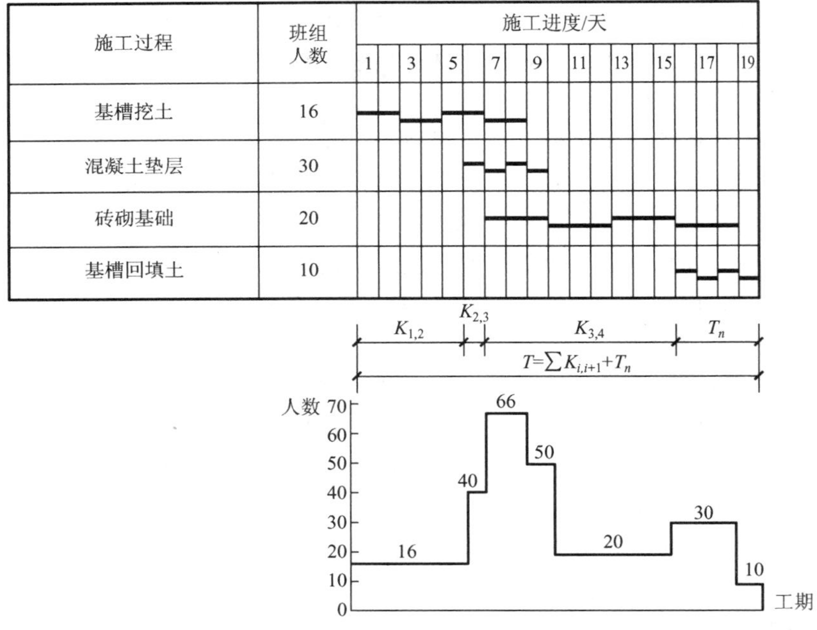

图 3－4　流水施工（全部连续）

由图 3－4 可以看出：流水施工所需的时间比依次施工短，各施工过程投入的劳动力比平行施工少；各施工队组的施工和物资的消耗具有连续性和均衡性，前后施工过程尽可能平行搭接，比较充分地利用了施工工作面；机具、设备、临时设施等比平行施工少，可节约施工费用支出；材料等组织供应相对均匀。

但图 3－4 所示的流水施工组织方式还没有充分利用工作面，如第一个施工段基槽挖土，直到第三个施工段挖土后，才开始混凝土垫层施工，浪费了前两个施工段挖土完成后的工作面。为了充分利用工作面，可按图 3－5 所示的组织方式进行施工，工期比图 3－4 所示的流水施工减少了 3 天。其中垫层施工队组虽做间断安排，但在一个分部工程若干个施工过程的流水施工组织中，只要安排好主要的施工过程，即对工程量大、作业持续时间较长者（例 3－1 为基槽挖土、砖砌基础）组织它们连续、均衡地流水施工，而非主要的施工过程在有利于缩短工期的情况下可安排其间断施工，则这种组织方式仍认为是流水施工的组织方式。

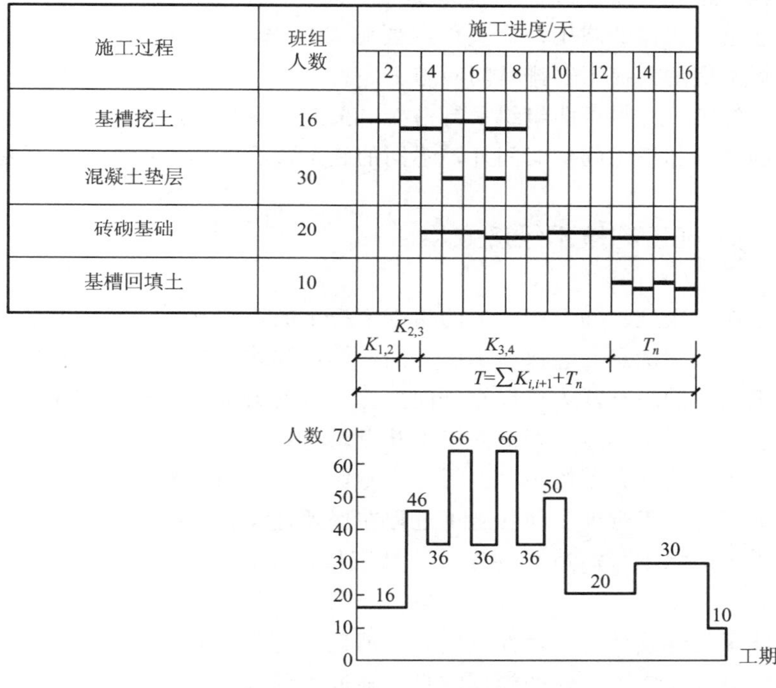

图 3－5　流水施工（部分间断）

3.3 流水施工原理

【流水施工原理】

3.3.1 组织流水施工的条件

流水施工的实质是分工协作与成批生产。在社会化大生产的条件下，分工已经形成，由于建筑产品体形庞大，通过划分施工段就可将单件产品变成假想的多件产品。组织流水施工的条件主要有以下几点。

(1) 划分分部分项工程。首先将拟建工程根据工程特点及施工要求，划分为若干个分部工程，每个分部工程又根据施工工艺要求、工程量大小、施工队组的组成情况，划分为若干施工过程（即分项工程）。

(2) 划分施工段。根据组织流水施工的需要，将所建工程在平面或空间上划分为工程量大致相等的若干个施工段。

(3) 每个施工过程组织独立的施工队组。在一个流水组中，每个施工过程尽可能组织独立的施工队组，其形式可以是专业队组，也可以是混合队组，这样可以使每个施工队组按照施工顺序依次、连续、均衡地从一个施工段转到另一个施工段进行相同的操作。

(4) 主要施工过程必须连续、均衡地施工。对工程量较大、施工时间较长的施工过程，必须组织连续、均衡的施工；对其他次要施工过程，可考虑与相邻的施工过程合并，或在有利于缩短工期的前提下安排其间断施工。

(5) 不同的施工过程尽可能组织平行搭接。按照施工先后顺序要求，在有工作面的条件下，除必要的技术和组织间歇时间外，不同的施工过程应尽可能组织平行搭接。

3.3.2 流水施工的技术经济效果

流水施工是在依次施工和平行施工的基础上产生的，它既克服了依次施工和平行施工的缺点，又具有两者的优点。它保障了施工的连续性和均衡性，使各种物资资源可以均衡地使用，使施工企业的生产能力可以充分地发挥，劳动力得到合理的安排和使用，从而带来较好的技术经济效果，具体可归纳为以下几点。

(1) 按专业工种建立劳动组织，实行生产专业化，有利于劳动生产率的不断提高。

(2) 科学地安排施工进度，使各施工过程在保证连续施工的条件下最大限度地实现搭接，从而减少了因组织不善而造成的停工、窝工损失，合理地利用了施工的时间和空间，有效地缩短了施工工期。

(3) 由于施工的连续性、均衡性，使劳动消耗、物资供应、机械设备利用等处于相对平稳状态，可充分发挥施工企业的管理水平，降低工程成本。

3.3.3 流水施工参数

由流水施工的基本概念及组织流水施工的要点和条件可知：施工过程的分解、流水段的划分、施工队组的组织、施工过程间的搭接、各流水段的作业时间等几个方面的问题是流水施工中需要解决的主要问题。只有解决好这些问题，使施工空间和时间得到合理、充分的利用，方能达到提高工程施工技术经济效果的目的。为此，流水施工基本原理中将上述问题的要害归纳为工艺、空间和时间三个参数，并称之为流水施工基本参数。

1. 工艺参数

在组织流水施工时，用以表达流水施工在施工工艺上开展顺序及其特征的参数，称为工艺参数。通常工艺参数包括施工过程数和流水强度两种。

1）施工过程数

施工过程数是指参与一组流水的施工过程数目，以符号 n 表示。

（1）制备类施工过程。

为了提高建筑产品的装配化、工厂化、机械化和生产能力而形成的施工过程，称为制备类施工过程。它一般不占施工对象的空间，不影响项目总工期，因此在项目施工进度表上不表示；只有当其占有施工对象的空间并影响项目总工期时，在项目施工进度表上才列入，如砂浆、混凝土、构配件、门窗框扇等的制备过程。

（2）运输类施工过程。

将建筑材料、构配件、（半）成品、制品和设备等运到项目工地仓库或现场操作使用地点而形成的施工过程，称为运输类施工过程。它一般不占施工对象的空间，不影响项目总工期，通常不列入施工进度计划中；只有当其占有施工对象的空间并影响项目总工期时，才被列入进度计划中。

（3）安装砌筑类施工过程。

在施工对象空间上直接进行加工，最终形成建筑产品的施工过程，称为安装砌筑类施工过程。它占有施工空间，同时影响项目总工期，必须列入施工进度计划中。

安装砌筑类施工过程按其在项目生产中的作用不同，可分为主导施工过程和穿插施工过程；按其工艺性质不同，可分为连续施工过程和间断施工过程；按其复杂程度，可分为简单施工过程和复杂施工过程。

施工过程划分的数目多少、粗细程度一般与下列因素有关。

（1）施工计划的性质与作用。

对工程施工控制性计划、长期计划，以及建筑群体、规模大、结构复杂、施工期长的工程的施工进度计划，其施工过程划分可粗些，综合性可大些，一般划分至单位工程或分部工程；对中小型单位工程及施工周期不长的工程施工实施性计划，其施工过程划分可细些、具体些，一般划分至分项工程；对月度作业性计划，有些施工过程还可分解为工序，如安装模板、绑扎钢筋等。

（2）施工方案及工程结构。

施工过程的划分与工程的施工方案及工程结构形式有关。如厂房的柱基础与设备基础挖土，如同时施工，可合并为一个施工过程；若先后施工，可分为两个施工过程。承重墙与非承重墙的砌筑也是如此。砖混结构、大墙板结构、装配式框架与现浇钢筋混凝土框架等不同结构体系，其施工过程划分及其内容也各不相同。

（3）施工队组的组织形式及劳动量大小。

施工过程的划分与施工队组的组织形式有关。如现浇钢筋混凝土结构的施工，如果是单一工种组成的施工班组，可以划分为支模板、扎钢筋、浇混凝土三个施工过程；为了组织流水施工的方便或需要，也可合并成一个施工过程，这时劳动班组的组成是多工种混合班组。施工过程的划分还与劳动量大小有关，劳动量小的施工过程，当组织流水施工有困难时，可与其他施工过程合并。如当垫层劳动量较小时，可与挖土合并为一个施工过程，这样可以使各个施工过程的劳动量大致相等，便于组织流水施工。

（4）施工过程内容和工作范围。

施工过程的划分与其内容和范围有关。直接在施工现场与工程对象上进行的劳动过程，可以划入流水施工过程，如安装砌筑类施工过程、施工现场制备及运输类施工过程等；而场外劳动内容可以不划入流水施工过程，如部分场外制备和运输类施工过程。

综上所述，施工过程的划分既不能过多、过细，那样将给计算增添麻烦、重点不突出，也不能过少、过粗，因为那样将过于笼统，失去指导作用。

2）流水强度

流水强度是指某施工过程在单位时间内所完成的工程量，一般以 V_i 表示。

（1）施工过程的机械操作流水强度。

$$V_i = \sum_{i=1}^{x} R_i S_i \qquad (3-1)$$

式中 V_i——某施工过程 i 的机械操作流水强度；

R_i——投入施工过程 i 的某种施工机械台数；

S_i——投入施工过程 i 的某种施工机械产量定额；

x——投入施工过程 i 的施工机械种类数。

（2）施工过程的人工操作流水强度。

$$V_i = R_i S_i \qquad (3-2)$$

式中 R_i——投入施工过程 i 的工作队人数；

S_i——投入施工过程 i 的工作队平均产量定额；

V_i——某施工过程 i 的人工操作流水强度。

2. 空间参数

在组织流水施工时，用以表达流水施工在空间布置上所处状态的参数，称为空间参数。空间参数主要包括工作面、施工段数和施工层数。

1）工作面

某专业工种的工人在从事建筑产品施工生产过程中，所必须具备的活动空间称为工作面。它的大小是根据相应工种单位时间内的产量定额、工程操作规程和安全规程等的要求确定的。工作面确定得合理与否，直接影响到专业工种工人的劳动生产效率，对此必须认真对待。主要工种的工作面参考数据见表 3-1。

表 3-1 主要工种的工作面参考数据

工 作 项 目	每个工种的工作面	说 明
砖基础	7.6m/人	以 1.5 砖计，2 砖乘以 0.8，3 砖乘以 0.55
砌砖墙	8.5m/人	以 1 砖计，1.5 砖乘以 0.71，2 砖乘以 0.57
毛石墙基	3m/人	以 60cm 计
毛石墙	3.3m/人	以 40cm 计
混凝土柱、墙基础	$8m^3$/人	机拌、机捣
混凝土设备基础	$7m^3$/人	机拌、机捣
现浇钢筋混凝土柱	$2.45m^3$/人	机拌、机捣
现浇钢筋混凝土梁	$3.2m^3$/人	机拌、机捣
现浇钢筋混凝土墙	$5m^3$/人	机拌、机捣

续表

工作项目	每个工种的工作面	说　明
现浇钢筋混凝土楼板	5.3m³/人	机拌、机捣
预制钢筋混凝土柱	3.6m³/人	机拌、机捣
预制钢筋混凝土梁	3.6m³/人	机拌、机捣
预制钢筋混凝土屋架	2.7m³/人	机拌，机捣
预制钢筋混凝土平板、空心板	1.91m³/人	机拌、机捣
预制钢筋混凝土大型屋面板	2.62m³/人	机拌、机捣
混凝土地坪及面层	40m²/人	机拌、机捣
外墙抹灰	16m²/人	
内墙抹灰	18.5m²/人	
卷材屋面	18.5m²/人	
防水水泥砂浆屋面	16m²/人	
门窗安装	11m²/人	

2）施工段数和施工层数

施工段数和施工层数是指工程对象在组织流水施工中所划分的施工区段数目。一般把平面上划分的若干个劳动量大致相等的施工区段称为施工段，用符号 m 表示；把建筑物垂直方向划分的施工区段称为施工层，用符号 r 表示。

划分施工区段的目的在于保证不同的施工队组能在不同的施工区段上同时进行施工，消灭由于不同的施工队组不能同时在一个工作面上工作而产生的互等、停歇现象，为流水作业创造条件。

划分施工段的基本要求如下。

(1) 施工段的数目要合理。施工段数过多，势必会减少每个施工段的人数，导致工作面不能充分利用，延长工期；施工段数过少，则会引起劳动力、机械和材料供应的过分集中，有时还会造成“断流”的现象。

(2) 各施工段的劳动量（或工程量）要大致相等（相差宜在15%以内），以保证各施工队组连续、均衡、有节奏地施工。

(3) 要有足够的工作面，使每一施工段所能容纳的劳动力人数或机械台数能满足合理劳动组织的要求。

(4) 要有利于结构的整体性。施工段分界线宜划在伸缩缝、沉降缝及对结构整体性影响较小的位置。

(5) 以主导施工过程为依据进行划分。如在砌体结构房屋施工中，是以砌砖、楼板安装为主导施工过程来划分施工段的，而对于整体的钢筋混凝土框架结构房屋，则是以钢筋混凝土工程作为主导施工过程来划分施工段的。

(6) 当组织流水施工的工程对象有层间关系，分层分段施工时，应使各施工队组能连续施工。即施工过程的施工队组做完第一段能立即转入第二段，施工完第一层的最后一段

后能立即转入第二层的第一段。因此每层的施工段数必须不小于其施工过程数，即

$$m \geqslant n \tag{3-3}$$

假设某三层砌体结构房屋的主体工程，施工过程划分为砌砖墙、现浇圈梁（含构造柱、楼梯）、预制楼板安装灌缝等，每个施工过程在各个施工段上施工所需要的时间均为3天，则施工段数与施工过程数之间可能有下述三种情况。

(1) 当$m=n$，即每层分三个施工段组织流水施工时，其进度安排如图3-6所示。从图3-6可以看出：各施工队组连续施工，施工段上始终有施工队组，工作面能充分利用，无停歇现象，也不会产生工人窝工现象，比较理想。

施工过程	施工进度/天										
	3	6	9	12	15	18	21	24	27	30	33
砌体墙	Ⅰ-1	Ⅰ-2	Ⅰ-3	Ⅱ-1	Ⅱ-2	Ⅱ-3	Ⅲ-1	Ⅲ-2	Ⅲ-3		
现浇圈梁		Ⅰ-1	Ⅰ-2	Ⅰ-3	Ⅱ-1	Ⅱ-2	Ⅱ-3	Ⅲ-1	Ⅲ-2	Ⅲ-3	
预制楼板安装灌缝			Ⅰ-1	Ⅰ-2	Ⅰ-3	Ⅱ-1	Ⅱ-2	Ⅱ-3	Ⅲ-1	Ⅲ-2	Ⅲ-3

图3-6　当$m=n$时的进度安排（Ⅰ～Ⅲ表示楼层，1～3表示施工段）

(2) 当$m>n$，即每层分四个施工段组织流水施工时，其进度安排如图3-7所示。从图3-7可以看出：施工队组仍是连续施工，但每层楼板安装后不能立即投入砌砖，即施工段上有停歇，工作面未被充分利用。然而工作面的停歇并不一定有害，有时还是必要的，如可以利用停歇的时间做养护、备料、弹线等工作。但若施工段数目过多，必然导致工作面闲置，不利于缩短工期。

施工过程	施工进度/天													
	3	6	9	12	15	18	21	24	27	30	33	36	39	42
砌体墙	Ⅰ-1	Ⅰ-2	Ⅰ-3	Ⅰ-4	Ⅱ-1	Ⅱ-2	Ⅱ-3	Ⅱ-4	Ⅲ-1	Ⅲ-2	Ⅲ-3	Ⅲ-4		
现浇圈梁		Ⅰ-1	Ⅰ-2	Ⅰ-3	Ⅰ-4	Ⅱ-1	Ⅱ-2	Ⅱ-3	Ⅱ-4	Ⅲ-1	Ⅲ-2	Ⅲ-3	Ⅲ-4	
预制楼板安装灌缝			Ⅰ-1	Ⅰ-2	Ⅰ-3	Ⅰ-4	Ⅱ-1	Ⅱ-2	Ⅱ-3	Ⅱ-4	Ⅲ-1	Ⅲ-2	Ⅲ-3	Ⅲ-4

图3-7　当$m>n$时的进度安排（Ⅰ～Ⅲ表示楼层，1～4表示施工段）

(3) 当$m<n$，即每层分两个施工段组织施工时，其进度安排如图3-8所示。从图3-8可以看出：尽管施工段上未出现停歇，但施工队组不能及时进入第二层施工段施工，而轮流出现窝工现象。因此，对于一个建筑物组织流水施工是不适宜的，但在建筑群中可联系若干建筑物组织大流水作业。

施工过程	施工进度/天									
	3	6	9	12	15	18	21	24	27	30
砌体墙	Ⅰ-1	Ⅰ-2		Ⅱ-1	Ⅱ-2		Ⅲ-1	Ⅲ-2		
现浇圈梁		Ⅰ-1	Ⅰ-2		Ⅱ-1	Ⅱ-2		Ⅲ-1	Ⅲ-2	
预制楼板安装灌缝			Ⅰ-1	Ⅰ-2		Ⅱ-1	Ⅱ-2		Ⅲ-1	Ⅲ-2

图 3-8　当 $m<n$ 时的进度安排（Ⅰ～Ⅲ表示楼层，1、2 表示施工段）

应当指出，当无层间关系或无施工层（如某些单层建筑物、基础工程等作业）时，则施工段数并不受式(3-3)的限制。

3. 时间参数

在组织流水施工时，用以表达流水施工在时间排列上所处状态的参数，称为时间参数，它包括流水节拍、流水步距、平行搭接时间、技术与组织间歇时间、工期等。

1）流水节拍

流水节拍是指从事某一施工过程的施工队组在一个施工段上完成施工任务所需的时间，用符号 t_i 表示（$i=1, 2, \cdots$）。

流水节拍的大小直接关系到投入的劳动力、机械和材料量的多少，决定着施工速度和施工的节奏，因此合理确定流水节拍具有重要的意义。流水节拍可按下列三种方法确定。

（1）定额计算法。该算法是根据各施工段的工程量和现有能够投入的资源量（劳动力、机械台数和材料量等），按式(3-4)和式(3-5)进行计算的。

$$t_i=\frac{Q_i}{S_iR_iN_i}=\frac{P_i}{R_iN_i} \tag{3-4}$$

或

$$t_i=\frac{Q_iH_i}{R_iN_i}=\frac{P_i}{R_iN_i} \tag{3-5}$$

式中　t_i——某施工过程的流水节拍；

Q_i——某施工过程在某施工段上的工程量；

S_i——某施工队组的计划产量定额；

H_i——某施工队组的计划时间定额；

P_i——在一施工段上完成某施工过程所需的劳动量（工日数）或机械台班量（台班数），按式(3-6)计算；

R_i——某施工过程的施工队组人数或机械台数；

N_i——每天工作班制。

$$P_i=\frac{Q_i}{S_i}=Q_iH_i \tag{3-6}$$

在式(3-4)和式(3-5)中，S_i 和 H_i 应是施工企业的工人或机械所能达到的实际定额水平。

假设某基础工程的人工挖土方工程量为1219m³，施工条件为：开挖深度小于3m，三类土。根据施工条件查《建设工程劳动定额》，人工挖土方的劳动定额为0.484工日/m³，则其劳动量为：

$$1219\times 0.484=590(\text{工日})$$

【劳动定额查取】

它表示一个标准工人开挖符合这种施工条件的1219m³土，需要590工日，如果该分部工程分为两个施工段，施工班组人数为20人，2班制作业，则流水节拍为：

$$t_i=\frac{590}{2\times 2\times 20}=7.375(\text{天})$$

按整数取为7天。

【例3－2】 试计算本单元典型工作任务的劳动量。

【解】 步骤如下。

(1) 将施工工艺顺序进行调整，见表3－2。

表3－2 工艺顺序调整表

<table>
<tr><th rowspan="2">序号</th><th colspan="2">分部分项工程名称</th><th colspan="2">工程量</th><th rowspan="2" colspan="2">施工条件说明</th></tr>
<tr><th colspan="2">基础工程</th><th>单位</th><th>数量</th></tr>
<tr><td>1</td><td colspan="2">人工挖基槽</td><td>m³</td><td>594</td><td colspan="2">(1) 基槽底宽＜1.5m，深度＜3m
(2) 三类土</td></tr>
<tr><td>2</td><td colspan="2">混凝土垫层</td><td>m³</td><td>90.3</td><td colspan="2">(1) 带形混凝土垫层
(2) 商品混凝土机捣
(3) 现场地泵运送</td></tr>
<tr><td>3</td><td colspan="2">砌砖基础</td><td>m³</td><td>200.4</td><td colspan="2">上部1砖厚大放脚条形基础</td></tr>
<tr><td rowspan="3">4</td><td rowspan="3">钢筋混凝土地圈梁</td><td>支模板</td><td>m²</td><td>160</td><td>竹胶合板模板</td><td rowspan="3">(1) 圈梁尺寸240mm×240mm
(2) 纵筋4Φ12</td></tr>
<tr><td>扎钢筋</td><td>t</td><td>1.5</td><td>机制手绑</td></tr>
<tr><td>浇混凝土</td><td>m³</td><td>19.8</td><td>(1) 商品混凝土机捣
(2) 现场地泵运送</td></tr>
<tr><td>5</td><td colspan="2">基础及室内回填土</td><td>m³</td><td>428.5</td><td colspan="2">(1) 夯填
(2) 基槽底宽＞0.5m</td></tr>
</table>

(2) 劳动定额查询。以人工挖基槽为例，相关条件见表3－3。

表3－3 人工挖基槽相关条件

分部分项工程名称	工程量		施工条件说明
	单位	数量	
人工挖基槽	m³	594	(1) 基槽底宽＜1.5m，深度＜3m (2) 三类土

① 购买或网上查阅作业标准《建设工程劳动定额 建筑工程》(LD/T 72.1—11—2008)。

② 根据需求查阅目录，查取“建筑工程—人工土石方工程”。注意：劳动定额包括时

间定额和产量定额，本次查取的为时间定额。

《建设工程劳动定额　建筑工程》中第3.1.1条规定，本标准的劳动消耗量均以“时间定额”表示，以“工日”为单位，每一工日按8h计算。

③ 查阅“时间定额表”。根据分项工程的具体内容，查取《建设工程劳动定额　建筑工程》第5.1.2条，相关定额数据见表3－4。

表3－4　时间定额数据

定额编号		AB006	AB007	AB008	AB009	AB0010	AB0011	序号
项　目		底宽≤0.8m，深度（≤m）		底宽≤1.5m，深度（≤m）				
		1.5	3	1.5	3	4.5	6	
一类土		0.231	0.292	0.202	0.255	0.331	0.407	一
二类土		0.345	0.406	0.300	0.353	0.429	0.505	二
三类土		0.556	0.617	0.483	0.536	0.612	0.688	三
四类土		0.841	0.902	0.727	0.780	0.856	0.932	四
淤泥	砂性	1.266	1.358	1.095	1.175	1.288	1.403	五
	黏性	2.440	2.567	1.537	1.617	1.730	1.845	六

在该施工条件下，查得人工挖基槽的时间定额为0.536工日/m^3。

(3) 劳动量计算。根据式(3－6)，对人工挖基槽的劳动量计算如下。

$$P_{挖槽}=Q_{挖槽}H_{挖槽}=594\times0.536=318(\text{工日})$$

相关结果列于表3－5中。

表3－5　人工挖基槽数据

施工过程	工程量	定额编号	劳动定额	劳动量
人工挖基槽	594m^3	AB0009	0.536工日/m^3	318工日

同理，可得其他分部分项工程的数据，见表3－6。

表3－6　各分部分项工程一览表

序号	分部分项工程名称		工程量		定额编号	劳动定额	劳动量	
	基础工程		单位	数量				
1	人工挖基槽		m^3	594	AB0009	0.536工日/m^3	318工日	
2	混凝土垫层		m^3	90.3	AH0008	0.45工日/m^3	41工日	
3	砌砖基础		m^3	200.4	AD0001	0.937工日/m^3	188工日	
4	钢筋混凝土地圈梁	支模板①	m^2	160	AF0088	1.62工日/10m^2	26工日	57工日
		扎钢筋	t	1.5	AG0052	10.8工日/t	16工日	
		浇混凝土	m^3	19.8	AH0041	0.745工日/m^3	15工日	
5	基础及室内回填土		m^3	428.5	AB0087	0.182工日/m^3	78工日	

① 基础部分的圈梁（地腰箍），按不带底板基础梁标准执行。

(2) 经验估算法。即根据以往的施工经验进行估算。一般为了提高其准确程度，往往先估算出该流水节拍的最长、最短和最可能三种时间，然后据此求出期望时间作为某施工队组在某施工段上的流水节拍。因此本法也称为三种时间估算法，其计算公式为：

$$t_i = \frac{a + 4c + b}{6} \tag{3-7}$$

式中 t_i——某施工过程在某施工段上的流水节拍；

a——某施工过程在某施工段上的最短估算时间；

b——某施工过程在某施工段上的最长估算时间；

c——某施工过程在某施工段上的最可能估算时间。

这种方法多适用于采用新工艺、新方法和新材料等没有定额可循的工程。

(3) 工期计算法。对某些施工任务在规定日期内必须完成的工程项目，往往采用倒排进度法，即根据工期要求先确定流水节拍，然后应用式(3-4)和式(3-5)求出所需的施工队组人数或机械台数。但在这种情况下，首先必须检查劳动力和机械供应的可能性，看物资供应等能否与之相适应。其具体步骤如下。

① 根据工期倒排进度，确定某施工过程的工作延续时间。

② 确定某施工过程在某施工段上的流水节拍。若同一施工过程的流水节拍不等，可用估算法；若流水节拍相等，则按式(3-8)计算。

$$t_i = \frac{T_i}{m} \tag{3-8}$$

式中 t_i——某施工过程的流水节拍；

T_i——某施工过程的工作持续时间；

m——施工段数。

确定流水节拍应考虑的因素如下。

(1) 施工队组人数应符合该施工过程最小劳动组合人数的要求。所谓最小劳动组合，就是指某一施工过程进行正常施工所必需的最低限度的队组人数及其合理组合。如模板安装就要按技工和普工的最少人数及合理比例组成施工队组，人数过少或比例不当都将引起劳动生产率的下降，甚至无法施工。

(2) 要考虑工作面的大小或某种条件的限制。施工队组人数也不能太多，每个工人的工作面要符合最小工作面的要求，否则就不能发挥正常的施工效率，或不利于安全生产。

(3) 要考虑各种机械台班的效率或机械台班产量的大小。

(4) 要考虑各种材料、构配件等施工现场堆放量、供应能力及其他有关条件的制约。

(5) 要考虑施工及技术条件的要求。如浇筑混凝土时，为了连续施工，有时要按照三班制工作的条件决定流水节拍，以确保工程质量。

(6) 确定一个分部工程各施工过程的流水节拍时，首先应考虑主要的、工程量大的施工过程的节拍，其次确定其他施工过程的节拍。

(7) 节拍值一般取整数，必要时可保留 0.5 天（台班）的小数值。

2) 流水步距

流水步距是指两个相邻的施工过程的施工队组相继进入同一施工段开始施工的最小时间间隔（不包括技术与组织间歇时间），用符号 $K_{i,i+1}$ 表示（i 表示前一个施工过程，$i+1$ 表示后一个施工过程）。

流水步距的大小，对工期有着较大的影响。一般说来，在施工段不变的条件下，流水步距越大，工期越长；流水步距越小，工期越短。流水步距还与前后两个相邻施工过程流水节拍的大小、施工工艺技术要求、施工段数目、流水施工的组织方式有关。

流水步距的数目等于 $n-1$，其中 n 为参加流水施工的施工过程（队组）数。

(1) 确定流水步距的基本要求如下。

① 主要施工队组连续施工的需要。流水步距的最小长度，必须使主要施工专业队组进场以后，不发生停工、窝工现象。

② 施工工艺的要求。保证每个施工段的正常作业程序，不发生前一个施工过程尚未全部完成，而后一施工过程提前介入的现象。

③ 最大限度搭接的要求。流水步距要保证相邻两个专业队在开工时间上最大限度地、合理地搭接。

④ 要保证工程质量，满足安全生产、成品保护的需要。

(2) 确定流水步距的方法。确定流水步距的方法很多，简捷、实用的方法主要有图上分析法、分析计算法（公式法）和累加数列法（潘特考夫斯基法）。分析计算法见本章相关内容，而累加数列法适用于各种形式的流水施工，且较为简捷、准确。

【流水步距求解的通用方法】

累加数列法没有计算公式，它的文字陈述是“累加数列错位相减取大差”，其计算步骤如下。

① 将每个施工过程的流水节拍逐段累加，求出累加数列。

② 根据施工顺序，对相邻的两累加数列错位相减。

③ 根据错位相减的结果，确定相邻施工队组之间的流水步距，即相减结果中数值最大者。

【例3-3】 某项目由土方开挖、基础施工、立体结构、二次砌筑、装饰装修五个施工过程组成，分别由四个专业工作队完成，在平面上划分成四个施工段，每个施工过程在各个施工段上的流水节拍见表3-7。试确定相邻专业工作队之间的流水步距。

表3-7 某工程流水节拍

施工过程	施工段			
	Ⅰ	Ⅱ	Ⅲ	Ⅳ
土方开挖	2	2	3	2
基础施工	3	2	2	3
主体结构	5	6	6	4
二次砌筑	2	4	3	2
装饰装修	2	3	3	2

【解】 (1) 求流水节拍的累加数列。

土方开挖：2，4，7，9

基础施工：3，5，7，10

主体结构：5，11，17，21

二次砌筑：2，6，9，11

装饰装修：2，5，8，10

(2) 错位相减。

土方开挖与基础施工：

```
        2，  4，  7，  9
   —)        3，  5，  7，  10
   ─────────────────────────────
        2，  1，  2，  2，—10
```

基础施工与主体结构：

```
        3，  5，   7，   10
   —)        5，  11，  17，  21
   ─────────────────────────────
        3，  0，—4，—7，—21
```

主体结构与二次砌筑：

```
        5，  11，  17，  21
   —)         2，   6，   9，  11
   ─────────────────────────────
        5，   9，  11，  12，—11
```

二次砌筑与装饰装修：

```
        2，  6，  9，  11
   —)        2，  5，   8，  10
   ─────────────────────────────
        2，  4，  4，   3，—10
```

(3) 确定流水步距。因流水步距等于错位相减所得结果中数值最大者，故有

$$K_{土,基}=\max\{2,1,2,2,-10\}=2(天)$$

$$K_{基,主}=\max\{3,0,-4,-7,-21\}=3(天)$$

$$K_{主,砌}=\max\{5,9,11,12,-11\}=12(天)$$

$$K_{砌,装}=\max\{2,4,4,3,-10\}=4(天)$$

3) 平行搭接时间

在组织流水施工时，有时为了缩短工期，在工作面允许的条件下，如果前一个施工队组完成部分施工任务后，能够提前为后一个施工队组提供工作面，使后者提前进入前一个施工段，两者在同一施工段上平行搭接施工，则这个搭接时间称为平行搭接时间，通常以 $C_{i,i+1}$ 表示。

4) 技术与组织间歇时间

在组织流水施工时，有些施工过程完成后，后续施工过程不能立即投入，必须有足够的间歇时间。由建筑材料或现浇构件工艺性质决定的间歇时间称为技术间歇，如现浇混凝土构件的养护时间、抹灰层的干燥时间、油漆层的干燥时间等；由施工组织原因造成的间歇时间称为组织间歇，如回填土前地下管道的检查验收、施工机械的转移、砌筑墙体前的墙身位置弹线及其他作业前的准备工作。技术与组织间歇时间用 $Z_{i,i+1}$ 表示。

5) 工期

工期是指完成一项工程任务或一个流水组施工所需的时间，一般可采用式(3－9) 计算完成一个流水组施工的工期。

$$T=\sum K_{i,i+1}+T_n+\sum Z_{i,i+1}-\sum C_{i,i+1} \tag{3-9}$$

式中　T——流水施工工期；

$\sum K_{i,i+1}$——流水施工中各流水步距之和；

T_n——流水施工中最后一个施工过程的持续时间；

$Z_{i,i+1}$——第 i 个施工过程与第 $i+1$ 个施工过程之间的技术与组织间歇时间；

$C_{i,i+1}$——第 i 个施工过程与第 $i+1$ 个施工过程之间的平行搭接时间。

3.3.4 施工进度计划横道图的绘制

流水施工主要以横道图方式表示，横坐标表示流水施工的持续时间，纵坐标表示施工过程的名称或编号。带有编号的水平线段表示各施工过程或专业工作队的施工进度安排，其编号①、②…表示不同的施工段。图 3-4 所示即为用横道图表示的各施工过程的开工时间和完成时间、施工过程的持续时间、施工过程之间的相互搭接关系，以及整个施工项目的开工时间、完工时间和总工期。

横道图表示法的优点是：绘图简单，施工过程及其先后顺序表达清楚，时间和空间状况形象直观、使用方便，因而被广泛用来表达施工进度计划。

横道图的绘制方法是：首先绘制时间坐标进度表，根据有关计算，直接在进度表上画出进度线，进度线的水平长度即为施工过程的持续时间。一般先安排主导施工过程的施工进度，然后再安排其余施工过程，尽可能配合主导施工过程且最大限度地搭接，以形成施工进度计划的初步方案。

3.4 流水施工的组织方式

3.4.1 流水施工的基本组织方式

1. 流水施工的分级

根据组织流水施工的工程对象的范围大小，流水施工通常可分为以下几种。

(1) 分项工程流水施工。也称细部流水施工，是在一个施工过程内部组织起来的流水施工，如砌砖墙施工过程的流水施工、现浇钢筋混凝土施工过程的流水施工等。分项工程流水施工是组织工程流水施工中范围最小的流水施工。

(2) 分部工程流水施工。也称专业流水施工，是在一个分部工程内部、各分项工程之间组织起来的流水施工，如基础工程的流水施工、主体工程的流水施工、装饰工程的流水施工等。分部工程流水施工是组织单位工程流水施工的基础。

(3) 单位工程流水施工。也称综合流水施工，是在一个单位工程内部、各分部工程之间组织起来的流水施工，如一幢办公楼、一个厂房车间等组织的流水施工。单位工程流水施工是分部工程流水施工的扩大和组合，建立在分部工程流水施工基础之上。

(4) 群体工程流水施工。也称大流水施工，是在各单位工程之间组织起来的流水施工。它是为完成工业或民用建筑群而组织起来的全部单位工程流水施工的总和。

2. 流水施工的基本组织方式分类

建筑工程的流水施工要求有一定的节拍，才能步调和谐、配合得当。流水施工的节奏是由节拍所决定的，但由于建筑工程的多样性，各分部分项的工程量差异较大，要使所有的流水施工都组织成统一的流水节拍是很困难的。在大多数的情况下，各施工过程的流水节拍不一定相等，甚至一个施工过程本身在各施工段上的流水节拍也不相等，因此形成了不同节奏特征的流水施工。

根据流水施工节奏特征的不同，流水施工的基本组织方式可分为有节奏流水施工和无节奏流水施工两大类，有节奏流水施工又可分为等节奏流水施工和异节奏流水施工，如图 3－9 所示。

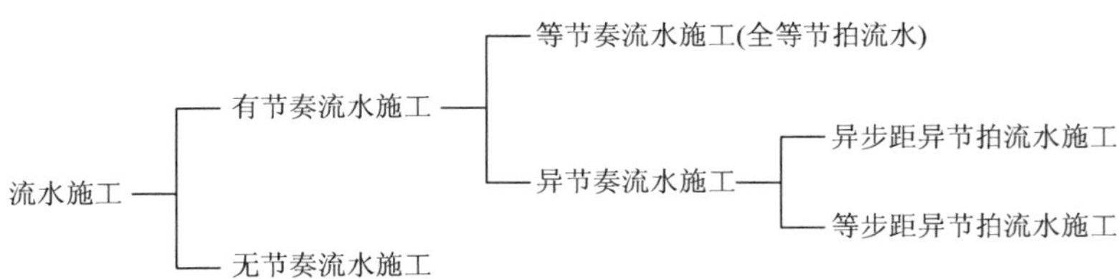

图 3－9　流水施工的基本组织方式分类

3.4.2 等节奏流水施工

等节奏流水施工是指同一施工过程在各施工段上的流水节拍都相等，并且不同施工过程之间的流水节拍也相等的一种流水施工方式。即各施工过程的流水节拍均为常数，故也称全等节拍流水施工或固定节拍流水施工。

例如，某工程划分为基础 A、结构安装 B、室内装修 C、室外工程 D 四个施工过程，每个施工过程分为四个施工段，流水节拍均为 2 天，组织等节奏流水施工，其进度计划安排如图 3－10 所示。

施工过程	施工进度/天													
	1	2	3	4	5	6	7	8	9	10	11	12	13	14
A														
B														
C														
D														

图 3－10　等节奏流水施工进度计划

1. 等节奏流水施工的特征

(1) 各施工过程在各施工段上的流水节拍彼此相等。如有 n 个施工过程，流水节拍为 t_i，则 $t_1=t_2=\cdots=t_{n-1}=t_n$，即 $t_i=t$（常数）。

(2) 流水步距彼此相等，而且等于流水节拍值，即

$$K_{1,2}=K_{2,3}=\cdots=K_{n-1,n}=K=t$$

(3) 各专业工作队在各施工段上能够连续作业，施工段之间没有空闲时间。

(4) 施工班组数 n_1 等于施工过程数 n。

2. 等节奏流水施工主要参数的确定

(1) 等节奏流水施工段数 m 的确定。

① 无层间关系时，施工段数 m 按划分施工段的基本要求确定即可。

② 有层间关系时，为了保证各施工队组连续施工，应取 $m \geqslant n$。此时，每层施工段空闲数为 $m-n$，一个空闲施工段的时间为 t，则每层的空闲时间为

$$(m-n)t=(m-n)K$$

若一个楼层内各施工过程间的技术与组织间歇时间之和为 $\sum Z_1$，楼层间技术与组织间歇时间为 Z_2，每层的 $\sum Z_1$ 均相等，Z_2 也相等，则保证各施工队组能连续施工的最小施工段数 m 的确定公式如下。

$$(m-n)K=\sum Z_1+Z_2-\sum C_1$$

$$m=n+\frac{\sum Z_1}{K}+\frac{Z_2}{K}-\frac{\sum C_1}{K} \tag{3-10}$$

式中 m——施工段数；

n——施工过程数；

$\sum Z_1$——一个楼层内各施工过程间技术与组织间歇时间之和；

Z_2——楼层间技术与组织间歇时间；

$\sum C_1$——同一施工层中平行搭接时间之和；

K——流水步距。

(2) 流水施工工期的计算。

① 不分施工层时，工期可按式(3-11)进行计算。因为

$$\sum K_{i,i+1}=(n-1)t$$

$$T_n=mt$$

代入式(3-9)可得

$$\begin{aligned}T&=(n-1)t+mt+\sum Z_{i,i+1}-\sum C_{i,i+1}\\&=(m+n-1)t+\sum Z_{i,i+1}-\sum C_{i,i+1}\end{aligned} \tag{3-11}$$

式中 T——流水施工总工期；

m——施工段数；

n——施工过程数；

t——流水节拍；

$\sum Z_{i,i+1}$——$i,i+1$ 两施工过程之间的技术与组织间歇时间；

$\sum C_{i,i+1}$——$i,i+1$ 两施工过程之间的平行搭接时间。

② 区分施工层时，可按式(3－12)进行计算。

$$T=(mr+n-1)t+\sum Z_1-\sum C_1 \tag{3-12}$$

式中　r——施工层数；

$\sum Z_1$——同一施工层中技术与组织间歇时间之和；

$\sum C_1$——同一施工层中平行搭接时间之和；

其他符号含义同前。

3. 等节奏流水施工的组织

等节奏流水施工的组织方法是：首先划分施工过程，应将劳动量小的施工过程合并到相邻施工过程中去，以使各流水节拍相等；其次确定主要施工过程的施工队组人数，计算其流水节拍；最后根据已定的流水节拍，确定其他施工过程的施工队组人数及其组成。

等节奏流水施工一般适用于工程规模较小、建筑结构比较简单、施工过程不多的房屋或某些构筑物，常用于组织一个分部工程的流水施工。

4. 等节奏流水施工案例

【例3－4】某分部工程划分为土方开挖A、混凝土垫层B、混凝土基础C、回填土D四个施工过程，每个施工过程分三个施工段，各施工过程的流水节拍均为4天，试组织等节奏流水施工。

【解】(1) 确定流水步距。由等节奏流水的特征可知$K=t=4$天。

(2) 计算工期。

$$T=(m+n-1)t=(3+4-1)\times 4=24(天)$$

(3) 用横道图绘制流水进度计划，如图3－11所示。

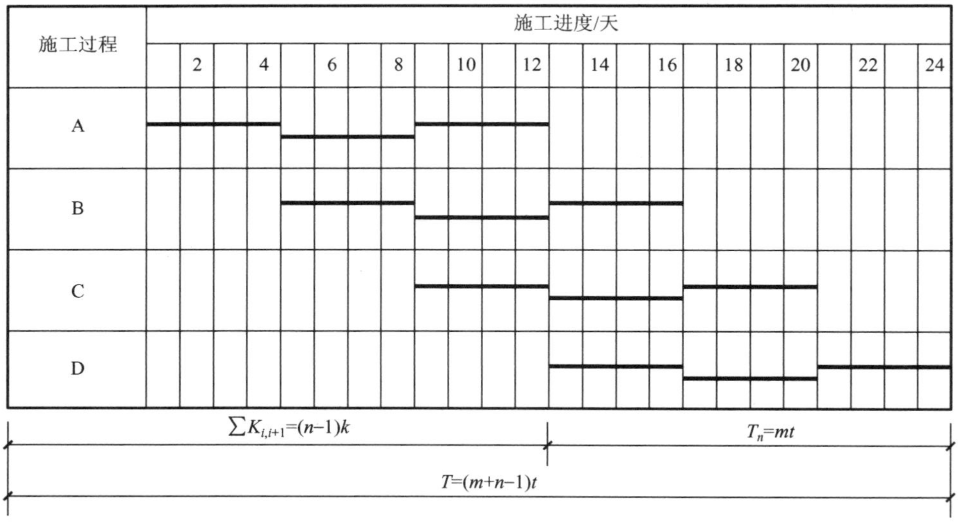

施工过程	施工进度/天																							
		2		4		6		8		10		12		14		16		18		20		22		24
A																								
B																								
C																								
D																								

$\sum K_{i,i+1}=(n-1)k$　　$T_n=mt$

$T=(m+n-1)t$

图3－11　某分部工程无间歇等节奏流水施工进度计划

【例3－5】某主体工程由现浇柱A、现浇梁板B、拆模C、砌砖墙D四个施工过程组成，划分两个施工层组织流水施工，各施工过程的流水节拍均为2天，其中施工过程B与C之间有2天的技术间歇时间，层间技术间歇为2天。为了保证施工队组连续作业，试确定施工段数和流水工期，并绘制流水施工进度表。

【解】(1) 确定流水步距。由等节奏流水的特征可知

$$K_{A,B}=K_{B,C}=K_{C,D}=K=2\text{ 天}$$

(2) 确定施工段数。本工程分两个施工层，由式(3－10) 可得

$$m=n+\frac{\sum Z_1}{K}+\frac{Z_2}{K}-\frac{\sum C_1}{K}=4+\frac{2}{2}+\frac{2}{2}-0=6(\text{段})$$

(3)计算流水工期。由式(3－12)可得

$$T=(mr+n-1)t+\sum Z_1-\sum C_1=(6\times 2+4-1)\times 2+2-0=32(\text{天})$$

(4) 绘制流水施工进度表，如图 3－12 所示。

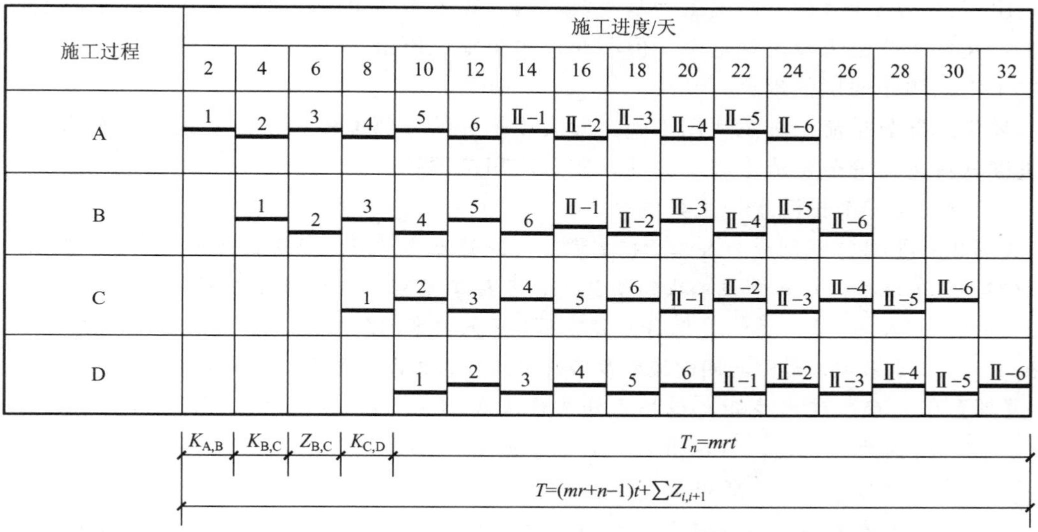

施工过程	施工进度/天															
	2	4	6	8	10	12	14	16	18	20	22	24	26	28	30	32
A	1	2	3	4	5	6	Ⅱ－1	Ⅱ－2	Ⅱ－3	Ⅱ－4	Ⅱ－5	Ⅱ－6				
B		1	2	3	4	5	6	Ⅱ－1	Ⅱ－2	Ⅱ－3	Ⅱ－4	Ⅱ－5	Ⅱ－6			
C				1	2	3	4	5	6	Ⅱ－1	Ⅱ－2	Ⅱ－3	Ⅱ－4	Ⅱ－5	Ⅱ－6	
D					1	2	3	4	5	6	Ⅱ－1	Ⅱ－2	Ⅱ－3	Ⅱ－4	Ⅱ－5	Ⅱ－6

$K_{A,B}$ $K_{B,C}$ $Z_{B,C}$ $K_{C,D}$ $T_n=mrt$

$T=(mr+n-1)t+\sum Z_{i,i+1}$

图 3－12 某工程分层并有间歇等节奏流水施工进度计划（施工层横向排列）

3.4.3 异节奏流水施工

异节奏流水施工是指同一施工过程在各施工段上的流水节拍都相等，不同施工过程之间的流水节拍不一定相等的流水施工方式。异节奏流水又可分为异步距异节拍流水施工和等步距异节拍流水施工两种。

1. 异步距异节拍流水施工

1) 异步距异节拍流水施工的特征

(1) 同一施工过程流水节拍相等，不同施工过程之间的流水节拍不一定相等。

(2) 各个施工过程之间的流水步距不一定相等。

(3) 各施工工作队能够在施工段上连续作业，但有的施工段之间可能有空闲。

(4) 施工班组数 n_1 等于施工过程数 n。

2) 异步距异节拍流水施工主要参数的确定

(1) 流水步距。

$$K_{i,i+1}=\begin{cases}t_i & (\text{当 } t_i\leqslant t_{i+1})\\ mt_i-(m-1)t_{i+1} & (\text{当 } t_i>t_{i+1})\end{cases}\qquad(3-13)$$

式中　t_i——第 i 个施工过程的流水节拍；

t_{i+1}——第 $i+1$ 个施工过程的流水节拍。

流水步距也可由前述“累加数列法”求得。

（2）流水施工工期 T。

$$T=\sum K_{i,i+1}+mt_n+\sum Z_{i,i+1}-\sum C_{i,i+1} \tag{3-14}$$

式中　t_n——最后一个施工过程的流水节拍；

其他符号含义同前。

3）异步距异节拍流水施工的组织

组织异步距异节拍流水施工的基本要求是：各施工队组尽可能依次在各施工段上连续施工，允许有些施工段出现空闲，但不允许多个施工班组在同一施工段交叉作业，更不允许发生工艺顺序颠倒的现象。

异步距异节拍流水施工适用于施工段大小相等的分部工程和单位工程的流水施工，它在进度安排上比等节奏流水施工灵活，实际应用范围较广。

4）异步距异节拍流水施工案例

【例 3－6】 某工程划分为人工开挖土方 A、混凝土垫层 B、钢筋混凝土基础 C、基础回填土 D 四个施工过程，分三个施工段组织施工，各施工过程的流水节拍分别为 $t_A=3$ 天、$t_B=4$ 天、$t_C=5$ 天、$t_D=3$ 天；施工过程 B 完成后有 2 天的技术间歇时间，施工过程 D 与施工过程 C 搭接 1 天。试求各施工过程之间的流水步距及该工程的工期，并绘制流水施工进度表。

【解】（1）确定流水步距。根据已知条件及式(3－13)，各流水步距计算如下。

因为 $t_A<t_B$，所以 $K_{A,B}=t_A=3$ 天

因为 $t_B<t_C$，所以 $K_{B,C}=t_B=4$ 天

因为 $t_C>t_D$，所以 $K_{C,D}=mt_C-(m-1)t_D=3\times5-(3-1)\times3=9$(天)

（2）计算流水工期。由式(3－14) 得

$$T=\sum K_{i,i+1}+mt_n+\sum Z_{i,i+1}-\sum C_{i,i+1}=(3+4+9)+3\times3+2-1=26(\text{天})$$

（3）绘制施工进度计划表，如图 3－13 所示。

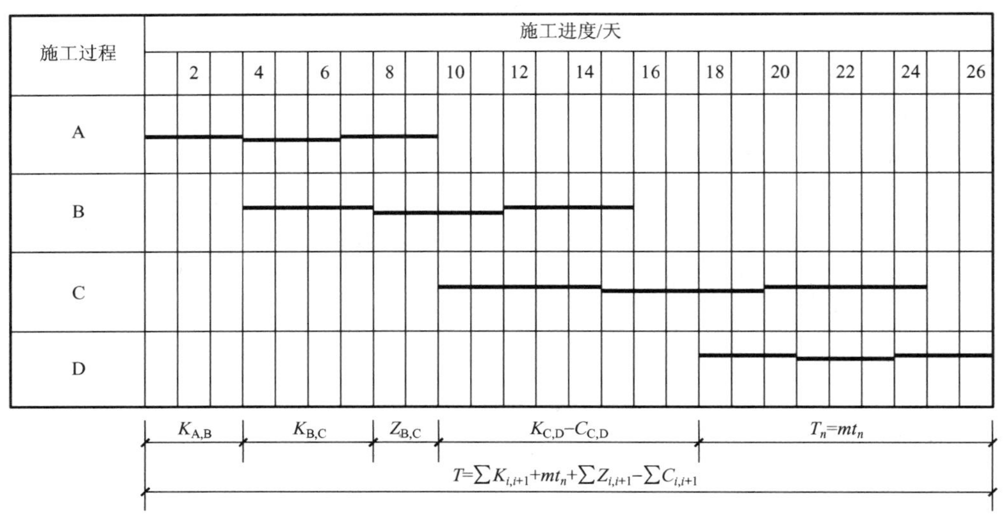

图 3－13　某工程异步距异节拍流水施工进度计划

2. 等步距异节拍流水施工

等步距异节拍流水施工也称成倍节拍流水，是指同一施工过程在各个施工段上的流水节拍相等，不同施工过程之间的流水节拍不完全相等，但各个施工过程的流水节拍之间存在一个最大公约数。为加快流水施工进度，可按最大公约数的倍数组建每个施工过程的施工队组，以形成类似于等节奏流水的等步距异节奏流水施工方式。

1）等步距异节拍流水施工的特征

(1) 同一施工过程流水节拍相等，不同施工过程流水节拍之间存在整数倍或公约数关系。

(2) 流水步距彼此相等，且等于流水节拍的最大公约数。

(3) 各专业施工队都能够保证连续作业，施工段没有空闲。

(4) 施工队组数 n_1 大于施工过程数 n，即 $n_1>n$。

2）等步距异节拍流水施工主要参数的确定

(1) 流水步距。

$$K_{i,i+1}=K_b \tag{3-15}$$

(2) 每个施工过程的施工队组数。

$$b_i=\frac{t_i}{K_b} \tag{3-16}$$

$$n_1=\sum b_i \tag{3-17}$$

式中 b_i——某施工过程所需施工队组数；

n_1——专业施工队组总数目；

K_b——流水节拍的最大公约数；

其他符号含义同前。

(3) 施工段数 m 的确定。

① 无层间关系时，可按划分施工段的基本要求确定施工段数 m，一般取 $m=n_1$。

② 有层间关系时，每层最少施工段数可按式(3-18)确定。

$$m=n_1+\frac{\sum Z_1}{K_b}+\frac{Z_2}{K_b} \tag{3-18}$$

式中 $\sum Z_1$——一个楼层内各施工过程间的技术与组织间歇时间；

Z_2——楼层间的技术与组织间歇时间；

其他符号含义同前。

(4) 流水施工工期 T 的确定。

① 无层间关系时，有

$$T=(m+n_1-1)K_b+\sum Z_{i,i+1}-\sum C_{i,i+1} \tag{3-19}$$

② 有层间关系时，有

$$T=(mr+n_1-1)K_b+\sum Z_1-\sum C_1 \tag{3-20}$$

式中 r——施工层数；

其他符号含义同前。

3）等步距异节拍流水施工的组织

等步距异节拍流水施工的组织方法是：首先根据工程对象和施工要求，划分若干个施工过程；然后根据各施工过程的内容、要求及其工程量，计算每个施工段所需的劳动量；接着根据施工队组人数及组成，确定劳动量最少的施工过程的流水节拍；最后确定其他劳动量较大的施工过程的流水节拍，用调整施工队组人数或其他技术组织措施的方法，使它们的流水节拍值之间存在一个最大公约数。

等步距异节拍流水施工方式比较适用于线形工程（如道路、管道等）的施工，也适用于房屋建筑施工。

4）等步距异节拍流水施工案例

【例 3－7】 某分部工程由支模板 A、绑扎钢筋 B、浇筑混凝土 C 三个施工过程组成，分为六个施工段施工，流水节拍分别为 $t_A=6$ 天、$t_B=4$ 天、$t_C=2$ 天，试组织等步距异节拍流水施工，并绘制流水施工进度表。

【解】（1）按式(3－15)确定流水步距。

$$K=K_b=2\text{ 天}$$

（2）按式(3－16)确定每个施工过程的施工队组数。

$$b_A=\frac{t_A}{K_b}=\frac{6}{2}=3(\text{个})$$

$$b_B=\frac{t_B}{K_b}=\frac{4}{2}=2(\text{个})$$

$$b_C=\frac{t_C}{K_b}=\frac{2}{2}=1(\text{个})$$

则施工队组总数为

$$n_1=\sum b_i=3+2+1=6(\text{个})$$

（3）计算工期。由式(3－19)得

$$T=(m+n_1-1)K_b=(6+6-1)\times 2=22(\text{天})$$

（4）绘制流水施工进度表，如图 3－14 所示。

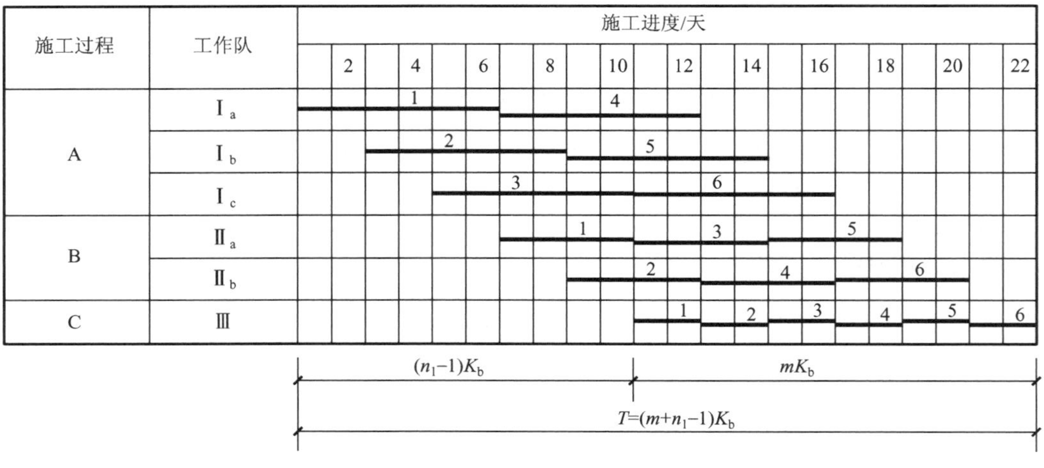

施工过程	工作队	施工进度/天																					
			2		4		6		8		10		12		14		16		18		20		22
A	Ⅰ$_a$				1						4												
	Ⅰ$_b$					2						5											
	Ⅰ$_c$							3						6									
B	Ⅱ$_a$									1				3				5					
	Ⅱ$_b$											2				4				6			
C	Ⅲ												1		2		3		4		5		6

$(n_1-1)K_b$　　mK_b

$T=(m+n_1-1)K_b$

图 3－14　某工程等步距异节拍流水施工进度计划

3.4.4 无节奏流水施工

无节奏流水施工，是指同一施工过程在各个施工段上流水节拍不完全相等的一种流水施工方式。

在实际工程中，通常每个施工过程在各个施工段上的工程量彼此不等，各专业施工队组的生产效率相差较大，导致大多数的流水节拍也彼此不相等，因此有节奏流水施工尤其是等节奏流水施工和等步距异节拍流水施工往往是难以组织的。而无节奏流水施工则是利用流水施工的基本概念，在保证施工工艺、满足施工顺序要求的前提下，按照一定的计算方法，确定相邻专业施工队组之间的流水步距，使其在开工时间上最大限度地、合理地搭接起来，形成每个专业施工队组都能连续作业的流水施工方式。它是流水施工的普遍形式。

1. 无节奏流水施工的特征

(1) 每个施工过程在各个施工段上的流水节拍不尽相等。

(2) 各个施工过程之间的流水步距不完全相等且差异较大。

(3) 各施工作业队能够在施工段上连续作业，但有的施工段之间可能有空闲时间。

(4) 施工队组数 n_1 等于施工过程数 n。

2. 无节奏流水施工主要参数的确定

(1) 流水步距的确定。无节奏流水步距通常采用“累加数列法”确定。

(2) 流水施工工期。

$$T=\sum K_{i,i+1}+\sum t_n+\sum Z_{i,i+1}-\sum C_{i,i+1} \tag{3-21}$$

式中 $\sum K_{i,i+1}$ ——流水步距之和；

$\sum t_n$ ——最后一个施工过程的流水节拍之和；

其他符号含义同前。

3. 无节奏流水施工的组织

无节奏流水施工的实质是：各工作队连续作业，流水步距经计算确定，使专业工作队之间在一个施工段内不相互干扰（不超前，但可能滞后），或做到前后工作队之间工作紧密衔接。因此，组织无节奏流水施工的关键就是正确计算流水步距。组织无节奏流水施工的基本要求与异步距异节拍流水施工相同，即要保证各施工过程的工艺顺序合理和各施工队组尽可能依次在各施工段上连续施工。

无节奏流水施工不像有节奏流水施工那样有一定的时间规律约束，在进度安排上比较灵活、自由，适用于分部工程、单位工程及大型建筑群的流水施工，实际运用比较广泛。

4. 无节奏流水施工案例

【例 3-8】 某工程有机械开挖土方 A、混凝土垫层 B、钢筋混凝土基础 C、钢筋混凝土独立基础梁 D、基础回填土 E 五个施工过程，平面上划分成四个施工段，每个施工过程在各个施工段上的流水节拍见表3-8。规定B完成后有2天的技术间歇时间，D完成后有1天的组织间歇时间，A与B之间有1天的平行搭接时间。试编制该工程的流水施工方案，并绘制流水施工进度表。

表3-8　某工程流水节拍

施工过程	施工段			
	Ⅰ	Ⅱ	Ⅲ	Ⅳ
A	3	2	2	4
B	1	3	5	3
C	2	1	3	5
D	4	2	3	3
E	3	4	2	1

【解】根据题设条件，该工程只能组织无节奏流水施工。

(1) 求流水节拍的累加数列。

A：3，5，7，11

B：1，4，9，12

C：2，3，6，11

D：4，6，9，12

E：3，7，9，10

(2) 确定流水步距。

① 求$K_{A,B}$。

$$\begin{array}{rrrrrr} & 3, & 5, & 7, & 11 & \\ -) & & 1, & 4, & 9, & 12 \\ \hline & 3, & 4, & 3, & 2, & -12 \end{array}$$

故得$K_{A,B}=4$天。

② 求$K_{B,C}$。

$$\begin{array}{rrrrrr} & 1, & 4, & 9, & 12 & \\ -) & & 2, & 3, & 6, & 11 \\ \hline & 1, & 2, & 6, & 6, & -11 \end{array}$$

故得$K_{B,C}=6$天。

③ 求$K_{C,D}$。

$$\begin{array}{rrrrrr} & 2, & 3, & 6, & 11 & \\ -) & & 4, & 6, & 9, & 12 \\ \hline & 2, & -1, & 0, & 2, & -12 \end{array}$$

故得$K_{C,D}=2$天。

④ 求 $K_{D,E}$。

$$
\begin{array}{rrrrrr}
 & 4, & 6, & 9, & 12 & \\
-) & & 3, & 7, & 9, & 10 \\
\hline
 & 4, & 3, & 2, & 3, & -10
\end{array}
$$

故得 $K_{D,E}=4$ 天。

(3) 确定流水工期。

$$T=\sum K_{i,i+1}+\sum t_n+\sum Z_{i,i+1}-\sum C_{i,i+1}$$

$$=(4+6+2+4)+(3+4+2+1)+2+1-1=28(\text{天})$$

(4) 绘制流水施工进度表，如图 3-15 所示。

施工过程	施工进度/天																											
		2		4		6		8		10		12		14		16		18		20		22		24		26		28
A																												
B																												
C																												
D																												
E																												

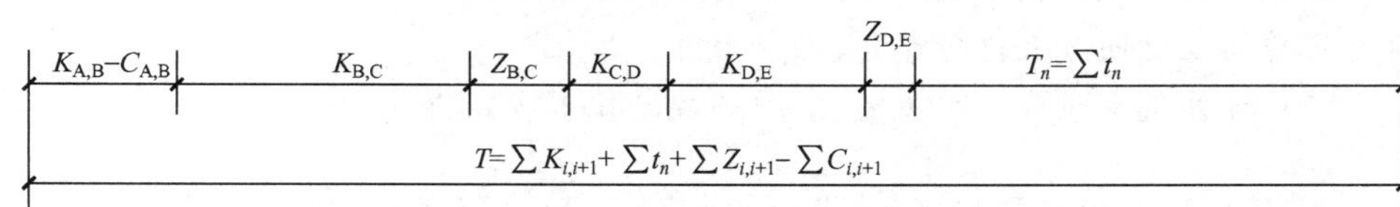

图 3-15　某工程无节奏流水施工进度计划

【例 3-9】 绘制本单元典型工作任务的横道图进度计划。

例 3-2 中已经完成其施工工艺顺序的调整及各分项工程劳动量的计算。在此基础上完成例 3-9 的任务。

(1) 划分施工段。为组织流水施工，根据组织流水施工的需要，需要对本任务划分施工段。

在基础工程施工中，平均划分为两个施工段，即 $m=2$。

(2) 确定每个施工段上的劳动量。每个施工段上的劳动量 $P_i=\frac{P_{总}}{m}$。以人工挖基槽为例，因为划分为两个施工段，则 $P_i=\frac{318}{2}=159$(工日)，故其每个施工段上的劳动量为159工日。其他类似。

(3) 确定工作班制。本任务中的每个施工过程全部采用一班制施工，即 $N_i=1$。

(4) 确定施工队伍人数。

按照工作面及实际需求，给每个施工过程的施工队伍安排人数。如人工挖基槽的施工队伍安排23人。

(5) 计算流水节拍。根据式(3-4)，$t_i=\frac{P_i}{R_iN_i}$。由此可算得人工挖基槽的流水节拍为7天。其他类似。

(6) 列表汇总。上述计算全部结果见表3-9。

表3-9　计算结果汇总

序号	分部分项工程名称	劳动量 $P_{总}$	施工段数 m	每段劳动量 P_i	工作班制 N_i	队伍人数 R_i	流水节拍 t_i
	基础工程						
1	人工挖基槽	318工日	2	159工日	1	23	7
2	混凝土垫层	41工日	2	20.5工日	1	7	3
3	砌砖基础	188工日	2	94工日	1	14	7
4	钢筋混凝土地圈梁	57工日	2	28.5工日	1	5	7
5	基础及室内回填土	78工日	2	39工日	1	10	4

另外，在混凝土垫层完成后，安排间歇时间2天进行养护；钢筋混凝土地圈梁完成后，安排间歇时间3天进行养护。

(7) 计算流水步距。根据式(3-13)确定流水步距得

$$K_{1,2}=11\text{天},\quad K_{2,3}=3\text{天},\quad K_{3,4}=7\text{天},\quad K_{4,5}=10\text{天}$$

根据式(3-14)确定工期得

$$\begin{aligned}T&=\sum K_{i,i+1}+mt_n+\sum Z_{i,i+1}-\sum C_{i,i+1}\\&=(11+3+7+10)+2\times4+(2+3)-0\\&=44(\text{天})\end{aligned}$$

(8) 绘制横道图进度计划，如图3-16所示。

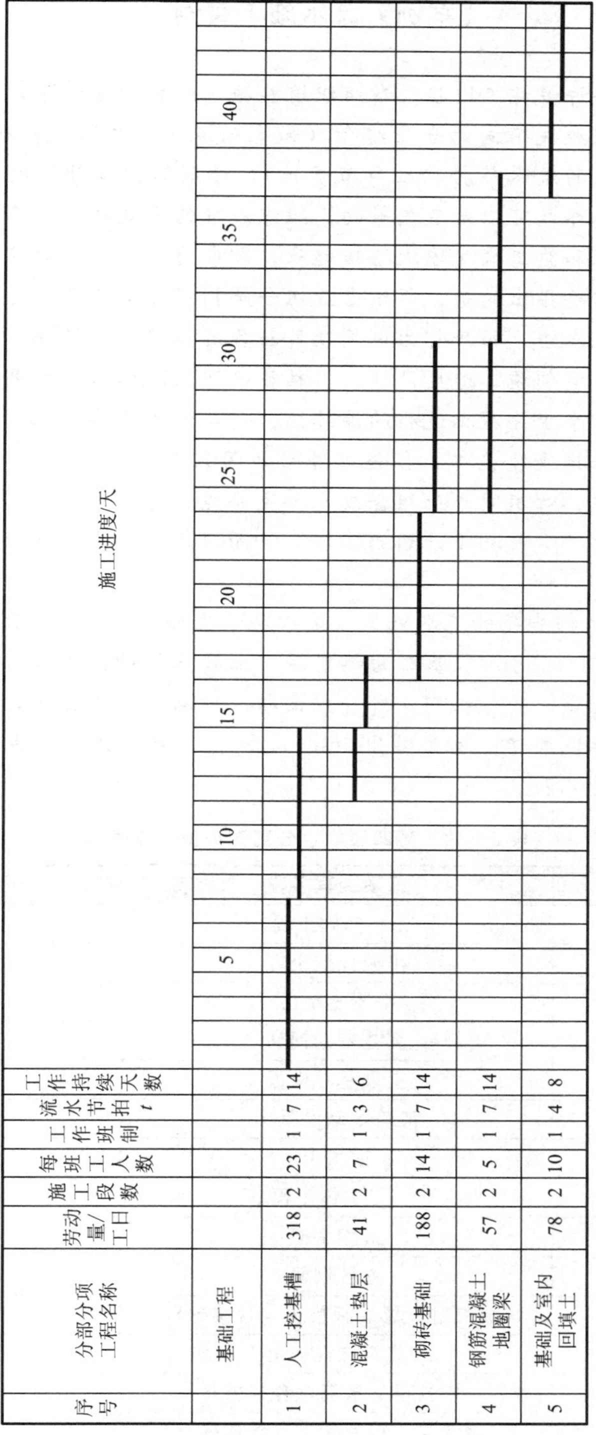

序号	分部分项工程名称	劳动量/工日	施工段数	每班工人数	工作班制	流水节拍 t	工作持续天数	施工进度/天
	基础工程							
1	人工挖基槽	318	2	23	1	7	14	
2	混凝土垫层	41	2	7	1	3	6	
3	砌砖基础	188	2	14	1	7	14	
4	钢筋混凝土地圈梁	57	2	5	1	7	14	
5	基础及室内回填土	78	2	10	1	4	8	

图3-16 本单元典型工作任务横道图进度计划

【案例】流水施工实例

在建筑施工中需要许多施工过程，在组织这些施工过程的活动中，我们把在施工工艺上互相联系的施工过程组成不同的专业组合（如基础工程、主体工程及装饰工程等），然后按其组合的施工过程的流水节拍特征（节奏性），分别组织成独立的流水组进行流水作业，这些流水组的流水参数可以是不相等的，组织流水的方式也可能有所不同。最后将这些流水组按照工艺要求和施工顺序依次搭接起来，即成为一个工程对象的工程流水或一个建筑群的流水施工。需要指出的是，所谓专业组合是指围绕主导施工过程的组合，其他的施工过程不必都纳入流水组，而只作为调剂项目与各流水组依次搭接。在更多情况下，考虑到工程的复杂性，在编制施工进度计划时，往往只运用流水作业的基本概念，合理选定几个主要参数，保证几个主导施工过程的连续性；对其他非主导施工过程，只力求使其在施工段上尽可能各自保持连续施工。各施工过程之间只有施工工艺和施工组织上的约束，不一定步调一致。这样，对不同专业组合或几个主导施工过程进行分别流水的组织方式就有极大的灵活性，且往往更有利于计划的实现。下面用几个较为常见的工程施工实例来阐述流水施工的应用。

【例 3-10】框架结构房屋的流水施工。某四层学生公寓，底层为商业用房，上部为学生宿舍，建筑面积为 3277.96m^2。基础为钢筋混凝土独立基础，主体工程为全现浇框架结构。装饰工程为铝合金窗、胶合板门；外墙贴面砖；内墙为中级抹灰，普通涂料刷白；底层顶棚吊顶，楼地面贴地板砖；屋面用 200mm 厚加气混凝土块做保温层，上做 SBS 改性沥青防水层。其劳动量见表 3-10。

表 3-10　某四层学生公寓劳动量一览表

序　号	分项工程名称	劳　动　量
	基础工程	
1	机械开挖土方	6 台班
2	混凝土垫层	30 工日
3	绑扎基础钢筋	59 工日
4	支设基础模板	73 工日
5	浇筑基础混凝土	87 工日
6	回填土	150 工日
	主体工程	
7	搭脚手架	313 工日
8	立柱钢筋	135 工日
9	安装柱、梁、板模板（含楼梯）	2263 工日
10	浇筑柱混凝土	204 工日
11	绑扎梁、板筋（含楼梯）	801 工日
12	浇筑梁、板混凝土（含楼梯）	939 工日
13	拆模板	398 工日
14	砌空心砖墙（含门窗框）	1095 工日

续表

序　　号	分项工程名称	劳　动　量
	屋面工程	
15	屋面保温隔热层（含找坡）	236 工日
16	屋面找平层	52 工日
17	屋面防水层	49 工日
	装饰工程	
18	顶棚墙面中级抹灰	1648 工日
19	外墙面砖	957 工日
20	楼地面及楼梯地砖	929 工日
21	一层顶棚龙骨吊顶	148 工日
22	铝合金窗扇安装	68 工日
23	胶合板门安装	81 工日
24	内墙涂料	380 工日
25	油漆	69 工日
26	室外	
27	水、电	

由于本工程各分部工程的劳动量差异较大，因此先分别组织各分部工程的流水施工，然后再考虑各分部工程之间的相互搭接施工。具体组织方法如下。

1. 基础工程

基础工程包括机械开挖土方、混凝土垫层、绑扎基础钢筋、支设基础模板、浇筑基础混凝土、回填土等施工过程。其中基础挖土采用机械开挖，考虑到工作面及土方运输的需要，将机械开挖土方与其他手工操作的施工过程分开考虑，不纳入流水作业。混凝土垫层劳动量较小，为了不影响其他施工过程的流水施工，将其安排在挖土施工过程完成之后，也不纳入流水作业。

基础工程平面上划分两个施工段组织流水施工（即 $m=2$），在 6 个施工过程中，参与流水的施工过程有 4 个（即 $n=4$），组织全等节拍流水施工如下。

(1) 绑扎基础钢筋劳动量为 59 个工日，施工班组人数为 10 人，采用一班制施工，其流水节拍为

$$t_{筋}=\frac{59}{2\times10\times1}天=2.95\ 天(取\ 3\ 天)$$

其他施工过程的流水节拍均取 3 天，其中支设基础模板 73 个工日，施工班组人数为

$$R_{木}=\frac{73}{2\times3}人=12.2\ 人(取\ 12\ 人)$$

浇筑基础混凝土劳动量为 87 个工日，施工班组人数为

$$R_{混凝土}=\frac{87}{2\times3}人=14.5\ 人(取\ 15\ 人)$$

回填土的劳动量为 150 个工日，施工班组人数为

$$R_{回填}=\frac{150}{2\times3}人=25\ 人$$

流水工期为

$$T=(m+n-1)K=(2+4-1)\times 3\text{ 天}=15\text{ 天}$$

(2) 机械开挖土方劳动量为 6 个台班，用一台机械两班制施工，则作业持续时间为

$$t_{挖土}=\frac{6}{1\times 2}\text{天}=3\text{ 天}$$

(3) 混凝土垫层劳动量为 30 个工日，施工班组人数为 15 人，一班制施工，其作业持续时间为

$$t_{混凝土}=\frac{30}{15\times 1}\text{天}=2\text{ 天}$$

则基础工程的工期为

$$T_1=(15+3+2)\text{天}=20\text{ 天}$$

2. 主体工程

主体工程包括搭脚手架，立柱钢筋，安装柱、梁、板模板（含楼梯），浇筑柱混凝土，绑扎梁、板钢筋（含楼梯），浇筑梁、板混凝土（含楼梯），拆模板，砌空心砖墙（含门窗框）等施工过程，其中搭脚手架、拆模板、砌空心砖墙（含门窗框）三个施工过程属平行穿插施工过程，只根据施工工艺要求尽量搭接施工即可，不纳入流水施工。主体工程由于有层间关系，要保证施工过程流水施工，必须使 $m=n$，否则施工班组就会出现窝工现象。本工程中平面上划分为两个施工段，主导施工过程是安装柱、梁、板模板（含楼梯），要组织主体工程流水施工，就要保证主导施工过程连续作业，为此，将其他次要施工过程综合为一个施工过程来考虑其流水节拍，且其流水节拍不得大于主导施工过程的流水节拍，以保证主导施工过程的连续性。因此主体工程参与流水的施工过程数 $n=2$，可满足 $m=n$ 的要求。具体组织如下。

(1) 主导施工过程的安装柱、梁、板模板（含楼梯）劳动量为 2263 个工日，施工班组人数为 25 人，两班制施工，则其流水节拍为

$$t_{模}=\frac{2263}{4\times 2\times 25\times 2}\text{天}=5.65\text{ 天(取 6 天)}$$

(2) 立柱钢筋，浇筑柱混凝土，绑扎梁、板钢筋（含楼梯），浇筑梁、板混凝土（含楼梯）统一按一个施工过程来考虑其流水节拍，该节拍不得大于 6 天。

① 立柱钢筋劳动量为 135 个工日，施工班组人数为 17 人，一班制施工，则其流水节拍为

$$t_{柱筋}=\frac{135}{4\times 2\times 17\times 1}\text{天}=1\text{ 天}$$

② 浇筑柱混凝土劳动量为 204 个工日，施工班组人数为 14 人，两班制施工，其流水节拍为

$$t_{柱混凝土}=\frac{204}{4\times 2\times 14\times 2}\text{天}=0.9\text{ 天(取 1 天)}$$

③ 绑扎梁、板钢筋（含楼梯）劳动量为 801 个工日，施工班组人数为 25 人，两班制施工，其流水节拍为

$$t_{梁、板筋}=\frac{801}{4\times 2\times 25\times 2}\text{天}=2\text{ 天}$$

④ 浇筑梁、板混凝土（含楼梯）劳动量为 939 个工日，施工班组人数为 20 人，三班

制施工，其流水节拍为

$$t_{梁、板混凝土}=\frac{939}{4\times2\times20\times3}天=1.96天(取2天)$$

因此，综合施工过程的流水节拍仍为（1+2+2+1）天=6天，可与主导施工过程一起组织全等节拍流水施工。其流水工期为

$$T=(mr+n-1)t=(2\times4+2-1)\times6天=54天$$

（3）拆模施工过程计划在浇筑梁、板混凝土（含楼梯）12天后进行，其劳动量为398个工日，施工班组人数为25人，一班制施工，其流水节拍为

$$t_{拆模}=\frac{398}{4\times2\times25\times1}天=1.99天(取2天)$$

（4）砌空心砖墙（含门窗框）劳动量为1095个工日，施工班组人数为45人，一班制施工，其流水节拍为

$$t_{砌墙}=\frac{1095}{4\times2\times45\times1}天=3.04天(取3天)$$

则主体工程的工期为

$$T_2=(54+12+2+3)天=71天$$

3. 屋面工程

屋面工程包括屋面保温隔热层（含找坡）、屋面找平层和屋面防水层三个施工过程。考虑屋面防水要求高，所以不分段施工，即采用依次施工的方式。

（1）屋面保温隔热层（含找坡）劳动量为236个工日，施工班组人数为40人，一班制施工，其施工持续时间为

$$t_{保温}=\frac{236}{40\times1}天=5.9天(取6天)$$

（2）屋面找平层劳动量为52个工日，施工班组人数为18人，一班制施工，其施工持续时间为

$$t_{找平}=\frac{52}{18\times1}天=2.89天（取3天）$$

（3）屋面找平层完成后，安排7天的养护和干燥时间，方可进行屋面防水层的施工。屋面防水层劳动量为49个工日，施工班组人数为10人，一班制施工，其施工持续时间为

$$t_{防水}=\frac{49}{10\times1}天=4.9天（取5天）$$

则屋面工程的工期为

$$T_3=(6+3+5)天=14天$$

4. 装饰工程

装饰工程包括顶棚墙面中级抹灰、外墙面砖、楼地面及楼梯地砖、一层顶棚龙骨吊顶、铝合金窗扇安装、胶合板门安装、内墙涂料、油漆等施工过程。其中一层顶棚龙骨吊顶属穿插施工过程，不参与流水作业，因此参与流水的施工过程$n=7$。

装饰工程采用自上而下的施工起点流向。结合装修工程的特点，把每层房屋视为一个施工段，共4个施工段（即$m=4$），其中顶棚墙面抹灰工程是主导施工过程，组织有节奏流水施工如下。

(1) 顶棚墙面中级抹灰劳动量为 1648 个工日，施工班组人数为 60 人，一班制施工，其流水节拍为

$$t_{抹灰}=\frac{1648}{4\times60\times1}天=6.8\ 天(取\ 7\ 天)$$

(2) 外墙面砖劳动量为 957 个工日，施工班组人数为 34 人，一班制施工，则其流水节拍为

$$t_{外墙}=\frac{957}{4\times34\times1}天=7.04\ 天(取\ 7\ 天)$$

(3) 楼地面及楼梯地砖劳动量为 929 个工日，施工班组人数为 33 人，一班制施工，其流水节拍为

$$t_{地面}=\frac{929}{4\times33\times1}天=7.04\ 天(取\ 7\ 天)$$

(4) 铝合金窗扇安装 68 个工日，施工班组人数为 6 人，一班制施工，则流水节拍为

$$t_{窗}=\frac{68}{4\times6\times1}天=2.83\ 天(取\ 3\ 天)$$

(5) 其余胶合板门安装、内墙涂料、油漆安排一班制施工，流水节拍均取 3 天，其中胶合板门安装劳动量为 81 个工日，施工班组人数为 7 人；内墙涂料劳动量为 380 个工日，施工班组人数为 32 人；油漆劳动量为 69 个工日，施工班组人数为 6 人。

(6) 一层顶棚龙骨吊顶属穿插施工过程，不占总工期，其劳动量为 148 个工日，施工班组人数为 15 人，一班制施工，则其施工持续时间为

$$t_{顶棚}=\frac{148}{15\times1}天=9.87\ 天(取\ 10\ 天)$$

装饰分部流水施工工期计算如下。

$$K_{抹灰,外墙}=7\ 天$$

$$K_{外墙,地面}=7\ 天$$

$$K_{地面,窗}=[4\times7-(4-1)\times3]天=(28-9)天=19\ 天$$

$$K_{窗,门}=3\ 天$$

$$K_{门,涂料}=3\ 天$$

$$K_{涂料,油漆}=3\ 天$$

$$\begin{aligned}T_4&=\sum K_{i,i+1}+mt_n\\&=[(7+7+19+3+3+3)+4\times3]\ 天=54\ 天\end{aligned}$$

综上所述，该框架结构工程的总工期计算如下：基础工程 $T_1=20$ 天；主体工程 $T_2=71$ 天；主体工程施工与基础工程施工可搭接 3 天；屋面工程与装饰工程平行施工，不单独计入总工期；装饰工程 $T_4=54$ 天。

总工期为：$T=T_1+T_2-3+T_4=20+71-3+54=142$(天)。

本工程流水施工作业进度计划安排如图 3-17 所示。

【例 3-11】 多层砌体结构房屋流水施工。某工程为一栋带地下室的六层三单元砌体结构住宅，建筑面积为 $3382.31m^2$，基础为 1m 厚换土垫层，30mm 厚混凝土垫层上做砖砌条形基础；主体砖墙承重；大客厅楼板、厨房、卫生间、楼梯为现浇钢筋混凝土；其余楼板为预制空心楼板；层层有圈梁、构造柱。本工程室内采用一般抹灰，普通涂料刷白；楼

地面为水泥砂浆地面；铝合金窗、胶合板门；外墙为水泥砂浆抹灰，刷外墙涂料。屋面保温材料选用保温蛭石板，防水层选用 4mm 厚 SBS 改性沥青防水卷材。该工程劳动量见表 3-11。

表 3-11 某幢六层三单元砌体结构房屋工程劳动量一览表

序号	分项工程名称	劳动量
	基础工程	
1	机械挖土方	6 台班
2	素土机械压实 1m	3 台班
3	300mm 厚混凝土垫层（含构造柱筋）	88 工日
4	砌砖基础及基础墙	407 工日
5	基础现浇圈梁、构造柱及楼板模板	51 工日
6	基础圈梁、楼板钢筋	64 工日
7	梁、板、柱混凝土	74 工日
8	预制楼板安装灌缝	20 工日
9	人工回填土	242 工日
	主体工程	
10	脚手架（含安全网）	265 工日
11	砌砖墙	1560 工日
12	圈梁、楼板、构造柱、楼梯模板	310 工日
13	圈梁、楼板、楼梯钢筋	386 工日
14	梁、板、柱、楼梯混凝土	450 工日
15	预制楼板安装灌缝	118 工日
	屋面工程	
16	屋面保温隔热层	150 工日
17	屋面找平层	33 工日
18	屋面防水层	39 工日
	装饰工程	
19	门窗框安装	24 工日
20	外墙抹灰	401 工日
21	顶棚抹灰	427 工日
22	内墙抹灰	891 工日
23	楼地面及楼梯抹灰	520 工日
24	门窗扇安装	319 工日
25	油漆涂料	378 工日
26	散水、勒脚、台阶及其他	56 工日
27	水、暖、电	

对于砌体结构多层房屋的流水施工，一般先考虑分部工程的流水作业，然后再考虑各分部工程之间的相互搭接施工。具体组织方法如下。

1. 基础工程

基础工程包括机械挖土方，素土机械压实1m，300mm厚混凝土垫层（含构造柱筋），砌砖基础及基础墙，基础现浇圈梁、构造柱及楼板模板，基础圈梁、楼板钢筋，梁、板、柱混凝土，预制楼板安装灌缝，人工回填土等施工过程。其中机械挖土方及素土机械压实1m主要采用机械施工，考虑到工作面等要求，安排其依次施工，不纳入流水作业。其余施工过程在平面上划分成两个施工段，组织有节奏流水施工。

(1) 机械挖土方劳动量为6个台班，一台机械两班制施工，施工持续时间为

$$t_{挖土}=\frac{6}{1\times2}天=3\ 天$$

施工班组人数安排12人。

(2) 素土机械压实1m劳动量为3个台班，一台机械一班制施工，施工持续时间为

$$t_{压土}=\frac{3}{1\times1}天=3\ 天$$

施工班组人数安排12人。

(3) 300mm厚混凝土垫层（含构造柱筋）劳动量为88个工日，施工班组人数为22人，一班制施工，其流水节拍为

$$t_{垫}=\frac{88}{2\times22\times1}天=2\ 天$$

(4) 砌砖基础及基础墙劳动量为407个工日，施工班组人数为34人，一班制施工，其流水节拍为

$$t_{砖基}=\frac{407}{2\times34\times1}天=5.98\ 天(取\ 6\ 天)$$

(5) 将基础现浇圈梁、构造柱及楼板模板，基础圈梁、楼板钢筋，梁、板、柱混凝土合并为一个施工过程，其劳动量为51+64+74=189(个)工日，施工班组人数为30人，一班制施工，其流水节拍为

$$t_{现浇梁、板、柱}=\frac{189}{2\times30\times1}天=3.15\ 天(取\ 3\ 天)$$

(6) 预制楼板安装灌缝劳动量为20个工日，施工班组人数为10人，一班制施工，其流水节拍为

$$t_{安板}=\frac{20}{2\times10\times1}天=1\ 天$$

(7) 人工回填土劳动量为242个工日，施工班组人数为30人，一班制施工，其流水节拍为

$$t_{回填}=\frac{242}{2\times30\times1}天=4.03天(取4天)$$

基础工程流水施工中，砌砖基础及基础墙是主导施工过程，只要保证其连续施工即可，其余三个施工过程安排间断施工，及早为主体工程提供工作面，以利于缩短工期。

2. 主体工程

主体工程包括脚手架（含安全网），砌砖墙，圈梁、楼板、构造柱、楼梯模板，圈梁、楼板、楼梯钢筋，梁、板、柱、楼梯混凝土，预制楼板安装灌缝等施工过程。其中脚手架（含安全网）属平行穿插施工过程，只根据施工工艺要求，尽量搭接施工即可，不纳入流水施工。主体工程在平面上划分为两个施工段组织流水施工，为了保证主导施工过程砌砖墙能连续施工，将圈梁、楼板、构造柱、楼梯模板、圈梁、楼板、楼梯钢筋，梁、板、柱、楼梯混凝土及预制楼板安装灌缝合并为一个施工过程，考虑其流水节拍，且合并后的流水节拍不应大于主导施工过程的流水节拍，具体组织安排如下。

（1）砌砖墙劳动量为1560个工日，施工班组人数为32人，一班制施工，流水节拍为

$$t_{砖墙}=\frac{1560}{6\times2\times32\times1}天=4.06天(4天)$$

（2）圈梁、楼板、构造柱、楼梯模板、圈梁、楼板、楼梯钢筋，梁、板、柱、楼梯混凝土及预制楼板安装灌缝在一个施工段上的持续时间之和为4天。

① 圈梁、楼板、构造柱、楼板模板劳动量为310个工日，一班制施工，流水节拍为1天，施工班组人数为

$$R_{模}=\frac{310}{6\times2\times1\times1}人=25.83人(取26人)$$

② 圈梁、楼板、楼梯钢筋劳动量为386个工日，一班制施工，流水节拍为1天，施工班组人数为

$$R_{筋}=\frac{386}{6\times2\times1\times1}人=32.17人(取32人)$$

③ 梁、板、柱、楼梯混凝土劳动量为450个工日，三班制施工，流水节拍为1天，施工班组人数为

$$R_{混凝土}=\frac{450}{6\times2\times3\times1}人=12.5人(取13人)$$

（3）预制楼板安装灌缝劳动量为118个工日，施工班组人数为10人，一班制施工，其流水节拍为

$$t_{安装}=\frac{118}{6\times2\times10\times1}=0.98天(取1天)$$

3. 屋面工程

屋面工程包括屋面保温隔热层、屋面找平层、屋面防水层等施工过程。考虑到屋面防水要求高，所以不分段，采用依次施工的方式。其中屋面找平层完成后，需要有一段养护和干燥时间，方可进行防水层施工。

4. 装饰工程

装饰工程包括门窗框安装，外墙抹灰，顶棚抹灰，内墙抹灰，楼地面及楼梯抹灰，

【流水施工应用实例】

门窗扇安装，油漆涂料，散水、勒脚、台阶及其他等施工过程。每层划分为一个施工段（$m=6$），采用自上而下的顺序施工，考虑到屋面防水层完成与否对顶层顶棚内墙抹灰的影响，顶棚内墙抹灰采用五层→四层→三层→二层→一层→六层的起点流向。考虑装修工程内部各施工过程之间劳动力的调配，安排适当的组织间歇时间组织流水施工。

流水节拍等参数确定方法同例 3－10，本工程流水施工进度计划如图 3－18 所示。

小　结

流水施工克服了依次施工和平行施工的缺点，又具有这两种施工组织方式的优点，它的特点是施工的连续性和均衡性。采用流水施工组织方式可以提高劳动生产率，缩短工期，降低工程成本。

按性质的不同，组织流水施工的基本参数可分为工艺参数、空间参数和时间参数。在实际工程中应灵活运用这三类参数的确定方法，达到既符合实际情况又科学合理。

流水施工作业按流水节拍的特征，可以分为等节奏流水施工和异节奏流水施工。在实际工程中同样应结合工程特点，合理选用或组合选用施工组织方式。

习　题

一、思考题

1. 施工组织有哪几种方式？各有何特点？
2. 组织流水施工的要点和条件有哪些？
3. 流水施工中，主要参数有哪些？试分别叙述它们的含义。
4. 施工段划分的基本要求是什么？如何正确划分施工段？
5. 流水施工的时间参数是如何确定的？
6. 流水节拍的确定应考虑哪些因素？
7. 流水施工的基本方式有哪几种？各有什么特点？
8. 如何组织等节奏流水施工？如何组织等步距异节拍流水施工？
9. 什么是无节奏流水施工？如何确定其流水步距？

二、案例题

1. 某工程有 A、B、C 三个施工过程，每个施工过程均划分为四个施工段，设 $t_A=2$ 天、$t_B=4$ 天、$t_C=3$ 天。试分别计算依次施工、平行施工及流水施工的工期，并绘制施工进度计划。

2. 已知某工程任务划分为五个施工过程，分五段组织流水施工，流水节拍均为3天，在第二个施工过程结束后有2天的技术与组织间歇时间。试计算其工期并绘制进度计划。

3. 某项目由四个施工过程组成，划分为四个施工段。每段流水节拍均为3天，且知第二个施工过程需待第一个施工过程完工后2天才能开始进行，又知第三个施工过程可与第二个施工过程搭接1天。试计算其工期并绘出施工进度计划。

4. 某分部工程，已知施工过程$n=4$，施工段数$m=5$，每段流水节拍分别为$t_1=2$天、$t_2=5$天、$t_3=3$天、$t_4=4$天，试计算其工期并绘出流水施工进度计划。

5. 某工程项目由Ⅰ、Ⅱ、Ⅲ三个分项工程组成，划分为六个施工段，各分项工程在各个施工段上的持续时间依次为6天、2天和4天。试编制等步距异节拍流水施工方案。

6. 某地下工程由挖基槽、做垫层、砌砖基和回填土四个分项工程组成，在平面上划分为六个施工段，各分项工程在各个施工段上的流水节拍依次为挖基槽6天、做垫层2天、砌砖基4天、回填土2天。做垫层完成后，其相应施工段至少应有技术间歇时间2天。为了加快流水施工速度，试编制工期最短的流水施工方案。

7. 某现浇钢筋混凝土工程由支模板、绑扎钢筋、浇筑混凝土、拆模板和回填土五个分项工程组成，在平面上划分为六个施工段，各分项工程在各个施工段上的施工持续时间见表3-12。在混凝土浇筑后至拆模板前必须有2天养护时间。试编制该工程的流水施工方案。

表3-12 施工持续时间表

分项工程名称	持续时间/天					
	①	②	③	④	⑤	⑥
支模板	2	3	2	3	2	3
绑扎钢筋	3	3	4	4	3	3
浇筑混凝土	2	1	2	2	1	2
拆模板	1	2	1	1	2	1
回填土	2	3	2	2	3	2

8. 某项目各施工过程在各施工段上的作业时间见表3-13，试对其组织流水施工。

表3-13 某工程流水节拍（天）

施工段	施工过程			
	①	②	③	④
Ⅰ	5	4	2	3
Ⅱ	3	4	5	3
Ⅲ	4	5	3	2
Ⅳ	3	5	4	3

三、岗位（执业）资格考试真题

（一）单项选择题

1. 各施工过程按一定的施工顺序，前一施工过程完成后后一施工过程才开始施工，或前一个施工段完成后后一个施工段才开始施工的施工组织方式是（　　）。

A. 依次施工　　B. 平行施工　　C. 流水施工　　D. 成倍施工

2. 组织流水施工时，流水节拍、施工过程和施工段见表 3－14，则流水步距计算正确的是（　　）。

表 3－14　题 2 流水节拍（天）

施工过程	施工段		
	Ⅰ	Ⅱ	Ⅲ
①	3	1	2
②	1	2	2
③	1	1	2

A. $K_{①,②}=2$，$K_{②,③}=2$　　B. $K_{①,②}=2$；$K_{②,③}=3$

C. $K_{①,②}=3$；$K_{②,③}=2$　　D. $K_{①,②}=3$；$K_{②,③}=3$

3. 组织流水施工时，流水节拍、施工过程和施工段见表 3－15，则该工程最适宜采用（　　）方式组织施工。

A. 等节拍　　B. 异节拍　　C. 无节拍　　D. 无节奏

表 3－15　题 3 流水节拍（天）

施工过程	施工段		
	Ⅰ	Ⅱ	Ⅲ
①	2	3	1
②	4	2	1
③	2	1	5

4. 建筑工程采用依次施工方式组织施工时，其特点不包括（　　）。

A. 不能充分利用工作面　　B. 不利于提高劳动生产率

C. 若采用专业班组施工，有窝工现象　　D. 施工现场管理困难

5. 组织流水施工时，相邻两个专业队在保证施工顺序、满足连续施工、最大限度搭接和保证工程质量要求的前提下，相继进入同一施工段开始施工的最小时间间隔称为（　　）。

A. 流水节拍　　B. 流水步距　　C. 流水强度　　D. 流水工期

6. 组织流水施工时，由施工组织原因造成的间歇时间称为（　　）。

A. 流水节拍　　B. 平行搭接时间　　C. 技术间歇　　D. 组织间歇

7. 组织流水施工时，对于多层和高层建筑物，划分施工段时应满足合理组织施工的要求，即施工段的数目（　　）施工过程数。

A. 小于　　B. 小于或等于　　C. 大于　　D. 大于或等于

8. 采用等步距异节拍组织流水施工时，下列说法错误的是（　　）。

A. 同一施工过程在各施工段之间流水节拍相等

B. 各施工过程之间流水步距相等

C. 专业施工班组数大于施工过程数

D. 流水步距等于流水节拍

9. 各部工程任务各施工段同时开工、同时完工的组织方式是（　　）。

A. 依次施工　　B. 平行施工　　C. 流水施工　　D. 成倍施工

10. 建筑工程采用流水施工方式组织施工时，其特点不包括（　　）。

A. 施工连续、均衡　　B. 有利于提高劳动生产率

C. 工作面得到了充分利用　　D. 若采用专业班组施工，有窝工现象

11. 组织流水施工时，为了消灭由于不同的施工队组不能同时在一个工作面上工作而产生的互等、停歇现象，为流水作业创造条件，应该（　　）。

A. 减少作业人数　　B. 划分施工段　　C. 划分施工层　　D. 合并施工过程

12. 下列组织流水施工的方式中，专业班组数大于施工过程数的是（　　）。

A. 等节拍流水　　B. 异步距异节拍流水

C. 等步距异节拍流水　　D. 无节奏流水

13. 建筑工程采用平行施工方式组织施工时，其特点不包括（　　）。

A. 不能充分利用工作面　　B. 工期短

C. 材料供应集中　　D. 施工现场管理困难

14. 利用横道图表示建设工程进度计划的优点是（　　）。

A. 有利于动态控制　　B. 明确反映关键工作

C. 明确反映工作机动时间　　D. 简单明了、直观易懂

15. 某道路工程划分为四个施工过程、五个施工段进行施工，各施工过程的流水节拍分别为 6 天、4 天、4 天、2 天。如果组织加快的成倍节拍流水施工，则流水施工工期为（　　）天。

A. 40　　B. 30　　C. 24　　D. 20

16. 某瓦工班组 15 人，砌 1.5 砖厚砖基础，需 6 天完成，砌筑砖基础的时间定额为 1.25 工日/m^3，该班组完成的砌筑工程量是（　　）。

A. 112.5m^3　　B. 90m^3　　C. 80m^3　　D. 72m^3

17. 施工图预算是确定单位工程预算造价的经济文件，一般由（　　）编制。

A. 建设单位　　B. 建设单位或甲方

C. 施工单位或乙方　　D. 施工单位或设计单位

18. 某工程基础土方 1600m^3，采用挖斗容量为 0.5m^3 的反铲挖掘机挖土，挖掘机台班产量为 70m^3/台班，如果要求在 5 天内完成挖土方工作，需要（　　）该型号挖掘机。

A. 5 台　　B. 4 台　　C. 6 台　　D. 7 台

（二）多项选择题

1. 某房屋建筑过程采用依次施工方式组织施工时，特点有（　　）。

A. 工期长　　B. 若采用专业班组施工，有窝工现象

C. 现场管理难度大　　D. 货源供应紧张

2. 下列流水施工组织方式中，施工班组数等于施工过程数的有（　　）。

A. 等节拍流水　　B. 异步距异节拍流水

C. 等步距异节拍流水　　D. 无节奏流水

3. 组织流水施工时，流水节拍、施工过程和施工段见表 3-16，则下列说法正确的有（　　）。

A. 应采用等节拍流水组织施工　　B. 应采用异节拍流水组织施工

C. $K_{①,②}=3$，$K_{②,③}=3$　　D. $K_{①,②}=3$，$K_{②,③}=6$

表 3-16　题 3 流水节拍（天）

施工过程	施工段			
	Ⅰ	Ⅱ	Ⅲ	Ⅳ
①	3	3	3	3
②	3	3	3	3
③	3	3	3	3

4. 房屋建筑工程采用等节拍流水方式组织施工时，特点有（　　）。

A. 不同施工过程在各施工段上的流水节拍均相等

B. 流水步距等于流水节拍

C. 专业班组无窝工

D. 施工班组数大于施工过程数

5. 流水施工根据各施工过程时间参数的不同特点分类，包括（　　）。

A. 等节拍流水　　B. 异节拍流水

C. 无节拍流水　　D. 无节奏流水

6. 下列流水施工的参数，属于时间参数的有（　　）。

A. 工作面　　B. 流水步距

C. 工期　　D. 流水节拍

（三）案例分析题

1. 某两层住宅楼工程，主体划分为砌砖墙、钢筋混凝土圈梁、楼板安装/灌缝共三个施工过程，每一层划分为两个工程量相等的施工段，各施工过程均采用专业工作队组织流水施工，专业队伍在各施工段上的持续时间见表 3-17。

表 3-17　各施工段的持续时间

施工过程		持续时间/天
砌砖墙		5
钢筋混凝土圈梁	支模板	1
	扎钢筋	1
	浇混凝土	1
楼板安装/灌缝		2

请根据上述背景资料完成以下小题选项，其中判断题二选一（A、B选项），单选题四选一（A、B、C、D选项），多选题四选二或三（A、B、C、D选项），不选、多选、少选、错选均不得分。

(1)（判断题）本工程组织流水施工时，应允许部分次要施工过程的作业队伍不能连续作业。（ ）

A. 正确　　B. 错误

(2)（判断题）本工程组织流水施工时，应使参与流水的施工过程数小于或等于施工段数。（ ）

A. 正确　　B. 错误

(3)（单选题）本工程组织流水施工时，应采用的流水施工方式为（ ）流水施工。

A. 等节拍　　B. 异步距异节拍　　C. 等步距异节拍　　D. 无节奏

(4)（单选题）本工程组织流水施工时，主导施工过程为（ ）。

A. 砌砖墙　　B. 支圈梁模板　　C. 绑圈梁钢筋　　D. 楼板安装/灌缝

(5)（多选题）本工程组织流水施工时，应将下列（ ）施工过程合并为一个施工过程参与流水作业。

A. 砌砖墙　　B. 支圈梁模板　　C. 绑圈梁钢筋　　D. 楼板安装/灌缝

(6)（单选题）本工程组织流水施工时，流水节拍应确定为（ ）天。

A. 1　　B. 2　　C. 5　　D. 10

(7)（单选题）本工程组织流水施工时，需将次要的施工过程合并，然后与主导施工过程一起参与流水，则流水步距应为（ ）天。

A. 1　　B. 2　　C. 3　　D. 5

(8)（单选题）本工程组织流水施工时，工期等于（ ）天。

A. 10　　B. 20　　C. 25　　D. 30

(9)（多选题）组织流水施工时，空间参数包括（ ）。

A. 施工段　　B. 施工层　　C. 工作面　　D. 工作队

(10)（多选题）本工程组织流水施工时，下列说法正确的有（ ）。

A. 主导施工过程连续作业　　B. 主导施工过程间断作业

C. 工作面有空闲　　D. 工作面无空闲

2. 某工程由三个完全一样的单体建筑组成，由五个施工过程组成，包括土方开挖、基础施工、主体结构、二次结构、装饰装修。按施工工艺要求，主体结构完成两周后才进行二次结构施工。该工程采用五个专业工作队组织施工，各施工过程的流水节拍见表3-18。

表3-18　题2流水节拍（周）

施工过程编号	施工过程	流水节拍
Ⅰ	土方开挖	2
Ⅱ	基础施工	4
Ⅲ	主体结构	8
Ⅳ	二次结构	2
Ⅴ	装饰装修	4

(1) 上述案例属于何种形式的流水施工？流水施工组织形式还有哪些？

(2) 计算其总工期并绘制流水施工进度计划横道图。

(3) 合同工期为36周，该进度计划是否满足要求？若不满足，优化工期时应遵循哪些原则？

3. 某高校建设一学生宿舍，建设过程中，施工单位在组织基础工程施工时，按A、B、C三道工序划分成四个施工段组织流水施工，其流水节拍见表3-19。请计算A与B、B与C的流水步距及基础的施工工期。

表3-19 题3流水节拍(天)

施工段	工序			
	Ⅰ	Ⅱ	Ⅲ	Ⅳ
A	3	3	4	2
B	1	1	2	1
C	4	5	7	3

【单元3参考答案】

单元4 网络计划技术

施工员岗位工作标准

1. 能正确划分施工区段，合理确定施工顺序。
2. 能够进行资源平衡计算。
3. 可参与编制施工进度计划及资源需求计划。

造价员岗位工作标准

具备从事一般建筑工程施工项目进度管理的能力。

知识目标

1. 了解网络计划的基本概念。
2. 了解网络图的绘制方法。
3. 掌握网络计划时间参数的计算方法。
4. 熟练应用网络计划技术进行项目管理。

典型工作任务

任务描述	绘制主体工程时标网络计划
考核时量	3小时（可划分为多个子任务：查阅定额、资源计算、绘制时标网络计划）
设计条件及要求	
(1) 位于湖南省××市区的某住宅楼工程，为五层砖混结构，建筑面积为3300m²，建筑平面为4个标准单元组合。施工模板采用竹胶合板，现场采用商品混凝土，仅砂浆现场拌制，垂直运输机械为塔式起重机。 (2) 本工程开工日期为2016年5月3日，竣工日期为6月20日（工期可以提前，但必须控制在10%以内，工期不能延后）。 (3) 采用流水施工方式组织施工。 (4) 采用CAD软件绘制基础工程时标网络计划，A2图幅。 (5) 提供现行《建设工程劳动定额》一套，提供《建筑施工组织》教材一本，A4白纸每人2张。	

续表

<table>
<tr><th colspan="7">工程量一览表（工艺顺序请自行调整）</th></tr>
<tr><th rowspan="2">序号</th><th colspan="2">分部分项工程名称</th><th colspan="2" rowspan="2">施工条件说明</th><th colspan="2">工程量</th></tr>
<tr><th colspan="2">基础工程</th><th>单位</th><th>数量</th></tr>
<tr><td>1</td><td colspan="2">人工挖基槽</td><td colspan="2">基槽底宽＜1.5m，深度＜3m，三类土</td><td>m³</td><td>594</td></tr>
<tr><td>2</td><td colspan="2">基础及室内回填土</td><td colspan="2">夯填，基槽底宽＞0.5m</td><td>m³</td><td>428.5</td></tr>
<tr><td>3</td><td colspan="2">砌砖基础</td><td colspan="2">上部1砖厚大放脚条形基础</td><td>m³</td><td>200.4</td></tr>
<tr><td rowspan="3">4</td><td rowspan="3">钢筋混凝土地圈梁</td><td>支模板</td><td>竹胶合板模板，圈梁高＞0.12m</td><td rowspan="3">圈梁尺寸240mm×240mm，纵筋4ф12</td><td>m²</td><td>160</td></tr>
<tr><td>绑扎钢筋</td><td>机制手绑</td><td>t</td><td>1.5</td></tr>
<tr><td>浇混凝土</td><td>商品混凝土机捣，现场地泵运送</td><td>m³</td><td>19.8</td></tr>
<tr><td>5</td><td colspan="2">混凝土垫层</td><td colspan="2">带形混凝土垫层，商品混凝土机捣，现场地泵运送</td><td>m³</td><td>90.3</td></tr>
</table>

【单元4任务答案】

【工程网络计划技术规程】

1956年，美国杜邦公司研究出关键线路法（CPM），并使用于杜邦公司一个化学工程维修项目，使维修停产时间由过去的125小时降低到74小时，一年节约了100万美金，取得了良好的经济效果。

1958年，美国海军武器部在研制“北极星”导弹计划时，应用了计划评审方法（PERT），使导弹的制造时间缩短了3年，节约了大量资金，获得了巨大成功。

随着现代科学技术的迅猛发展、管理水平的不断提高，网络计划技术也在不断发展和完善，目前已广泛运用于世界各国的工业、国防、建筑、运输和科研等领域，成为发达国家盛行的一种现代计划管理的科学方法。

我国《工程网络计划技术规程》（JGJ/T 121—2015）推荐采用的工程网络计划类型包括：双代号网络计划、单代号网络计划、双代号时标网络计划和单代号搭接网络计划。

4.1 网络计划的基本概念

计划管理的新方法是建立在网络图基础上的，因此统称为网络计划方法。

4.1.1 网络图

由箭线和节点组成，用来表示工作流程的有向、有序的网状图形，称为网络图。网络图按节点和箭线所代表的含义不同，可分为双代号网络图和单代号网络图。

1. 双代号网络图

以箭线及其两端节点的编号表示工作的网络图，称为双代号网络图。它用两个节点一根箭线代表一项工作，工作名称写在箭线上面，工作持续时间写在箭线下面，在箭线前后的衔接处画上节点编上号码，并以节点编号 i 和 j 代表一项工作名称，如图 4－1 所示。

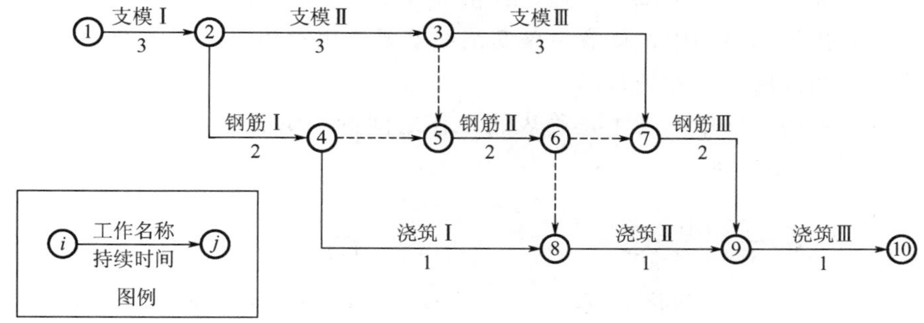

图 4－1　双代号网络图示例

2. 单代号网络图

以节点及其编号表示工作，以箭线表示工作之间的逻辑关系的网络图，称为单代号网络图。它用一个节点表示一项工作，节点所表示的工作代号、工作名称和持续时间标注在节点内，如图 4－2 所示。

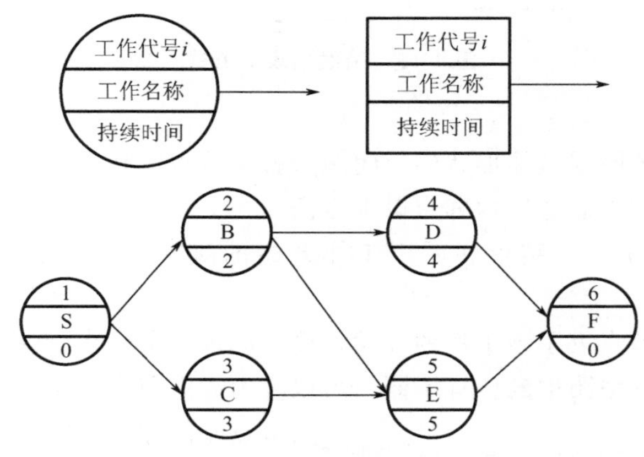

图 4－2　单代号网络图

3. 网络计划

用网络图表达任务构成、工作顺序并加注工作时间参数的进度计划，称为网络计划。网络计划可以从不同角度进行分类。

(1) 按网络计划层次分，可分为综合网络计划、单位工程施工网络计划和局部网络计划。

(2) 按网络计划的时间表达方式分，可分为非时标网络计划（箭线长短不代表时间，时间写出来）、时标网络计划（工作的持续时间用时间坐标绘制的网络计划）。

4.1.2　双代号网络图的基本符号

双代号网络图的基本符号是箭线、节点及节点编号。

1. 箭线

(1) 在双代号网络图中，每一条箭线表示一项工作，工作的名称标注在箭线的上方，完成该项工作所需要的持续时间标注在箭线的下方，如图 4-3 所示。

(2) 在建筑工程中，一条箭线表示项目中的一个施工过程，可以是一道工序、一个分项工程、一个分部工程或一个单位工程，其粗细程度、大小范围的划分根据计划任务的需要来确定。在双代号网络图中，任意一条实箭线都要占用时间、消耗资源（有时只占时间而不消耗资源，如混凝土的养护）。

(3) 在双代号网络图中，为了正确表达工作之间的逻辑关系，往往需要应用虚箭线，其表示方法如图 4-4 所示。

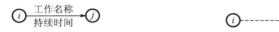

图 4-3　工作的表示方法　　　图4　双代号网络图中虚箭线的表示方法

(4) 在无时间坐标限制的网络图中，箭线的长度原则上可以任意画，其占用的时间以下方标注的时间参数为准。箭线可以为直线、折线或斜线，但其行进方向均应从左向右，如图 4-5 所示。在有时间坐标限制的网络图中，箭线的长度必须根据完成该工作所需持续时间的大小按比例绘制。

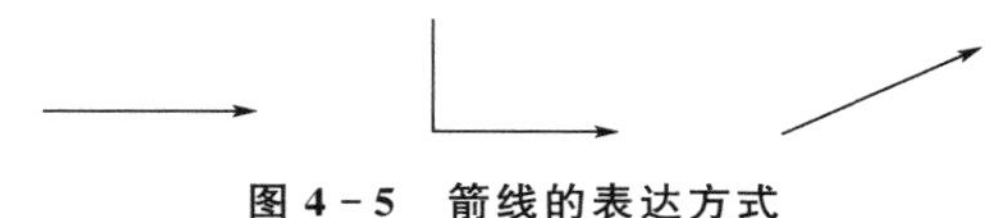

图 4-5　箭线的表达方式

2. 节点

网络图中箭线端圆圈或其他形状的封闭图形就是节点。在双代号网络图中，它表示工作之间的逻辑关系，节点表达的内容有以下方面。

(1) 节点表示前面工作结束和后面工作开始的瞬间，所以节点不需要消耗时间和资源。

(2) 箭线的箭尾节点表示该工作的开始，箭线的箭头节点表示该工作的结束。

(3) 根据节点在网络图中的位置不同，可以分为起点节点、终点节点和中间节点。起点节点是网络图的第一个节点，表示一项任务的开始；终点节点是网络图的最后一个节点，表示一项任务的完成；除起点节点和终点节点以外的节点称为中间节点，任何一个中间节点都有双重的含义，它既是前面工作的箭头节点，也是后面工作的箭尾节点。图 4-6 所示为节点说明。

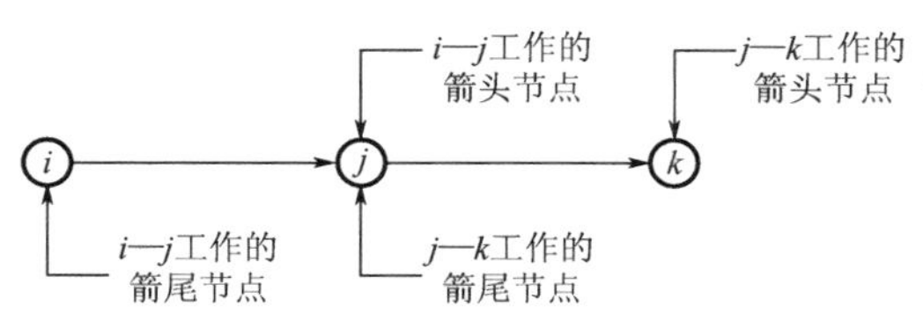

图 4-6　节点说明

图 4-1 中只有一个起点节点和终点节点，其他均为中间节点。

3. 节点编号

网络图中的每个节点都有自己的编号，以便赋予每项工作以代号，便于计算网络图的时间参数和检查网络图是否正确。

（1）节点编号必须满足两条基本规则：其一，箭头节点编号大于箭尾节点编号，因此节点编号顺序是箭尾节点编号在前，箭头节点编号在后，若箭尾节点没有编号，则箭头节点不能编号；其二，在一个网络图中，所有节点不能出现重复编号，编号可以按自然数顺序进行，也可以采用非连续编号，以便适应网络计划调整中增加工作的需要，让编号留有余地。

（2）节点编号的方法有两种：一种是水平编号法，即从起点节点开始由上到下逐行编号，每行则从左到右按顺序编号，如图 4－7(a) 所示；另一种是垂直编号法，即从起点节点开始从左到右逐列编号，每列则根据编号规则的要求进行编号，如图 4－7(b) 所示。

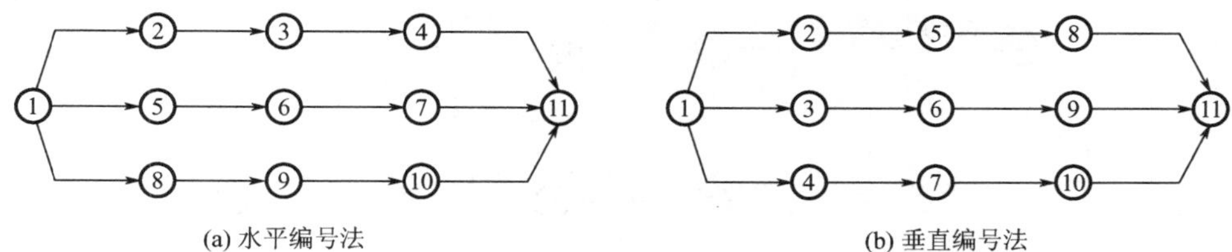

图 4－7　节点编号方法

4.1.3　双代号网络图的表达

1. 逻辑关系

工作之间相互制约或依赖的关系，称为逻辑关系。它包括工艺关系和组织关系。

（1）工艺关系：是指生产工艺上客观存在的先后顺序关系，或是非生产性工作之间由工作程序决定的先后顺序关系。由施工工艺、方法所决定的先后顺序，一般不可变，如图 4－1 中的支模Ⅰ→钢筋Ⅰ→浇筑Ⅰ。

（2）组织关系：是指在不违反工艺关系的前提下，人为安排工作的先后顺序关系。如图 4－1 中的支模Ⅰ→支模Ⅱ→支模Ⅲ。

2. 紧前工作、紧后工作、平行工作

（1）紧前工作：紧排在本工作之前的工作为本工作的紧前工作。如图 4－1 中，浇筑Ⅰ的紧前工作是钢筋Ⅰ。

（2）紧后工作：紧排在本工作之后的工作为本工作的紧后工作。如图 4－1 中，支模Ⅰ的紧后工作是钢筋Ⅰ和支模Ⅱ。

（3）平行工作：与本工作同时进行的工作为本工作的平行工作。如图 4－1 中，支模Ⅱ的平行工作是钢筋Ⅰ。

3. 虚工作的应用

虚箭线是实际工作中并不存在的一项虚拟工作，故虚箭线既不占用时间也不消耗资源，一般起着工作之间的区分、联系和断路三个作用。需要注意的是，单代号网络图中不存在虚箭线。

（1）区分作用：是指双代号网络图中每一项工作都必须用一条箭线和两个代号表示，若两项工作的代号相同，应使用虚工作加以区分，如图 4－8 所示。

（2）联系作用：是指应用虚箭线正确表达工作之间相互依存的关系。如图 4－9 所示，垫层 2 的紧前工作是垫层 1 和挖土 2。

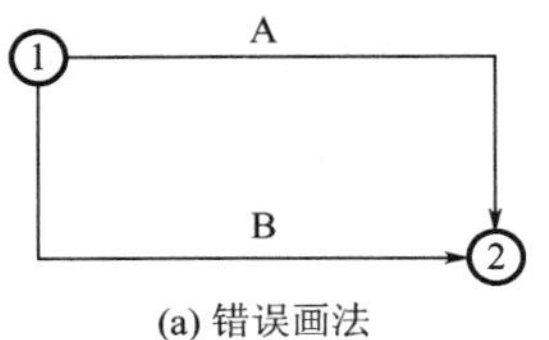

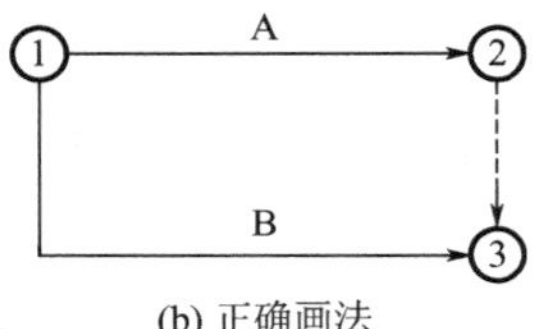

图 4-8　虚箭线的区分作用

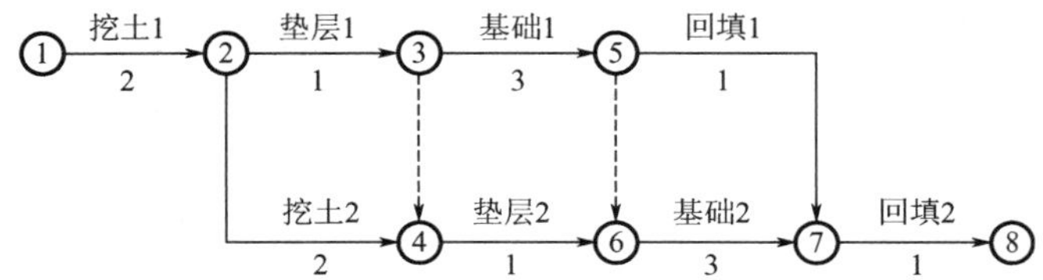

图 4-9　虚箭线的联系作用

(3) 断路作用：是用虚箭线断掉多余联系（即在网络图中把无联系的工作连接上时，应加上虚工作将其断开）。如图 4-1 中，钢筋Ⅱ的紧前工作是支模Ⅱ和钢筋Ⅰ。

图 4-10 所示为某基础工程挖基槽（A）、垫层（B）、基础（C）、回填土（D）四项工作的流水施工网络图，该网络图中出现了 A_2 与 C_1，B_2 与 D_1，A_3 与 C_2、D_1，B_3 与 D_2 四处多余联系的错误。

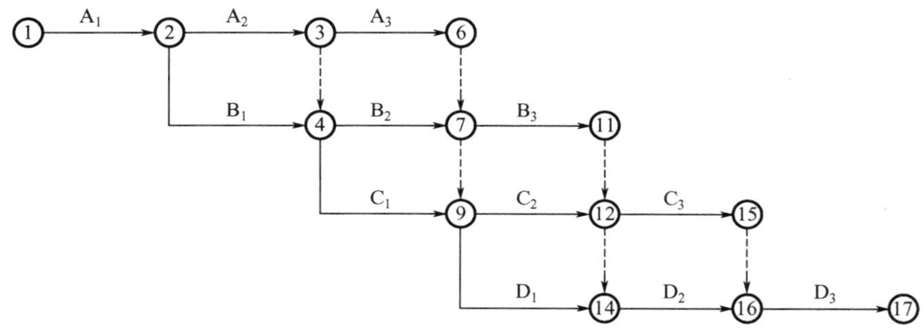

图 4-10　逻辑关系错误的网络图

为了正确表达工作间的逻辑关系，在出现逻辑错误的圆圈（节点）之间可增设新节点（即虚工作），切断毫无关系工作之间的联系，这种方法称为断路法。如图 4-11 中增设节点⑤，虚工作④—⑤切断了 A_2 与 C_1 之间的联系；同理，增设点⑧、⑩、⑬后虚工作⑦—⑧、⑨—⑩、⑫—⑬等也起到了相同的断路作用。然后去掉多余的虚工作，经调整后正确的网络图如图 4-12 所示。

由此可见，双代号网络图中虚工作是非常重要的，但在应用时要恰如其分，不能滥用，以必不可少为限。另外，增加虚工作后要进行全面检查，不要顾此失彼。

4. 线路、关键线路和关键工作

(1) 线路。网络图中从起点节点开始，沿箭线方向连续通过一系列箭线与节点，最后到达终点节点的通路称为线路。如图 4-1 中，共有 6 条线路。

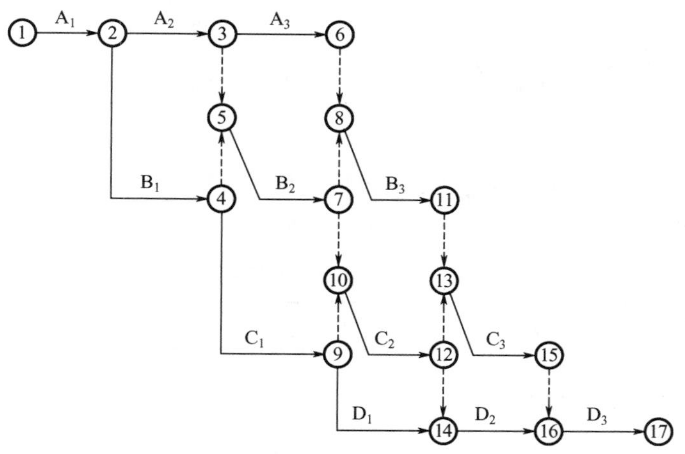

图 4-11 断路法切断多余联系

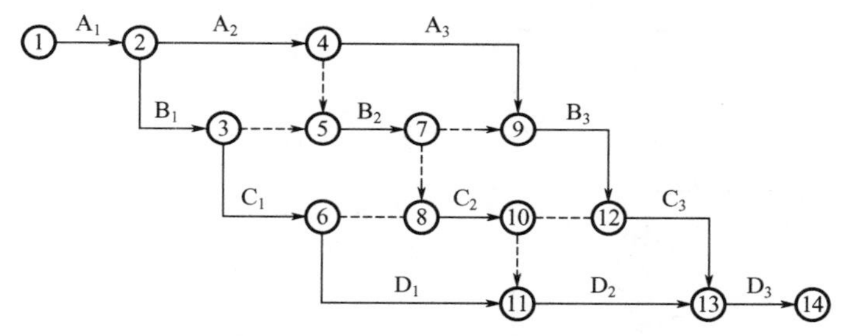

图 4-12 正确的网络图

(2) 关键线路和关键工作。每一条线路都有自己确定的完成时间，其等于该线路上各项工作持续时间的总和，也是完成这条线路上所有工作的计划工期。工期最长的线路称为关键线路（或主要矛盾线）。如图 4-1 中，关键线路为①—②—③—⑦—⑨—⑩，关键线路宜用粗箭线、双箭线或彩色箭线标注。位于关键线路上的工作称为关键工作。

关键工作完成的快慢直接影响整个计划工期的实现，但关键线路在网络图中也许不止一条，可能同时存在几条，即这几条线路上的持续时间相同。

关键线路并不是一成不变的，在一定条件下，关键线路和非关键线路可以互相转化。当采用了一定的技术组织措施，缩短了关键线路上各工作的持续时间后，就有可能使关键线路发生转移，使原来的关键线路变成非关键线路，而原来的非关键线路变成关键线路。

4.2 网络图的绘制

网络图必须正确表达整个工程或任务的工艺流程和各工作开展的先后顺序，以及它们之间相互依赖、相互制约的逻辑关系，因此绘制网络图时必须遵循一定的规则和要求。

4.2.1 双代号网络图的绘制

1. 绘制规则

(1) 双代号网络图必须正确表达已定的逻辑关系。例如已知网络图的逻辑关系见表 4-1，需应用虚工作正确表达其逻辑关系，如图 4-13 所示。

表 4-1 网络图的逻辑关系

工　作	A	B	C	D
紧前工作	—	—	A、B	B

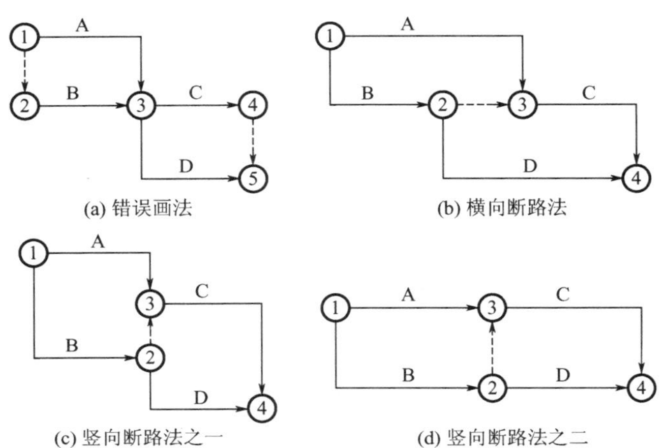

图 4-13 按表 4-1 绘制的网络图

在双代号网络图中，常见逻辑关系的表示方法见表 4-2。

表 4-2 常见逻辑关系的表示方法

序号	工作之间的逻辑关系	网络图中的表示方法	说　明
1	有 A、B 两项工作按照依次施工方式进行	○—A→○—B→○	B 工作依赖着 A 工作，A 工作约束着 B 工作的开始
2	有 A、B、C 三项工作同时开始	A、B、C 自同一节点引出	A、B、C 三项工作称为平行工作
3	有 A、B、C 三项工作同时结束	A、B、C 汇入同一节点	A、B、C 三项工作称为平行工作

续表

序号	工作之间的逻辑关系	网络图中表示方法	说　明
4	有A、B、C三项工作，只有在A完成后B、C才能开始		A工作制约着B、C工作的开始；B、C为平行工作
5	有A、B、C三项工作，C工作只有在A、B完成后才能开始		C工作依赖着A、B工作；A、B为平行工作
6	有A、B、C、D四项工作，只有A、B完成后C、D才能开始		通过中间节点 j 正确地表达了A、B、C、D之间的关系
7	有A、B、C、D四项工作，A完成后C才能开始，A、B完成后D才能开始		D与A之间引入了逻辑连接（虚工作），只有这样才能正确表达它们之间的约束关系
8	有A、B、C、D、E五项工作，A、B完成后C才能开始，B、D完成后E才能开始		虚工作 i—j 反映出C工作受到B工作的约束，虚工作 i—k 反映出E工作受到B工作的约束
9	在A、B、C、D、E五项工作，A、B、C完成后D才能开始，B、C完成后E才能开始		这是序号1、5两种情况通过虚工作连接了起来，虚工作表示D工作受到B、C工作的约束
10	A、B两项工作，分三个施工段平行施工		每个工种的工程建立专业工作队，在每个施工段上进行流水作业，不同工种之间用逻辑搭接关系表示

（2）双代号网络图中，严禁出现循环回路。所谓循环回路，是指从网络图中的某一个节点出发，顺着箭线方向又回到了原来出发点的线路，如图4-14所示。

（3）双代号网络图中，在节点之间严禁出现带双向箭头或无箭头的连线，如图4-15所示。

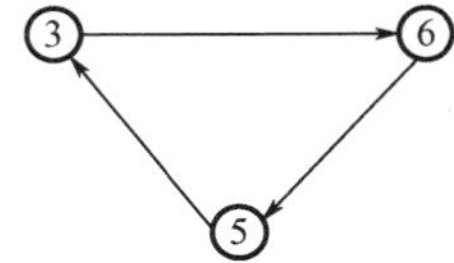

图4-14　循环线路

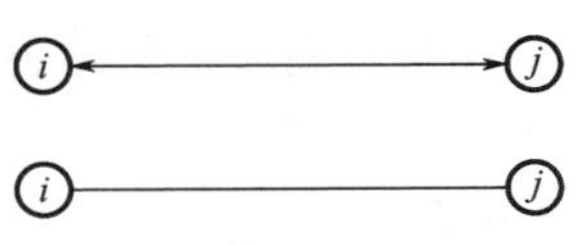

图4-15　箭线的错误画法

(4) 双代号网络图中，严禁出现没有箭头节点或没有箭尾节点的箭线，如图 4－16 所示。

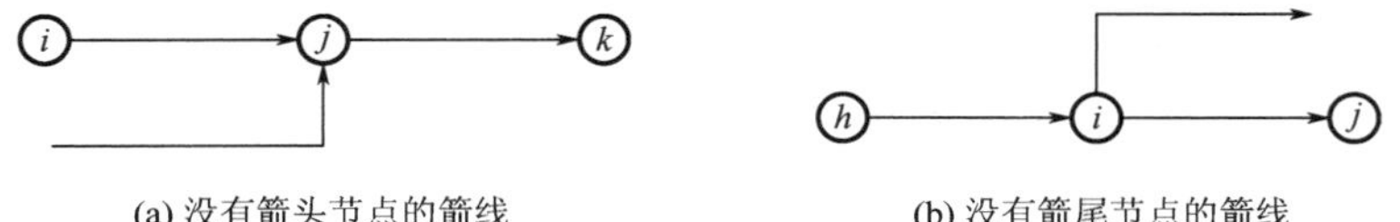

图 4－16　没有箭头节点和箭尾节点的箭线

(5) 当双代号网络图的某些节点有多条外向箭线或多条内向箭线时，为使图形简洁，可使用母线法绘制（但应满足一项工作用一条箭线和相应的一对节点表示），如图 4－17 所示。

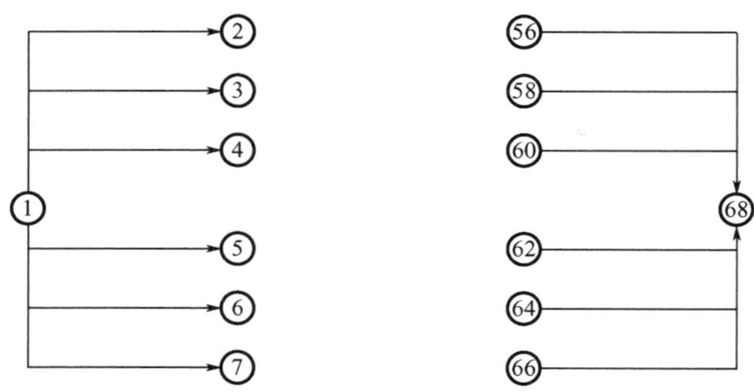

图 4－17　母线表示法

(6) 绘制网络图时，箭线不宜交叉；当交叉不可避免时，可用过桥法或指向法，如图 4－18 所示。

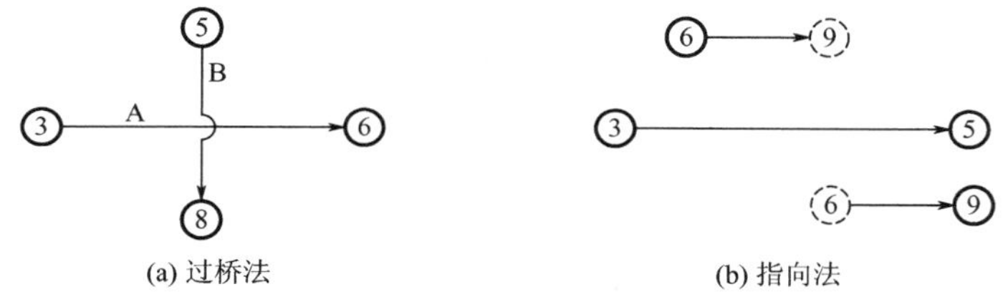

图 4－18　箭线交叉的表示方法

(7) 双代号网络图中应只有一个起点节点和一个终点节点（多目标网络计划除外），其他所有节点均应是中间节点，如图 4－19 所示。

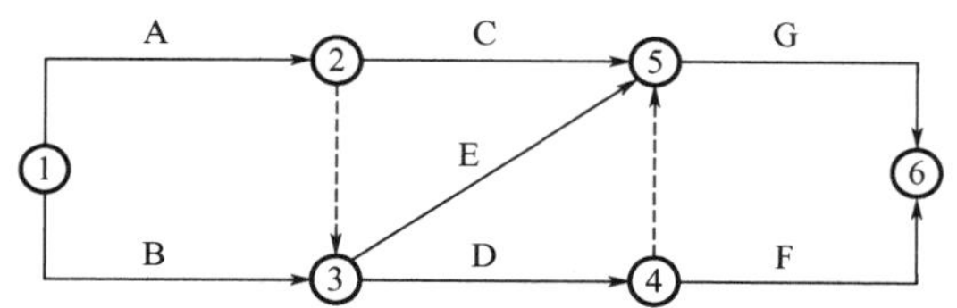

图 4－19　一个起点节点和一个终点节点的网络图

以上是绘制网络图应遵循的基本规则，这些规则是保证网络图正确反映各项工作之间相互制约关系的前提，需要熟练掌握。

2. 绘制方法

1) 节点位置法

(1) 提供逻辑关系表，一般只要提供每项工作的紧前工作。

(2) 确定各工作的紧后工作。

(3) 确定各工作开始节点位置号和完成节点位置号。

(4) 根据节点位置号和逻辑关系绘出初始网络图。

(5) 检查、修改、调整，绘制正式网络图。

2) 逻辑草稿法

当已知每一项工作的紧前工作时，可按下列步骤绘制网络图。

(1) 绘制没有紧前工作的工作，使它们具有相同的箭尾节点，即起点节点。

(2) 依次绘制其他各项工作。

① 当所绘制的工作只有一项紧前工作时，将该工作的箭线直接画在其紧前工作的完成节点之后。

② 当所绘制的工作有多项紧前工作时，如果在其紧前工作中存在一项只作为本工作紧前工作的工作，应将本工作箭线直接画在该紧前工作完成节点之后，然后用虚箭线分别将其他紧前工作连接起来，表达逻辑关系。

③ 如果紧前工作中有多项工作只作为本工作紧前工作的工作，则应将这些紧前工作的节点合并，再从合并后的节点开始绘制。

(3) 合并没有紧后工作的箭线。

(4) 确认无误，进行节点编号。

【例4-1】 已知某网络图的工作逻辑关系见表4-3，试绘制其双代号网络图。

表4-3 工作逻辑关系

工　作	A	B	C	D	E	G	H
紧前工作	—	—	—	—	A、B	B、C、D	C、D

【解】 (1) 按照逻辑草稿法原则(1)，绘制没有紧前工作的工作A、B、C、D，如图4-20(a) 所示。

(2) 按前述原则(2)中的情况②绘制工作E，如图4-20 (b) 所示。

(3) 按前述原则(2)中的情况②绘制工作H，如图4-20 (c) 所示。

(4) 按前述原则(2)中的情况③绘制工作G，并将工作E、G、H合并，如图4-20(d) 所示。

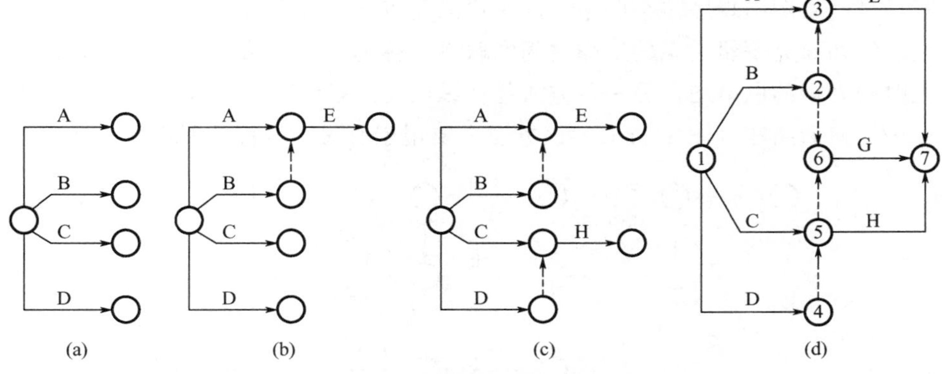

图4-20 双代号网络图绘制

3. 绘图注意事项

（1）网络图的布局要条理清楚，重点突出。虽然网络图主要反映各项工作之间的逻辑关系，但为了便于使用，还应安排整齐、条理清楚、突出重点。尽量把关键工作和关键线路布置在中心位置；尽可能把密切相连的工作安排在一起；尽量减少斜箭线而采用水平箭线；尽可能避免交叉箭线出现，当网络图中不可避免地出现交叉时，不能直接相交画出，而应采用过桥法或指向法表示。图 4－21 所示为布置条理不清楚、重点不突出的画法；图 4－22 所示为布置条理清楚、重点突出的画法。

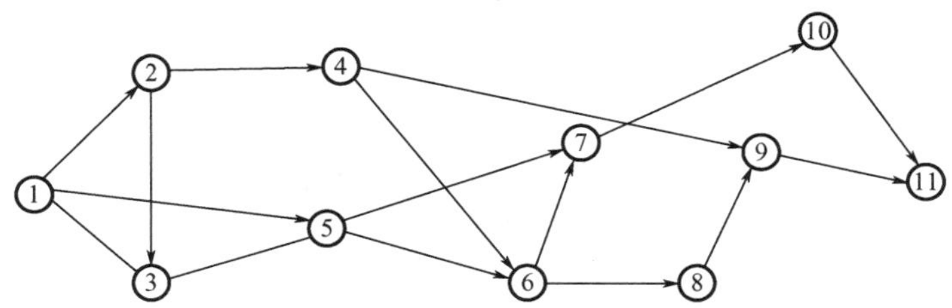

图 4－21　布置条理不清楚、重点不突出的画法

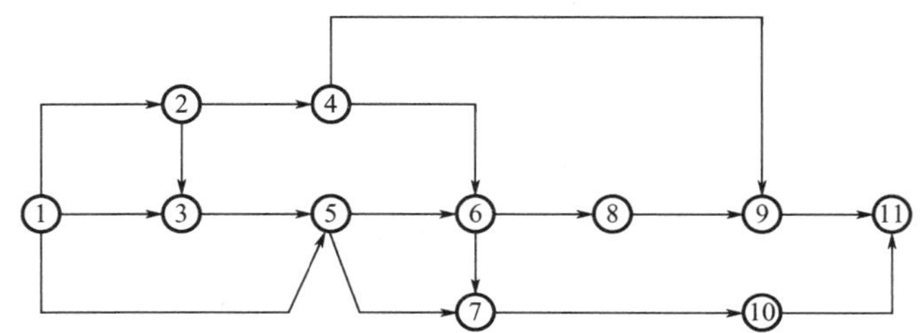

图 4－22　布置条理清楚、重点突出的画法

（2）正确应用虚箭线进行网络图的断路。绘制网络图时必须符合以下三个要求：①符合施工顺序的关系；②符合流水施工的要求；③符合网络逻辑连接关系。

一般来说，对施工顺序和施工组织上必须衔接的工作，绘图时不易产生错误，但对于不发生逻辑关系的工作，就容易产生错误。遇到这种情况时，可采用虚箭线加以处理，用虚箭线在线路上隔断无逻辑关系的各项工作，该方法即为断路法。

应用虚箭线进行网络图断路，是正确表达工作之间逻辑关系的关键。如图 4－23 所示，某双代号网络图出现了多余联系，此时可采用以下两种方法进行断路：一种方法是在横向用虚箭线切断无逻辑关系的工作之间的联系，称为横向断路法（图 4－24），该方法主要用于无时间坐标的网络图；另一种方法是在纵向用虚箭线切断无逻辑关系的工作之间的联系，称为纵向断路法（图 4－25），该方法主要用于有时间坐标的网络图。

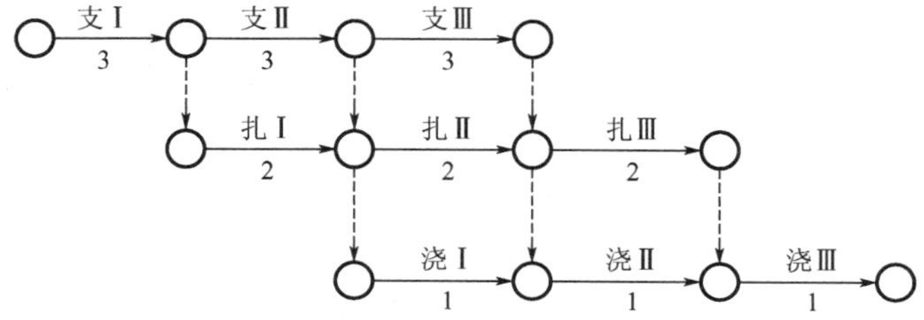

图 4－23　某存在多余联系的双代号网络图

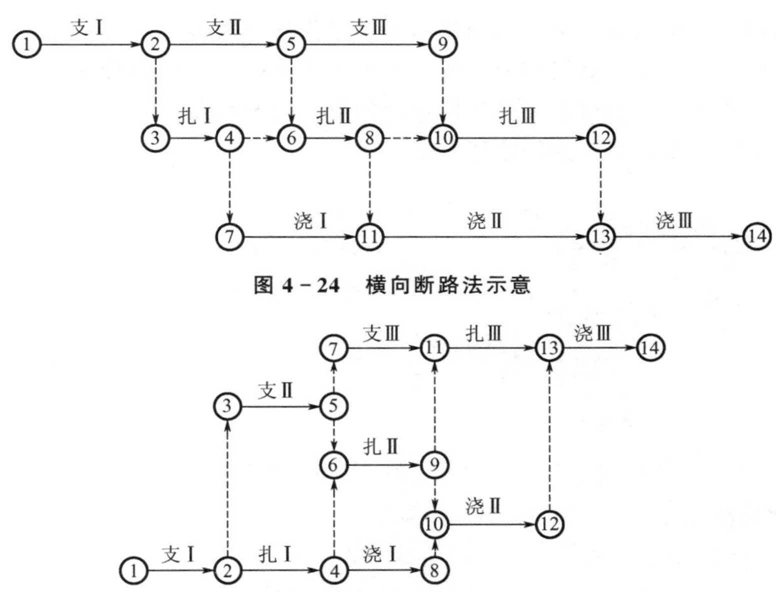

图4-24 横向断路法示意

图4-25 纵向断路法示意

（3）力求减少不必要的箭线和节点。在双代号网络图中，应在满足绘图规则和用两个节点一根箭线代表一项工作的基础上，力求减少不必要的箭线和节点，使网络图图面简洁，减少时间参数的计算量。如图4-26(a)所示，该图在施工顺序、流水关系及逻辑关系上均是合理的，但表达过于烦琐；如果将不必要的节点和箭线去掉，网络图将更加明快、简洁，同时并不改变原有的逻辑关系，如图4-26(b)所示。

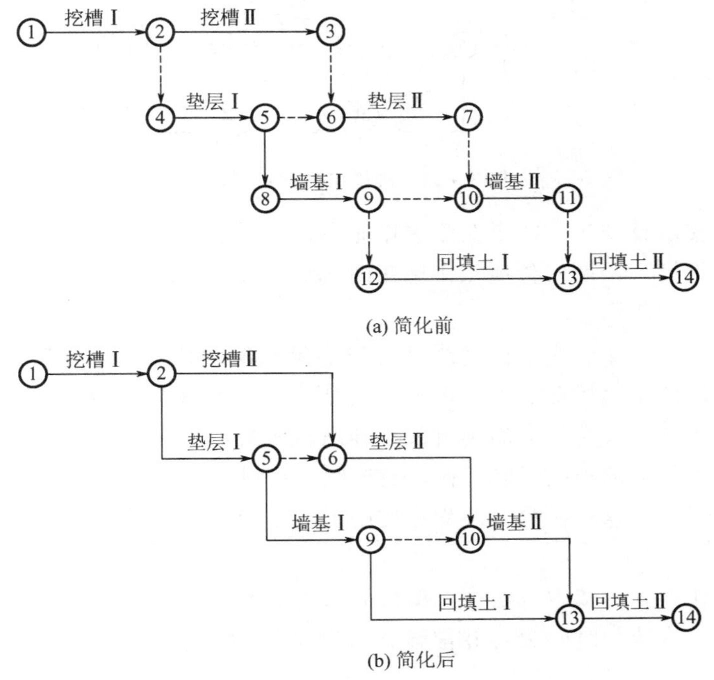

(a) 简化前

(b) 简化后

图4-26 网络图简化示意

（4）合理运用网络图的分解。当网络图中的工作任务较多时，可以把它分成几个小块来绘制，分界点一般选择在箭线和节点较少的位置，或按施工部门分块，分界点要用重复号码，即前一块的最后一个节点编号与后一块的第一个节点编号相同。图 4-27 所示为一民用建筑基础工程和主体工程的网络图分解。

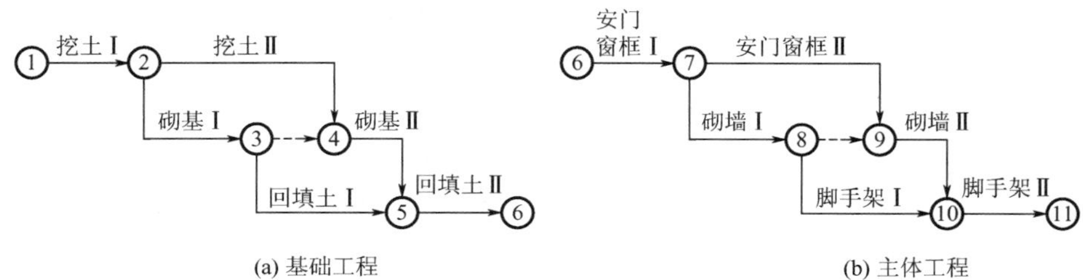

图 4-27　网络图的分解

4. 网络图的拼图

1）网络图的排列

（1）按施工过程排列法。如果为了突出表示施工过程的连续作业，可以把同一施工过程排列在同一水平线上，这一排列方法称为按施工过程排列法，如图 4-28 所示。

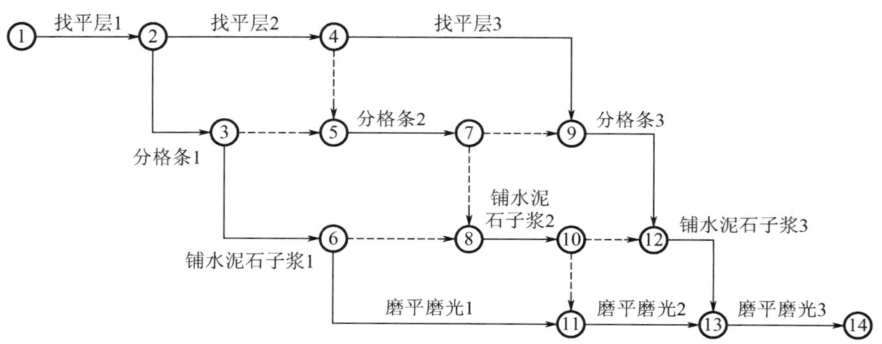

图 4-28　按施工过程排列法

（2）按施工楼层排列法。如果在流水作业中，若干个不同工种工作，沿着建筑物的楼层展开时，可以把同一楼层的各项工作排在同一水平线上，这一排列方法称为按施工楼层排列法，如图 4-29 所示。

（3）按施工段排列法。为了使网络计划更形象而清楚地反映出建筑工程施工的特点，绘图时可根据不同的工程情况、不同的施工组织方法和使用要求灵活排列，以简化层次，使各工作之间在工艺上及组织上的逻辑关系准确而清楚，便于对计划进行计算和调整。如果为了突出表示工作面的连续或者工作队的连续，可以把在同一施工段上的不同工种工作排列在同一水平线上，这种排列方法称为按施工段排列法，如图 4-30 所示。

2）网络图的工作合并

网络图的工作合并的基本方法是：保留局部网络图中与外部工作相联系的节点，合并后箭线所表达的工作持续时间为合并前该部分网络图中相应最长线路段的工作时间之和，如图 4-31 和图 4-32 所示。

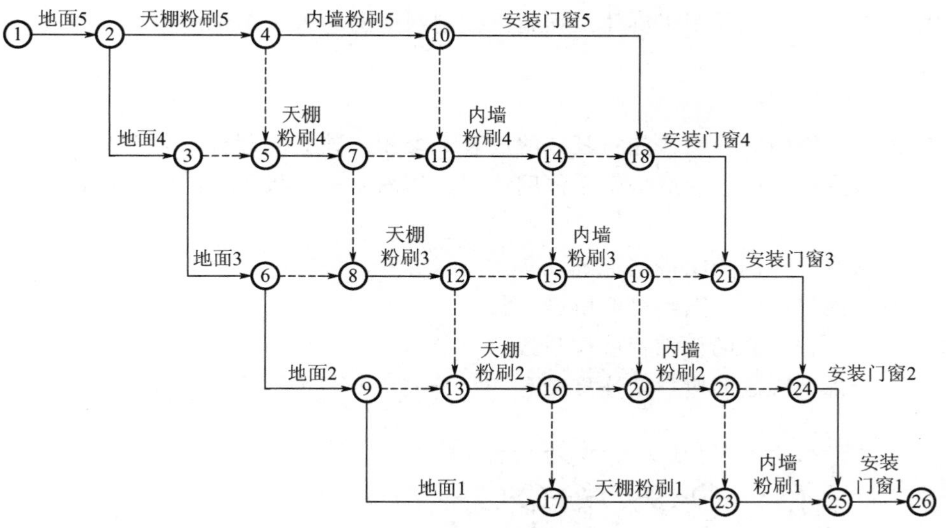

图 4-29　按施工楼层排列法

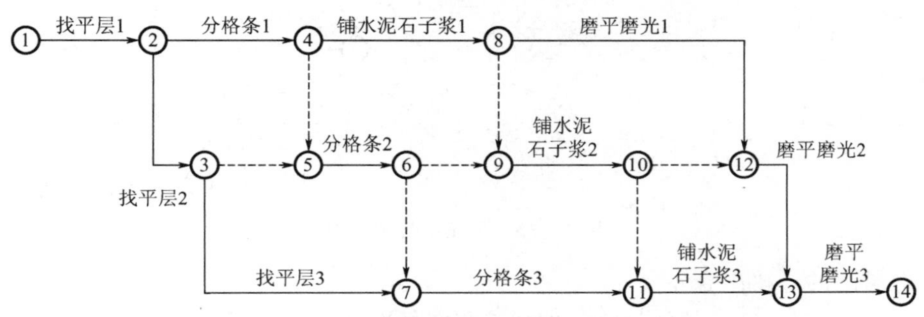

图 4-30　按施工段排列法

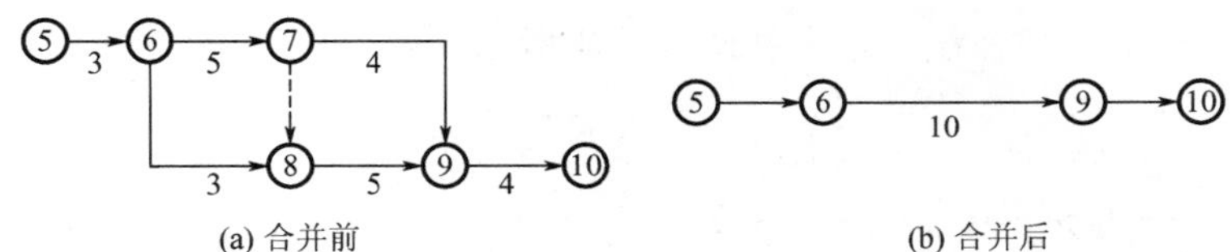

图 4-31　网络图的合并示例一

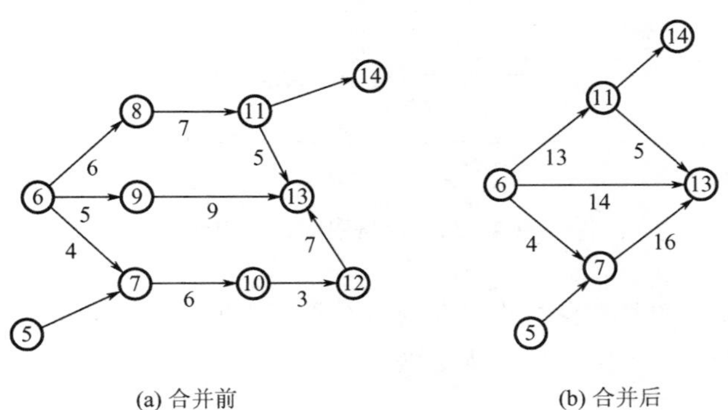

图 4-32　网络图的合并示例二

网络图的合并，主要用于群体工程施工控制网络图和施工单位的季节、年度控制网络图的编制。

3）网络图的连接

绘制复杂网络图时，往往先将其分解成若干个相互独立的部分，各自分头绘制，最后再按逻辑关系进行连接，形成一个整体网络图，如图 4－33 所示。网络图连接时应注意以下几点。

（1）必须有统一的构图排列形式。

（2）整个网络图的节点编号要协调一致。

（3）施工过程划分的粗细程度应一致。

（4）各分部工程之间应预留连接节点。

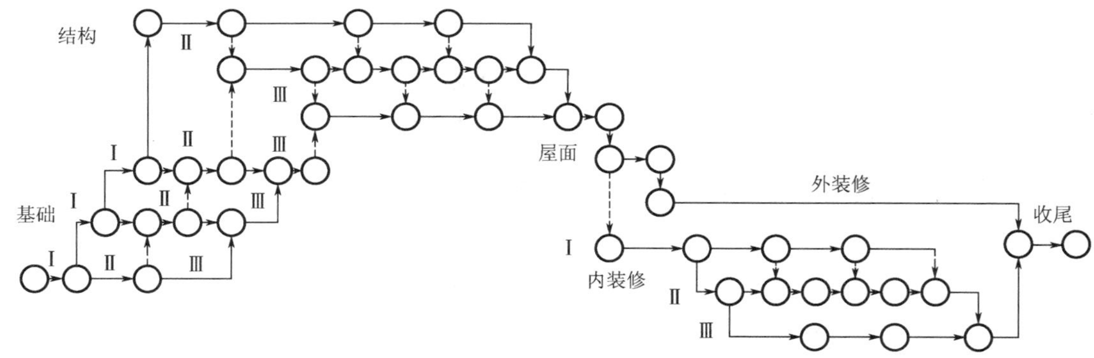

图 4－33　网络的连接示意

4）网络图的详略组合

网络图宜局部详细，整体简略。例如编制有标准层的多高层住宅、公寓或写字楼等工程施工网络计划，可以先将施工工艺过程和工程量与其他楼层均相同的标准层网络图绘出，其他层则简略为一根箭线表示，如图 4－34 所示。

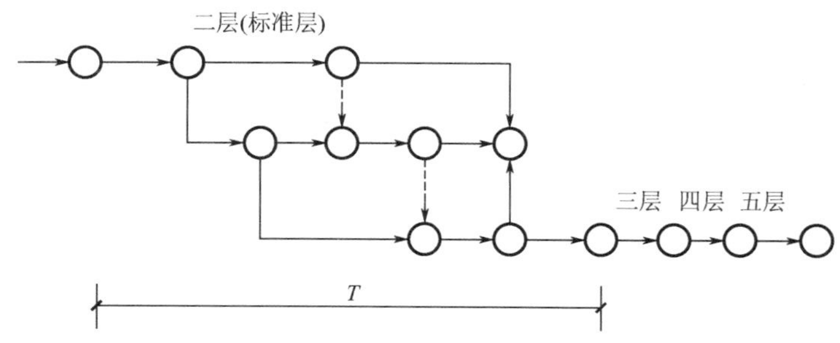

图 4－34　网络图的详细组合

【例 4－2】 绘制本单元典型工作任务的双代号网络图。

【解】 重新排列施工过程，查劳动定额，计算劳动量，划分施工段，确定各施工过程的持续时间。计算结果见表 4－4。

表 4-4　计算结果

<table>
<tr><th rowspan="2">序号</th><th rowspan="2" colspan="2">分部分项工程名称</th><th colspan="2">工程量</th><th rowspan="2">时间定额</th><th rowspan="2">劳动量</th><th rowspan="2">施工段</th><th rowspan="2">人数</th><th rowspan="2">班制</th><th rowspan="2">流水节拍</th><th rowspan="2">作业天数</th></tr>
<tr><th>单位</th><th>数量</th></tr>
<tr><td>1</td><td colspan="2">人工挖基槽</td><td>m^3</td><td>594</td><td>0.536</td><td>318</td><td>2</td><td>18</td><td>1</td><td>9</td><td>18</td></tr>
<tr><td>2</td><td colspan="2">混凝土垫层</td><td>m^3</td><td>90.3</td><td>0.45</td><td>41</td><td>2</td><td>7</td><td>1</td><td>3</td><td>6</td></tr>
<tr><td>3</td><td colspan="2">砌砖基础</td><td>m^3</td><td>200.4</td><td>0.937</td><td>188</td><td>2</td><td>16</td><td>1</td><td>6</td><td>12</td></tr>
<tr><td rowspan="3">4</td><td rowspan="3">钢筋混凝土地圈梁</td><td>支模板</td><td>$10m^2$</td><td>16</td><td>1.62</td><td rowspan="3">57</td><td rowspan="3">2</td><td rowspan="3">8</td><td rowspan="3">1</td><td rowspan="3">4</td><td rowspan="3">8</td></tr>
<tr><td>扎钢筋</td><td>t</td><td>1.5</td><td>10.8</td></tr>
<tr><td>浇混凝土</td><td>m^3</td><td>19.8</td><td>0.745</td></tr>
<tr><td>5</td><td colspan="2">基础及室内回填土</td><td>m^3</td><td>428.5</td><td>0.182</td><td>78</td><td>2</td><td>13</td><td>1</td><td>3</td><td>6</td></tr>
</table>

注意：在本次安排中，基础工程分两个施工段进行施工，同时混凝土垫层完成后养护 1 天，钢筋混凝土地圈梁浇筑后养护 2 天。

绘制网络图时，必须正确理清工作之间的相互逻辑关系。本例逻辑关系分析如下。

(1) 工艺逻辑关系如下。

人工挖基槽 1（挖 1）→混凝土垫层 1（垫 1）→养护→砌砖基础 1（基 1）→钢筋混凝土地圈梁 1（圈 1）→养护→基础及室内回填土 1（填 1）。

人工挖基槽 2（挖 2）→混凝土垫层 2（垫 2）→养护→砌砖基础 2（基 2）→钢筋混凝土地圈梁 2（圈 2）→养护→基础及室内回填土 2（填 2）。

(2) 组织逻辑关系如下。

人工挖基槽 1（挖 1）→人工挖基槽 2（挖 2）。

混凝土垫层 1（垫 1）→混凝土垫层 2（垫 2）。

砌砖基础 1（基 1）→砌砖基础 2（基 2）。

钢筋混凝土地圈梁 1（圈 1）→钢筋混凝土地圈梁 2（圈 2）。

基础及室内回填土 1（填 1）→基础及室内回填土 2（填 2）。

参照以上逻辑关系绘制基础工程双代号网络计划，如图 4-35 所示。

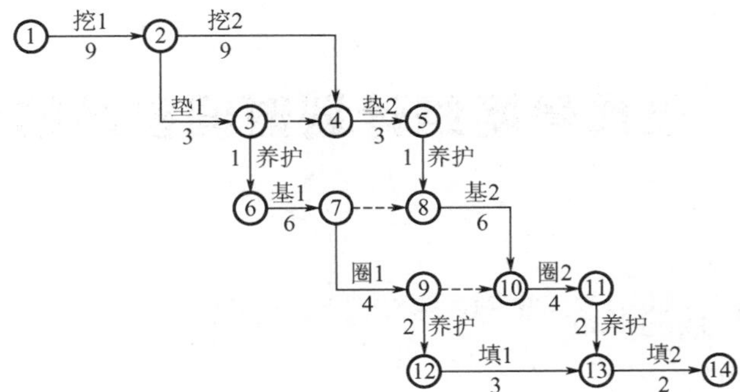

图 4-35　基础工程双代号网络计划

4.2.2 单代号网络图的绘制

1. 绘制规则

(1) 必须正确表达已定的逻辑关系。

(2) 在单代号网络图中，严禁出现循环回路。

(3) 严禁出现带双向箭头或无箭头的连线。

(4) 严禁出现没有箭头节点或没有箭尾节点的箭线。

(5) 尽可能在构图时避免交叉，不可避免时，可采用过桥法或断桥法，如图 4-36 所示。

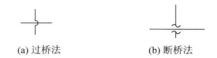

(a) 过桥法　　(b) 断桥法

图 4-36　单代号网络图中交叉处的表示方法

(6) 只允许有一个起点节点、一个终点节点，必要时可在两端设置虚拟的起点节点和终点节点。

(7) 不允许出现有重复编号的工作，一个编号只能代表一项工作，且箭头编号大于箭尾编号。

2. 绘制方法

(1) 提供逻辑关系表。

(2) 用矩阵图确定紧后工作。

(3) 绘制没有紧前工作的工作，当有多个起点节点时，应在网络图的始端设置一项虚拟的起点节点。

【单代号网络图答案】

(4) 依次绘制其他各项工作，一直到终点节点。当有多个终点节点时，应在网络图的终端设置一项虚拟的终点节点。

【动动手】 请对图 4-1 绘制对应的单代号网络图。

4.3 双代号网络计划时间参数的计算

4.3.1 时间参数的概念

1. 工作持续时间

工作持续时间是指一项工作从开始到完成的时间，用 D 表示，其计算方法有以下几种。

（1）参照以往实践经验估算。

（2）经过试验推算。

（3）有标准可查，按定额计算。

2. 工期

工期是指完成一项工作所需要的时间，一般有以下三种类型。

（1）计算工期：指根据时间参数计算所得的工期，用 T_c表示。

（2）要求工期：指任务委托人提出的指令性工期，用 T_r表示。

（3）计划工期：指根据要求工期和计算工期确定的作为实施目标的工期，用 T_p表示。当规定了要求工期时，$T_p \leqslant T_r$；当未规定要求工期时，$T_p = T_c$。

3. 工作时间参数

网络计划中工作的时间参数有 6 个：最早开始时间、最迟开始时间、最早完成时间、最迟完成时间、总时差、自由时差。

1）最早开始时间和最早完成时间

（1）工作最早开始时间，是指各紧前工作全部完成后，本工作有可能开始的最早时刻，用 *ES* 表示。

（2）工作最早完成时间，是指各紧前工作完成后，本工作有可能完成的最早时刻，用 *EF* 表示。

2）最迟开始时间和最迟完成时间

（1）工作最迟完成时间，是指在不影响整个任务按期完成的前提下，工作必须完成的最迟时刻，用 *LF* 表示。

（2）工作的最迟开始时间，是指在不影响整个任务按期完成的前提下，工作必须开始的最迟时刻，用 *LS* 表示。

3）总时差和自由时差

（1）工作总时差，是指在不影响总工期的前提下，本工作可以利用的机动时间，用 *TF* 表示，如图 4－37 所示。

注意工作总时差并不等于该工作所在线路的线路时差。

（2）工作自由时差，是指在不影响其紧后工作最早开始时间的前提下，本工作可以利用的机动时间，用 *FF* 表示，如图 4－38 所示。

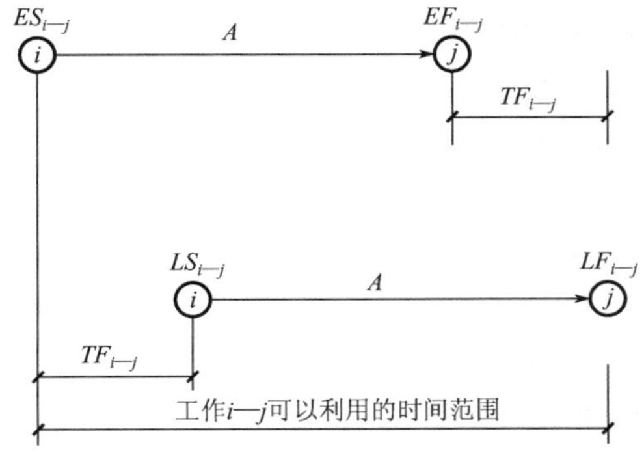

图 4－37　工作总时差示意

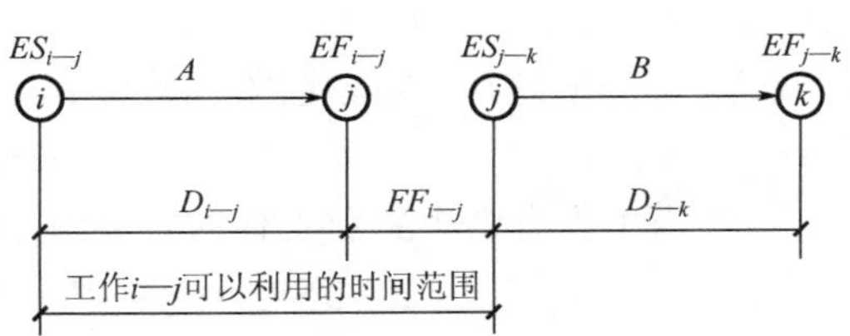

图 4－38　工作自由时差示意

4. 节点时间参数

1）节点最早时间

节点最早时间，是指双代号网络计划中，以该节点 i 为开始节点的各项工作的最早开始时间，用 ET_i 表示。

2）节点最迟时间

节点最迟时间，是指双代号网络计划中，以该节点 i 为完成节点的各项工作的最迟完成时间，用 LT_i 表示。

5. 常用符号

D_{i-j}——i—j 工作的持续时间；

ES_{i-j}——i—j 工作的最早开始时间；

LS_{i-j}——i—j 工作的最迟开始时间；

EF_{i-j}——i—j 工作的最早完成时间；

LF_{i-j}——i—j 工作的最迟完成时间；

TF_{i-j}——i—j 工作的总时差；

FF_{i-j}——i—j 工作的自由时差；

ET_i——i 节点的最早时间；

ET_j——j 节点的最早时间；

LT_i——i 节点的最迟时间；

LT_j——j 节点的最迟时间。

4.3.2 时间参数的按工作计算法

双代号网络计划时间参数计算的目的，在于通过计算各项工作的时间参数确定网络计划的关键工作、关键线路和工期，为网络计划的优化、调整和执行提供明确的时间数据。双代号网络计划时间参数的计算方法很多，常用的有按工作计算法和按节点计算法，在计算方式上又有分析计算法、表上计算法、图上计算法、矩阵计算法和电算法等。本节主要介绍按工作计算法（含图上计算法的结果）。

1. 工作最早开始时间和最早完成时间

（1）工作 i—j 的最早开始时间 ES_{i-j} 的计算应符合下列规定。

① 应从网络计划的起点节点开始，顺箭线方向依次逐项计算。

② 以起点节点为开始节点的工作 i—j，当未规定其最早开始时间 ES_{i-j} 时，其值应等于零，即 $ES_{i-j}=0$（$i=1$）。

③ 当工作只有一项紧前工作时，其最早开始时间应为

$$ES_{i-j}=ES_{h-i}+D_{h-i}=EF_{h-i} \tag{4-1}$$

④ 当工作有多个紧前工作时，其最早开始时间应为

$$ES_{i-j}=\max\{ES_{h-i}+D_{h-i}\}=\max\{EF_{h-i}\} \tag{4-2}$$

（2）各项工作的最早完成时间等于最早开始时间加上工作持续时间，即

$$EF_{i-j}=ES_{i-j}+D_{i-j} \tag{4-3}$$

这类时间参数受起点节点的控制。其计算程序是：自起点节点开始，顺着箭线方向，用累加的方法计算到终点节点。即沿线累加，逢圈取大。

2. 确定网络计划工期

当网络计划规定了要求工期时：

$$T_p \leqslant T_r \tag{4-4}$$

当网络计划未规定要求工期时：

$$T_p = T_c = \max\{EF_{i-n}\} \tag{4-5}$$

3. 最迟开始时间和最迟完成时间

(1) 各工作的最迟开始时间等于其最迟完成时间减去工作持续时间，即

$$LS_{i-j} = LF_{i-j} - D_{i-j} \tag{4-6}$$

(2) 工作 i—j 的最迟完成时间 LF_{i-j} 的计算应符合下列规定。

① 应从网络计划的终点节点开始，逆着箭线方向依次逐项计算。

② 以终点节点（$j=n$）为箭头节点的工作最迟完成时间 LF_{i-n}，应按网络计划的计划工期 T_p 确定，即

$$LF_{i-n} = T_p \tag{4-7}$$

③ 其他工作 i—j 的最迟完成时间 LF_{i-j} 应按式(4-8) 计算。

$$LF_{i-j} = \min\{LF_{i-j} - D_{j-k}\} = \min\{LS_{j-k}\} \tag{4-8}$$

这类时间参数受终点节点（即计算工期）的控制。其计算程序是：自终点节点开始，逆着箭线方向，用累减的方法计算到起点节点。即逆线累减，逢圈取小。

4. 计算各工作总时差

工作总时差等于最迟开始时间减去最早开始时间，或最迟完成时间减去最早完成时间，可概括为"迟早相减，所得之差"，即

$$TF_{i-j} = LS_{i-j} - ES_{i-j} \tag{4-9}$$

$$TF_{i-j} = LF_{i-j} - EF_{i-j} \tag{4-10}$$

总时差有以下特征。

(1) 总时差最小的工作即为关键工作，由关键工作构成的线路即为关键线路，关键线路上各工作时间之和即为总工期。

(2) 当网络计划的计划工期等于计算工期时，总时差为零的工作即为关键工作，也就是可用时间参数判断关键线路。

(3) 总时差的使用具有双重性，它既可以被该工作使用，又属于某些非关键线路所共有。

(4) 工序总时差，并不等于该工序所在线路的线路时差。

5. 计算各工作自由时差

工作自由时差，等于紧后工作最早开始时间减去本工作最早完成时间。其计算方法如下。

(1) 当工作有紧后工作时，该工作的自由时差等于紧后工作的最早开始时间减本工作最早完成时间，即

$$FF_{i-j} = ES_{j-k} - EF_{i-j} \tag{4-11}$$

或

$$FF_{i-j} = ES_{j-k} - ES_{i-j} - D_{i-j} \tag{4-12}$$

(2) 以终点节点（$j=n$）为箭头节点的工作，其自由时差应该按照网络计划的计划工期 T_p 确定，即

$$FF_{i-n}=T_p-EF_{i-n} \tag{4-13}$$

或

$$FF_{i-n}=T_p-ES_{i-n}-D_{i-n} \tag{4-14}$$

自由时差有以下特征。

(1) 并非所有工作都拥有自由时差，只有非关键线路上的最后一个工作或两条线路相交节点的紧前工作，才可能具有自由时差。

【工作计算法】

(2) 任一线路的线路时差，等于该线路上各工作自由时差之和。

(3) 自由时差为某非关键工作独立使用的机动时间，利用自由时差，不会影响其紧后工作的最早开始时间。

(4) 非关键工作的自由时差，必小于或等于其总时差。

【例 4-3】 某网络计划资料见表 4-5，试绘制其双代号网络计划。若计划工期等于计算工期，试计算各项工作的六个时间参数并确定关键线路，标注在网络计划上。

表 4-5　网络计划资料

工作名称	A	B	C	D	E	F	H	G
紧前工作	—	—	B	B	A、C	A、C	D、F	D、E、F
持续时间/天	4	2	3	3	5	6	5	3

【解】 (1) 根据已知条件，按照网络图的绘图规则绘制双代号网络图，如图 4-39 所示。

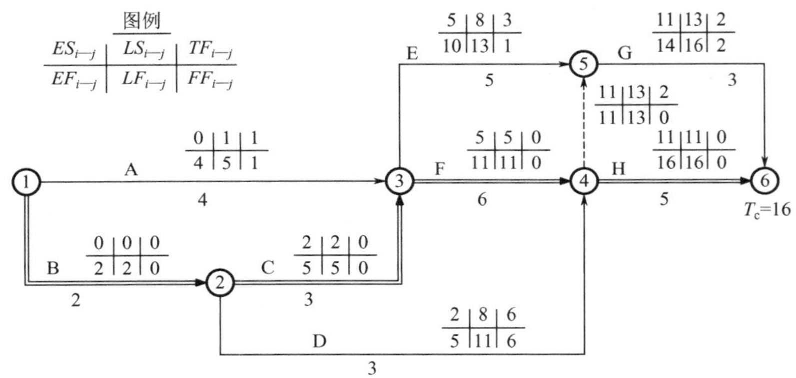

图 4-39　例 4-3 的双代号网络图

(2) 计算各项工作的时间参数，并将计算结果标注在箭线上方相应的位置。

① 计算各项工作的最早开始时间和最早完成时间：从起点节点（①节点）开始，顺着箭线方向依次逐项计算到终点节点（⑥节点）。

a. 以网络计划起点节点为开始节点的各工作的最早开始时间为零，即

$$ES_{1-2}=ES_{1-3}=0$$

b. 计算各项工作的最早开始和最早完成时间如下。

$EF_{1-2}=ES_{1-2}+D_{1-2}=0+2=2$

$EF_{1-3}=ES_{1-3}+D_{1-3}=0+4=4$

$ES_{2-3}=ES_{2-4}=EF_{1-2}=2$

$EF_{2-3}=ES_{2-3}+D_{2-3}=2+3=5$

$EF_{2-4}=ES_{2-4}+D_{2-4}=2+3=5$

$ES_{3-4}=ES_{3-5}=\max[EF_{1-3},\mathrm{EF}_{2-3}]=\max[4,5]=5$

$EF_{3-4}=ES_{3-4}+D_{3-4}=5+6=11$

$EF_{3-5}=ES_{3-5}+D_{3-5}=5+5=10$

$ES_{4-6}=ES_{4-5}=\max[EF_{3-4},EF_{2-4}]=\max[11,5]=11$

$EF_{4-6}=ES_{4-6}+D_{4-6}=11+5=16$

$EF_{4-5}=11+0=11$

$ES_{5-6}=\max[EF_{3-5},EF_{4-5}]=\max[10,11]=11$

$ES_{5-6}=11+3=14$

将以上计算结果标注在图 4－39 中的相应位置。

② 确定计算工期 T_c 及计划工期 T_p。

计算工期为

$$T_c=\max[EF_{5-6},EF_{4-6}]=\max[14,16]=16$$

已知计划工期等于计算工期，即

$$T_p=T_c=16$$

③ 计算各项工作的最迟开始时间和最迟完成时间：从终点节点（⑥节点）开始，逆着箭线方向依次逐项计算到起点节点（①节点）。

a. 以网络计划终点节点为箭头节点的工作的最迟完成时间等于计划工期，即

$$LF_{4-6}=LF_{5-6}=16$$

b. 计算各项工作的最迟开始和最迟完成时间如下。

$LS_{4-6}=LF_{4-6}-D_{4-6}=16-5=11$

$LS_{5-6}=LF_{5-6}-D_{5-6}=16-3=13$

$LF_{3-5}=LF_{4-5}=LS_{5-6}=13$

$LS_{3-5}=LF_{3-5}-D_{3-5}=13-5=8$

$LS_{4-5}=LF_{4-5}-D_{4-5}=13-0=13$

$LF_{2-4}=LF_{3-4}=\min[LS_{4-5},LS_{4-6}]=\min[13,11]=11$

$LS_{2-4}=LF_{2-4}-D_{2-4}=11-3=8$

$LS_{3-4}=LF_{3-4}-D_{3-4}=11-6=5$

$LF_{1-3}=LF_{2-3}=\min[LS_{3-4},LS_{3-5}]=\min[5,8]=5$

$LS_{1-3}=LF_{1-3}-D_{1-3}=5-4=1$

$LS_{2-3}=LF_{2-3}-D_{2-3}=5-3=2$

$LF_{1-2}=\min[LS_{2-3},LS_{2-4}]=\min[2,8]=2$

$LS_{1-2}=LF_{1-2}-D_{1-2}=2-2=0$

④ 计算各项工作的总时差 TF_{i-j}：可以用工作的最迟开始时间减去最早开始时间，或用工作的最迟完成时间减去最早完成时间，即

$$TF_{1-2}=LS_{1-2}-ES_{1-2}=0-0=0$$

或

$$TF_{1-2}=LF_{1-2}-EF_{1-2}=2-2=0$$
$$TF_{1-3}=LS_{1-3}-ES_{1-3}=1-0=1$$
$$TF_{2-3}=LS_{2-3}-ES_{2-3}=2-2=0$$
$$TF_{2-4}=LS_{2-4}-ES_{2-4}=8-2=6$$
$$TF_{3-4}=LS_{3-4}-ES_{3-4}=5-5=0$$
$$TF_{3-5}=LS_{3-5}-ES_{3-5}=8-5=3$$
$$TF_{4-6}=LS_{4-6}-ES_{4-6}=11-11=0$$
$$TF_{5-6}=LS_{5-6}-ES_{5-6}=13-11=2$$

将以上计算结果标注在图 4-39 中的相应位置。

⑤ 计算各项工作的自由时差 FF_{i-j}：该值等于紧后工作的最早开始时间减去本工作的最早完成时间，即

$$FF_{1-2}=ES_{2-3}-EF_{1-2}=2-2=0$$
$$FF_{1-3}=ES_{3-4}-EF_{1-3}=5-4=1$$
$$FF_{2-3}=ES_{3-5}-EF_{2-3}=5-5=0$$
$$FF_{2-4}=ES_{4-6}-EF_{2-4}=11-5=6$$
$$FF_{3-4}=ES_{4-6}-EF_{3-4}=11-11=0$$
$$FF_{3-5}=ES_{5-6}-EF_{3-5}=11-10=1$$
$$FF_{4-6}=T_p-EF_{4-6}=16-16=0$$
$$FF_{5-6}=T_p-EF_{5-6}=16-14=2$$

将以上计算结果标注在图 4-39 中的相应位置。

(3) 确定关键工作及关键线路。在图 4-39 中最小的总时差是 0，所以凡总时差为 0 的工作均为关键工作。本例中的关键工作是：①—②，②—③，③—④，④—⑥（或关键工作是 B、C、F、H）。

在图中自始至终全由关键工作组成的关键线路是：①—②—③—④—⑥。关键线路用双箭线进行标注，如图 4-39 所示。

4.3.3 时间参数的节点计算法

1. 节点最早时间

节点的最早时间，是以该节点为开始节点的工作的最早开始时间，其计算方法如下。

(1) 起点节点 i 如未规定最早时间，其值应等于零，即

$$ET_i=0 \quad (i=1) \tag{4-15}$$

(2) 当节点 j 只有一条内向箭线时，最早时间应为

$$ET_j=ET_i+D_{i-j} \tag{4-16}$$

（3）当节点 j 有多条内向箭线时，其最早时间应为

$$ET_j = \max\{ET_i + D_{i-j}\} \tag{4-17}$$

（4）终点节点 n 的最早时间即为网络计划的计算工期，即

$$T_c = ET_n \tag{4-18}$$

2. 节点最迟时间

节点最迟时间，是以该节点为完成节点的工作的最迟完成时间，其计算方法如下。

（1）终点节点的最迟时间应等于网络计划的计划工期，即

$$LT_n = T_p \tag{4-19}$$

（2）当节点 i 只有一个外向箭线时，其最迟时间为

$$LT_i = LT_j - D_{i-j} \tag{4-20}$$

（3）当节点 i 有多条外向箭线时，其最迟时间为

$$LT_i = \min\{LT_j - D_{i-j}\} \tag{4-21}$$

计算口诀：节点最早时间“沿线累加，逢圈取大”；节点最迟时间“逆线累减，逢圈取小”。

3. 根据节点时间参数计算工作时间参数

（1）工作的最早开始时间，等于该工作的开始节点的最早时间，即

$$ES_{i-j} = ET_i \tag{4-22}$$

（2）工作的最早完成时间，等于该工作的开始节点的最早时间加上持续时间，即

$$EF_{i-j} = ET_i + D_{i-j} \tag{4-23}$$

（3）工作的最迟完成时间，等于该工作的完成节点的最迟时间，即

$$LF_{i-j} = LT_j \tag{4-24}$$

（4）工作的最迟开始时间，等于该工作的完成节点的最迟时间减去持续时间，即

$$LS_{i-j} = LT_j - D_{i-j} \tag{4-25}$$

（5）工作的总时差，等于该工作的完成节点最迟时间减去该工作开始节点的最早时间后再减去持续时间，即

$$TF_{i-j} = LT_j - ET_i - D_{i-j} \tag{4-26}$$

（6）工作自由时差，等于该工作的完成节点最早时间减去该工作开始节点的最早时间后再减去持续时间，即

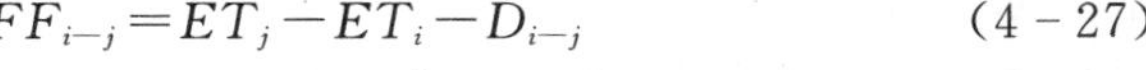

$$FF_{i-j} = ET_j - ET_i - D_{i-j} \tag{4-27}$$

【节点计算法】

【动动手】某双代号网络图及其节点参数计算结果如图4-40所示，时间单位为天。

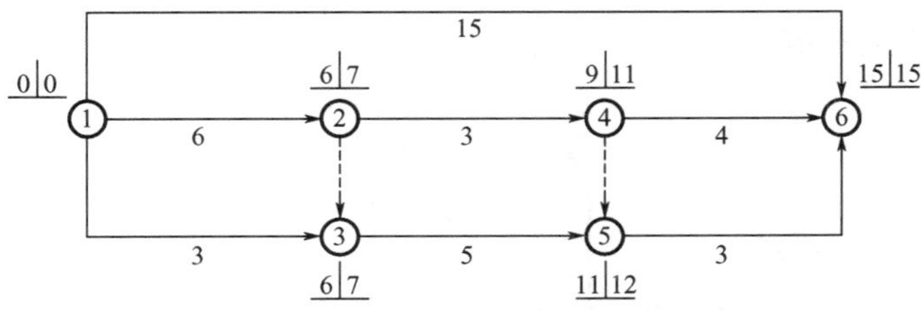

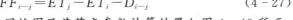

图4-40　某双代号网络图及其节点参数计算结果

【节点参数换算答案】

试计算工作②—④的六个时间参数。

【例 4-4】在例 4-2 的基础上，计算双代号网络图的六个时间参数。

【解】其计算结果如图 4-41 所示。

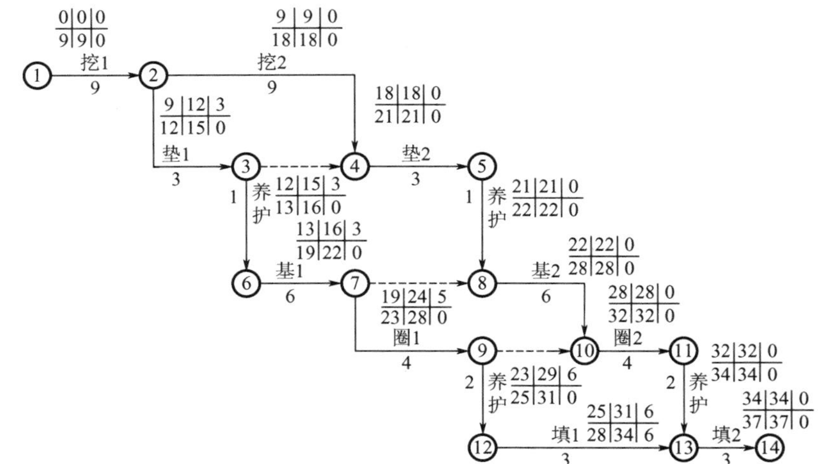

图 4-41 时间参数的计算结果

4.3.4 关键工作和关键线路的确定

1. 关键工作

总时差最小的工作就是关键工作。当计算工期等于计划工期时，总时差为零的工作就是关键工作。

2. 关键线路

自始至终全部由关键工作组成的线路，或线路上总的工作持续时间最长的线路，即为关键线路。网络图上的关键线路可用双线或粗线标注。

在双代号网络图中，如果要快速找到关键线路确定计划工期，可用标号法进行判断。

利用标号法时，起点节点的标号值为 0，其他节点的标号值等于以该节点为完成节点的各项工作的开始节点标号值加其持续时间所得之和的最大值。标号宜采用双标号法，即用源节点（得出标号值的节点）号作为第一标号，用标号值作为第二标号。图 4-42 所示为标号的计算结果，其计算工期为终点节点的标号值；自终点节点开始，逆着箭线跟踪源节点即可确定关键线路。本例中，从终点节点⑥开始跟踪源节点分别找到⑤、④、③、②、①，即得关键线路为①—②—③—④—⑤—⑥。

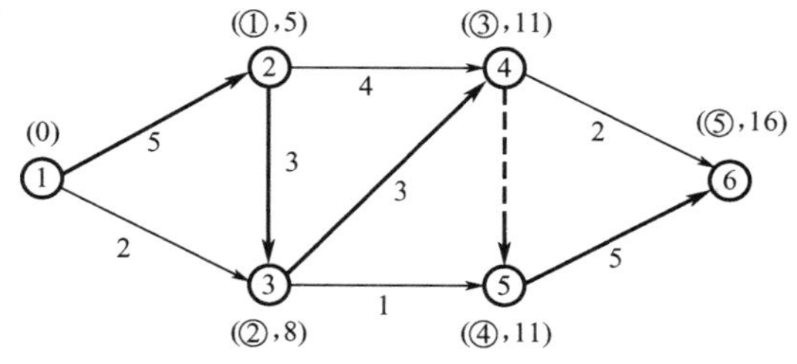

图 4-42 标号法确定关键线路

【动动手】试运用标号法确定图4－43的关键线路和工期，单位为天。

【标号法答案】

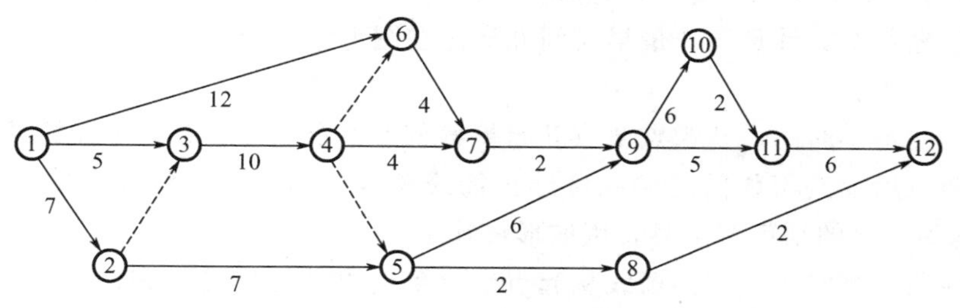

图4－43 标号法习题图

【单代号网络图时间参数计算】

【拓展】进行单代号网络计划时间参数的计算。

4.4 双代号时标网络计划

双代号时标网络计划是以时间坐标为尺度编制的网络计划，简称时标网络计划。在时标网络计划中，箭线长短和所在位置即表示工作的时间进程，能由此清楚地看到一项任务的工期及其他参数。

1. 时标网络计划的特点

（1）在时标网络计划中，箭线的水平投影长度表示工作的持续时间。

（2）时标网络计划可以直接显示各项工作的时间参数和关键线路。

（3）可以直接在时标网络图的下方统计劳动力、材料、机具等资源的需用量，以便于绘制资源消耗动态曲线，也便于计划的控制和分析。

（4）时标网络计划在绘制中受到坐标的限制，因此不易产生循环回路之类的逻辑错误。

（5）由于箭线受到时间坐标的限制，修改和调整时标网络计划较烦琐。

2. 时标网络计划的绘制

1）时标网络计划绘制的一般规定

（1）时标网络计划必须以水平时间坐标为尺度表示工作时间，时间单位应根据需要在编制网络计划之前确定，可以是时、天、周、旬、月或季等。

（2）节点的中心必须对准时标的刻度线。

（3）时标网络计划应以实箭线表示工作，以虚箭线表示虚工作，以波形线表示工作的自由时差。

（4）虚工作必须以垂直虚箭线表示，有时差时加波形线表示。

2）时标网络计划的绘制方法

时标网络计划宜按最早时间绘制。其绘制方法有间接绘制法和直接绘制法两种。

（1）间接绘制法。间接绘制法是先计算网络计划的时间参数，再根据时间参数在时间坐标上进行绘制的方法。其绘制步骤和方法如下。

① 绘制网络计划草图，计算工作最早时间并标注在图上。

② 绘制时标计划表。

③ 根据各节点的最早时间，从起点节点开始将各节点逐个定位在时间坐标的纵轴上。

④ 依次在各节点后面按工作的时间长度绘出箭线长度，用垂直虚线表示虚工作。如箭线长度不足以达到工作的结束节点时，用波形线补足。

⑤ 标出关键线路。将时差为零的箭线从起点节点到终点节点连接起来，并用粗箭线、双箭线或彩色箭线表示，即形成时标网络计划的关键线路。

（2）直接绘制法。直接绘制法是不计算网络计划的时间参数，直接在时间坐标上进行绘制的方法。其绘制步骤和方法可归纳为如下口诀："时间长短坐标限，曲直斜平利相连；箭线到齐画节点，画完节点补波线；零线尽量拉垂直，否则安排有缺陷。"

① 时间长短坐标限。箭线的长度代表着具体的施工时间，受到时间坐标的制约。

【时标网络计划绘制】

② 曲直斜平利相连。箭线的表达方式可以是直线、折线、斜线等，但布图应合理、直观清晰。

③ 箭线到齐画节点。工作的开始节点必须在该工作的全部紧前工作都画出后，定位在这些紧前工作最晚完成的时间刻度上。

④ 画完节点补波线。某些工作的箭线长度不足以达到其完成节点时，用波形线补足。

⑤ 零线尽量拉垂直。虚工作持续时间为零，应尽可能让其为垂直线。

⑥ 否则安排有缺陷。如出现虚工作占据时间的情况，其原因是工作面停歇或施工作业队组工作不连续。

【例 4－5】 已知某网络计划的有关资料如表 4－6 所列，试用间接绘制法绘制其时标网络计划。

表 4－6 某网络计划的有关资料

工 作	A	B	C	D	E	G	H
持续时间	9	4	2	5	6	4	5
紧前工作	—	—	—	B	B、C	D	D、E

【解】（1）绘出时标网络计划，并用标号法确定关键线路，如图 4－44 所示。

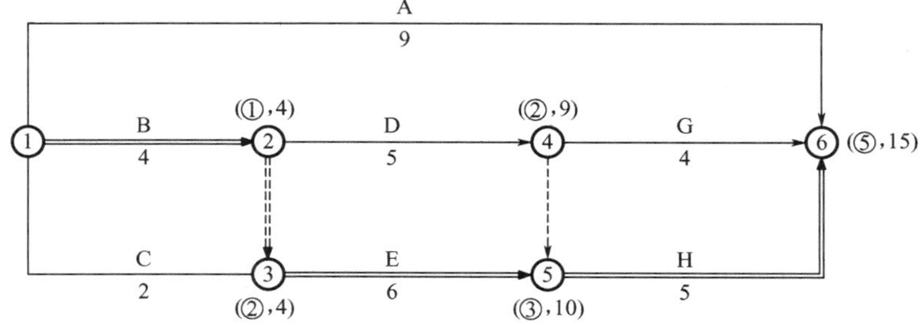

图 4－44 时标网络计划

(2) 按时间坐标绘制关键线路，如图 4－45 所示。

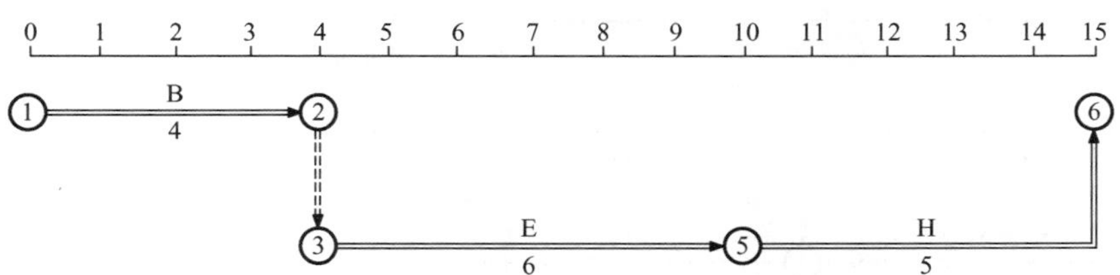

图 4－45 画出时标网络计划的关键线路

(3) 绘制非关键线路，如图 4－46 所示。

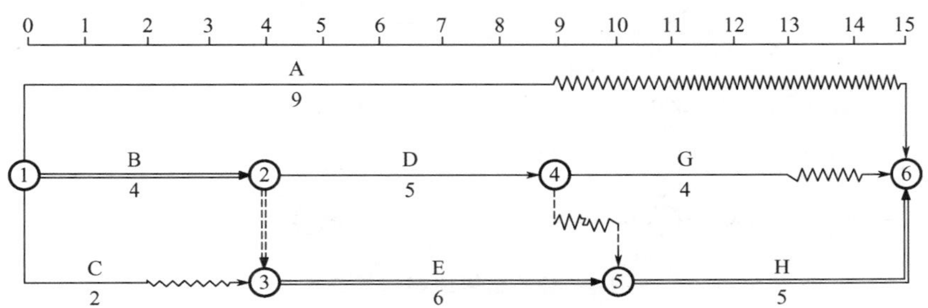

图 4－46 时标网络计划

【例 4－6】 试用直接绘制法绘制例 4－5 的时标网络计划。

【解】 (1) 将网络计划起始节点定位在时标表的起始刻度“0”的位置上，起始节点的编号为 1，如图 4－47 所示。

(2) 绘出工作 A、B、C，如图 4－47 所示。

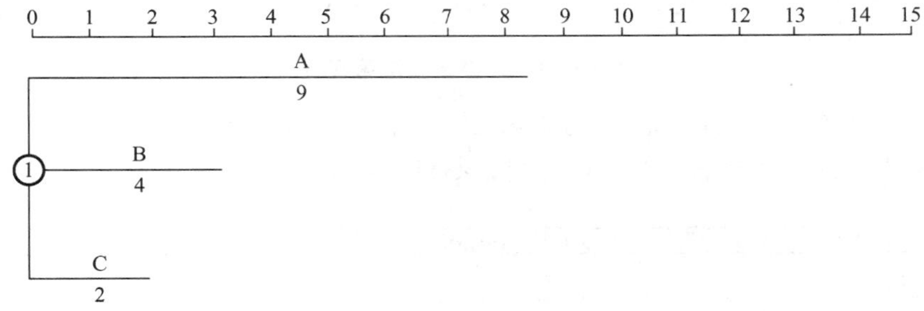

图 4－47 直接绘制法第一步

(3) 除网络计划的起点节点外，其他节点必须在所有以该节点为完成节点的工作箭线均绘出后，定位在这些工作箭线中最迟的箭线末端。当某些工作箭线的长度不足以到达该节点时，须用波形线补足，箭头画在与该节点连接处，如图 4－48 所示。

(4) 当某个节点的位置确定之后，即可绘制以该节点为开始节点的工作箭线，如工作 D、E。

(5) 绘出工作 G、H，如图 4－49 所示。

(6) 绘出网络计划终点节点，网络计划绘制完成，如图 4－50 所示。

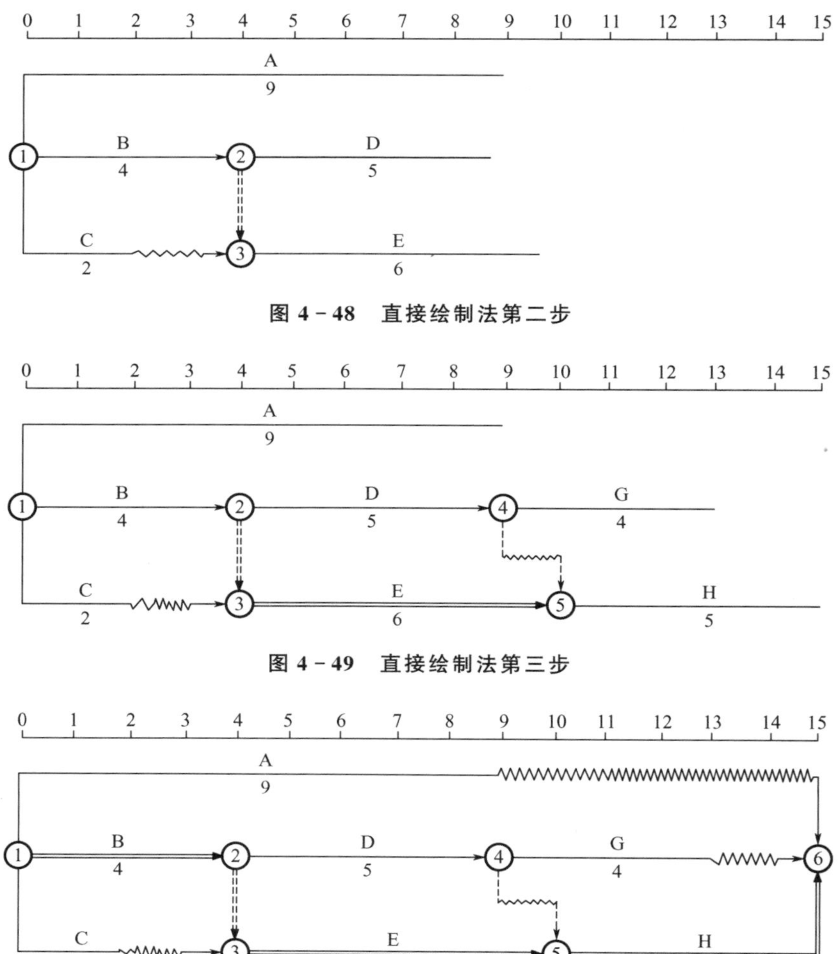

图 4-48　直接绘制法第二步

图 4-49　直接绘制法第三步

图 4-50　直接绘制法第四步

【例 4-7】在例 4-2 与例 4-4 的基础上，绘制其时标网络计划。

【解】用直接绘制法绘制时标网络计划，如图 4-51 所示。

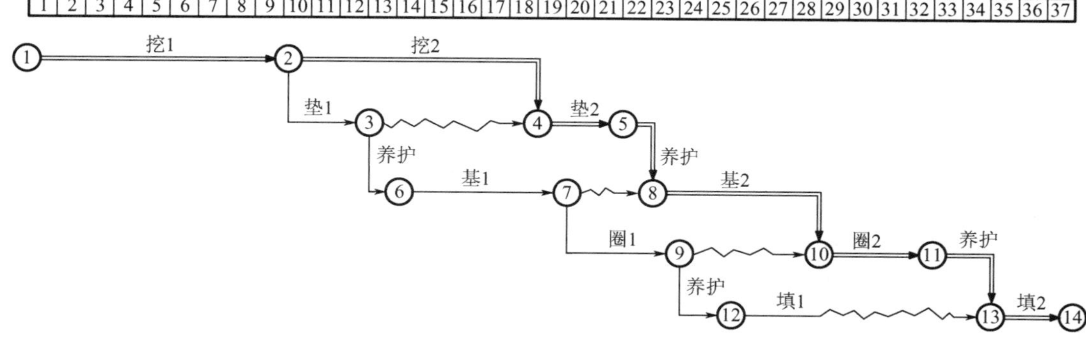

图 4-51　基础工程双代号时标网络计划

3. 时标网络计划时间参数的判读

1）计算工期的确定

时标网络计划的计算工期，等于终点节点与起点节点所在位置的时标值之差。

2）关键线路的确定

从时标网络计划的终点节点向起点节点观察，凡自始至终不出现波形线的线路即为关键线路。图 4-51 中双箭线所示的线路即为关键线路。

3）工作最早时间的确定

（1）工作最早开始时间。每条箭线左端节点中心所对应的时标值，为该工作的最早开始时间。

（2）工作最早完成时间。箭线实线部分右端或当工作无自由时差时箭线右端节点中心所对应的时标值，为该工作的最早完成时间。

4）工作自由时差的确定

工作自由时差，等于其波形线在坐标轴上水平投影的长度。

5）工作总时差的计算

总时差不能从图上直接判定，需要进行计算。计算应自右向左进行。

以终点节点为箭头节点的工作，其总时差应等于计划工期与本工作最早完成时间之差，即

$$TF_{i-n}=T_{\mathrm{p}}-EF_{i-n} \tag{4-28}$$

式中 TF_{i-n}——以网络计划终点节点为完成节点的工作的总时差；

T_{p}——网络计划的计划工期；

EF_{i-n}——以网络计划终点节点 n 为完成节点的工作的最早完成时间。

其他工作的总时差应为

$$TF_{i-j}=\min\{TF_{j-k}\}+FF_{i-j} \tag{4-29}$$

式中 TF_{i-j}——工作 i—j 的总时差；

TF_{j-k}——工作 i—j 的紧后工作 j—k 的总时差；

FF_{i-j}——工作 i—j 的自由时差。

6）工作最迟时间的计算

（1）工作的最迟开始时间等于本工作的最早开始时间与其总时差之和，即

$$LS_{i-j}=ES_{i-j}+TF_{i-j} \tag{4-30}$$

【时标网络计划参数判读】

（2）工作的最迟完成时间等于本工作的最早完成时间与其总时差之和，即

$$LF_{i-j}=EF_{i-j}+TF_{i-j} \tag{4-31}$$

例 4-7 中，各项工作的时间参数的判定结果见表 4-7。

表 4-7 各项工作的时间参数的判定结果

工作代号	工作名称	持续时间 *D*	最早开始时间 *ES*	最早完成时间 *EF*	自由时差 *FF*	总时差 *TF*	最迟开始时间 *LS*	最迟完成时间 *LF*
1—2	挖基槽 1	9	0	9	0	0	0	9
2—3	混凝土垫层 1	3	9	12	0	3	12	15
2—4	挖基槽 2	9	9	18	0	0	9	18

续表

工作代号	工作名称	持续时间 *D*	最早开始时间 *ES*	最早完成时间 *EF*	自由时差 *FF*	总时差 *TF*	最迟开始时间 *LS*	最迟完成时间 *LF*
4—5	混凝土垫层 2	3	18	21	0	0	18	21
6—7	砖基础 1	6	13	19	0	3	16	22
8—10	砖基础 2	6	22	28	0	0	22	28
7—9	地圈梁 1	4	19	23	0	5	24	28
10—11	地圈梁 2	4	28	32	0	0	28	32
12—13	回填土 1	3	25	28	6	6	31	34
14—15	回填土 2	3	34	37	0	0	34	37

【动动手】请判读图 4－52 中工作 F 的六个时间参数，时间单位为周。

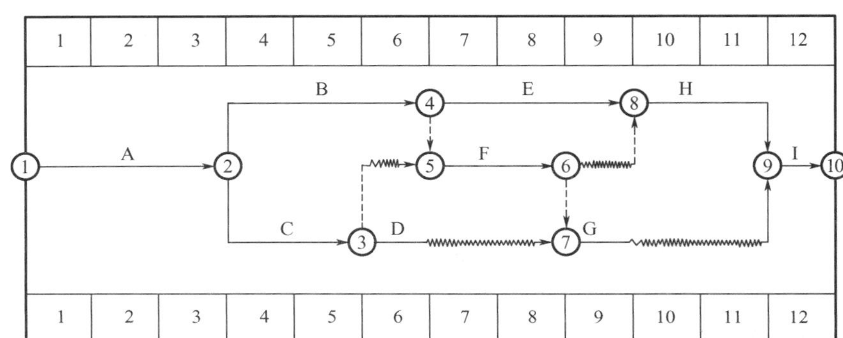

【时标参数判读】

图 4－52　某工程时标网络计划（时间单位：周）

4. 横道图与网络计划特点的对比分析

1）横道图的优缺点

（1）横道图的优点：简单明了，直观易懂，容易掌握，便于检查和计算资源需求状况。

（2）横道图的缺点如下。

① 不能全面而明确地表达出各项工作开展的先后顺序及反映出各项工作之间的相互制约和相互依赖的关系。

② 不能在名目繁多、错综复杂的计划中找出决定工程进度的关键工作，不便于抓主要矛盾、确保工期、避免盲目施工。

③ 难以在有限的资源下合理组织施工、挖掘计划的潜力。

④ 不能准确评价计划经济指标。

⑤ 不能应用现代化计算技术。

2）网络计划的优缺点

（1）网络计划的优点如下。

① 应用网络图形可以表达一项计划（或工程）中各项工作的开展顺序及其相互之间的关系。

② 通过对网络图进行时间参数的计算，可找出计划中的关键工作和关键线路。

③ 通过不断改进网络计划，可寻求最优方案。

④ 在计划执行过程中可对计划进行有效的控制与监督，保证合理地使用人力、物力和财力，以最小的消耗取得最大的经济效果。

(2) 网络计划的缺点：计算资源消耗量不如横道图方便。

【案例】长沙×××项目双螺旋体观景平台吊装工艺

【应用实例】

1. 项目概况

双螺旋观景台为世界最大双螺旋钢结构，是长沙梅溪湖城市岛上的标志性建筑物，高约34m，最大直径约86m，由两条相互环绕、螺旋上升的环形通道连接着一列密集的柱廊。螺旋体斜立柱共32根，立柱与水平面的夹角为62.02°，相邻立柱在平面上的投影夹角为11.25°，相邻斜立柱之间以直径30mm钢棒连接，保证了结构的稳定性。斜立柱为箱形变截面，材质为Q345B，截面宽300mm，截面高为变截面，翼缘厚度为35mm，腹板厚度为28mm。32根斜立柱为螺旋体结构的主要支撑体系，对其制作质量及外观均有较高要求。内环道和外环道通过三角支撑板和箱形连接件与钢柱形成整体，连接件标高随着内外环道走势进行变化。四周钢柱为倾斜钢柱，32根均匀围绕一圈布置，如图4-53和图4-54所示。

图4-53　双螺旋体施工现场

2. 安装步骤

螺旋体钢结构主要采用“地面散件拼装，分段整体吊装，单元高空组装”的方法进行安装。拟采用一台ST80/75塔式起重机（60m臂长）完成施工，采用两台25t汽车吊在环岛内负责螺旋体构件的拼装，一台25t汽车吊负责构件转运。施工顺序主要为：首节钢柱安装（包括柱脚）→第二节钢柱安装→柱间钢棒安装并紧固→第二节钢柱内环道节段安装→第

图 4－54　双螺旋体钢结构分布图

二节钢柱外环道节段安装→第三节钢柱安装并紧固→柱间钢棒安装→第三节钢柱内环道节段安装→第三节钢柱外环道节段安装→柱顶环道安装（根据设计意见，柱间钢棒起防止钢柱侧向变形的作用，在施工完成后应保证不受压力，故在施工过程中紧固钢棒、保证钢棒无压应力即满足设计要求）。

3. 吊装分段

（1）钢柱分段。根据设计图纸，钢柱分为三段或四段进行吊装，如图 4－55 所示。

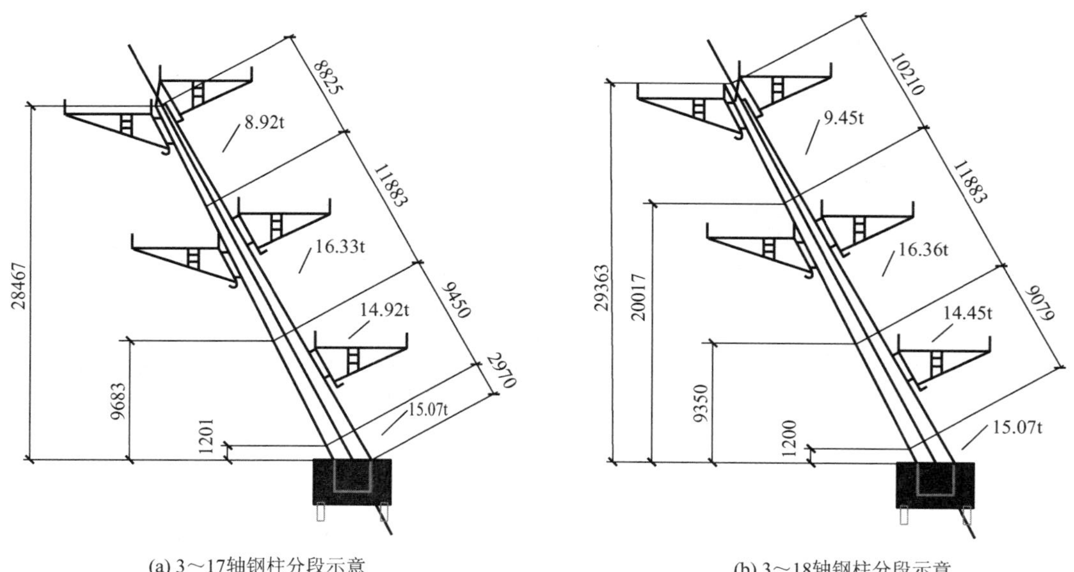

(a) 3～17轴钢柱分段示意　　(b) 3～18轴钢柱分段示意

图 4－55　双螺旋体钢柱分段示意（单位：mm）

(2) 螺旋环道分段。为顾及螺旋环道的吊装整体系统，环道分段时以环道三角支撑的中心线（即两块三角板之间的中心线）为分割线，将环道切成一段段整体三角梁段（最重节段约25.8t），具体分段示意如图4-56～图4-58所示。

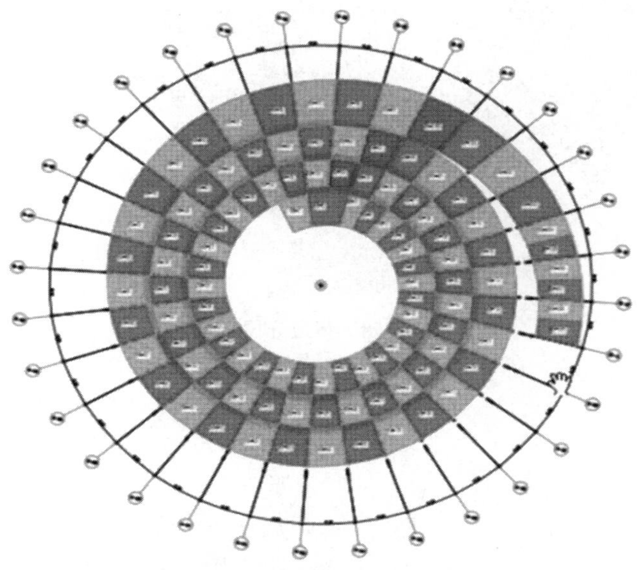

图4-56 螺旋体内环道分段单元编号示意

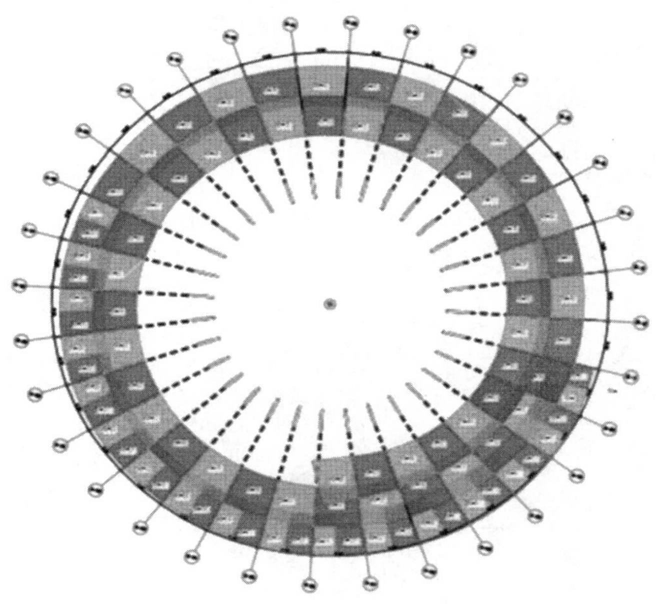

图4-57 螺旋体外环道分段单元编号示意

4. 进度模拟

计算机模拟的螺旋体结构施工工艺流程如图4-59所示。

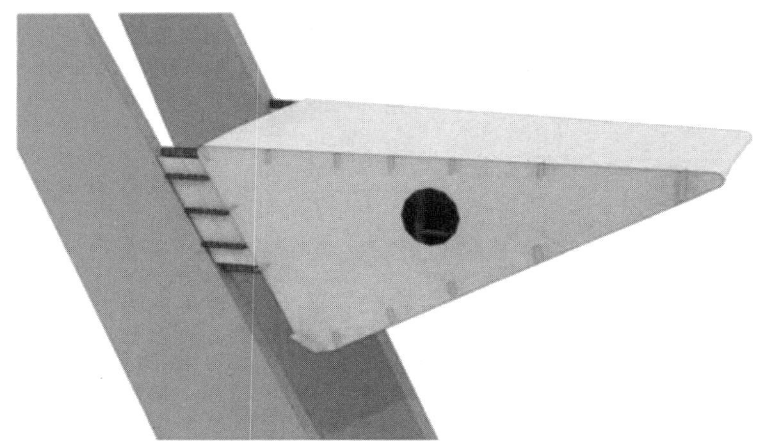

图 4-58 环道分段示意

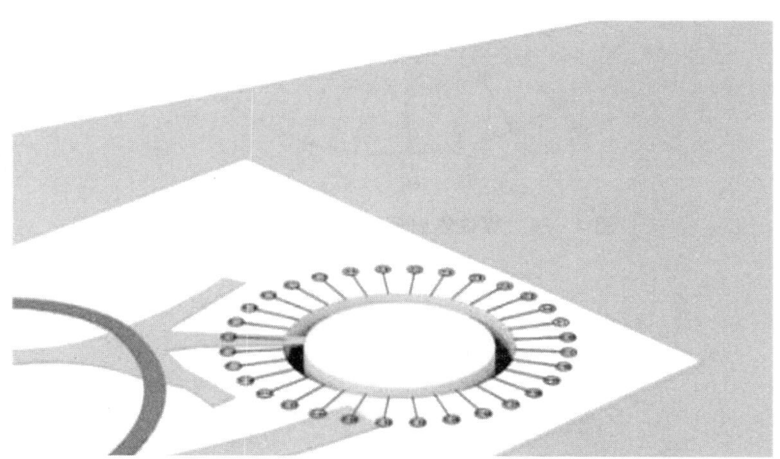

(a) 流程一：在土建基坑开挖过程中完成预埋件施工

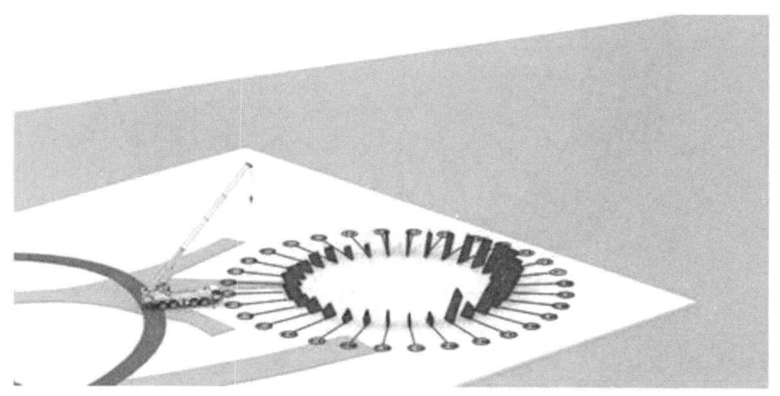

(b) 流程二：进场80t汽车吊，完成第一节柱脚施工

图 4-59 螺旋体结构施工工艺流程

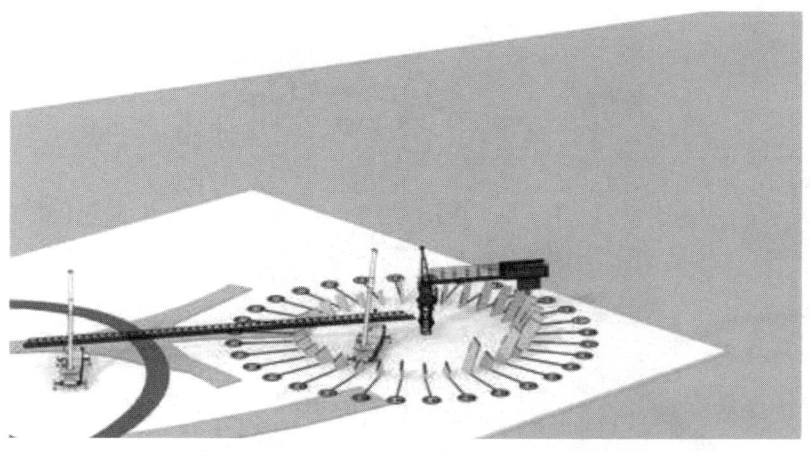

(c) 流程三：200t和130t汽车吊进场完成ST80/75塔式起重机安装

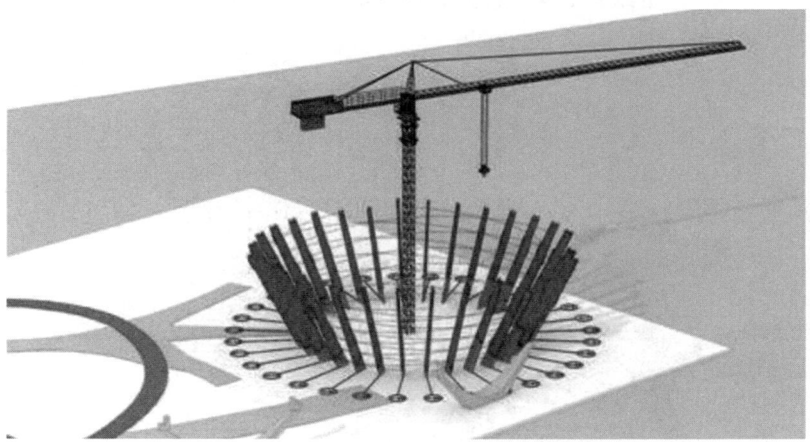

(d) 流程四：利用ST80/75塔式起重机完成第二节钢柱吊装

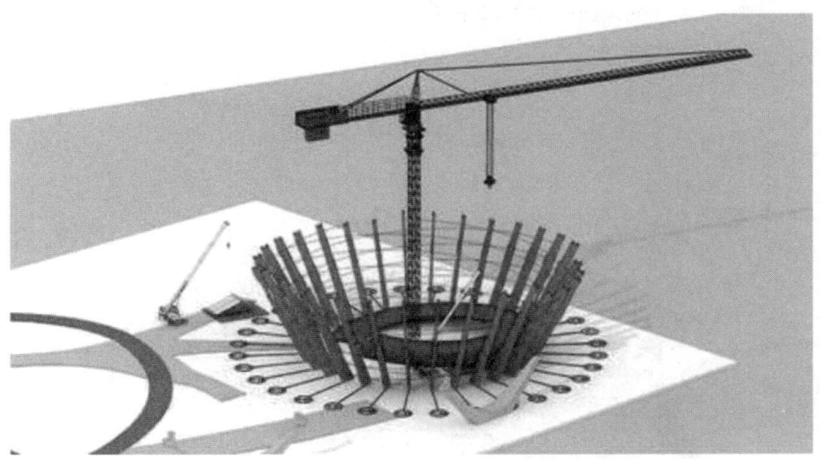

(e) 流程五：利用塔式起重机安装底层环道单元

图 4－59 螺旋体结构施工工艺流程（续）

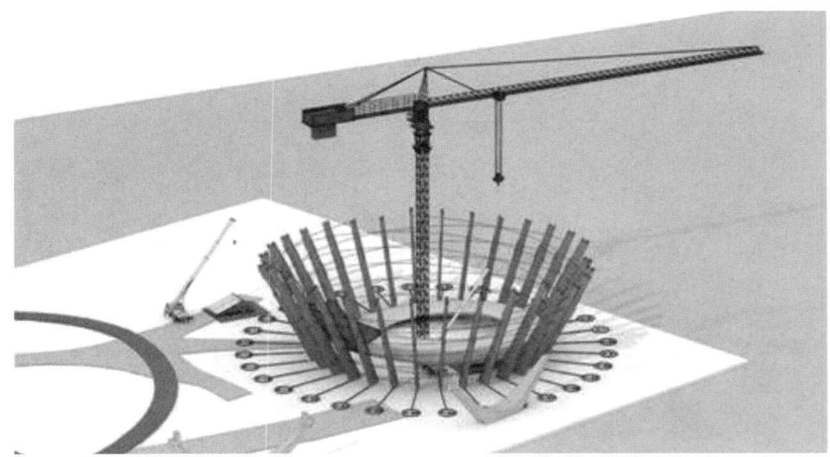

(f) 流程六：顺时针依次安装21～16轴轴线之间的环道单元

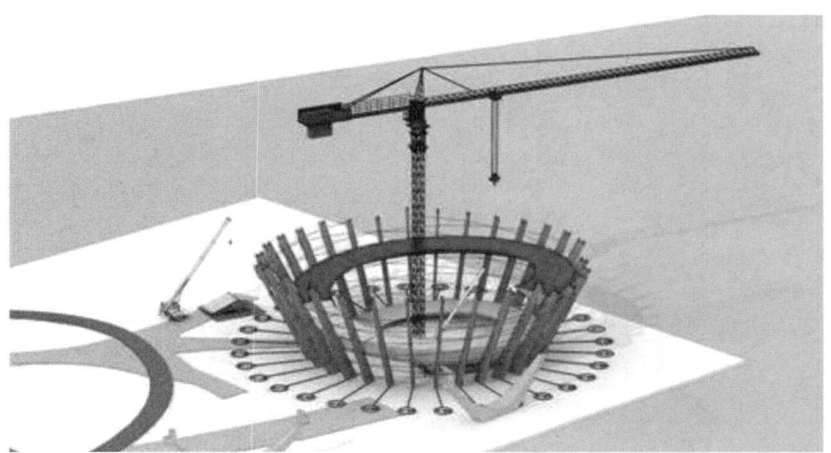

(g) 流程七：依次安装内环道单元至28轴与29轴轴线之间

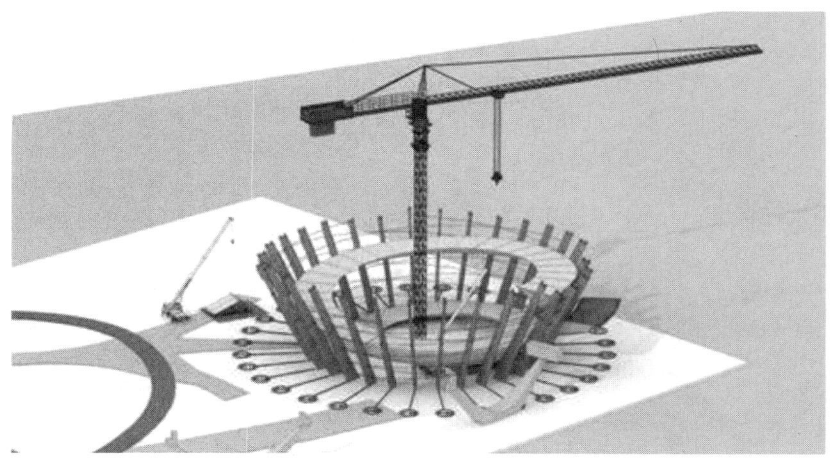

(h) 流程八：安装31轴与32轴轴线之间的外环道单元

图 4-59　螺旋体结构施工工艺流程（续）

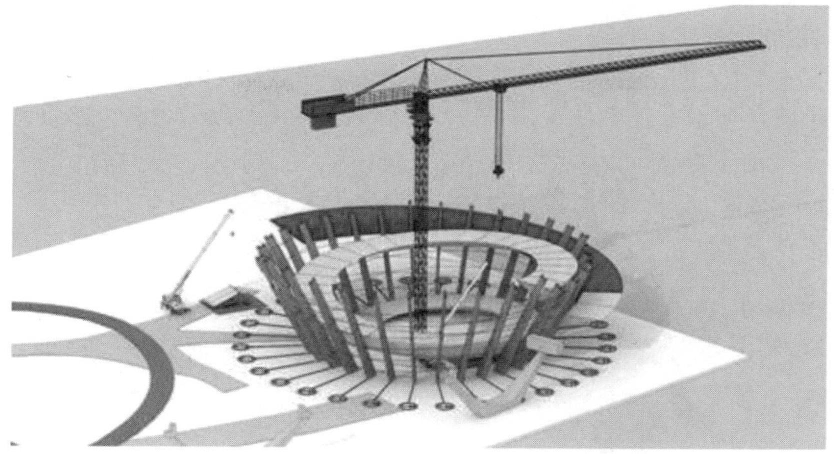

(i) 流程九：逆时针依次安装外侧单元至13轴轴线

(j) 流程十：进场200t汽车吊安装第一节桥段单元，完成第三节钢柱安装

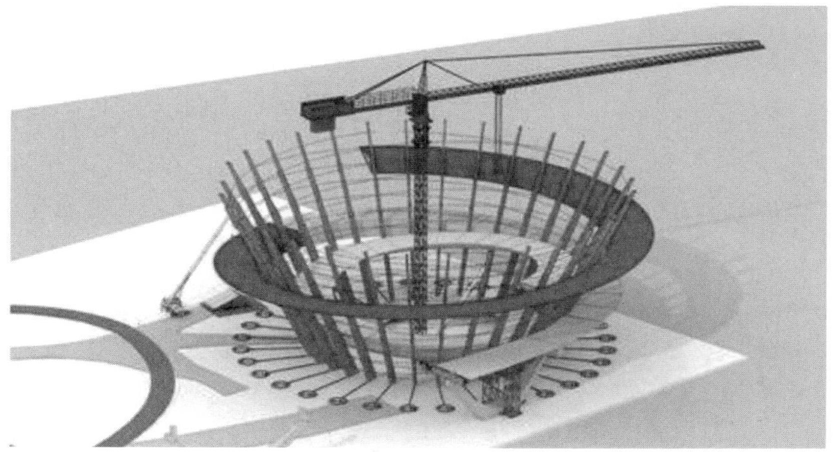

(k) 流程十一：安装外环道单元至10轴轴线

图 4－59　螺旋体结构施工工艺流程（续）

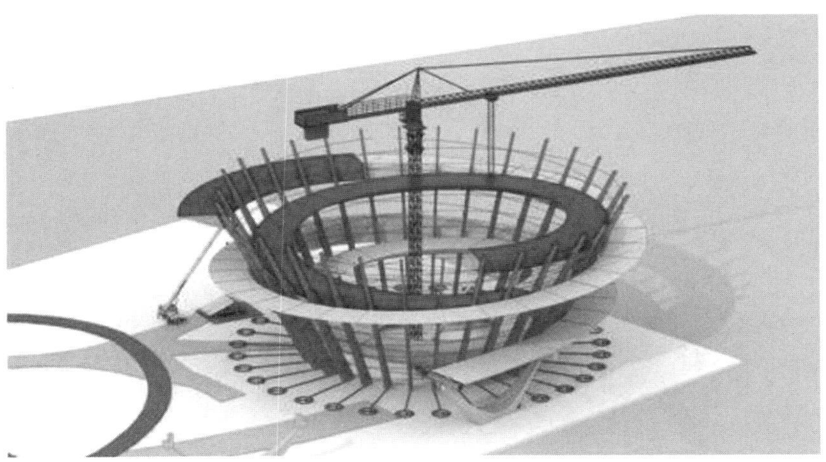

(l) 流程十二：塔式起重机安装内环道单元至25～26轴轴线，安装外环道单元至17～18轴轴线

(m) 流程十三：200t汽车吊进场安装人行天桥桥面，塔式起重机完成柱顶所有环道单元安装

(n) 流程十四：进场260t汽车吊拆除塔式起重机

图 4－59　螺旋体结构施工工艺流程（续）

(o) 流程十五：所有设备退场，螺旋体结构安装完成

图 4-59　螺旋体结构施工工艺流程（续）

5. 关键工序

（1）坡道单元地面拼装。螺旋体环形坡道拟采用“地面整体拼装，单元高空组装”的方法进行安装。根据施工分段，坡道纵向宽度大于 4m 的节段需在制作厂分为两段，然后运输至现场进行地面整体拼装。坡道拼装胎架的设计，拟采用尺寸为 5.6m×1.3m×0.14m 的路基箱和 HW200mm×8mm×10mm 的型钢及枕木组装而成。为了确保螺旋体的施工进度，坡道施工时，现场拟同时设置 2 组拼装胎架，以保证坡道吊装的连续性，其中螺旋体中心拼装场地分别布置两台 25t 汽车吊，负责内环坡道的拼装。

环形坡道的拼装流程示意如图 4-60 所示。

(a) 第一节坡道节段拼装到位　　(b) 第二节坡道节段拼装到位

(c) 坡道节段测量校正及焊接

图 4-60　环形坡道的拼装流程示意

(2) 螺旋体悬挑环道安装。根据环道分段单元统计，编号 WH1～WH34、NH104～N109 的吊装单元需要在高空对接安装，其安装方法如图 4－61 所示。

① 典型环道单元一安装［图 4－61(a)］。待前一环道单元安装完成后，开始吊装悬挑环道单元。采用四点吊装法吊装，调校就位后将待安装环道与已安装结构用马板焊接牢固，待焊接完成环道斜面长度各 1/2 焊缝后塔式起重机方可松钩。

② 典型环道单元二安装［图 4－61(b)］。待前一环道单元安装完成后，吊装环道单元二。采用四点吊装法吊装，调校就位后立刻使用马板将环道单元一、单元二之间临时焊接，同时固定环道三角悬臂板与钢柱相连。待钢柱悬臂板焊接完成 1/2 后塔式起重机方可松钩；待完成所有焊接工作后割除两块环道单元上部马板。

(a) 典型环道单元一安装

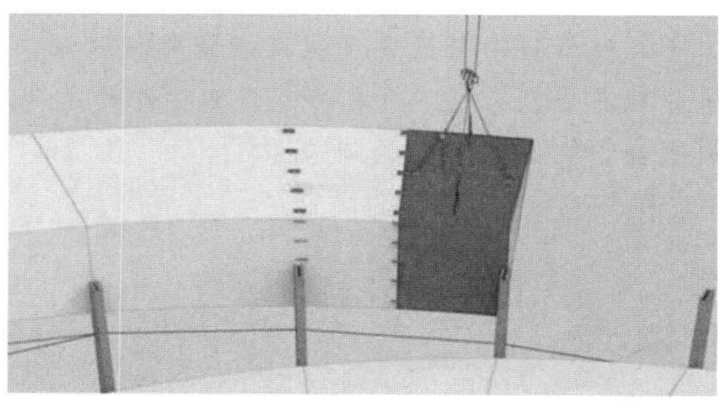

(b) 典型环道单元二安装

图 4－61　螺旋体悬挑环道安装方法示意

(3) 螺旋体安装技术措施。

① 螺旋体钢柱安装。螺旋体吊装前提前放样，根据构件中心设置吊耳，安装前搭设好操作平台。吊装就位后，及时将钢柱对接处用临时连接板固定，两端同时拉设缆风绳，以保证钢柱稳定性，如图 4－62 所示。钢柱内部加劲肋通过焊接手孔完成焊接。

② 环道与钢柱连接措施。环道节段安装时，拟在钢柱箱形连接件上下端及环道三角支撑板上下端分别设置连接耳板，耳板之间拟用 M36 高强螺栓连接，通过两者之间的耳板对接来固定和定位各环道节段，同时相邻环道之间采用马板焊接。图 4－63 所示为环道单元安装示意。

环道单元就位调校步骤：环道吊装采用四点吊装法，如图 4－63(b) 所示，其中①④号吊耳设置在重心线上，为主受力吊耳，②③号吊耳与①④号吊耳垂直设置，为调节吊耳。环道吊装至待安装位置处，调节①号倒链使得待就位环道单元与已安装环道单元上表面中心齐平，调节②号和③号倒链使得环道上表面与已安装环道单元齐平，同时调节三角悬臂板就位，立即使用马板将端部与已安装环道单元连接，并将三角悬臂板采用临时措施连接牢固。

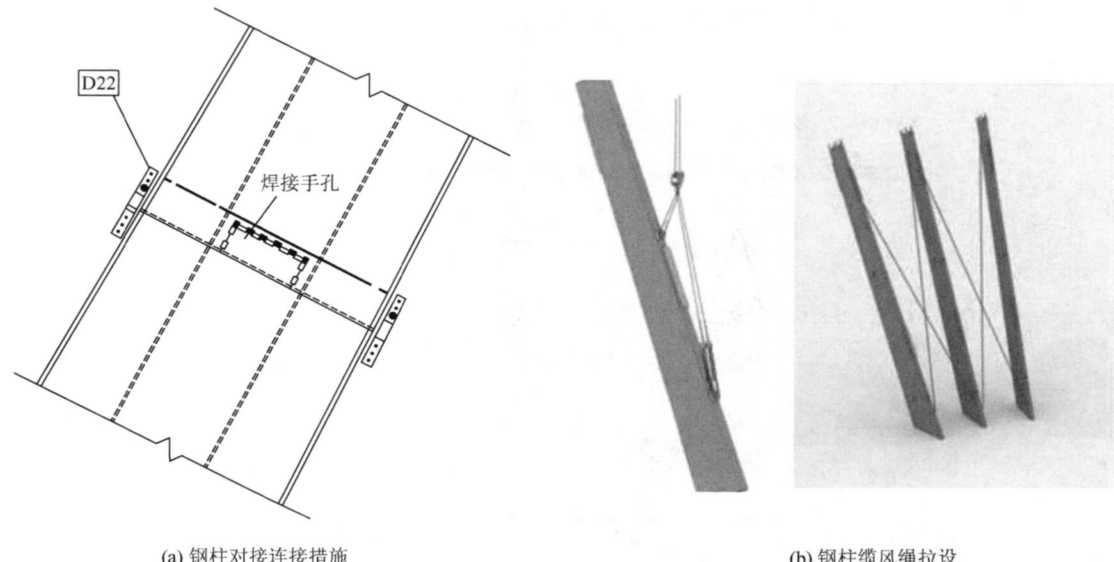

(a) 钢柱对接连接措施　　(b) 钢柱缆风绳拉设

图 4-62　螺旋体钢柱安装示意

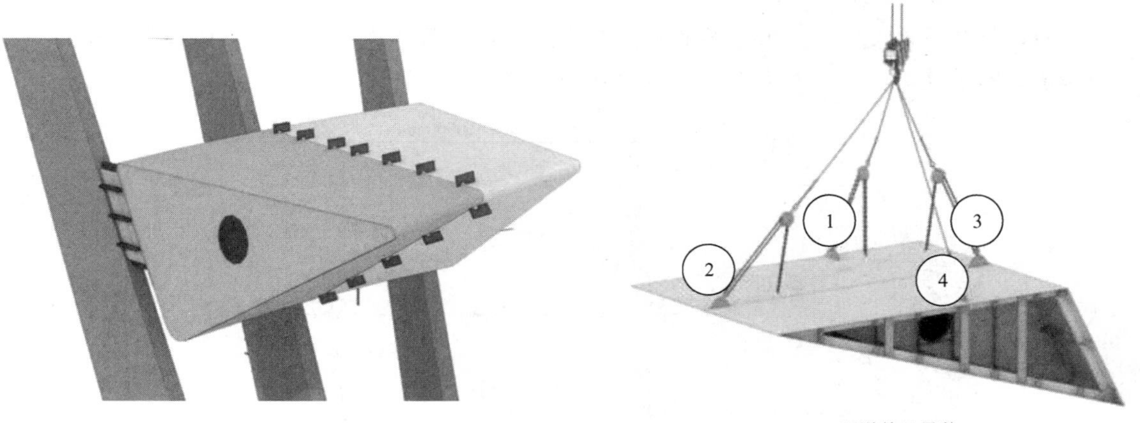

(a) 柱间整块环道单元就位临时固定措施　　(b) 环道单元吊装

图 4-63　环道单元安装示意

③ 吊装分析。螺旋体钢结构主要采用一台 ST80/75 塔式起重机（60m 臂长）完成吊装，该塔式起重机的起重性能见表 4-8。

表 4-8　ST80/75 塔式起重机 60m 臂展时起重性能

幅度/m	R(max)m	C(max)t	30	35	40	45	50	55	60
四倍率起重量/t	29.8	32.0	31.7	26.3	22.3	19.2	16.8	14.8	13.2

由图 4-64 可知，最重吊装单元为 3～8 轴轴线顶部环道单元，质量约 25.85t，吊装距离为 31.596m，根据塔式起重机性能参数表可知，塔式起重机在 35m 范围内起重量均为 26.3t（>25.85t），故满足吊装要求。

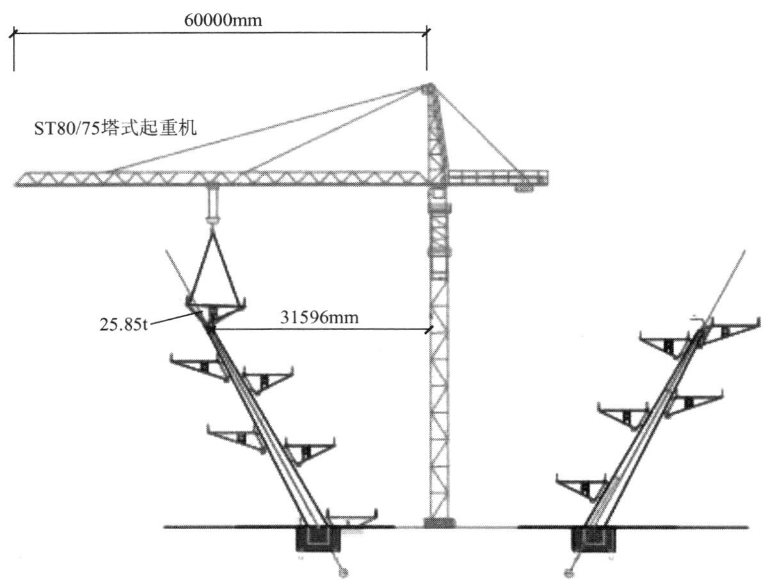

图 4-64　塔式起重机最重吊装单元吊装分析

由图 4-65 可知，最远位置吊装单元为 3～29 轴轴线顶部的环道单元，质量约 18.31t，吊装距离为 42.548m。根据塔式起重机性能参数表可知，塔式起重机在 45m 范围内起重量均为 19.2t（>18.31t），故亦满足吊装要求。

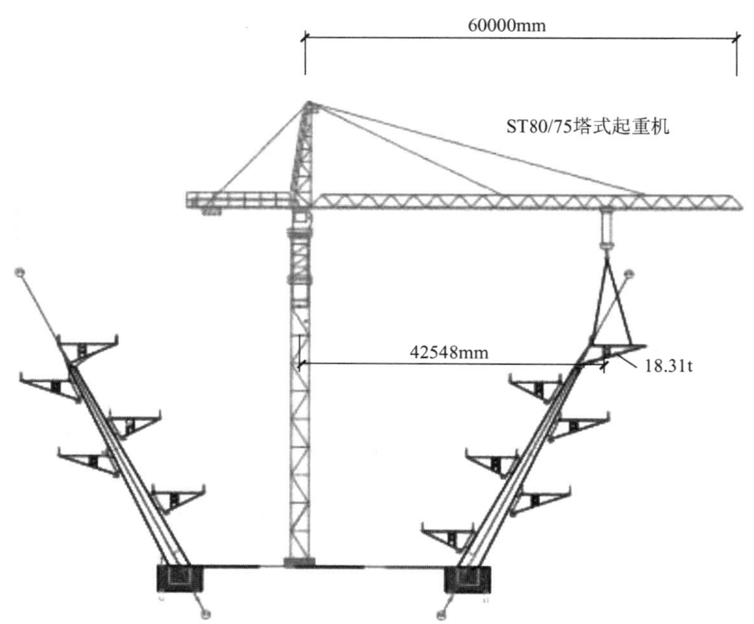

图 4-65　塔式起重机最远吊装单元吊装分析

小 结

网络图进度计划是建筑工程施工中广泛应用的现代化科学管理方法，主要用来编制工程项目施工的进度计划和建筑施工企业的生产计划，并通过对计划的优化、调整和控制，达到缩短工期、提高效率、节约劳动力、降低消耗的施工目标，是施工组织设计的重要组成部分，也是施工竣工验收的必备文件。

双代号网络图计划目前在国内使用较为普遍，在绘制网络图时必须遵循一定的基本规则和要求。网络计划时间参数是指网络计划、工作及节点所具有的各种时间值。对于双代号网络计划图，常计算六个时间参数，计算顺序是最早开始时间（由第一个工作向后计算，取最大）、最早完成时间（内部计算）、最迟完成时间（由最后一个工作向前计算，取最小）、最迟开始时间（内部计算）、总时差（最迟减最早，内部计算）、自由时差（由最后一个工作向前计算，取最小）。

要把握以下结论：任何一个工作的总时差大于或等于自由时差，自由时差等于各时间间隔的最小值（这点对六个参数的计算非常有用）；关键线路上相邻工作的时间间隔为零，且自由时差等于总时差；在网络计划中，计算工期是根据终点节点的最早完成时间的最大值而得出的，总时差＝最迟完成时间－尚需完成时间（计算结果若大于0，将不影响总工期；若小于0，则会影响总工期）；拖延时间＝总时差＋受影响工期，与自由时差无关。

习 题

一、思考题

1. 什么是网络图？什么是网络计划？

2. 什么是双代号网络图？什么是单代号网络图？

3. 工作和虚工作有什么不同？虚工作的作用有哪些？

4. 什么是逻辑关系？网络计划有哪两种逻辑关系？有何区别？

5. 简述网络图的绘制原则。

6. 节点位置号怎样确定？用它来绘制网络图有哪些优点？时标网络计划可用它来绘制吗？

7. 试述工作总时差和自由时差的含义及区别。

8. 什么是节点最早时间、节点最迟时间？

9. 什么是线路、关键工作、关键线路？

二、案例题

1. 试指出图4-66所示网络图的错误。

2. 根据表4-9中的网络图资料，试确定节点位置号，并绘出其双代号网络图和单代号网络图。

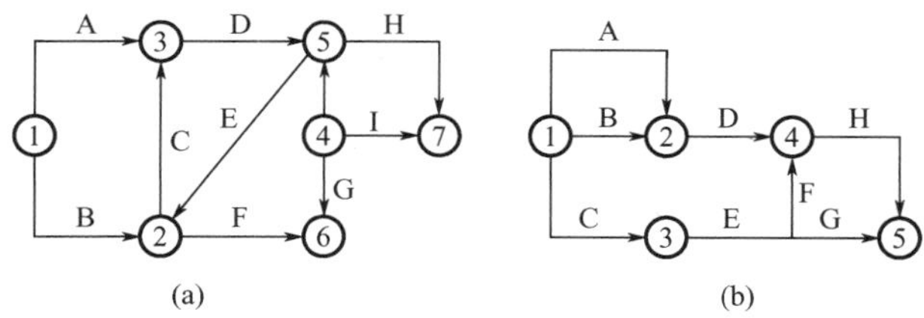

图 4-66　有错误的网络图

表 4-9　某网络图资料

工　　作	A	B	C	D	E	G	H
紧前工作	D、C	E、H	—	—	—	H、D	—

3. 某现浇钢筋混凝土工程由支模板、绑钢筋、浇筑混凝土三个分项工程组成，它们划分为四个施工段，各分项工程在各个施工段上的持续时间如图 4-67 所示。

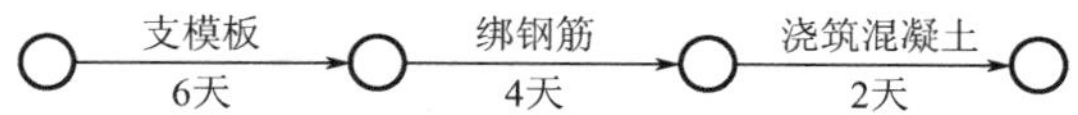

图 4-67　各分项工程持续时间

试绘制：①按工种排列的双代号网络图；②按施工段排列的双代号网络图。

4. 某双代号网络计划如图 4-68 所示，试绘制双代号时标网络计划。

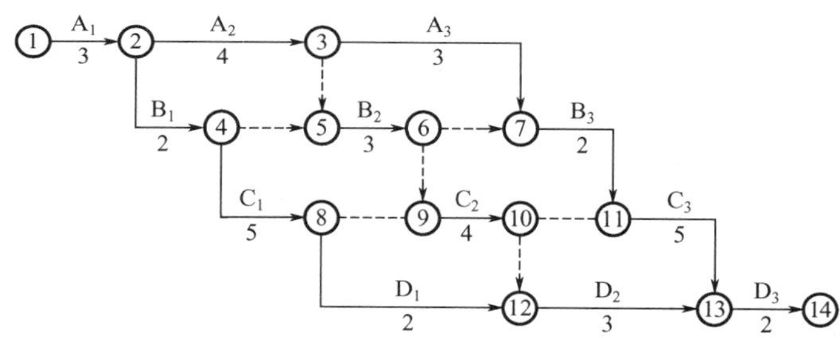

图 4-68　某双代号网络计划

三、岗位（执业）资格考试真题

（一）单项选择题

1. 相比横道图计划，网络计划具有的优点不包括（　　）。

A. 逻辑关系表达清楚　　B. 简单明了

C. 便于管理者抓住主要矛盾　　D. 能够应用计算机技术

2. 根据双代号网络图的绘制规则，对图 4-69 所示的双代号网络图，说法正确的是（　　）。

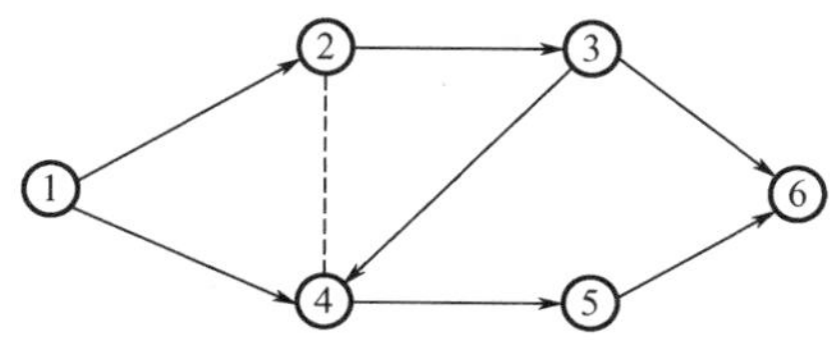

图 4-69　某双代号网络图

A. 表达正确　　　　　　　　　　B. 表达错误，有多余箭线

C. 表达错误，出现相同编号的工作　　D. 表达错误，出现循环回路

3. 某双代号网络图如图 4-70 所示，工作 A 的最早开始时间为 0，持续时间为 4 天，工作 C 的最早开始时间为 0，持续时间为 3 天，则工作 D 的最早开始时间为（　　）天。

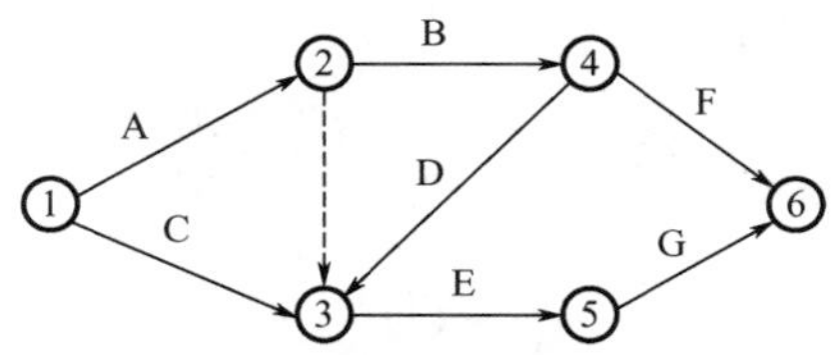

图 4-70　某双代号网络图

A. 0　　B. 3　　C. 4　　D. 7

4. 双代号网络图时间参数计算时，工作总时差的计算方法是本工作（　　）时间减去本工作（　　）时间。

A. 最早完成；最早开始　　B. 最迟完成；最迟开始

C. 最迟开始；最早开始　　D. 最迟完成；最早开始

5. 双代号网络图时间参数计算时，工作自由时差的计算方法是（　　）时间减去本工作最早完成时间。

A. 本工作最迟开始　　B. 本工作最迟完成

C. 紧后工作最迟开始　　D. 紧后工作最早开始

6. 用按最早时间编制的双代号时标网络计划表示工程进度时，工作的自由时差用（　　）表示。

A. 实箭线　　B. 虚箭线　　C. 曲箭线　　D. 波形线

7. 用网络图表达任务构成、工作顺序并加注工作（　　）的进度计划称为网络计划。

A. 名称　　B. 节点编号　　C. 时间参数　　D. 持续时间

8. 对图 4-71 所示双代号网络图，工作 D 的紧前工作（　　）。

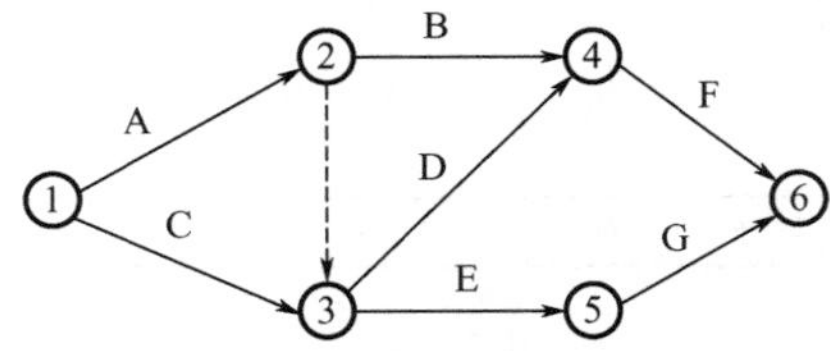

图 4-71　某双代号网络图

A. 只有工作 A　　B. 只有工作 C

C. 有工作 A 和工作 C　　D. 有工作 A 和工作 B

9. 关于工程网络计划中的虚工作，说法错误的是（　　）。

A. 虚工作的工作持续时间为零　　B. 虚工作表示工作之间的逻辑关系

C. 虚工作不消耗资源　　D. 在双代号网络计划中不存在虚工作

10. 某网络计划中，工作 A 有两项紧后工作 C 和 D，C、D 工作的持续时间分别为 12 天、7 天，C、D 工作的最迟完成时间分别为第 18 天、第 10 天，则工作 A 的最迟完成时

间是第（　　）天。

A. 5　　B. 3　　C. 8　　D. 6

11. 某双代号网络计划如图 4－72 所示，其关键线路为（　　）。

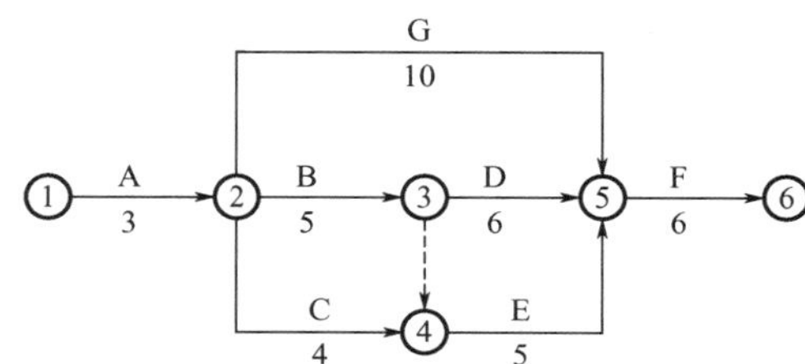

图 4－72　某双代号网络计划

A. ①—②—⑤—⑥　　B. ①—②—③—④—⑤—⑥

C. ①—②—④—⑤—⑥　　D. ①—②—③—⑤—⑥

12. 某工程有 A、B、C、D、E 五项工作，其逻辑关系为 A、B、C 完成后 D 开始，C 完成后 E 才能开始，则据此绘制的双代号网络图是（　　）。

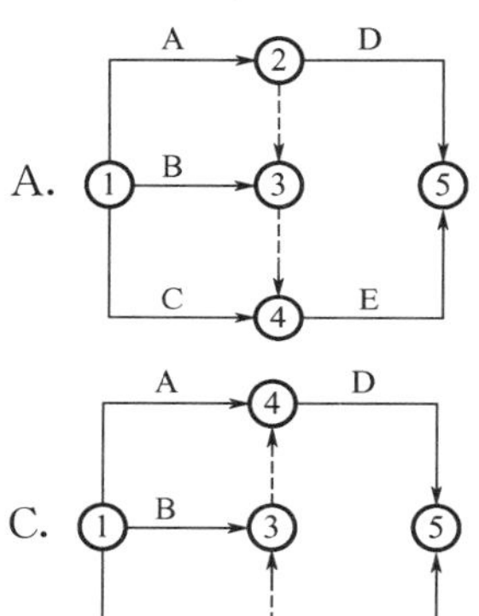

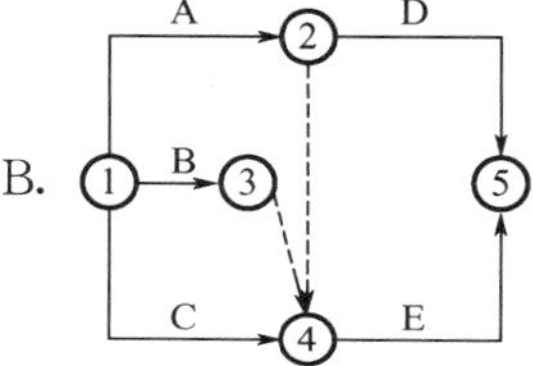

B.

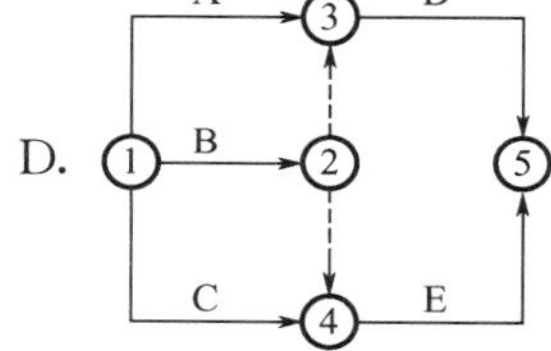

D.

13. 某工程双代号时标网络计划如图 4－73 所示，则工作 B 的自由时差和总时差（　　）。

A. 分别为 2 周和 4 周　　B. 均为 2 周

C. 均为 4 周　　D. 分别为 3 周和 4 周

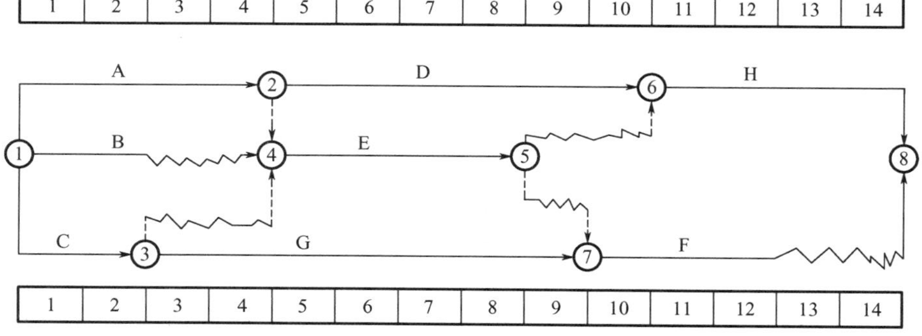

图 4－73　某工程双代号时标网络计划（单位：周）

14. 某双代号网络计划中，工作M的最早开始时间和最迟开始时间分别为第12天和第15天，其持续时间为5天；工作M有3项紧后工作，它们的最早开始时间分别为第21天、第24天和第28天，则工作M的自由时差为（　　）天。

A. 4　　B. 1　　C. 8　　D. 11

15. 某双代号网络图如图4-74所示（时间单位：天），某关键线路有（　　）条。

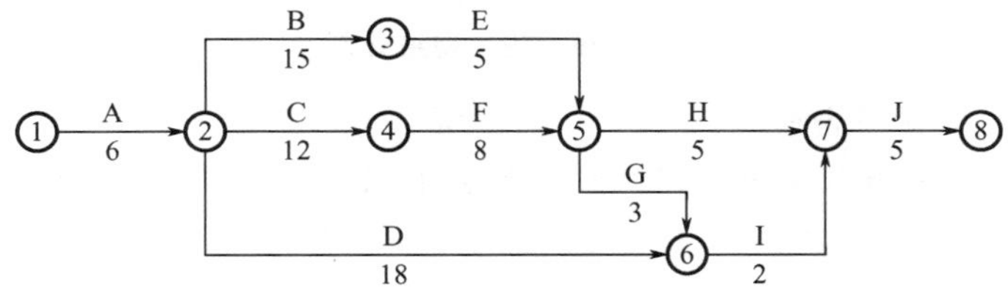

图4-74　某双代号网络图

A. 1　　B. 4　　C. 2　　D. 3

16. 根据表4-10所列逻辑关系绘制的双代号网络图如图4-75所示，存在的绘图错误是（　　）。

表4-10　已知逻辑关系

工作名称	A	B	C	D	E	G	H
紧前工作	—	—	A	A	A、B	C	E

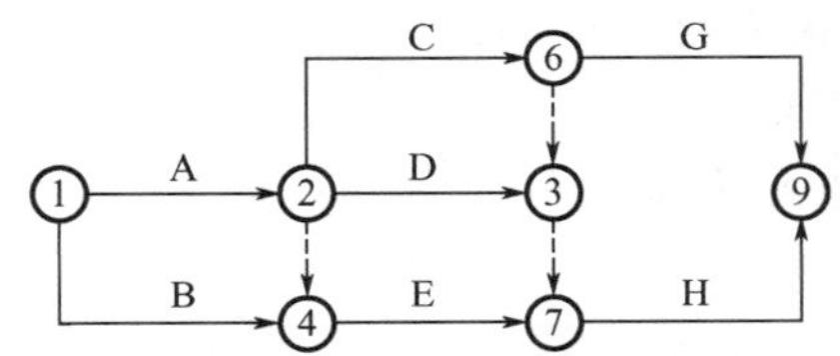

图4-75　双代号网络图

A. 节点编号不对　　B. 逻辑关系不对

C. 有多个终点节点　　D. 有多个起点节点

17. 某网络计划中，工作F有两项紧后的平行工作G和H，G的最迟开始时间是第12天，最早开始时间是第8天；H工作的最迟完成时间是第14天，最早完成时间是第12天；F工作和G、H之间的时间间隔分别为4天和5天。则F工作的总时差为（　　）。

A. 4天　　B. 5天　　C. 7天　　D. 8天

（二）多项选择题

1. 某钢筋混凝土基础工程，包括支模板、绑扎钢筋、浇筑混凝土三道工序，每道工序安排一个专业施工队分三段施工，各工序在一个施工段上的作业时间分别为3天、2天、1天，如图4-76所示。关于其施工网络计划的说法，正确的有（　　）。

A. 工作①—②是关键工作　　B. 只有一条关键线路

C. 工作⑤—⑥是非关键工作　　D. 节点⑤的最早时间是5

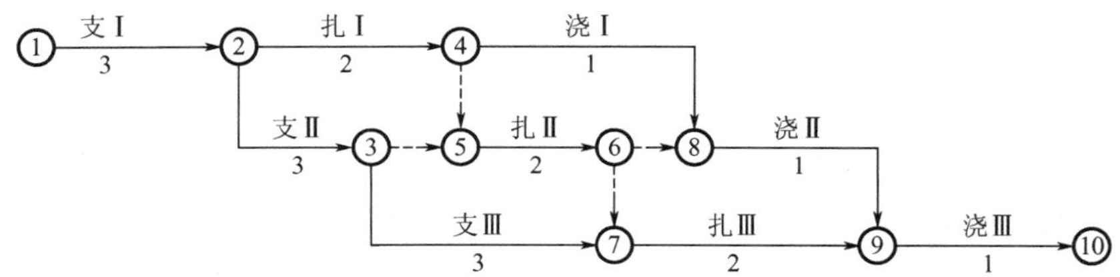

图 4-76　施工网络计划

E. 虚工作③—⑤是多余的

2. 某项目分部工程双代号时标网络计划如图 4-77 所示，关于该网络计划的说法，正确的是（　　）。

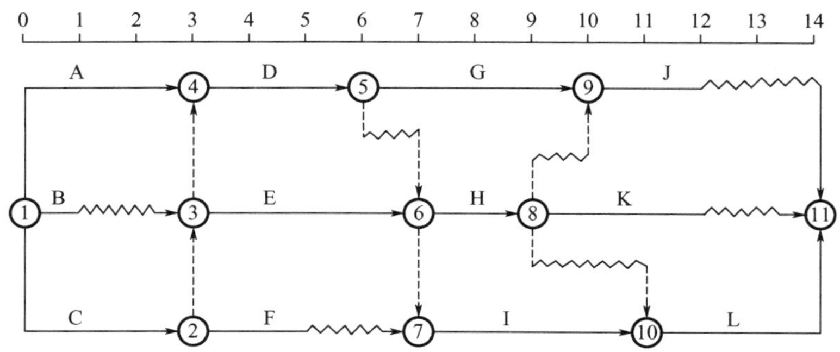

图 4-77　某项目分部工程双代号时标网络计划（时间单位：天）

A. 工作 C、E、I、L 组成关键线路

B. 工作 H 的总时差为 2 天

C. 工作 A、C、H、L 为关键工作

D. 工作 D 的总时差为 1 天

E. 工作 G 的总时差与自由时差相等

【单元4参考答案】

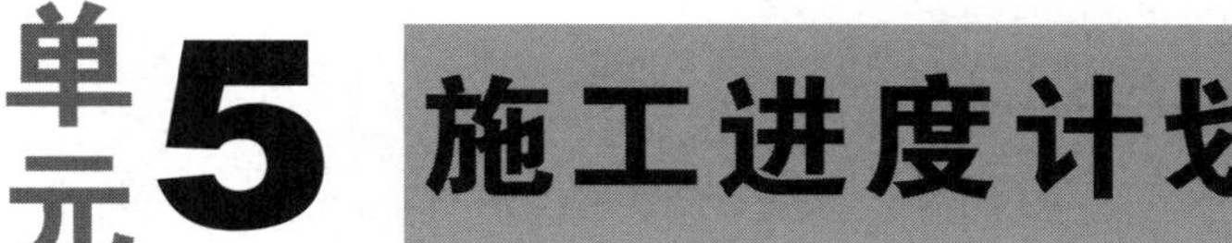

单元5 施工进度计划控制

施工员岗位工作标准

1. 能够参与施工进度计划控制。
2. 能进行施工进度计划检查与调整。

造价员岗位工作标准

具备从事一般建筑工程施工项目进度管理的能力。

知识目标

1. 了解影响施工进度计划的因素。
2. 熟悉施工进度计划控制的方法。
3. 掌握施工进度计划检查的方法。
4. 掌握工期索赔的程序。

典型工作任务

任务描述	对基础工程的进度计划进行优化
考核时量	0.5 小时
设计条件及要求	

某基础工程划分为五个施工过程、两个施工段，施工单位制定了下图所示的双代号网络图。但应建设单位要求，该基础工程的工期为18天。经施工单位测算，下表中列举了工作可以压缩的时间及所需费用，施工单位只能以天为单位来压缩时间。请找寻最合理的压缩方式。

续表

如下所示为某基础工程双代号网络图。

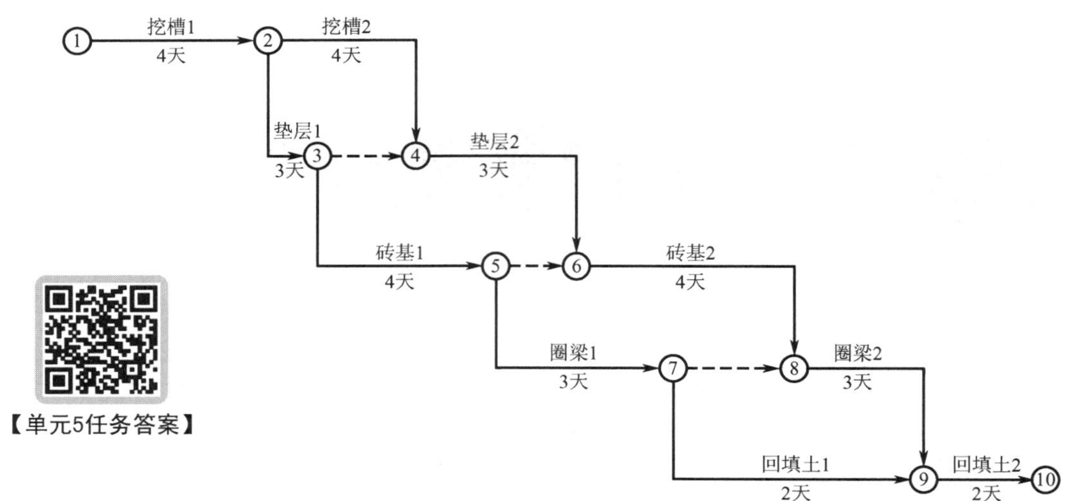

相关参数表			
序号	工作名称	最大可压缩时间/天	赶工费用/(元/天)
1	挖槽 1	1	1000
2	挖槽 2	1	1000
3	垫层 1	1	600
4	垫层 2	1	600
5	砖基 1	不可压缩	—
6	砖基 2	不可压缩	—
7	圈梁 1	1	1300
8	圈梁 2	1	1300
9	回填土 1	不可压缩	—
10	回填土 2	不可压缩	—

施工进度计划经审批通过后，即可组织实施。但施工进度计划在实施过程中，必然会因为新情况的产生、各种干扰因素（资源、外部环境、自然条件等因素的变化或人为因素）和风险因素（不可预见事件的发生）的作用而发生变化，使其难以执行原定的计划，往往造成工程实际进度与计划进度产生偏差。如果这种偏差不能及时纠正，势必影响工程进度目标的实现。

为此，进度控制人员必须掌握动态控制原理，在计划执行过程中不断检查工程实际进展情况，并将实际情况与计划安排进行比较，找出偏离计划的信息，然后在分析偏差及其产生原因的基础上采取措施，使计划能正常实施。如果采取措施后不能维持原计划，则需要对原计划进行调整或修改，再按新的进度计划实施。由此在进度计划的执行过程中不断进行检查和调整，以保证建设工程进度计划得到有效的实施和控制。

可见在施工进度计划的实施过程中，采取相应措施进行控制，对保证进度目标的顺利实现具有重要意义。

5.1 施工进度计划控制概述

建设工程项目是在动态条件下实施的，因此施工进度计划的控制也必须是一个动态的管理过程，它包括以下内容。

(1) 对进度目标的分析和论证，目的是论证进度目标是否合理、进度目标有没有可能实现。如果经过科学的论证，目标不可能实现，则必须调整目标。

(2) 在收集资料和调查研究的基础上编制进度计划。

(3) 进度计划的跟踪检查与调整，包括定期跟踪检查所编制进度计划的执行情况，若其执行有偏差，即采取纠偏措施，并根据情况调整进度计划。

5.1.1 施工进度计划控制的目的

施工进度计划控制的目的，是通过控制以实现工程的进度目标。如果只重视进度计划的编制而不重视进度计划必要的检查与调整，则进度无法得到控制。为了实现进度目标，进度控制的过程也就是随着项目的进展，对进度计划不断检查和调整的过程。

施工进度计划控制，主要包括施工进度计划的检查和施工进度计划的调整两个方面。

施工进度计划控制不但关系到施工进度目标能否实现，而且还直接关系到工程的质量和成本。在工程施工实践中，必须在确保工程质量的前提下控制工程进度。为了有效地控制施工进度，必须深入理解以下方面。

(1) 整个建设工程项目的进度目标如何确定。

(2) 有哪些影响整个建设工程项目进度目标实现的主要因素。

(3) 如何正确处理工程进度和工程质量的关系。

(4) 施工方在整个建设工程项目进度目标实现中的地位和作用。

(5) 影响施工进度目标实现的主要因素。

(6) 施工进度控制的基本理论、方法、措施和手段等。

5.1.2 影响施工进度的因素

由于建设工程具有规模庞大、工程结构与工艺技术复杂、建设周期长及相关单位多等特点，决定了建设工程施工进度将受到许多因素的影响。要想有效地控制建设工程施工进度，就必须对影响施工进度的有利因素和不利因素进行全面、细致的分析和预测。这一方

【影响施工进度的因素】

面可以促进对有利因素的充分利用和对不利因素的妥善预防，另一方面也便于事先制定预防措施、事中采取有效对策、事后进行妥善补救，以缩小实际进度与计划进度的偏差，实现对建设工程施工进度的主动控制和动态控制。

影响建设工程施工进度的不利因素很多，如人为因素，技术因素，设备、材料及构配件因素，机具因素，资金因素，水文、地质与气象因素，以及其他自然与社会环境等方面的因素，其中人为因素是最大的干扰因素。常见的影响因素如下。

(1) 业主因素。如业主使用要求改变而进行设计变更，应提供的施工场地条件不能及时提供或所提供的场地不能满足工程正常需要，不能及时向施工承包单位或材料供应商付款等。

(2) 勘察设计因素。如勘察资料不准确，特别是地质资料错误或遗漏；设计内容不完善，规范应用不恰当，设计有缺陷或错误；设计对施工的可能性未考虑或考虑不周；施工图纸供应不及时、不配套或出现重大差错等。

(3) 施工技术因素。如施工工艺错误，不合理的施工方案，施工安全措施不当，不可靠技术的应用等。

(4) 自然环境因素。如复杂的工程地质条件，不明的水文气象条件，地下埋藏文物的保护、处理，洪水、地震、台风等不可抗力等。

(5) 社会环境因素。如外单位临近工程的施工干扰；节假日交通、市容整顿的限制；临时停水、停电、断路；在国外常见的法律及制度变化，经济制裁、战争、骚乱、罢工、企业倒闭等。

(6) 组织管理因素。如向有关部门提出各种申请审批手续的延误；合同签订时遗漏条款、表达失当；计划安排不周密，组织协调不力，导致停工待料、相关作业脱节；领导不力、指挥失当，使参加工程建设的各个单位、各个专业、各个施工过程之间交接和配合上发生矛盾等。

(7) 材料、设备因素。如材料、构配件、机具、设备供应环节的差错，品种、规格、质量、数量、时间不能满足工程的需要；特殊材料及新材料的不合理使用；施工设备不配套，选型失当，安装失误，有故障等。

(8) 资金因素。如有关方拖欠资金、资金不到位、资金短缺，汇率浮动和通货膨胀等。

5.1.3 施工进度计划检查的思路

在建设工程实施过程中，应经常地、定期地对施工进度计划的执行情况跟踪检查，发现问题后及时采取措施加以解决。施工进度计划检查的思路如下。

(1) 施工进度计划的实施。根据施工进度计划的要求制定各种措施，按预定的施工计划进度安排建设工程各项工作。

(2) 实际施工进度数据的收集及加工处理。对施工进度计划的执行情况进行跟踪检查是计划执行信息的主要来源，是进度分析和调整的依据，也是施工进度控制的关键步骤。

跟踪检查的主要工作是定期收集反映工程实际进度的有关数据，收集的数据应当全面、真实、可靠，不完整或不正确的进度数据将导致判断不准确或决策失误。为了进行实际进度与计划进度的比较，必须对收集到的实际进度数据进行加工处理，形成与计划进度具有可比性的数据。如对检查时段实际完成工作量的进度数据进行整理、统计和分析，确定本期累计完成的工作量、本期已完成的工作量占计划工作量的百分比等。

(3) 实际进度与计划进度的比较。将实际进度数据与计划进度数据进行比较，可以确定建设工程实际执行状况与计划目标之间的差距。为了直观反映实际进度偏差，通常采用表格或图形进行实际进度与计划进度的对比分析，从而得出实际进度比计划进度超前、滞后还是一致的结论。

(4) 若实际进度与计划进度不一致，应对计划进行调整或对实际工作进行调整，使实际进度与计划进度尽可能一致。

5.1.4 施工进度计划调整的思路

在建设工程施工进度检查过程中，一旦发现实际进度偏离计划进度，即出现进度偏差时，必须认真分析产生偏差的原因及其对后续工作和总工期的影响，必要时采取合理、有效的施工进度计划调整措施，确保进度总目标的实现。施工进度计划调整的基本思路如下。

(1) 分析进度偏差产生的原因。通过实际进度与计划进度的比较，发现进度偏差时，为了采取有效措施调整进度计划，必须深入现场进行调查，分析产生进度偏差的原因。

(2) 分析进度偏差对后续工作和总工期的影响。当查明进度偏差产生的原因之后，要分析进度偏差对后续工作和总工期的影响程度，以确定是否应采取措施调整进度计划。

(3) 确定后续工作和总工期的限制条件。当出现的进度偏差影响到后续工作或总工期而需要采取进度调整措施时，应当首先确定可调整进度的范围，主要指关键节点、后续工作的限制条件及总工期允许变化的范围。这些限制条件往往与合同条件中的自然因素和社会因素有关，需要认真分析后确定。

(4) 采取措施调整进度计划。采取进度调整措施，应以后续工作和总工期的限制条件为依据，确保要求的进度目标得以实现。

(5) 实施调整后的进度计划。计划调整之后，应采取相应的保障措施（组织、经济、技术和管理等措施）付诸执行，并继续监测其执行情况。

5.2 施工进度计划的控制措施

施工进度计划的控制措施包括组织措施、经济措施、技术措施和管理措施，其中最重要的措施是组织措施，最有效的措施是经济措施。

5.2.1 组织措施

施工进度计划控制的组织措施包括以下内容。

（1）系统的目标决定了系统的组织，组织是目标能否实现的决定性因素，因此首先应建立项目的进度控制目标体系。

（2）充分重视健全项目管理的组织体系，在项目组织结构中应有专门的工作部门和符合进度控制岗位资格的专人负责进度控制工作。进度控制的主要工作环节，包括进度目标的分析和论证、编制进度计划、定期跟踪进度计划的执行情况、采取纠偏措施及调整进度计划，这些工作任务和相应的管理职能应在项目管理组织设计的任务分工表和管理职能分工表中标示并落实。

（3）建立进度报告、进度信息沟通网络、进度计划审核、进度计划实施中的检查分析、图纸审查、工程变更和设计变更管理等制度。

（4）应编制项目进度控制的工作流程，如确定项目进度计划系统的组成，确定各类进度计划的编制程序、审批程序和计划调整程序等。

（5）进度控制工作包含了大量的组织和协调工作，而会议是组织和协调的重要手段，建立进度协调会议制度时，应进行有关进度控制会议的组织设计，以明确会议的类型，各类会议的主持人及参加单位和人员，各类会议的召开时间、地点，各类会议文件的整理、分发和确认等。

5.2.2 经济措施

施工进度计划控制的经济措施包括以下内容。

（1）为确保进度目标的实现，应编制与进度计划相适应的资源需求计划（资源进度计划），包括资金需求计划和其他资源（人力和物力资源）需求计划，以反映工程实施的各时段所需要的资源。通过资源需求的分析，可发现所编制的进度计划实现的可能性，若资源条件不具备，应调整进度计划，同时考虑可能的资金总供应量、资金来源（自有资金和外来资金）及资金供应的时间等。

（2）及时办理工程预付款及工程进度款支付手续。

（3）在工程预算中应考虑加快工程进度所需要的资金，其中包括为实现进度目标将要采取的经济激励措施所需要的费用，如对应急赶工给予的优厚赶工费用及对工期提前给予的奖励等。

（4）对工程延误收取的误期损失赔偿金。

5.2.3 技术措施

施工进度计划控制的技术措施包括以下内容。

（1）不同的设计理念、设计技术路线、设计方案会对工程进度产生不同的影响，在设计工作的前期特别是在设计方案评审和选用时，应对设计技术与工程进度的关系进行分析比较。

(2) 采用技术先进和经济合理的施工方案，改进施工工艺、施工技术和施工方法，选用更先进的施工机械。

5.2.4 管理措施

建设工程项目施工进度计划控制的管理措施涉及管理的思想、管理的方法、管理的手段、承发包模式、合同管理和风险管理等。在理顺组织的前提下，科学和严谨的管理就显得十分重要。

施工进度计划控制采取相应的管理措施时必须注意以下问题。

(1) 建设工程项目施工进度计划控制在管理观念方面存在的主要问题是：缺乏进度计划系统的观念，分别编制各种独立而互不联系的计划，形成不了计划系统；缺乏动态控制的观念，只重视计划的编制，而不重视及时进行计划的动态调整；缺乏进度计划多方案比较和选优的观念。合理的进度计划应体现资源的合理使用、工作面的合理安排，有利于提高建设质量，有利于文明施工和合理缩短建设周期。因此对于建设工程项目施工进度计划控制，必须有科学的管理思想。

(2) 用工程网络计划的方法编制施工进度计划必须很严谨地分析和考虑工作之间的逻辑关系，通过工程网络的计算可发现关键工作和关键路线，也可知道非关键工作可利用的时差。工程网络计划的方法有利于实现施工进度计划控制的科学化，是一种科学的管理方法。

(3) 重视信息技术（包括相应的软件、局域网、互联网及数据处理设备）在施工进度计划控制中的应用。虽然信息技术对施工进度计划控制而言只是一种管理手段，但它的应用有利于提高进度信息处理的效率、提高进度信息的透明度、促进进度信息的交流和项目各参与方的协同工作。

(4) 承发包模式的选择直接关系到工程实施的组织和协调。为了实现进度目标，应选择合理的合同结构，避免过多的合同交界面而影响工程的进展。

(5) 加强合同管理和索赔管理，协调合同工期与进度计划的关系，保证合同中进度目标的实现；同时严格控制合同变更，尽量减少由于合同变更引起的工程拖延。

(6) 为实现进度目标，不但应进行进度控制，还应注意分析影响工程进度的风险并采取管理措施，以减少进度失控的风险量。常见的影响工程进度的风险，有组织风险、管理风险、合同风险、资源（人力、物力和财力）风险及技术风险等。

5.3 施工进度计划的检查与调整

在项目实施过程中，必须对进展过程实施动态监测与检查，随时监控项目的进展情况、收集实际进度数据，并与进度计划进行对比分析。若出现偏差，应找出原因及对工期的影响程度，相应采取有效的措施做必要的调整，使项目按预定的进度目标进行。这一不断循环的过程即称为进度控制。

施工进度计划的实施与施工进度计划的检查是融会在一起的。施工进度计划的比较分析与计划调整是建筑施工项目进度控制的主要环节，其中施工进度计划的检查是施工进度计划调整的基础，也是调整和分析的依据，因此施工进度计划的检查是施工进度计划控制的关键。

5.3.1 施工进度计划的实施

工程施工进度计划的实施就是施工活动的进展，也就是利用施工进度计划指导和控制施工活动、落实和完成施工进度计划。工程施工进度计划逐步实施的过程，就是工程施工建造逐步完成的过程，要保证工程施工进度计划顺利实施并尽量按审批好的计划时间逐步开展，保证各进度目标的实现并按期交付使用。

施工进度计划在实施过程中，需要注意以下事项。

(1) 掌握计划实施情况。

(2) 组织施工中各阶段、环节、专业、工种相互密切配合。

(3) 协调外部供应、总分包等各方面的关系。

(4) 采取各种措施排除各种干扰和矛盾，保证连续均衡施工。

(5) 对关键部位要组织有关人员加强监督检查，发现问题及时解决。

5.3.2 施工进度计划的检查

1. 施工进度计划的检查内容

施工进度计划的检查内容包括以下方面。

(1) 随着项目进展，不断观测每一项工作的实际开始时间、实际完成时间、实际持续时间、目前现状等内容，并加以记录。

(2) 定期观测关键工作的进度和关键线路的变化情况，并采取相应措施进行调整。

(3) 观测检查非关键工作的进度，以便更好地发掘潜力，调整或优化资源，以保证关键工作按计划实施。

(4) 定期检查工作之间的逻辑关系变化情况，以便适时进行调整。

(5) 检查有关项目范围、进度目标、保障措施变更的信息等并加以记录。

对项目施工进度计划进行监测后，应形成书面进度报告。

项目进度报告的内容主要包括：进度执行情况的综合描述，实际施工进度，资源、供应进度，工程变更、价格调整、索赔及工程款收支情况，进度偏差状况及导致偏差的原因分析，解决问题的措施，计划调整意见。

一般应根据施工项目的类型、规模、施工条件和对进度执行要求的程度确定检查时间和间隔时间，常规性检查可确定为每月、半月、旬或周进行一次。在计划执行过程中突然出现意外情况时，可进行“应急检查”，以便采取应急调整措施，如施工中遇到天气、资源供应等不利因素严重影响时，间隔时间可临时缩短。同时，对施工进度有重大影响的关键施工作业可每日检查或派人驻现场督阵。跟踪检查施工实际进度是项目施工进度控制的关键内容。

2. 施工进度计划的检查方法

施工进度计划的检查方法主要是对比法，即将实际进度与计划进度进行对比，从而发现偏差，以便调整或修改计划。

施工进度计划检查的步骤如下。

(1) 将收集的实际进度数据和资料进行整理加工，使之与相应的进度计划具有可比性。

(2) 将整理后的实际数据资料与施工进度计划进行比较。

(3) 得出实际进度与计划进度是否存在偏差(相一致、超前、落后)的结论。

常用的施工实际进度与施工计划进度的比较方法有横道图比较法、S曲线比较法、香蕉形曲线比较法、前锋线比较法、列表比较法等。

1) 横道图比较法

横道图比较法是指将项目实施过程中检查实际进度收集到的数据，经加工整理后直接用横道线平行绘制于原计划的横道线处，进行实际进度与计划进度比较的方法。采用横道图比较法，可以形象、直观地反映实际进度与计划进度的比较情况。

图5-1所示为将某钢筋混凝土工程的施工实际进度计划与计划进度的比较，其中双细实线表示计划进度，涂黑部分(也可以涂彩色)表示工程施工的实际进度。从比较中可以看出，在第8天末进行施工进度检查时，支模板工作已经全部完成；绑钢筋工作按计划进度应当全部完成，但施工实际进度只完成了83%；浇筑混凝土工作完成了44%，与计划施工进度一致。

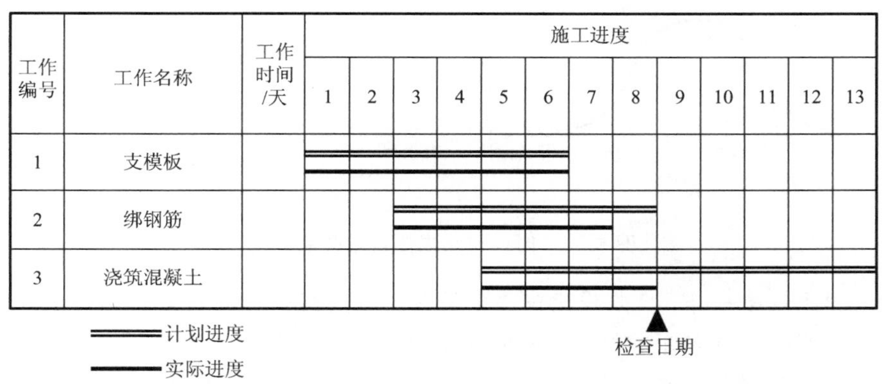

图5-1 某钢筋混凝土工程的施工实际进度与计划进度的比较

通过上述记录与比较，为进度控制者提供了施工实际进度与计划进度之间的偏差，为采取调整措施提供了明确的任务。这是在施工中进行进度控制经常使用的一种最简单的方法。

应该注意，上述为匀速进展横道图比较法，仅适用于工作从开始到结束的整个过程中其进展速度均为固定不变的情况(即在工程项目中，每项工作在单位时间内完成的任务量都相等，工作的进展速度是均匀的，每项工作累计完成的任务量与时间呈线性关系)。

如果工作的进展速度是变化的，则不能采用上述方法进行实际进度与计划进度的比较，否则会得出错误的结论。当工作在不同单位时间里的进展速度不相等时，累计完成的任务量与时间的关系就不可能是线性关系，此时就应采用非匀速进展横道图比较法进行工作实际进度与计划进度的比较。非匀速进展横道图比较法在此不赘述。

横道图比较法比较简单、形象直观、易于掌握、使用方便，但由于其以横道计划为基础，因而带有不可克服的局限性。在横道计划中，各项工作之间的逻辑关系表达不明确，关键工作和关键线路无法确定。一旦某些工作实际进度出现偏差时，难以预测其对后续工作和工程总工期的影响，也就难以确定相应的进度计划调整方法。因此横道图比较法主要用于工程项目中某些工作实际进度与计划进度的局部比较。

2）S 曲线比较法

S 曲线比较法是以横坐标表示时间，纵坐标表示累计完成任务量，绘制一条按计划时间累计完成任务量的 S 曲线，然后将工程项目实施过程中各检查时间实际累计完成任务量的 S 曲线也绘制在同一坐标系中，进行实际进度与计划进度比较的一种方法。

从整个工程项目实际进展全过程来看，单位时间投入的资源量一般是开始和结束时较少，中间阶段较多，与其相对应，单位时间完成的任务量也呈同样的变化规律，如图 5－2(a) 所示。而随工程进展累计完成的任务量则相应呈 S 形变化，如图 5－2(b) 所示，S 曲线即由此得名，它可以反映整个工程项目进度的快慢信息。

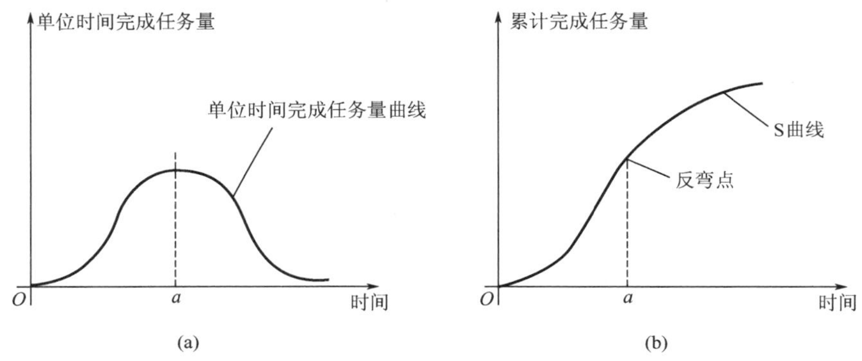

图 5－2　时间与完成任务量关系曲线

同横道图比较法一样，S 曲线比较法也是在图上进行工程项目实际进度与计划进度的直观比较。在工程项目实施过程中，按照规定时间将检查收集到的实际累计完成任务量绘制在原计划 S 曲线图上，即可得到实际进度 S 曲线，如图 5－3 所示。通过比较实际进度 S 曲线和计划进度 S 曲线，可以获得如下信息。

(1) 工程项目的实际进展状况。如果工程实际进展点落在计划 S 曲线左侧，则表明此时实际进度比计划进度超前，如图 5－3 中的 a 点；如果工程实际进展点落在 S 计划曲线右侧，则表明此时实际进度拖后，如图 5－3 中的 b 点；如果工程实际进展点正好落在计划 S 曲线上，则表示此时实际进度与计划进度一致。

(2) 工程项目实际进度超前或拖后的时间。在 S 曲线比较图中可以直接读出实际进度比计划进度超前或拖后的时间。如图 5－3 所示，ΔT_a 表示 T_a 时刻实际进度超前的时间，ΔT_b 表示 T_b 时刻实际进度拖后的时间。

(3) 工程项目实际超额或拖欠的任务量。在 S 曲线比较图中也可直接读出实际进度比

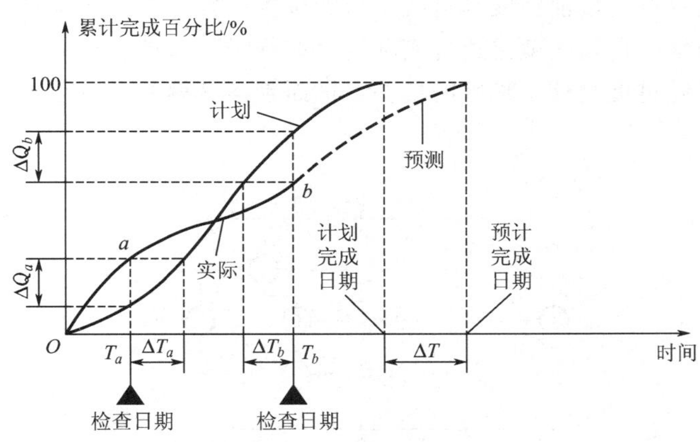

图 5-3　S 曲线比较图

计划进度超额或拖欠的任务量。如图 5-3 所示，ΔQ_a表示 T_a时刻超额完成的任务量，ΔQ_b表示 T_b时刻拖欠的任务量。

（4）后期工程进度预测。如果后期工程按原计划速度进行，则可作出后期工程计划 S 曲线，如图 5-3 中虚线所示，从而可以确定工期拖延预测值 ΔT。

3）香蕉形曲线比较法

香蕉形曲线是两条 S 曲线组合形成的闭合曲线。从 S 曲线比较法可知：某一施工项目，计划时间和累计完成任务量之间的关系都可以用一条 S 曲线表示。一般说来，任何一个施工项目的网络计划，都可以绘制出两条曲线，其一是以各项工作的计划最早开始时间安排进度而绘制的 S 曲线，称为 ES 曲线；其二是以各项工作的计划最迟开始时间安排进度而绘制的 S 曲线，称为 LS 曲线。两条 S 曲线都是从计划的开始时刻开始和完成时刻结束，因此两条曲线是闭合的。其余时刻，ES 曲线上的各点一般均落在 LS 曲线相应点的左侧，形成一个形如香蕉的曲线，故此称为香蕉形曲线，如图 5-4 所示。

在项目的实施中，进度控制的理想状况是任一时刻按实际进度描出的点落在该香蕉形曲线的区域内，如图 5-4 中的实际进度线。

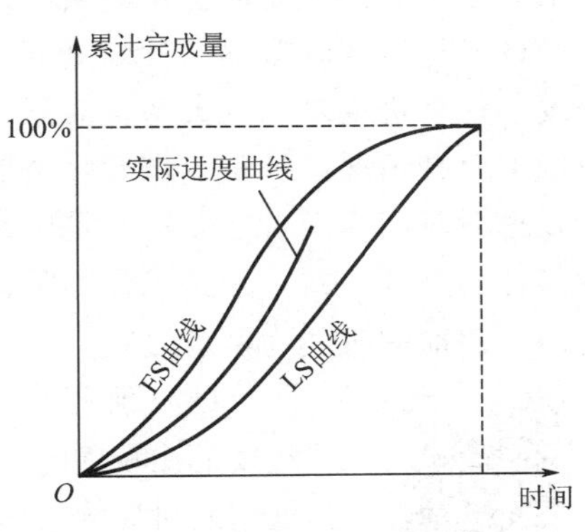

图 5-4　香蕉形曲线图

香蕉形曲线比较法的作用：利用香蕉形曲线可合理安排进度；将施工实际进度与计划进度进行比较，可确定在检查状态下，后期工程的 ES 曲线和 LS 曲线的发展趋势。

4）前锋线比较法

前锋线比较法是通过绘制某检查时刻工程项目的实际进度前锋线，进行工程施工实际进度与计划进度比较的方法，它主要适用于时标网络计划。

所谓前锋线，是指在原时标网络计划上，从检查时刻的时标点出发，用点画线依次将各项工作实际进展位置点连接而形成的折线，如图 5-5 所示。其主要方法是从检查时刻的时标点出发，首先连接与其相邻的工作箭线的实际进度点，由此再去连接该工作相邻工作箭线的实际进度点，依此类推。将检查时刻正在进行工作的点都依次连接起来，组成一条一般为折线的前锋线，按前锋线与箭线交点的位置可判定施工实际进度与计划进度的偏差。简而言之，前锋线比较法就是通过实际进度前锋线与原进度计划中各工作箭线交点的位置来判断工作实际进度与计划进度的偏差，进而判定该偏差对后续工作及总工期影响程度的一种方法。

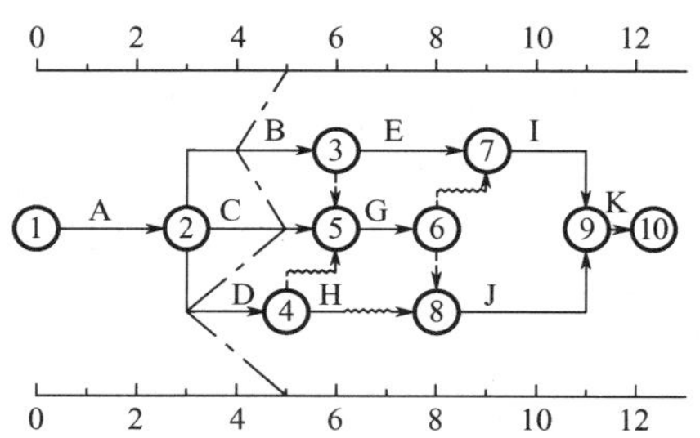

图 5－5　前锋线比较图（单位：天）

采用前锋线比较法进行实际进度与计划进度的比较，其步骤如下。

（1）绘制时标网络计划图。工程项目实际进度前锋线在时标网络计划图上标示。为清楚起见，可在时标网络计划图的上方和下方各设一时间坐标。

（2）绘制实际进度前锋线。一般从时标网络计划图上方时间坐标的检查日期开始绘制，依次连接相邻工作的实际进展位置点，最后与时标网络计划图下方坐标的检查日期相连接。

工作实际进展位置点的标定方法有两种：一种是按该工作已完任务量比例进行标定，假设工程项目中各项工作均为匀速进展，根据实际进度检查时刻该工作已完成任务量占其计划完成总任务量的比例，在工作箭线上从左至右按相同的比例标定其实际进展位置点；另一种是按尚需作业时间进行标定，当某些工作的持续时间难以按实物工程量来计算而只能凭经验估算时，可以先估算出检查时刻到该工作全部完成尚需作业的时间，然后在该工作箭线上从右向左逆向标定其实际进展位置点。

（3）进行实际进度与计划进度的比较。前锋线可以直观反映出检查日期有关工作实际进度与计划进度之间的关系。对某项工作来说，其实际进度与计划进度之间的关系可能存在以下三种情况：一是工作实际进展位置点落在检查日期的左侧，表明该工作实际进度拖后，拖后时间为两者之差；二是工作实际进展位置点与检查日期重合，表明该工作实际进度与计划进度一致；三是工作实际进展位置点落在检查日期的右侧，表明该工作实际进度超前，超前的时间为两者之差。

【前锋线比较法】

（4）预测进度偏差对后续工作及总工期的影响。通过实际进度与计划进度的比较确定进度偏差后，还可根据工作的自由时差和总时差预测该进度偏差对后续工作及项目总工期的影响。由此可见，前锋线比较法既适用于工作实际进度与计划进度之间的局部比较，又可用来分析和预测工程项目的整体进度状况。需要注意的是，以上比较是针对匀速进展的工作。

【例 5－1】已知双代号时标网络计划如图 5－5 所示，在第 5 天检查时，发现 A 工作已完成，B 工作已进行 1 天，C 工作已进行 2 天，D 工作尚未开始。试用前锋线比较法进行实际进度与计划进度的比较。

【解】根据前锋线比较图，可以看出B工作为关键工作，比计划延误1天，会影响工期1天；C工作为非关键工作，具有时差1天，现在与计划一致，因此不会影响工期；D工作为非关键工作，具有时差2天，现在比计划延误2天，因此不会影响工期。

【例5-2】某工程项目时标网络计划如图5-6所示。该计划执行到第6周末检查实际进度时，发现工作A和B已经全部完成，工作D、E分别完成计划任务量的20%和50%，工作C尚需3周完成。试用前锋线比较法进行实际进度与计划进度的比较。

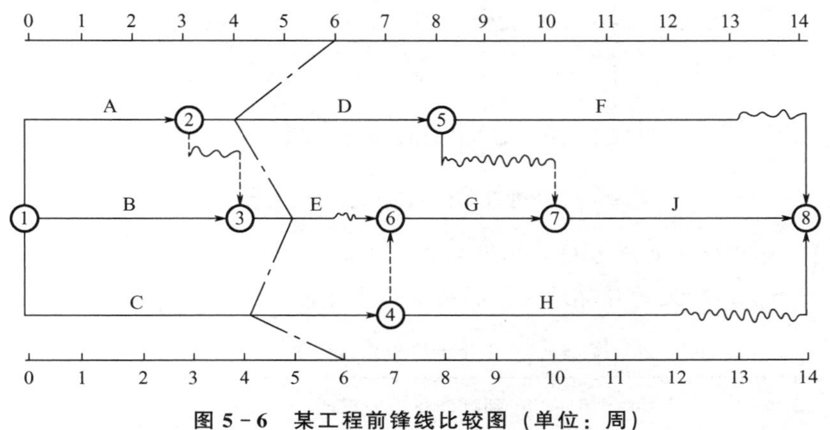

图5-6 某工程前锋线比较图（单位：周）

【解】根据第6周末实际进度的检查结果绘制前锋线，如图5-6中点画线所示。通过比较可以看出以下结论。

(1) 工作D实际进度拖后2周，将使其后续工作F的最早开始时间推迟2周，并使总工期延长1周。

(2) 工作E实际进度拖后1周，既不影响总工期，也不影响其后续工作的正常进行。

(3) 工作C实际进度拖后2周，将使总工期延长2周，并将使其后续工作G、H、J的最早开始时间推迟2周。由于工作G、J开始时间的推迟，从而使总工期延长2周。

综上所述，如果不采取措施加快进度，该工程项目的总工期将延长2周。

5）列表比较法

当采用无时间坐标网络图计划时，也可以采用列表分析法比较项目施工实际进度与计划进度的偏差情况。该方法是记录检查时正在进行的工作名称和已进行的天数，然后列表计算有关参数，根据原有总时差和尚有总时差判断实际进度与计划进度的比较方法。

列表比较法步骤如下。

(1) 计算检查时正在进行的工作尚需要的作业时间。

(2) 计算检查的工作从检查日期到最迟完成时间的尚余时间。

(3) 计算检查的工作到检查日期止尚余的总时差。

(4) 填表分析工作实际进度与计划进度的偏差。可能有以下几种情况。

① 若工作尚有总时差与原有总时差相等，说明该工作的实际进度与计划进度一致。

② 若工作尚有总时差小于原有总时差，但仍为正值，则说明该工作的实际进度比计划进度拖后，产生的偏差值为两者之差，但不影响总工期。

③ 若尚有总时差为负值，则说明该工作的实际进度比计划进度拖后，产生的偏差值为两者之差，且对总工期有影响，应当调整。

【例 5-3】已知某双代号时标网络计划如图 5-7 所示，在第 5 天检查时，发现 A 工作已完成，B 工作已进行 1 天，C 工作已进行 2 天，D 工作尚未开始。试运用列表比较法进行实际进度与计划进度的比较。

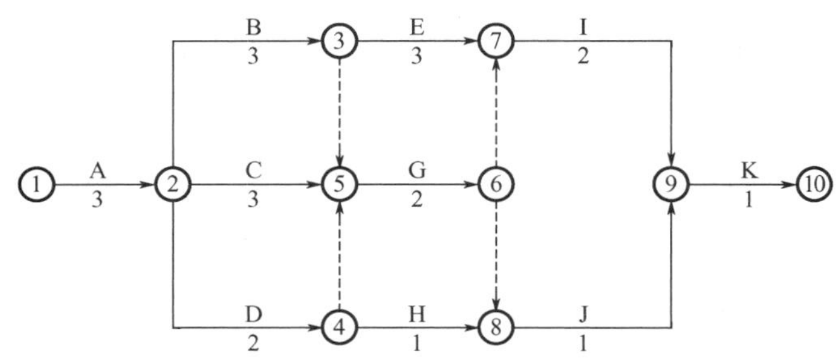

图 5-7　某双代号时标网络计划（单位：天）

【解】(1) 计算时标网络图相关时间参数，见表 5-1。

(2) 根据尚有总时差的计算结果，判断工作实际进度情况，见表 5-1。

表 5-1　工作进度检查比较表（天）

工作代号	工作名称	检查计划时尚需作业天数	到计划最迟完成时尚余天数	原有总时差	尚有总时差	情况判断
2—3	B	2	1	0	−1	拖延工期 1 天
2—5	C	1	2	1	1	正常
2—4	D	2	2	2	0	正常

5.3.3　施工进度计划的调整

施工进度计划的调整依据是进度计划检查结果。在工程项目实施过程中，当通过实际进度与计划进度的比较发现有进度偏差时，应根据偏差对后续工作及总工期的影响，采取相应的调整方法措施对原进度计划进行调整，以确保工期目标的顺利实现。

1. 调整的内容

调整的内容包括施工内容、工程量、起止时间、持续时间、工作关系、资源供应等。

调整施工进度计划采用的原理、方法与施工进度计划的优化相同。

2. 调整施工进度计划的步骤

调整施工进度计划的基本步骤为：①分析进度计划检查结果；②分析进度偏差的影响并确定调整的对象和目标；③选择适当的调整方法；④编制调整方案；⑤对调整方案进行评价和决策；⑥调整；⑦确定调整后付诸实施的新施工进度计划。

3. 分析进度偏差对后续工作及总工期的影响

进度偏差的大小及其所处的位置不同，对后续工作和总工期的影响程度是不同的，分析时需要利用网络计划中工作总时差和自由时差的概念进行判断。其分析步骤如下。

（1）分析出现进度偏差的是否为关键工作。如果出现进度偏差的工作位于关键线路上，即该工作为关键工作，则无论其偏差有多大，都将对后续工作和总工期产生影响，必须采取相应的调整措施；如果出现偏差的工作是非关键工作，则需要根据进度偏差值与总时差和自由时差的关系做进一步分析。

（2）分析进度偏差是否超过总时差。如果工作的进度偏差大于该工作的总时差，则此进度偏差必将影响其后续工作和总工期，因此必须采取相应的调整措施；如果工作的进度偏差未超过该工作的总时差，则此进度偏差不影响总工期。至于对后续工作的影响程度，还需要根据偏差值与其自由时差的关系做进一步分析。

（3）分析进度偏差是否超过自由时差。如果工作的进度偏差大于该工作的自由时差，则此进度偏差将对其后续工作的最早开始时间产生影响，此时应根据后续工作的限制条件确定调整方法；如果工作的进度偏差未超过该工作的自由时差，则此进度偏差不影响后续工作，因此原进度计划可以不做调整。

4. 施工进度计划的调整方法

1）缩短某些工作的持续时间

通过检查分析，如果发现原有进度计划已不能适应实际情况，为了确保进度控制目标的实现或需要确定新的计划目标，就必须对原进度计划进行调整，以形成新的进度计划，作为进度控制的新依据。

这种方法的特点是不改变工作之间的先后顺序，而通过缩短网络计划中关键线路上工作的持续时间来缩短工期，并考虑经济影响，实质上是一种工期费用优化。通常优化过程需要采取一定的措施来达到目的，具体措施包括以下几方面。

（1）组织措施。如增加工作面，组织更多的施工队伍；增加每天的施工时间（如采用三班制等）；增加劳动力和施工机械的数量等。

（2）技术措施。如改进施工工艺和施工技术，缩短工艺技术间歇时间；采用更先进的施工方法，以减少施工过程的数量（如将现浇框架方案改为预制装配方案）；采用更先进的施工机械，加快作业速度等。

（3）经济措施。如实行包干奖励，提高奖金数额，对所采取的技术措施给予相应的经济补偿等。

（4）其他配套措施。如改善外部配合条件，改善劳动条件，实施强有力的调度等。

一般来说，不管采取哪种措施，都会增加费用。因此在调整施工进度计划时，应利用费用优化的原理选择费用增加量最小的关键工作作为压缩对象。

2）改变某些工作间的逻辑关系

当工程项目实施中产生的进度偏差影响到总工期，且有关工作的逻辑关系允许改变时，可以不改变工作的持续时间，而通过改变关键线路和超过计划工期的非关键线路上的有关工作之间的逻辑关系，达到缩短工期的目的。例如将按顺序进行的工作改为平行作业，对于大型建设工程，由于其单位工程较多且相互间的制约较小，可调整的幅度比较大，所以容易采用平行作业的方法调整施工进度计划；而对于单位工程项目，由于受工作之间工艺关系的限制，可调整的幅度比较小，所以通常采用搭接作业及分段组织流水作业等方法来调整施工进度计划，以有效地缩短工期。但不管是平行作业还是搭接作业，建设工程单位时间内的资源需求量都将会增加。

3）其他方法

除了分别采用上述两种方法来缩短工期外，有时由于工期拖延得太多，当采用某种方法进行调整而其可调整幅度又受到限制时，也可以同时利用缩短工作持续时间和改变工作之间的逻辑关系这两种方法对同一施工进度计划进行调整，以满足工期目标的要求。

5. 施工进度计划的优化

施工进度计划的优化，包括工期优化、费用优化、资源优化。关于三种优化的具体内容详见5.4节。

5.4 施工进度计划的优化

优化，是在既定的约束条件下按选定的目标，通过不断改进进度计划来寻求满意方案。施工进度计划的优化目标，应按计划任务的需要和条件选定，包括工期目标、费用目标、资源目标。施工进度计划优化的内容相应包括工期优化、费用优化和资源优化。

5.4.1 工期优化

工期优化也称时间优化，就是通过压缩计算工期来达到既定的工期目标，或在一定约束条件下使工期最短的过程。工期优化一般是通过压缩关键工作的持续时间来实现的，但在优化过程中不能将关键工作压缩成非关键工作。当出现多条关键线路时，必须将各条关键线路的持续时间压缩相同数值。

网络计划的工期优化可按下列步骤进行。

（1）计算初始网络计划的计算工期，并找出关键线路。

（2）按要求工期计算应缩短的时间。

（3）选择应缩短持续时间的关键工作。选择压缩对象时须考虑下列对象：①缩短持续时间对质量和安全影响不大的工作；②有充足备用资源的工作；③缩短持续时间所需增加费用最少的工作。

（4）将所选定的关键工作的持续时间压缩至某适当值，并重新确定计算工期和关键线路。

（5）若计算工期仍超过要求工期，则重复以上步骤，直到满足工期要求或工期已不能再缩短为止。

（6）当所有关键工作的持续时间都已达到其能缩短的极限而工期仍不能满足要求时，则应对计划的原技术方案、组织方案进行调整，或对要求工期重新审定。

【例5-4】 某工程网络计划如图5-8所示，箭线上方的括号内是优选系数，箭线下方为工作的正常持续时间和最短持续时间，要求工期为15天，试对其进行优化（注：选择关键工作压缩持续时间时，应选优选系数最小的工作或优选系数之和最小的组合）。

【解】（1）如图5-9所示，用标号法快速计算工期，找出关键线路。

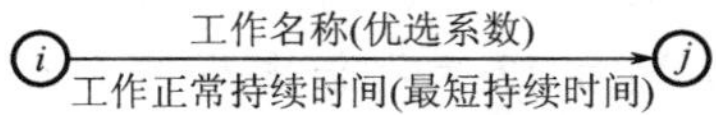

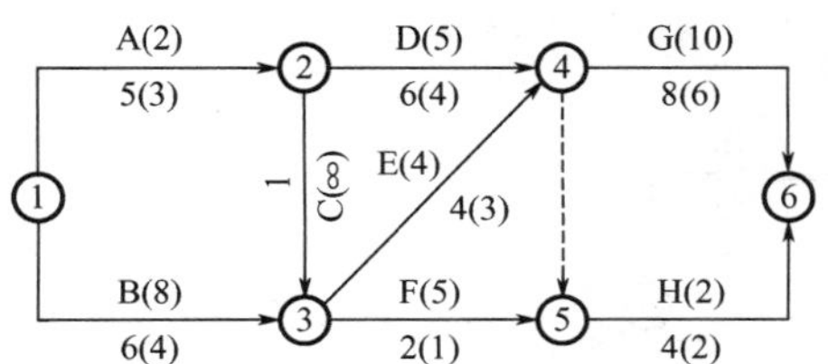

图 5-8　某工程网络计划（单位：天）

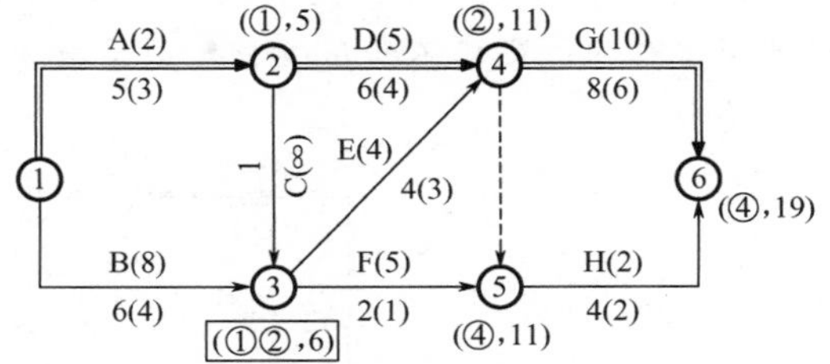

图 5-9　标号法计算工期（单位：天）

由图 5-9 可得 $T_c=19$ 天，关键线路为①→②→④→⑥。

(2) 按要求工期计算应压缩的时间：$\Delta T=T_c-T_r=19-15=4$(天)。

(3) 选择应优先缩短持续时间的关键工作，将其压缩至最短时间并保持。

① 第一次压缩。

可供压缩的关键工作为 A、G、D，优选系数最小工作为 A，其持续时间可压缩至最短时间 3 天。用标号法快速计算工期，找出关键线路，如图 5-10 所示。

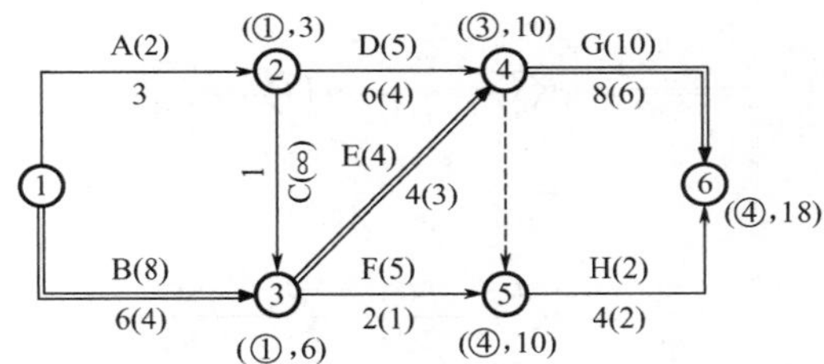

图 5-10　将工作 A 压缩至 3 天后的网络计划（单位：天）

此时关键线路为①→③→④→⑥。原来的关键工作 A、D 变为非关键工作，因此需要将工作 A 反弹。将工作 A 反弹至 4 天，并用标号法快速计算工期，找出关键线路，如图 5-11 所示。此时关键线路有两条：①→②→④→⑥，①→③→④→⑥。相应计算工期为 18 天，还需要压缩 3 天。

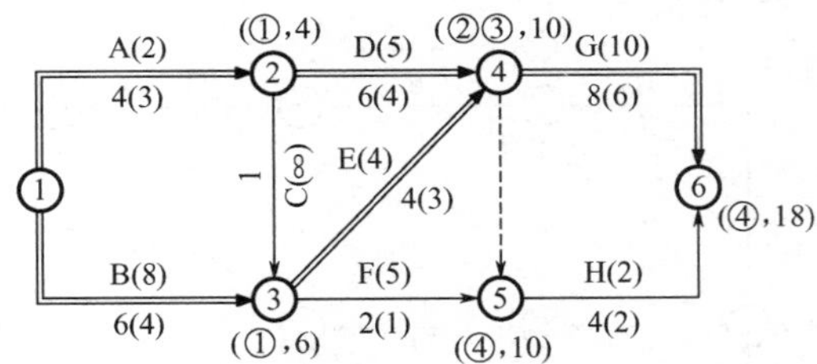

图 5-11　第一次压缩后的网络计划（单位：天）

② 第二次压缩。

此时有五种压缩方案：a. 压缩工作 G，优选系数为 10；b. 同时压缩工作 A、B，组合优选系数为 10；c. 同时压缩工作 D、E，组合优选系数为 9；d. 同时压缩工作 A、E，组合优选系数为 6；e. 同时压缩工作 B、D，组合优选系数为 13。故应选取同时压缩工作 A、

E的方案，将工作A、E同时压缩1天。第二次压缩后的网络计划如图5－12所示，用标号法快速计算工期，找出关键线路，发现关键线路未变，工期为17天，仍需压缩2天。但此时工作A、E已不能压缩，优选系数为∞。

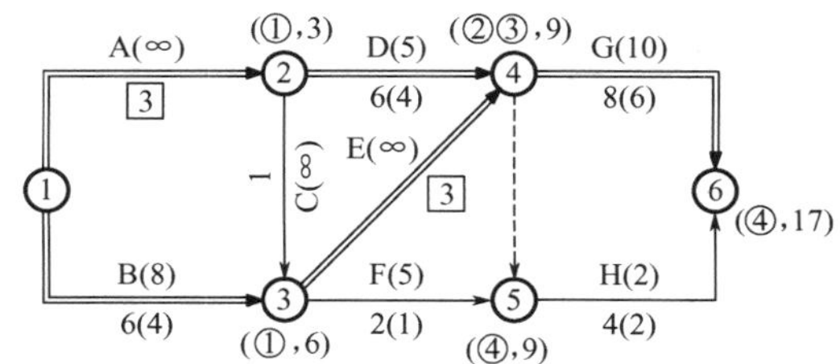

图5－12　第二次压缩后的网络计划（单位：天）

③ 第三次压缩。

此时有两种压缩方案：a. 压缩工作G，优选系数为10；b. 同时压缩工作B、D，组合优选系数为13。故应选择压缩工作G的方案。将工作G压缩2天，并用标号法快速计算工期，找出关键线路，发现关键线路未变，工期为15天，可满足要求，此时工作A、E、G已不能压缩，优选系数为∞。至此完成工期优化，优化后的网络计划如图5－13所示。

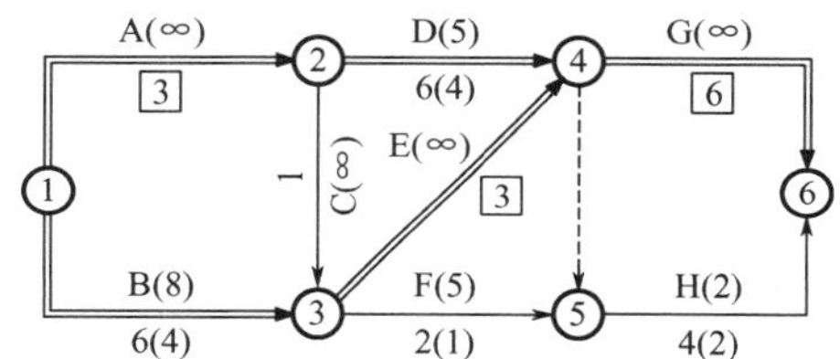

图5－13　优化后的网络计划（单位：天）

【例5－5】 某单项工程，项目的合同工期为38周。经总监理工程师批准的施工进度计划如图5－14所示（时间单位为周），各工作可以缩短的时间及其增加的赶工费用见表5－2。开工1周后，建设单位要求将总工期缩短2周，故请监理单位帮助拟定一个合理的赶工方案以便与施工单位洽商。请问如何调整计划才能既实现建设单位的要求又能使支付施工单位的赶工费用最少？说明步骤和理由。

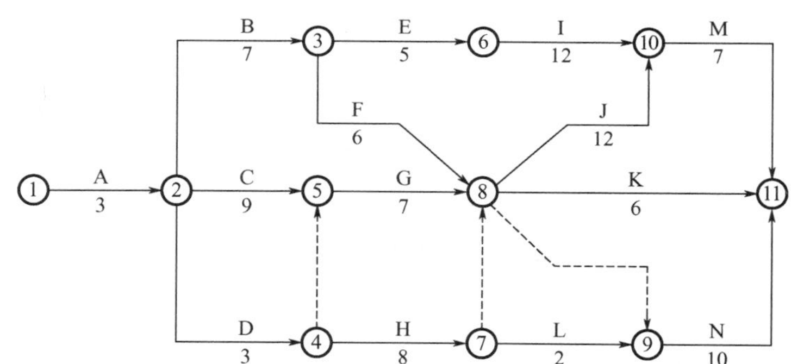

图5－14　某工程施工进度计划（单位：周）

表 5-2　各工作可缩短的时间及赶工费用

分部工程名称	A	B	C	D	E	F	G	H	I	J	K	L	M	N
可缩短时间/周	0	1	1	1	2	1	1	0	2	1	1	0	1	3
增加的赶工费用/万元	—	0.7	1.2	1.1	1.8	0.5	0.4	—	3.0	2.0	1.0	—	0.8	1.5

【解】 该网络计划的关键工作为A、C、G、J、M，应选择关键工作作为压缩对象；又因为压缩分部工程G、M增加的赶工费用分别为最低和次低，并且均可压缩一周，压缩之后仍为关键工作，因此应分别将分部工程G、M各压缩1周，赶工总费用为0.4+0.8=1.2(万元)。

具体步骤如下。

(1) 用标号法确定网络计划的计算工期和关键线路，如图5-15所示。

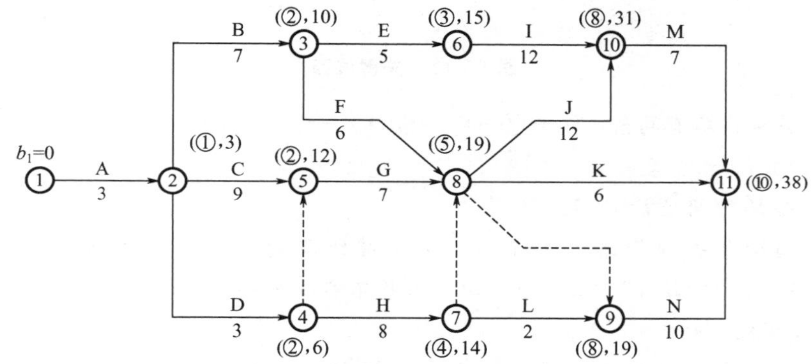

图 5-15　标号法确定计算工期和关键线路（单位：周）

(2) 按要求工期计算应压缩的时间：$\Delta T=2$周。

(3) 选择应缩短持续时间的关键工作（从需增加的费用最少的关键工作开始）：G、M。

(4) 将所选定的关键工作的持续时间压缩到最短，并重新确定计算工期和关键线路，如图5-16所示。

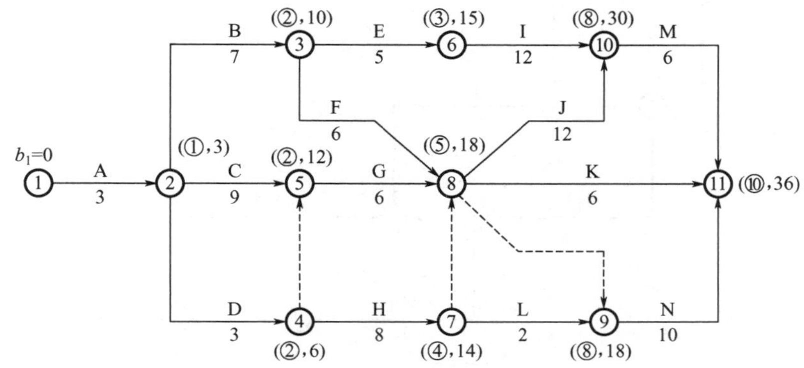

图 5-16　优化后的进度计划（单位：周）

【例5-6】 根据给定条件，对本单元典型工作任务的问题进行解答。

【解】 (1) 找出关键线路，并计算工期，如图5-17所示。

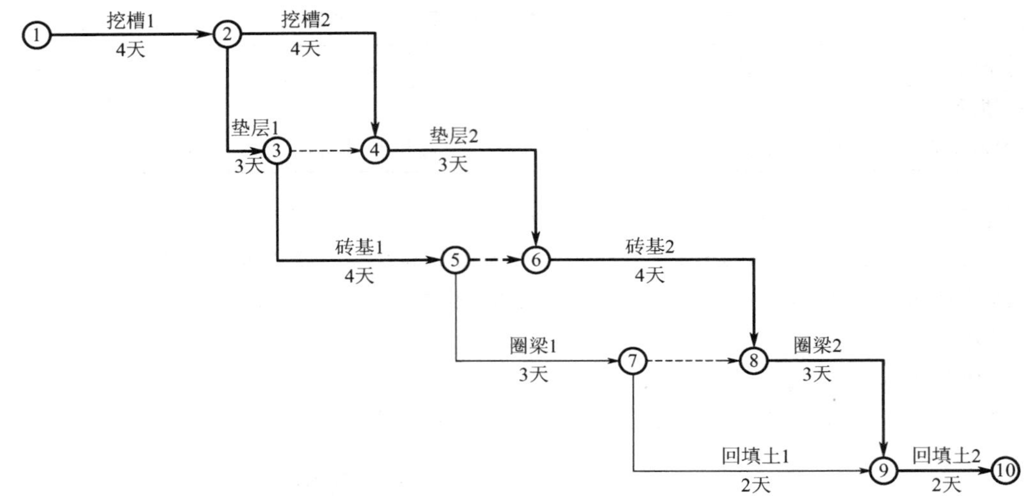

图 5-17　关键线路

由图可见关键线路有两条：①→②→③→⑤→⑥→⑧→⑨→⑩，①→②→④→⑥→⑧→⑨→⑩。相应的 $T_c=20$ 天。

(2) 应压缩的时间 $\Delta T=2$ 天。

(3) 由于有两条关键线路，需考虑两条关键线路同时、同步压缩。而且根据条件，"砖基 1""砖基 2""回填 1""回填 2"四项工作不能被压缩。

① 第一次压缩。

有四种压缩方案：a. 压缩工作"挖槽 1"，赶工费用为 1000 元/天；b. 同时压缩工作"垫层 1"和"挖槽 2"，赶工费用为 1600 元/天；c. 同时压缩工作"垫层 1"和"垫层 2"，赶工费用为 1200 元/天；d. 压缩工作"圈梁 2"，赶工费用为 1300 元/天。

故选择压缩工作"挖槽 1"的方案，将工作"挖槽 1"压缩 1 天。第一次压缩后的网络计划如图 5-18 所示，此时工作"挖槽 1"已不能再被压缩，关键线路不变，工期为 19 天。

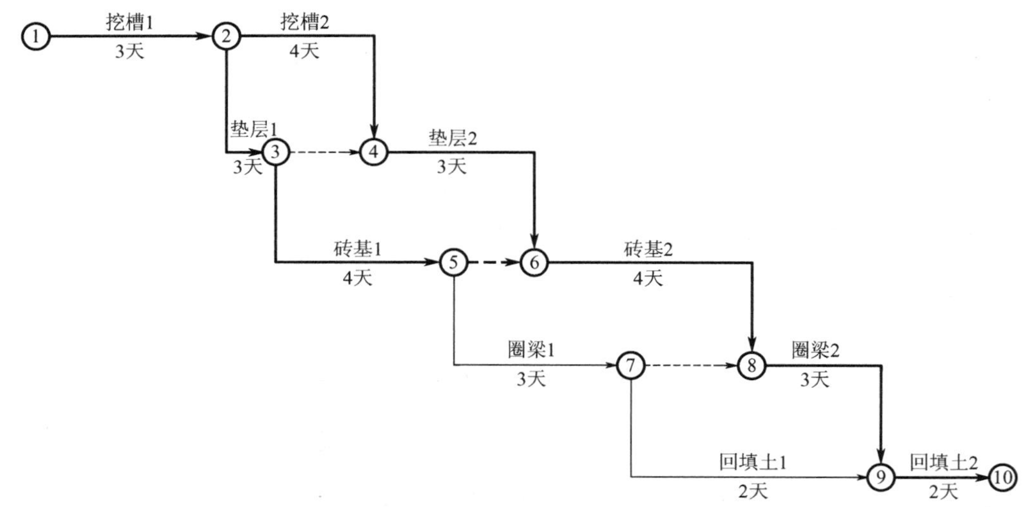

图 5-18　第一次压缩后的网络计划

② 第二次压缩。

此时有三种压缩方案：a. 同时压缩工作“垫层1”和“挖槽2”，赶工费用为1600元/天；b. 同时压缩工作“垫层1”和“垫层2”，赶工费用为1200元/天；c. 压缩工作“圈梁2”，赶工费用为1300元/天。

故选择同时压缩工作“垫层1”和“垫层2”的方案，将工作“垫层1”和“垫层2”同时压缩1天。第二次压缩后的网络计划如图5-19所示，此时工作“垫层1”与“垫层2”已不能再被压缩，关键线路不变，工期为18天。满足要求，完成优化。

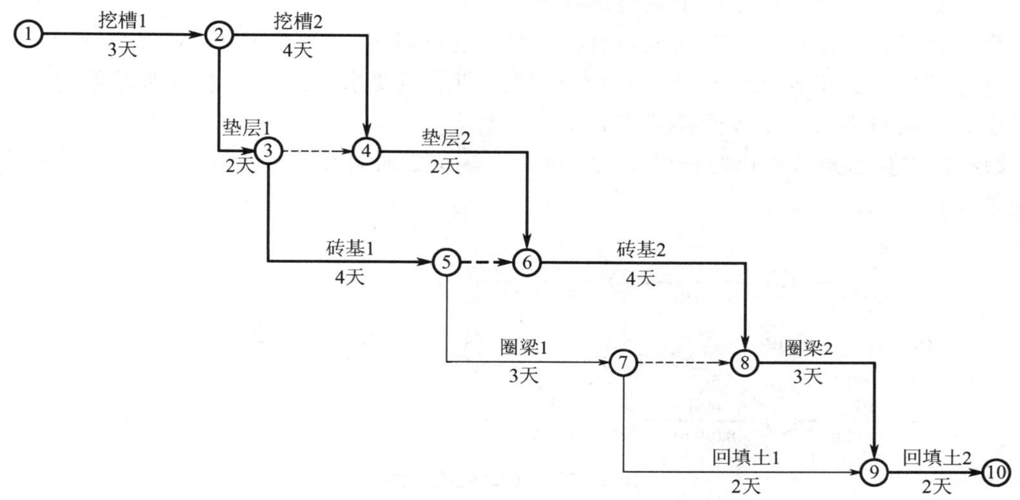

图5-19 第二次压缩后的网络计划

5.4.2 费用优化

费用优化又称工期成本优化，是指在一定的限定条件下，寻求工程总成本最低时的工期安排，或按要求工期寻求最低成本的计划安排的过程。

费用优化的目的是使项目的总费用最低，优化应从以下方面进行考虑。

(1) 在既定工期的前提下，确定项目的最低费用。

(2) 在既定的最低费用限额下完成项目计划，确定最佳工期。

(3) 若需要缩短工期，则考虑如何使增加的费用最小。

(4) 若新增一定数量的费用，则可计算工期能缩短到多少。

进度计划的总费用由直接费和间接费组成。在一定范围内，直接费随工期的延长而减少，而间接费则随工期的延长而增加，总费用最低点所对应的工期即为最优工期。

费用优化可按下述步骤进行。

(1) 按工作的正常持续时间确定网络计划的工期、关键线路，以及总直接费、总间接费及总费用。

(2) 计算各项工作的直接费率，计算公式为

$$\Delta D_{i-j}=\frac{CC_{i-j}-CN_{i-j}}{DN_{i-j}-DC_{i-j}} \tag{5-1}$$

式中　ΔD_{i-j}——工作 i—j 的直接费率；

CC_{i-j}、CN_{i-j}——分别为工作 i—j 按最短持续时间和正常持续时间完成工作所需的直接费；

DC_{i-j}、DN_{i-j}——分别为工作 i—j 的最短持续时间和正常持续时间。

(3) 选择直接费率（组合直接费率）最小且不超过工程间接费率的工作，作为被压缩对象。

(4) 缩短被压缩对象的持续时间，其缩短值必须符合所在关键线路不能变成非关键线路，且缩短后的持续时间不小于最短持续时间的原则。

(5) 计算关键工作持续时间缩短后相应增加的总费用。

(6) 重复上述步骤 (3)～(5)，直至计算工期满足要求工期，或被压缩对象的直接费率或组合直接费率大于工程间接费率为止。

【例 5-7】 已知网络计划如图 5-20 所示。该工程的间接费率为 0.8 万元/天，试求出费用最少的工期。

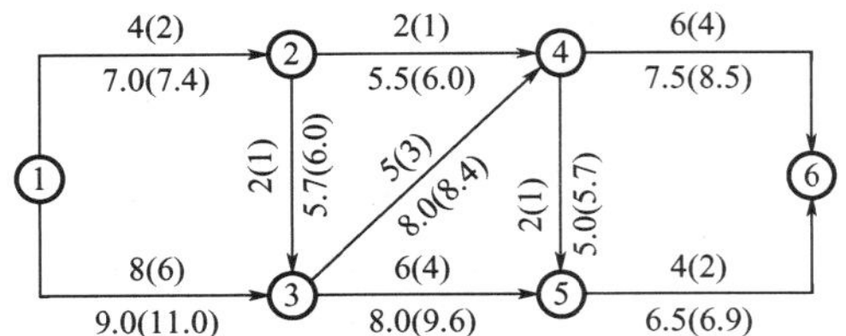

图 5-20　初始网络计划

【解】 (1) 根据各项工作的正常持续时间，确定网络计划的计算工期、关键线路、总直接费、总间接费和总费用，如图 5-21 所示。

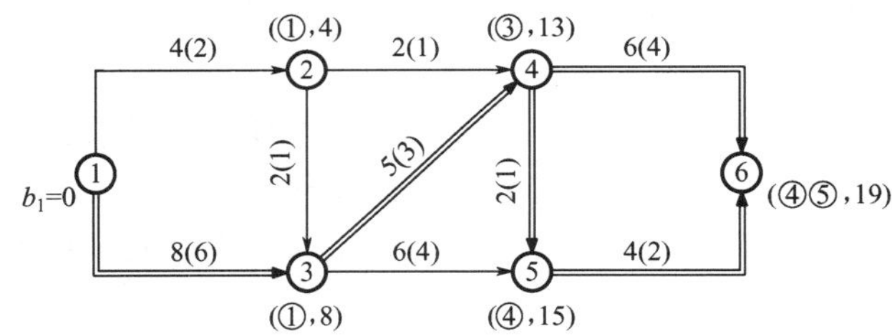

图 5-21　确定初始网络计划的时间参数（单位：天）

直接费总和＝7.0＋9.0＋5.7＋5.5＋8.0＋8.0＋5.0＋7.5＋6.5＝62.2(万元)

间接费总和＝19×0.8＝15.2(万元)

工程总费用＝62.2＋15.2＝77.4(万元)

(2) 计算各项工作的直接费率，结果见表 5-3。

表 5-3　工作的直接费率计算表

工　作	1—2	1—3	2—3	2—4	3—4	3—5	4—5	4—6	5—6
直接费率/(万元/天)	0.2	1.0	0.3	0.5	0.2	0.8	0.7	0.5	0.2

(3) 通过压缩关键工作的持续时间进行费用优化。

① 第一次压缩。关键工作3—4的直接费率最小，且小于间接费率，故选择工作3—4作为压缩对象，可使工程总费用降低；为使其不被压缩成非关键工作，故压缩持续时间1天，总费用减少0.6万元。第一次压缩后的网络计划如图5-22所示。

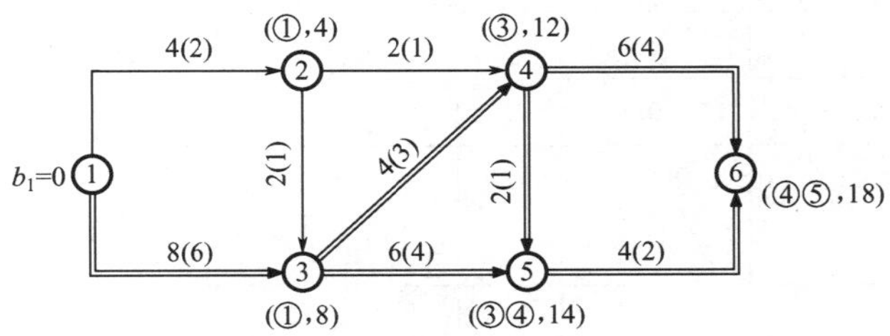

图5-22 第一次压缩后的网络计划（单位：天）

② 第二次压缩。同时压缩工作3—4和工作5—6，缩短1天，总费用减少0.4万元。第二次压缩后的网络计划如图5-23所示。

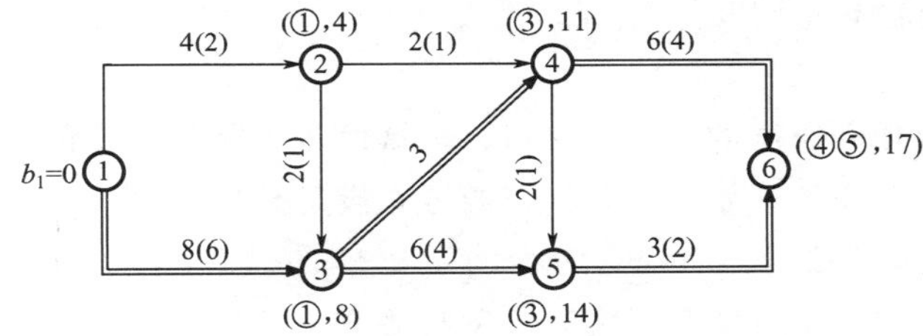

图5-23 第二次压缩后的网络计划（单位：天）

③ 第三次压缩。同时压缩工作4—6和工作5—6，缩短1天，总费用减少0.1万元。第三次压缩后的网络计划如图5-24所示。

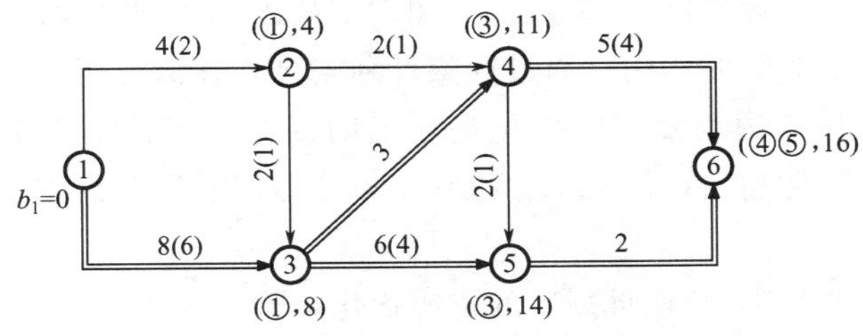

图5-24 第三次压缩后的网络计划（最终优化结果）（单位：天）

④ 第四次压缩。从图5-24可知，有两个压缩方案，一是压缩工作1—3，直接费率为1.0万元/天；二是同时压缩工作4—6和工作3—5，组合直接费率为1.3万元。由于两个方案中被压缩对象的直接费率都大于间接费率，说明继续压缩会使工程总费用增加，因此不能继续压缩，费用优化过程结束。故而图5-24所示网络计划即为优化后的最终网络计划。

以上费用优化过程见表5-4。

表5-4　费用优化表

压缩次数	被压缩工作	直接费率/(万元/天)	费率差/(万元/天)	缩短时间	费用增加值/万元	总工期/天	总费用/万元	备注
0	—	—	—	—	—	19	77.4	—
1	3—4	0.2	−0.6	1	−0.6	18	76.8	—
2	3—4 5—6	0.4	−0.4	1	−0.4	17	76.4	—
3	4—6 5—6	0.7	−0.1	1	−0.1	16	76.3	最优工期
4	1—3	1.0	+0.2	—	—	—	—	—

5.4.3　资源优化

资源是对为完成任务所需的人力、材料、机械设备和资金的统称。资源优化的目标是通过调整计划中某些工作的开始时间，使资源分布满足某种要求。

资源优化的前提条件如下。

(1) 在优化过程中，不改变工作之间的逻辑关系。

(2) 在优化过程中，不改变工作的持续时间。

(3) 在优化过程中，不改变工作的资源强度（一项工作在单位时间内所需的某种资源的数量）。

(4) 除规定可中断的工作外，一般不允许中断工作，应保持其连续性。

资源优化主要有“资源有限-工期最短”和“工期固定-资源均衡”两种情况。

“资源有限-工期最短”的优化是通过调整计划安排，在满足资源限制条件下，使工期延长最少；“工期固定-资源均衡”的优化是在工期保持不变的条件下，通过调整计划安排，使资源需用量尽可能均衡，即整个工程每个单位时间的资源需用量不出现过大的高峰和低谷。

下面仅介绍“资源有限-工期最短”的资源优化步骤与方法。

(1) 按各项工作的最早开始时间绘制时标网络计划，并计算每个时间单位的资源需用量。

(2) 从计划开始之日起，逐个检查每个时段资源需用量是否超过资源限量。

(3) 对超过资源限量的时段进行优化调整，采取将该时段内平行作业的工作转变成先后进行的方法，以降低该时段的资源需用量。

对于两项平行作业的工作A和工作B，将工作B安排在工作A之后进行，则网络计划的工期增量为

$$\Delta T_{A,B}=EF_{A}-LS_{B} \tag{5-2}$$

式中　$\Delta T_{A,B}$——工作B安排在工作A之后进行，工期相应延长的时间。

将资源超限时段内平行作业的工作进行两两排序，选择$\Delta T_{A,B}$最小的方案，将相应的工作B安排在工作A之后进行，这样既可降低该时段的资源需用量，又可使网络计划的工期增量最小。

(4) 绘制调整后的网络计划，重新计算每个时间单位的资源需用量。

(5) 重复上述 (2)～(4)步，直至网络计划任意时间单位的资源需用量均满足资源限量为止。

【例5-8】已知某工程双代号网络计划如图5-25所示，图中箭线上方【】内的数字为工作的资源强度，箭线下方的数字为工作的持续时间（单位为天）。假定资源限量$R_a=12$，试对其进行“资源有限-工期最短”的优化。

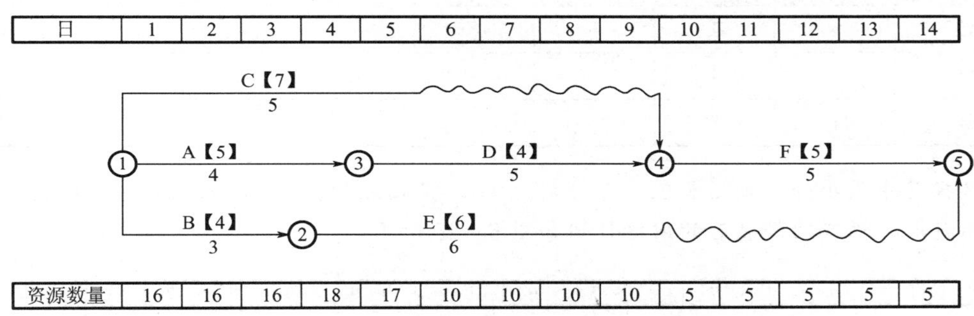

图5-25　初始网络计划

【解】(1) 计算网络计划每个时间单位的资源需用量，如图5-25下方数字所示。

(2) 逐日检查，发现第1～3天的资源需用量超过资源限量，必须调整。

(3) 在第1～3天有工作C、A、B平行作业，利用式(5-2) 计算工期延长值，结果见表5-5。

表5-5　第1～3天ΔT计算表

工作代号	*EF*	*LS*	$\Delta T_{C,A}$	$\Delta T_{A,C}$	$\Delta T_{C,B}$	$\Delta T_{B,C}$	$\Delta T_{A,B}$	$\Delta T_{B,A}$
C	5	4	5	0				
A	4	0			0	−1		
B	3	5					−1	3

由表5-5可知，工期增量$\Delta T_{B,C}=\Delta T_{A,B}=-1$最小，说明将工作C安排在工作B之后或将工作B安排在工作A之后工期不延长。但从资源强度来看，应选择将工作B安排在工作A之后进行，据此重新绘制网络计划并计算资源需用量，第一次调整后的网络计划如图5-26所示。

(4) 由图5-26可知，第5天存在资源超限，必须调整。

(5) 对第5天平行进行的工作进行工期延长值计算，结果见表5-6。

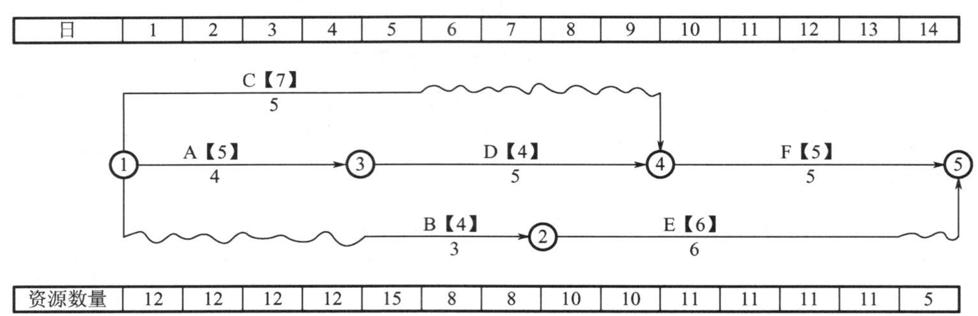

图 5-26 第一次调整后的网络计划

表 5-6 第 5 天 ΔT 计算表

工作代号	EF	LS	$\Delta T_{C,D}$	$\Delta T_{D,C}$	$\Delta T_{C,B}$	$\Delta T_{B,C}$	$\Delta T_{D,B}$	$\Delta T_{B,D}$
C	5	4	1	5				
D	9	4			0	2		
B	7	5					4	3

选择其中最小的工期延长值，即 $\Delta T_{C,B}=0$，将相应的工作 B 移到工作 C 后进行，则工期不延长，第二次调整后的网络计划如图 5-27 所示。

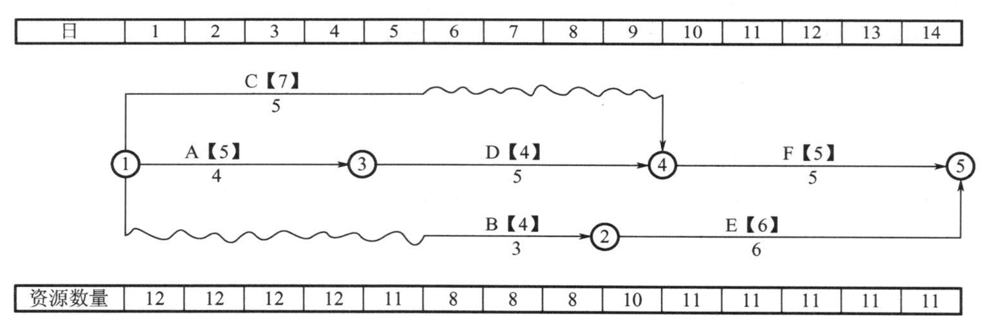

图 5-27 第二次调整后的网络计划（最终优化结果）

(6) 由图 5-27 可知，此时整个工期范围内的资源需用量均未超过资源限量，因此图 5-27 所示即为优化后的最终网络计划，其最短工期为 14 天。

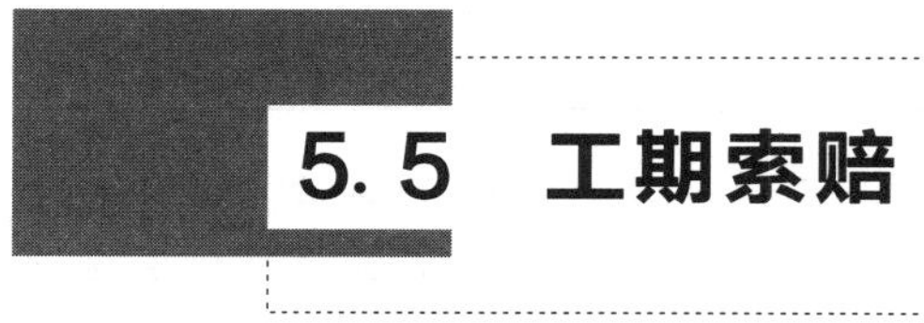

5.5 工期索赔

在建设工程施工过程中，施工进度计划主要用来控制施工进度，同时也常用于施工索赔。

5.5.1 索赔概念

索赔是在经济活动中，合同当事人一方因对方违约，或其他过错或无法防止的外因而受到损失时，要求对方给予赔偿或补偿的活动。

建设工程索赔通常是指在工程合同履行过程中，合同当事人一方因对方不履行或未能正确履行合同或者由于其他非自身因素而受到经济损失或权利损害，通过合同规定的程序向对方提出经济或时间补偿要求的行为。

施工索赔包括索赔和反索赔，按照通常的合同管理习惯，一般是将承包方向发包方提出的补偿要求称为索赔，而将发包方向承包方进行的索赔称为反索赔。索赔和反索赔都是建筑工程施工合同履行过程中正常的工程管理行为。

大多数情况下的施工索赔是指承包商由于非自身原因，发生合同规定之外的额外工作或损失时，向业主提出费用或时间补偿要求的活动。

按照索赔的目的，施工索赔可分为工期索赔和费用索赔。在这里主要介绍工期索赔。

在建设工程施工过程中，工期的延长分为工程延误和工程延期两种。虽然它们都是使工程拖期，但由于性质不同，因而业主与承包单位所承担的责任也就不同。如果工期的延长是由于承包单位的原因或其承担责任的拖延，则属于工程延误，由此造成的一切损失应由承包单位承担，承包单位需承担赶工的全部额外费用，同时业主还有权对承包单位施行误期违约罚款；如果工期的延长是非承包单位应承担的责任，则属于工程延期，这样承包单位不仅有权要求延长工期，而且可能还有权向业主提出赔偿费用的要求，以弥补由此造成的额外损失。因此，监理工程师是否将施工过程中工期的延长批准为工程延期，是否给予工期索赔或工期与费用同时索赔，对业主和承包单位都十分重要。

5.5.2 构成工程延期索赔条件的事件

(1) 不可抗力：指合同当事人不能预见、不能避免且不能克服的客观情况，如异常恶劣的气候、地震、洪水、爆炸、空中飞行物坠落等。

(2) 因工程变更指令（含设计变更、发包人提出的工程变更、监理工程师提出的工程变更及承包人提出并经监理工程师批准的变更）导致工程量增加。

(3) 业主的要求、业主应承担的工作如场地、资料等提供延期，以及业主提供的材料、设备等有问题。

(4) 不利的自然条件如地质条件的变化。

(5) 文物及地下障碍物。

(6) 合同所涉及的任何可能造成工程延期的原因，如延期交图、设计变更、工程暂停、对合格工程的破坏检查等。

5.5.3 工程延期索赔成立的条件

(1) 合同条件。工程延期成立必须符合合同条件，导致工程拖延的原因应确实属于非承包商责任，否则不能认为是工程延期，这是工程延期成立的一条根本原则。

（2）影响工期。发生工程延期的事件，还要考虑是否造成实际损失，是否影响工期。当这些工程延期事件处在施工进度计划的关键线路上时，必将影响工期。当这些工程延期事件发生在非关键线路上，且延长的时间并未超过其总时差时，即使符合合同条件，也不能批准工程延期成立；若延长的时间超过总时差，则必将影响工期，应批准工程延期成立，工程延期的时间根据某项拖延时间与其总时差的差值考虑。

（3）及时性原则。承包人按合同规定的程序和时间，提交索赔意向通知和索赔报告。

以上三个条件必须同时具备，缺一不可。

5.5.4 工期索赔的计算

在工期索赔中，首先要确定索赔事件发生对施工活动的影响及引起的变化，然后再分析施工活动变化对总工期的影响。

常用的计算索赔工期的方法有网络计划分析法、对比分析法、劳动生产率降低计算法、简单加总法等。

网络计划分析法是通过分析索赔事件发生前后网络计划工期的差异计算索赔工期的，是一种科学合理的计算方法，适用于各类工期索赔；对比分析法比较简单，适用于索赔事件仅影响单位工程或分部分项工程的工期，需由此而计算对总工期的影响；在索赔事件干扰正常施工，导致劳动生产率降低而使工期拖延时，可使用劳动生产率降低计算法计算索赔工期；简单加总法是指在施工过程中，由于恶劣气候、停电、停水及意外风险造成全面停工而导致工期拖延时，可以一一列举各种原因引起的停工天数，累加结果即可作为索赔天数。但应用简单加总法时应注意：由多项索赔事件引起的总工期索赔，不可以用各单项工期索赔天数简单相加的办法，最好用网络分析法计算索赔工期。

下面以网络计划分析法为例，说明工期索赔的计算。

【例5－9】某办公楼工程，建筑面积为5500m²，框架结构，独立柱基础，上设承台梁，独立柱基础埋深为1.5m，地质勘察报告中地基基础持力层为中砂层，基础施工钢材由建设单位供应。基础工程施工分为两个流水段，组织流水施工，根据工期要求编制了工程基础项目的施工进度计划，并绘出了双代号网络计划图，如图5－28所示。

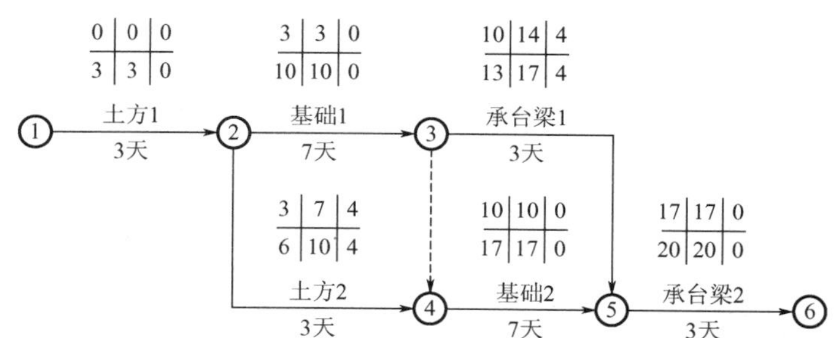

图5－28　某办公楼工程双代号网络计划

在工程施工中发生如下事件。

事件一：土方2施工中，开挖后发现局部基础地基持力层为软弱层，需进行处理，工期延误6天。

事件二：承台梁1施工中，因施工用钢材未按时进场，造成工期延期3天。

事件三：基础2施工时，因施工总承包单位原因造成工程质量事故，返工致使工期延期5天。

(1) 指出基础工程网络计划的关键线路，并计算出该基础工程计划工期。

(2) 针对本案例上述各事件，施工总承包单位是否可以提出工期索赔？分别说明理由。

(3) 对索赔成立的事件，总工期可以顺延几天？实际工期是多少天？

(4) 上述事件发生后，本工程网络计划的关键线路是否发生改变？如有改变，请指出新的关键线路。

【解】(1) 关键线路为①→②→③→④→⑤→⑥，计划工期=3+7+7+3=20(天)。

(2) 对事件一，施工总包单位可提出工期索赔，因为该事件属于建设单位应承担的责任，而且延误时间超过了工作的总时差；

对事件二不可以提出，因为虽该事件属建设单位的责任，但延误的时间未超过总时差；

对事件三也不可以提出，因为该事件属于施工总承包单位的责任。

(3) 总工期可顺延2天。实际工期为27天。

(4) 关键线路发生变化，新的关键线路为①→②→④→⑤→⑥。

【案例】北京×××项目施工进度控制措施

1. 项目概况

北京×××项目位于国贸立交桥东北角，北至光华路，东至针织路，南至建国路绿化带，西至东三环辅路；占地约30公顷，规划建筑面积约为150万m^2，建成后将成为集写字楼、酒店、会展中心、文化娱乐等设施为一体的高档商务区。

建设用地主要包含地下市政公共空间及17个二级开发地块，如图5-29所示。其中被誉为北京第一高楼的“中国尊”总高度为528m，位于整个建筑群的中轴线上，其基坑深度37.8m，为北京第一深基坑。

该项目的工程及水文地质状况如图5-30所示。

图5-29 建设用地

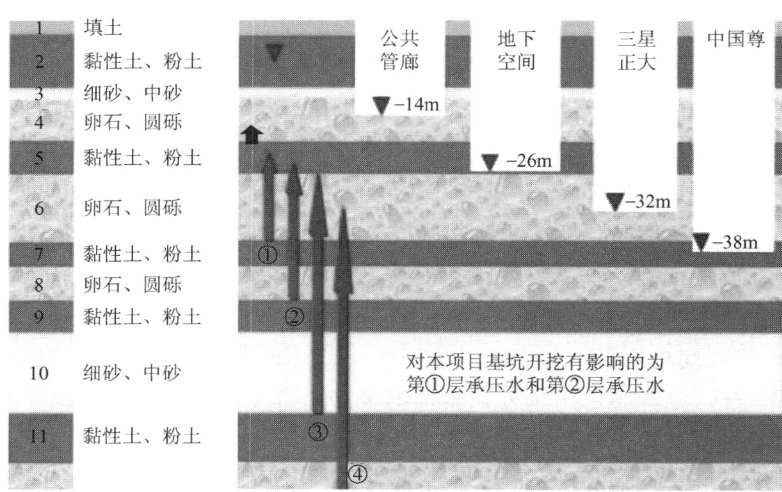

图 5－30　工程及水文地质状况

2. 进度控制措施

地下空间基坑深度约为 27.2m，管廊基坑深度为 14.5m，而各二级地块大部分基坑深度在 30m 以上，其中“中国尊”深度为 37.8m。相邻地块基底高差部位的支护及土方开挖，是进度控制需考虑的对象。

为便于一体化施工组织管理，将整个建设场地分为六个工区，分别对待，如图 5－31 所示。

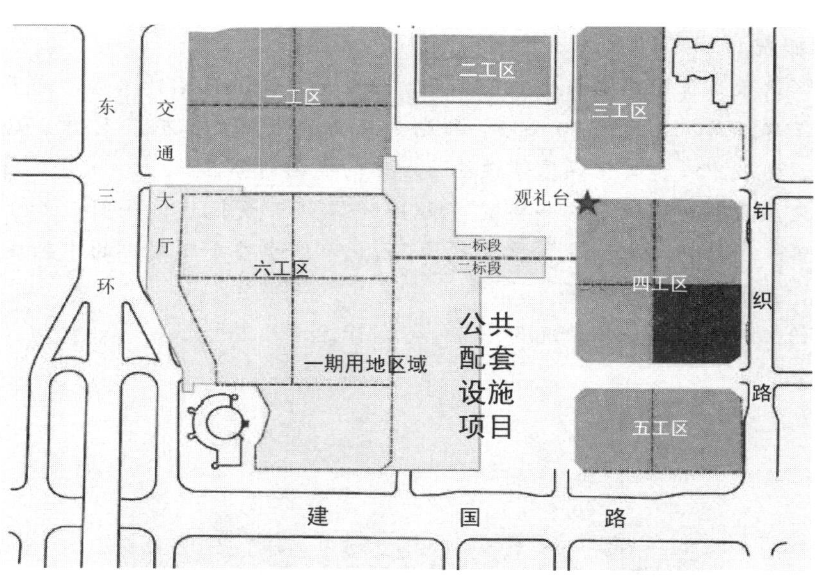

图 5－31　建设场地划分示意

(1) 公共空间与管廊基坑施工时，与各二级地块相邻部位不设置直立桩锚支护体系，改为大放坡预应力土钉墙支护，放坡场地越过红线设置在对应位置二级地块范围内，降低了支护施工费用。

(2) 公共空间及管廊结构下最外侧基础桩施工时加密（或者改为地连墙），兼顾二级地块基坑支护需要。相邻地块施工时不需再另做支护结构，仅需根据地块基坑深度的不同进行锚杆设计，并随土方开挖分层进行锚杆施工，如图5－32所示。通过对支护结构整体位移的控制，既保证了基坑支护的整体稳定，又确保了上部结构的安全。

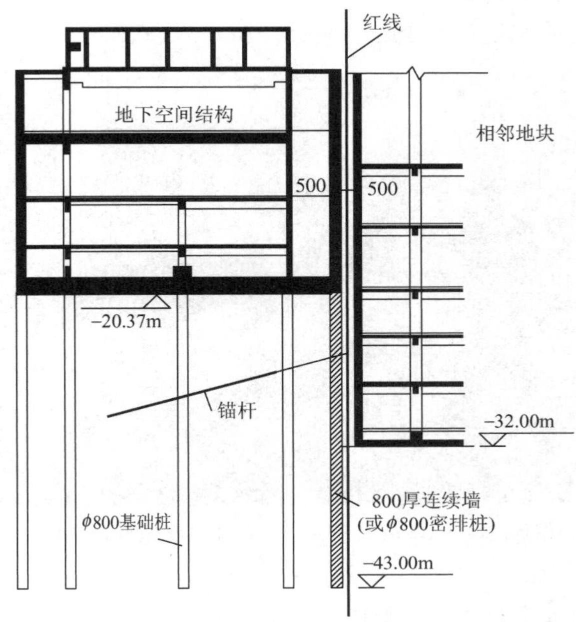

图5－32　锚杆设计（单位：mm）

（3）地下空间及管廊施工时，利用二级地块场地作为公共空间土方施工的通道和放坡场地，以及结构施工时的物资周转场地。如地下空间及管廊施工时借用Z14地块作为运输通道及材料周转场地，地下空间及管廊竣工后，Z14再投入施工。

（4）各相邻地块根据现场情况递次开发，相互借用场地，做到场地利用率最大化。如一工区四个地块施工顺序为Z－1b、Z－2b、Z－2a、Z－1a，渐次利用场地有序开发，最后马道收尾设置在西北角Z－1a地块，如图5－33所示。

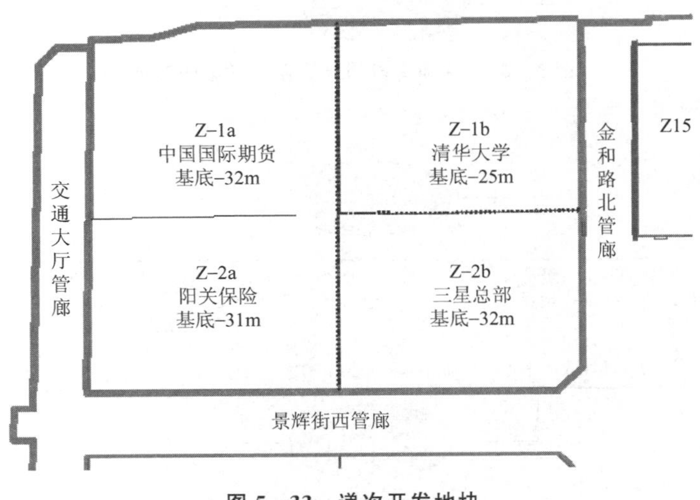

图5－33　递次开发地块

(5) 通过优化施工顺序，深度较大的二级地块基坑简化为“坑中坑”模式，支护及降水难度大为降低。如 Z15 基坑深度 37.8m，采用“一体化”模式后，与地下空间一体开挖，后期支护深度仅为 11m，如图 5-34 所示；一工区三星地块基坑深度 32m，采用“一体化”模式后，后期支护深度仅为 18m（南侧）和 7m（北侧）。

图 5-34 Z15 基坑采用“一体化”模式开挖现场

3. 总结

从施工时间先后角度考虑的方案如图 5-35 所示。

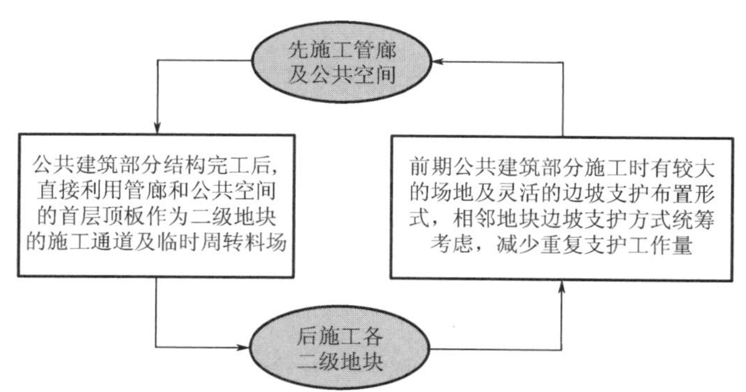

图 5-35 从施工时间先后角度考虑的方案

从施工场地部署方面考虑的方案如图 5-36 所示。

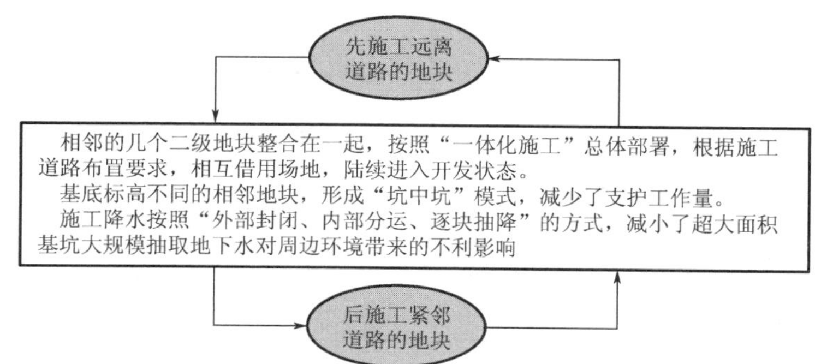

图 5-36 从施工场地部署考虑的方案

管廊下最外侧基础桩改为地下连续墙，厚度800mm，兼作管廊基底的承载桩及二级地块的止水结构，避免二级地块开挖后再施工止水结构，节省了工期及造价。

一工区实行“一体化施工”战略，四个地块归结为一个大基坑进行外围支护和封闭降水，费用由四个业主分摊，比各自独立进行开发费用节省一半，基坑支护工作量减少，工期节约近120天。

小 结

进度计划的编制、实施、检查和调整（优化）是项目进度管理与应用的4个方面。本章主要介绍了建设工程项目中施工进度计划控制的相关知识，如进度计划的影响因素、进度计划控制的依据、目标和方法，前锋线检查法和工期索赔等。其中着重阐述了工期优化、费用优化和资源优化，为专业技术人员提供知识储备。

习 题

一、思考题

1. 施工进度计划检查的方法有哪些？
2. 什么是前锋线？
3. 什么是进度计划优化？
4. 什么是工期优化、费用优化、资源优化？
5. 工期索赔成立的条件有哪些？

二、案例题

1. 某工程项目，建设单位与施工单位按《建设工程施工合同（示范文本）》签订了合同，经总监理工程师批准的施工总进度计划如图5-37所示（时间单位为天），各项工作均按最早开始时间安排且匀速施工。

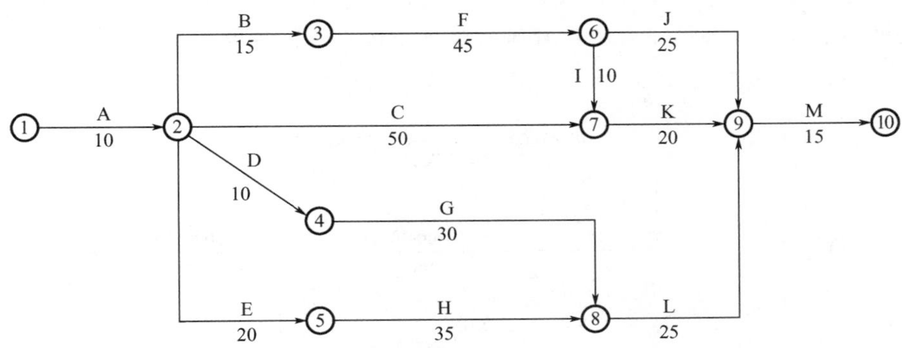

图5-37 施工总进度计划（单位：天）

由于施工单位人员及材料组织不到位，工程开工后第33天上班时工作F才开始。为

确保按合同工期竣工，施工单位决定调整施工总进度计划。经分析，各项未完成工作的赶工费率及可缩短时间见表5-7。

表5-7　赶工费率及可缩短时间

工作名称	C	F	G	H	I	J	K	L	M
可缩短时间/天	8	6	3	5	2	5	10	6	1
赶工费率/(万元/天)	0.7	1.2	2.2	0.5	1.5	1.8	1.0	1.0	2.0

为使赶工费最少，施工单位应如何调整施工总进度计划（写出分析与调整过程）？赶工费总计多少万元？

2. 已知某网络计划如图5-38所示，箭线下方括号外数字为工作的正常持续时间，括号内数字为工作的最短持续时间；箭线上方括号内数字为优选系数。在进行工期优化时，应先选择优选系数小的工作缩短持续时间。要求目标工期为12天，试对其进行工期优化。

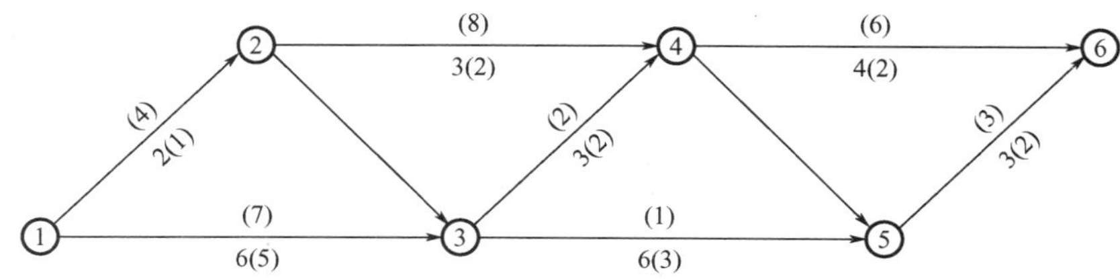

图5-38　某网络计划（单位：天）

3. 已知某网络计划如图5-39所示，箭线下方括号外数字为工作的正常持续时间，括号内数字为工作的最短持续时间；箭线上方括号内数字为优选系数。在进行工期优化时，应先选择优选系数小的工作缩短持续时间。要求工期为15天，试对其进行工期优化。

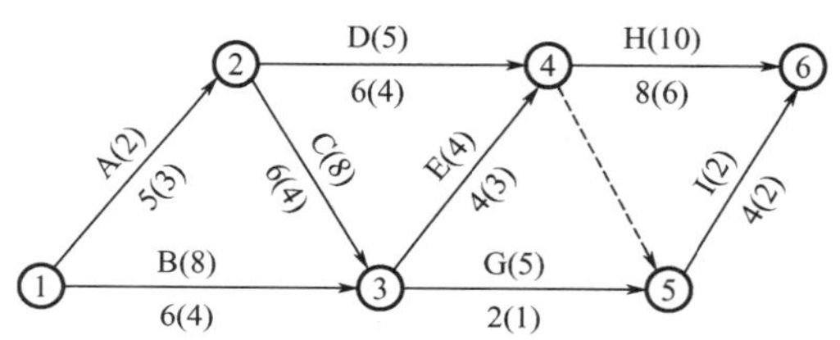

图5-39　某网络计划（单位：天）

4. 某工程双代号网络计划如图5-40所示，箭线下方括号外数字为工作的正常持续时间，括号内数字为工作的最短持续时间；箭线上方括号外数字为工作的正常持续时间的费用，括号内数字为工作的最短持续时间的费用（元）。已知间接费率为150元/天，试求出费用最少的工期。

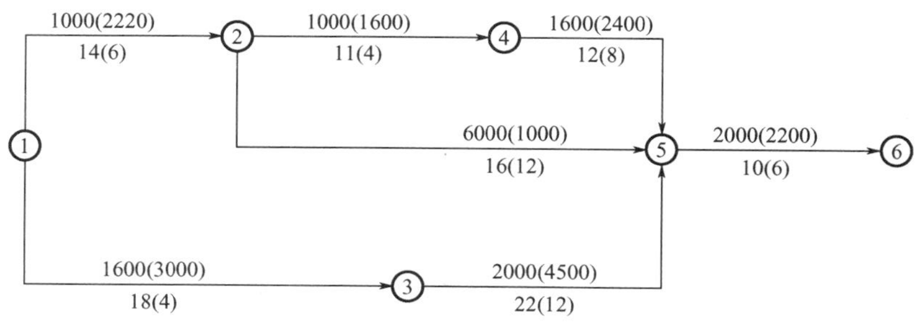

图5-40　某工程双代号网络计划（单位：元，天）

5. 已知某工程网络计划如图5-41所示，箭线下方括号外数字为工作的正常持续时间，括号内数字为工作的最短持续时间；箭线上方括号外数字为工作的正常持续时间时的直接费，括号内数字为工作的最短持续时间时的直接费（万元）。整个工程的间接费率为0.35万元/天。试对此计划进行费用优化，求出费用最少的相应工期。

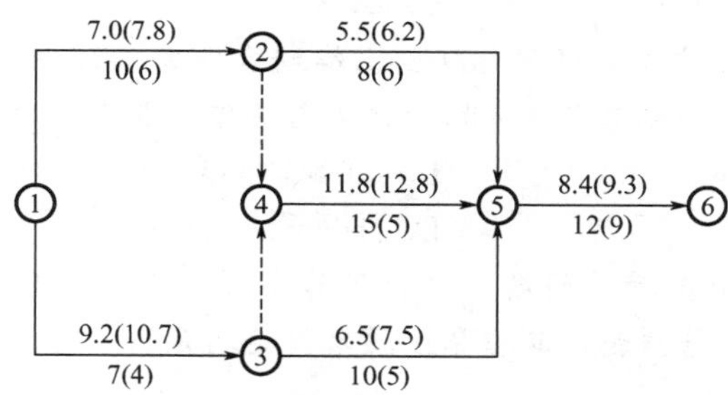

图5-41　某工程网络计划（单位：万元，天）

6. 已知某网络计划如图5-42所示，假定每天可能供应的资源数量为常数（10个单位）。箭线下方为工作持续时间，箭线上方为资源强度。试进行资源有限-工期最短的优化。

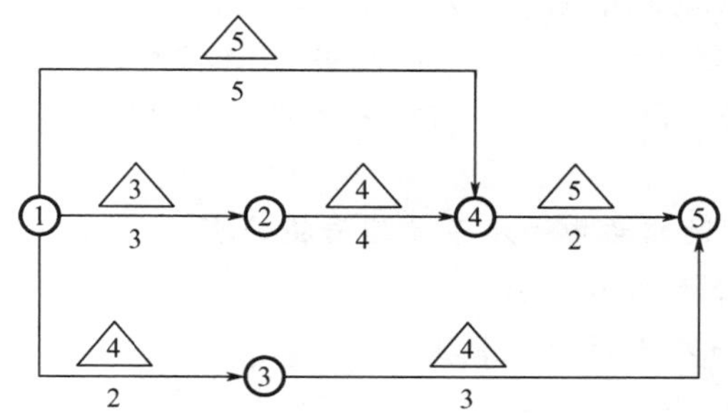

图5-42　某网络计划

三、岗位（执业）资格考试真题

（一）单项选择题

1. 在某工程网络计划中，如果发现工作L的总时差和自由时差分别为4天和2天，监理工程师检查实际进度时发现该工作的持续时间延长了1天，则说明工作L的实际进度（　　）。

A. 不影响总工期，但影响其后续工作

B. 既不影响总工期，也不影响其后续工作

C. 影响工期1天，但不影响其后续工作

D. 既影响工期1天，也影响后续工作1天

2. 在某工程网络计划中，已知工作M的总时差和自由时差分别为4天和2天，监理工程师检查实际进度时发现该工作的持续时间延长了5天，说明此时工作M的实际进度（　　）。

A. 既不影响总工期，也不影响其后续工作的正常进行

B. 不影响总工期，但将其紧后工作的开始时间推迟5天

C. 将其后续工作的开始时间推迟 5 天，并使总工期延长 3 天

D. 将其后续工作的开始时间推迟 3 天，并使总工期延长 1 天

3. 建设工程项目进度控制措施中，采用信息技术辅助进度控制属于进度控制的（　　）措施。

A. 经济　　B. 技术　　C. 组织　　D. 管理

4. 施工进度控制的主要工作环节包括：①编制资源需求计划；②编制施工进度计划；③组织进度计划的实施；④施工进度计划的检查与调整。其正确的工作程序是（　　）。

A. ①—②—③—④　　B. ②—①—③—④

C. ②—①—④—③　　D. ①—③—②—④

5. 项目部针对施工进度滞后问题，提出了落实管理人员责任、优化工作流程、改进施工方法、强化奖惩机制等措施，其中属于技术措施的是（　　）。

A. 落实管理人员责任　　B. 优化工作流程

C. 改进施工方法　　D. 强化奖惩机制

6. 为确保建设工程项目进度目标的实现，编制与施工进度计划相适应的资源需求计划，以反映工程实施各阶段所需要的资源。这属于进度控制的（　　）措施。

A. 组织　　B. 管理　　C. 经济　　D. 技术

7. 下列施工方进度控制的措施中，属于组织措施的是（　　）。

A. 优化工程施工方案　　B. 应用 BIM 信息模型

C. 制定进度控制工作流程　　D. 采用网络计划技术

（二）多项选择题

下列施工方进度控制的措施中，属于管理措施的有（　　）。

A. 构建施工监督控制的组织体系

B. 用工程网络计划技术进行进度管理

C. 选择合理的合同结构

D. 采取进度风险的管理措施

E. 编制与施工进度相适应的资源需求计划

（三）案例题

1. 某房屋建筑工程，建筑面积为 6800m^2，采用钢筋混凝土框架结构，外墙外保温节能体系。施工单位提交了室内装饰装修工期进度网络计划，如图 5－43 所示，时间单位为周。经监理工程师确认后按此组织施工。

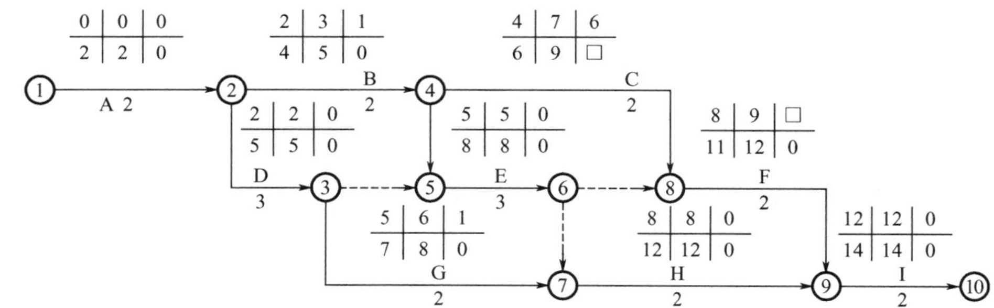

图 5－43　某工程室内装饰装修工期进度网络计划（单位：周）

(1) 列式计算工作C和工作F空出的时间参数，并确定该网络图的计算工期（单位为周）和关键线路。

(2) 在室内装饰装修工程施工过程中，因设计变更导致工作C的持续时间为36天，施工单位以设计变更影响施工进度为由提出22天的工期索赔。请问索赔是否成立？说明理由。

2. 某房屋建筑工程，建筑面积为6000m²，采用钢筋混凝土独立基础，现浇钢筋混凝土框架结构，填充墙采用蒸压加气混凝土砌块砌筑。施工总承包单位按要求向项目监理机构提交了室内装饰工程的时标网络计划图，如图5-44所示，批准后按此组织实施。

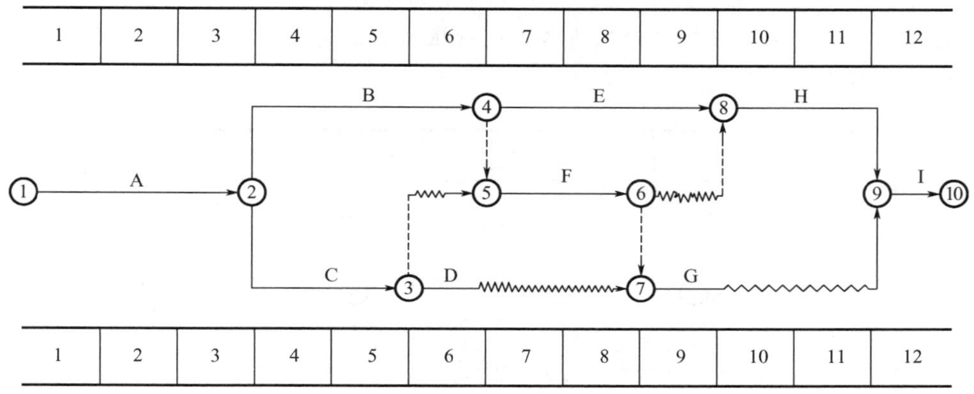

图5-44　室内装饰工程的时标网络计划（单位：周）

(1) 请问室内装饰工程的工期为多少天？写出该网络计划的关键线路。

(2) 在室内装饰工程施工过程中，因合同约定由建设单位采购供应的某装饰材料交付时间延误，导致工程F的结束时间拖延14天，为此施工总承包单位以建设单位延误供应材料为由，向项目监理机构提出工期索赔14天的申请。请问施工总承包单位提出的工期索赔14天是否成立？说明理由。

3. 某房屋建筑工程，建筑面积为26800m²，地下二层，地上七层。在监理工程师要求的时间内，施工总承包单位提交了室内装修工程的双代号时标网络计划图，如图5-45所示。经监理工程师确认后按此组织施工。

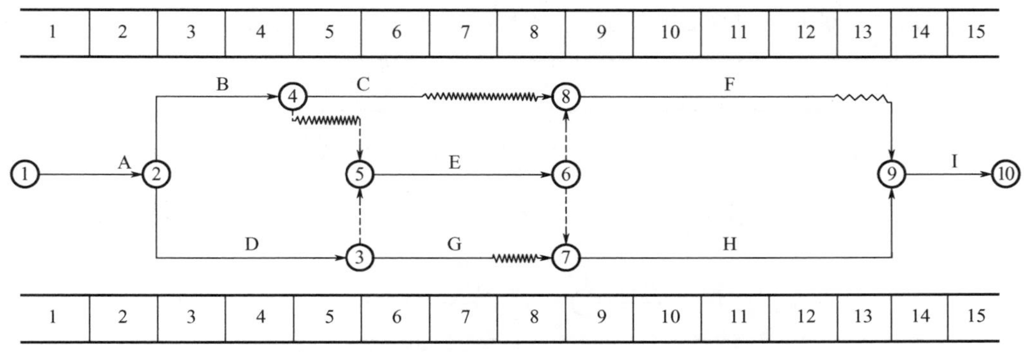

图5-45　室内装饰工程的双代号时标网络计划（单位：周）

(1) 根据进度计划网络图，写出其计算工期；分别计算工作C与工作F的总时差和自由时差。

(2) 在室内装修工程施工过程中，因建设单位设计变更导致工作C的实际施工时间为35天。施工总承包单位以设计变更影响进度为由，向项目监理提出工期索赔21天的要求。请问施工总承包单位提出的工期索赔天数是否成立？说明理由。

4. 某工程主体结构验收后，施工单位对后续工作进度以时标网络图形式做出安排，如图5-46所示（时间单位为周）。在第6周末时，建设单位要求提前一周完工。经测算，工作D、E、F、G、H均可压缩一周（工作I不可压缩），所需增加的成本分别为8万元、10万元、4万元、12万元、13万元。施工单位压缩了工序时间，实现提前一周完工。施工单位在压缩网络计划时，只能以周为单位进行压缩。请问其最合理的方式应该压缩哪项工作？需增加成本多少万元？

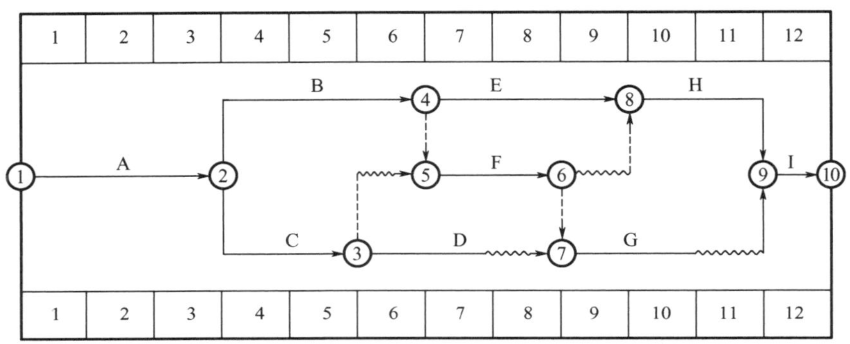

图5-46　施工进度时标网络计划（单位：周）

5. 某建筑施工单位在新建办公楼工程前，按《建筑施工组织设计规范》规定的单位工程施工组织设计应包含的各项基本内容，编制了本工程的施工组织设计，经相应人员审批后报监理机构，在总监理工程师审批签字后按此组织施工。在该施工组织设计中，施工进度计划以时标网络图（时间单位为月）形式表示。在第8个月末，施工单位对现场实际进度进行检查，并在时标网络图中绘制了实际进度前锋线，如图5-47所示。针对检查中发现实际进度与计划进度不符的情况，施工单位均在规定时限内提出索赔意向通知，并在监理机构同意的时间内上报了相应的工期索赔资料。经监理工程师核实，工序E的进度偏差是因为建设单位供应材料原因所导致，工序F的进度偏差是因为当地政令性停工所致，

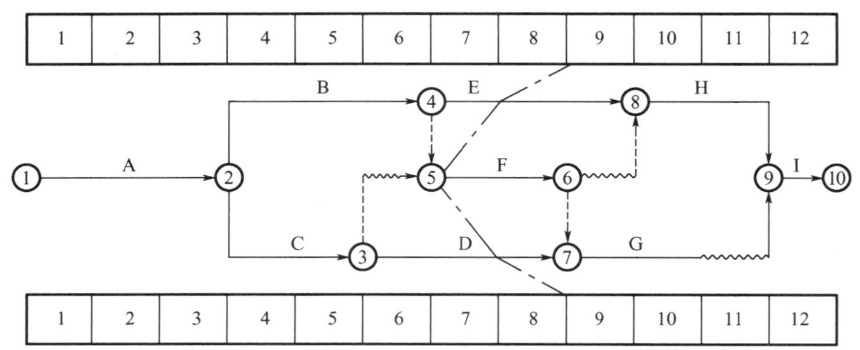

图5-47　施工进度时标网络计划（单位：月）

工序D的进度偏差是因为工人返乡农忙原因。针对上述情况，监理工程师对三项工期索赔分别予以批复。

（1）请问本工程的施工组织设计中应包含哪些内容？

（2）施工单位哪些人员具备审批单位工程施工组织设计的资格？

（3）写出网络图中前锋线所涉及各工序的实际进度偏差情况；如后续工作仍按原计划的速度进行，则本工程完工的实际工期是多少个月？

（4）针对工序E、工序F、工序D，分别判断施工单位上报的三项工期索赔是否成立，并说明理由。

6. 某高校建设一学生宿舍，建设过程中为了加快施工进度，施工单位决定施工进度计划执行图5-48所示的时标网络计划，开工后第6天检查，结果为A_3还需要3天，B_2刚刚开始，C_1还需要3天。

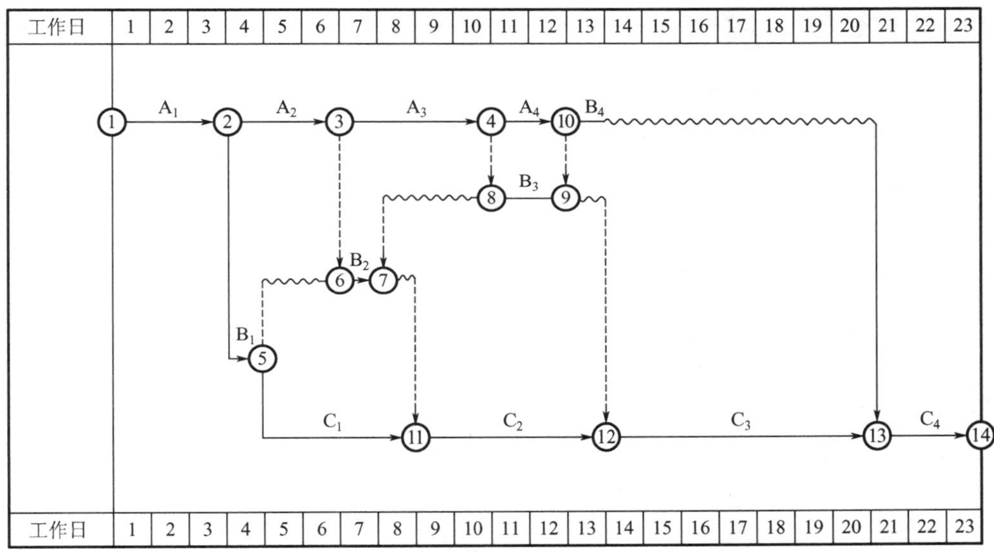

图5-48 施工进度时标网络计划（单位：天）

（1）依据第6天检查的结果，请在图示的时标网络计划上绘制前锋线；

（2）判读A_3、B_2、C_1的进度偏差；

（3）说明基础的流水施工工期与时标网络计划工期不同的原因；

（4）施工单位决定对时标网络计划的后续工作进行工期优化，工期优化的步骤有哪些？

【单元5参考答案】

单元6 施工平面布置图

施工员岗位工作标准

1. 能正确绘制施工平面布置图。
2. 能够科学合理地进行施工现场布置。

知识目标

1. 掌握施工平面布置图的基本规定。
2. 掌握施工平面布置图的绘制方法和步骤。
3. 熟练应用施工平面布置图进行现场管理。

典型工作任务

任务描述	单位工程施工平面布置图绘制
考核时量	3 小时
设计条件及要求	

(1) 某工程为五层办公楼，建筑面积 2480m^2，采用柱下钢筋混凝土独立基础，现浇框架结构，现浇楼板及屋面板。工程位于湖南某地级市市区，建筑总平面图如下图所示，施工采用竹胶合板模板，落地式钢管扣件脚手架；垂直运输机械采用钢井架，现场设混凝土及砂浆搅拌站，钢筋、模板现场加工制作，地方性材料考虑 10 天左右的储存量，现场堆放；班组工人在工地吃饭但不需住宿，施工现场"三通一平"已经完成。

(2) 用 AutoCAD 软件（或天正建筑软件）绘制该工程施工平面图，比例 1∶200，A2 号图幅。

续表

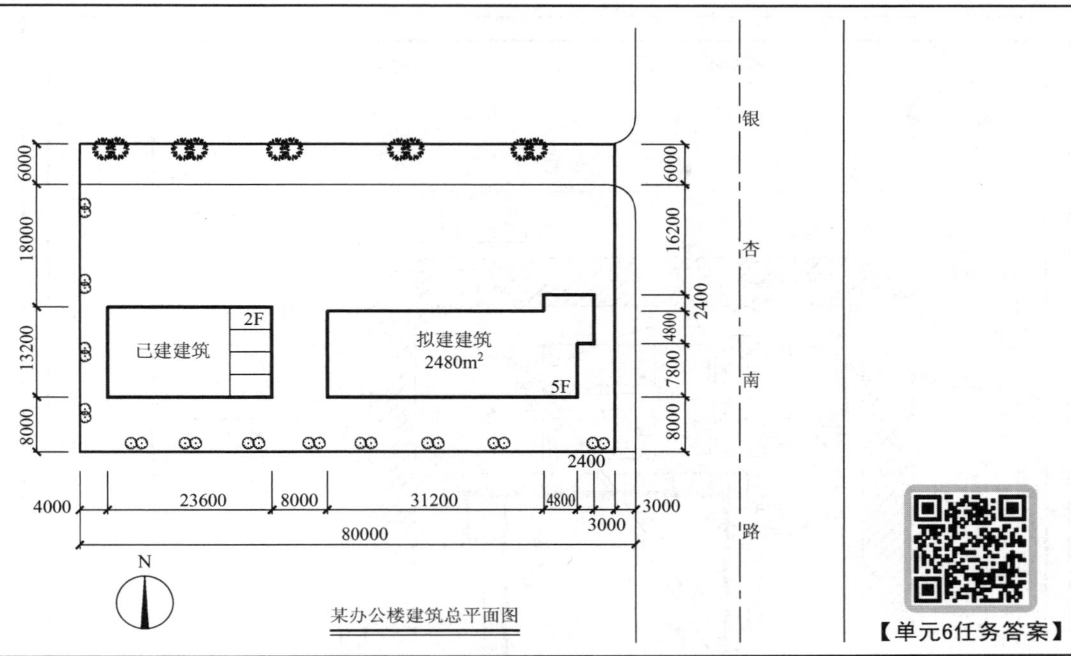

施工现场平面布置是指在施工用地范围内，对各项生产、生活设施及其他辅助设施等进行规划和布置。

施工现场就是建筑产品的组装厂，由于建筑工程和施工场地的千差万别，使得施工现场平面布置因人、因地而异。合理布置施工现场，对保证工程施工顺利进行具有重要意义。施工现场平面布置应遵循方便、经济、高效、安全、环保、节能等原则。

6.1 施工平面布置图的基本规定

施工平面布置图是在拟建工程的建筑平面上（包括周围环境），布置为施工服务的各种临时建筑、临时设施及材料、施工机械等，是施工方案在现场的空间体现，反映已有建筑与拟建工程之间、临时建筑与临时设施之间的相互空间关系。其布置得恰当与否、执行得好坏与否，对现场的施工组织、文明施工、施工进度、工程成本、工程质量和安全都将产生直接的影响。

施工现场平面布置图一般需分施工阶段来编制，如分为基础阶段施工平面布置图、主体阶段结构施工平面布置图、装修阶段工程施工平面布置图等。

1. 绘图比例

对于单位工程施工平面布置图，其绘制比例一般为1：200～1：500。

对于施工总平面布置图，其绘制比例一般为1：1000或1：2000。

在绘制施工平面布置图时，比例须注写在图名旁，如图6－1所示。

施工布置平面图
1：200
拟建建筑物
5F
21.150m
北
R35000
供电室
配水箱
厕所
浴室
宿舍
食堂
办公室
会议室
停车位
门卫
洗车槽
木材堆场
模板加工
钢筋加工
水泥
灰
指导老师
日期
成绩
施工布置平面图
专业
班级
姓名
学号
名称
图例
消防栓（临时）
成品钢筋堆场
钢筋加工棚
钢筋堆场
废弃物堆场
水泥筒仓
石灰池
砖堆
混凝土搅拌机
砂浆搅拌机
一般构件堆场
砾石、碎石堆
木材加工厂
塔式起重机
砂堆
模板堆场
脚手架堆场
临时道路
临时围墙
电源
临时电线
水
临时水管
木材堆场

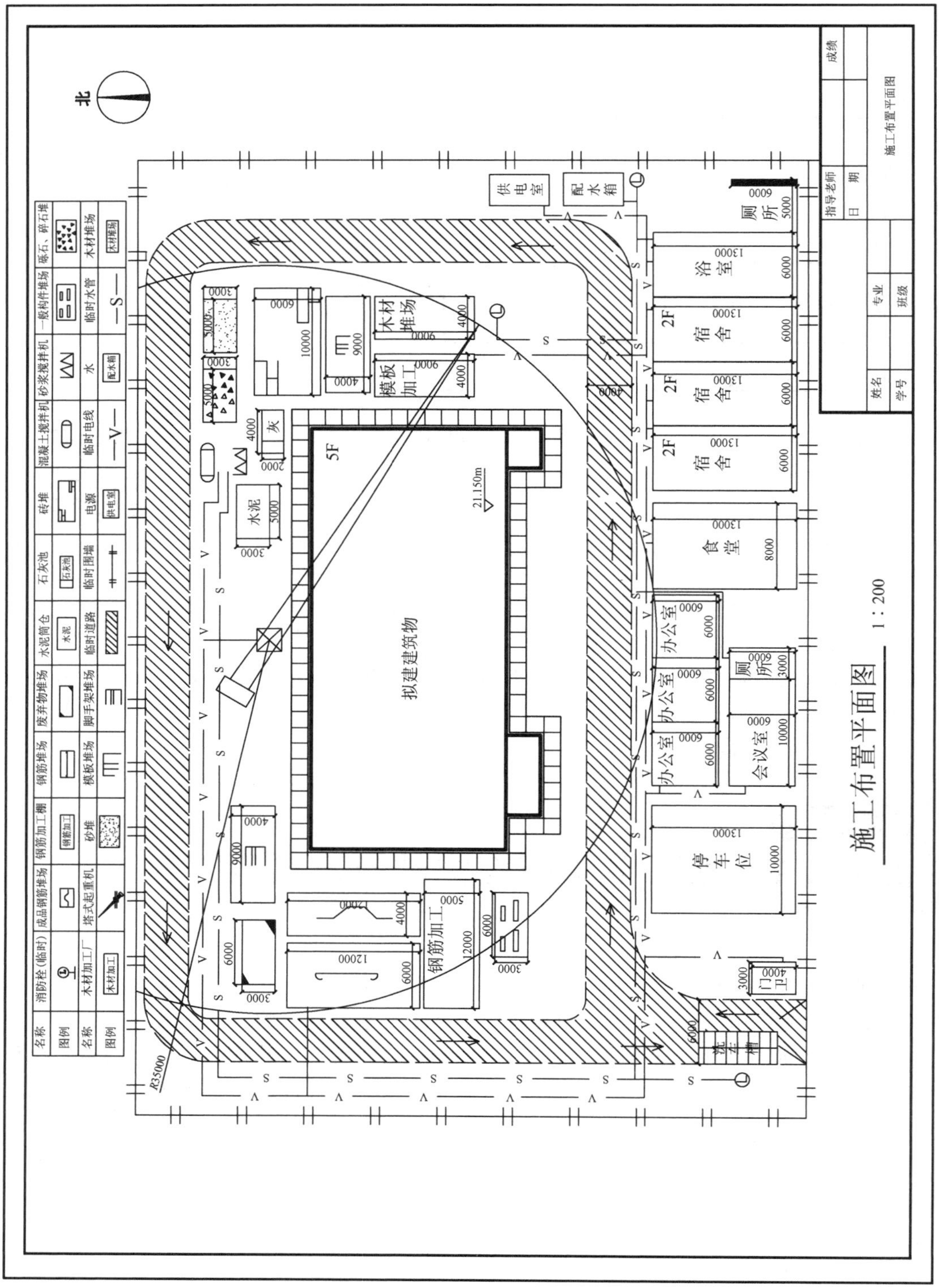

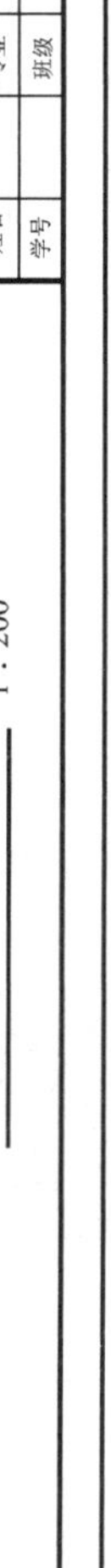

图6-1　绘图比例注写

2. 图纸幅面尺寸

【图纸折叠方法】

单位工程施工平面布置图，一般选用 A2 的图纸进行绘制。

对于施工总平面布置图，按照其绘图比例及绘制范围，一般选用 A1 或 A2 的图纸进行绘制。

常用的图纸幅面尺寸如图 6-2 所示。

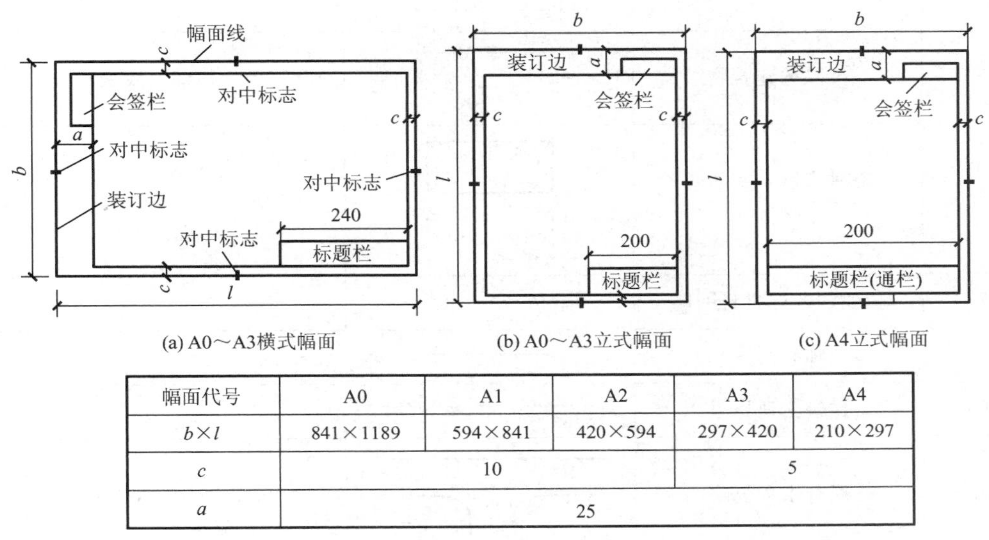

(a) A0～A3横式幅面　(b) A0～A3立式幅面　(c) A4立式幅面

幅面代号	A0	A1	A2	A3	A4
$b \times l$	841×1189	594×841	420×594	297×420	210×297
c	10			5	
a	25				

(d) 各幅面规格

图 6-2　常用的图纸幅面尺寸（单位：mm）

3. 图线

施工平面布置图中常用图线见表 6-1。

表 6-1　施工平面布置图常用图线

名称		线型	线宽	一般用途
实线	粗		b	主要可见轮廓线
	中组		$0.75b$	可见轮廓线
	中		$0.5b$	可见轮廓线、尺寸线、变更云线
	细		$0.25b$	图例填充线、家具线

4. 图例

施工平面布置图常用图例见表 6-2。

表 6-2　施工平面布置图常用图例

序号	名　称	图　例	说　明
1	水准点	⊗ 点号/高程	
2	拟建正式房屋		

续表

序号	名　　称	图　　例	说　　明
3	原有房屋	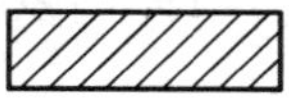	用细实线表示
4	计划扩建的建筑物		用中粗虚线表示
5	拆除的建筑物	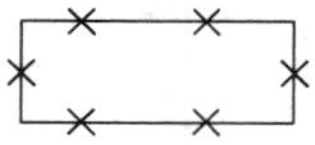	用细实线表示
6	临时房屋：密闭式 及敞棚式	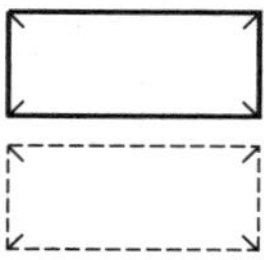	
7	拟建的各种材料围墙		
8	临时围墙		
9	建筑工地界限		
10	现有永久公路	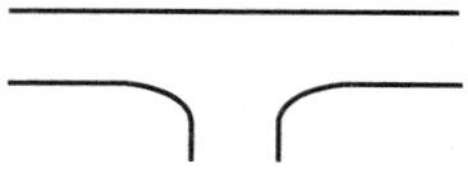	
11	施工用临时道路	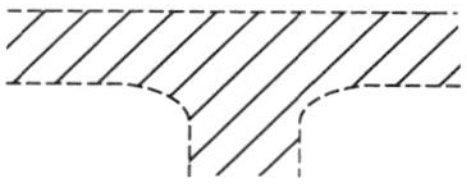	
12	临时露天堆场		需要时可注明材料名称
13	其他材料露天堆场或 露天作业场	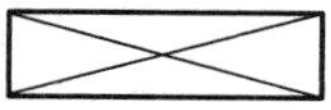	需要时可注明材料名称
14	敞棚	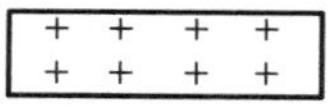	
15	土堆		
16	砂堆	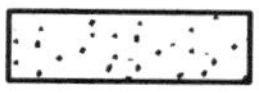	
17	砾石、碎石堆	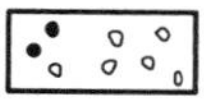	
18	块石堆		
19	砖堆	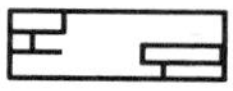	
20	钢筋堆场	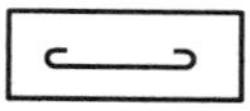	

续表

序号	名称	图例	说明
21	型钢堆场	LIC	
22	铁管堆场		
23	钢筋成品场		
24	钢结构场		
25	屋面板存放场		
26	一般构件存放场		
27	矿渣、灰渣堆		
28	废料堆场		
29	脚手、模板堆场		
30	原有的上水管线		
31	临时给水管线	——S——S——	
32	给水阀门（水嘴）		
33	临时低压线路	——V——V——	
34	临时高压线路	——VV——VV——	3～5kV
35	消防栓（原有）		
36	消防栓（临时）	L	
37	水源	水	
38	电源		
39	原有化粪池		
40	拟建化粪池		

续表

序号	名　　称	图　　例	说　　明
41	塔式起重机		
42	井架		
43	门架		
44	卷扬机		
45	履带式起重机		
46	灰浆搅拌机		
47	脚手架		
48	混凝土搅拌机		
49	淋灰池	灰	

5. 指北针

在施工平面布置图、总平面布置图及底层建筑平面图上，一般都画有指北针，用以指明建筑物的朝向，如图 6－3 所示。

指北针画法如下。

(1) 圆的直径宜为 24mm，用细实线绘制。

(2) 指针尾段的宽度为 3mm，需用较大直径绘制指北针时，指针尾部宽度宜为圆的直径的 1/8。

(3) 指针涂成黑色，针尖指向北方，并注“北”或“N”字。

6. 风玫瑰图

风玫瑰图用来表示该地区常年的风向频率和房屋的朝向，一般绘制在施工总平面布置图和建筑总平面图中，如图 6－4 所示。

风玫瑰画法：根据当地多年平均统计的各个方向吹风次数的百分数，按一定比例绘制。

图 6－3　指北针

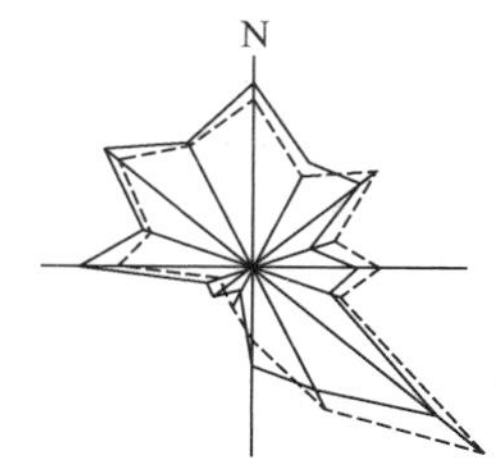

图 6－4　风玫瑰图

风玫瑰图在阅读时需注意以下几点。

(1) 风的吹向是指从外面吹向地区中心的方向。

(2) 实线表示全年风向频率。

(3) 虚线表示夏季风向频率(按照六、七、八三个月进行统计)。

7. 参考资料

进行施工平面布置时,各类相关参考资料见表6-3~表6-7。

表6-3 现场作业棚所需面积参考资料

序号	名　　称	单　　位	面积/m^2	备　　注
1	电锯房	m^2	80	34~35寸圆锯一台
2	电锯房	m^2	40	1台小圆锯
3	水泵房	m^2/台	3~8	
4	发电机房	m^2/台	10~20	
5	搅拌棚	m^2/台	10~18	
6	卷扬机棚	m^2/台	6~12	
7	木工作业棚	m^2/人	2	
8	钢筋作业棚	m^2/人	3	
9	烘炉房	m^2	30~40	
10	焊工房	m^2	20~30	
11	电工房	m^2	15	
12	白铁工房	m^2	20	
13	油漆工房	m^2	20	
14	机、钳子工修理房	m^2	20	
15	立式锅炉房	m^2/台	5~10	
16	空压机棚(移动式)	m^2/台	18	
17	空压机棚(固定式)	m^2/台	9	

表6-4 现场机运站、机修间、停放场所所需面积参考资料

<table>
<tr><th rowspan="2">序号</th><th rowspan="2">施工机械名称</th><th rowspan="2">所需场地/(m^2/台)</th><th rowspan="2">存放方式</th><th colspan="2">检修间所需建筑面积</th></tr>
<tr><th>内容</th><th>数量/m^2</th></tr>
<tr><td colspan="4">一、起重、土方机械类</td><td rowspan="6">10~20台设一个检修台位(每增加20台增设一个检修台位)</td><td rowspan="6">200
(增150)</td></tr>
<tr><td>1</td><td>塔式起重机</td><td>200~300</td><td>露天</td></tr>
<tr><td>2</td><td>履带式起重机</td><td>100~125</td><td>露天</td></tr>
<tr><td>3</td><td>履带式正铲或反铲、拖式铲运机、轮胎式起重机</td><td>75~100</td><td>露天</td></tr>
<tr><td>4</td><td>推土机、拖拉机、压路机</td><td>25~35</td><td>露天</td></tr>
<tr><td>5</td><td>汽车式起重机</td><td>20~30</td><td>露天或室内</td></tr>
</table>

续表

序号	施工机械名称	所需场地/(m^2/台)	存放方式	检修间所需建筑面积	
				内容	数量/m^2
二、运输机械类				每20台设一个检修台位（每增加20台增设一个检修台位）	170（增160）
6	汽车（室内）	20～30	一般情况下室内不小于10%		
	汽车（室外）	40～60			
7	平板拖车	100～150			
三、其他机械类				每50台设一个检修台位（每增加50台增设一个检修台位）	50（增50）
8	搅拌机、卷扬机、电焊机、电动机、水泵、空压机、油泵等	4～6	一般情况下室内占30%，露天占70%		

表6-5　临时加工厂所需面积参考资料

序号	加工厂名	年产量		单位产量所需建筑面积	占地总面积/m^2	备注
		单位	数量			
1	混凝土搅拌站	m^3	3200	0.222m^2/m^3	按砂石堆场考虑	400L搅拌机2台
			4800	0.021m^2/m^3		400L搅拌机3台
			6400	0.020m^2/m^3		400L搅拌机4台
2	临时性混凝土预制厂	m^3	1000	0.025m^2/m^3	2000	生产屋面板和中小型梁、柱、板等，配有蒸汽养护设施
			2000	0.20m^2/m^3	3000	
			3000	0.15m^2/m^3	4000	
			5000	0.125m^2/m^3	小于6000	
3	半永久性混凝土预制厂	m^3	3000	0.6m^2/m^3	9000～12000	
			5000	0.4m^2/m^3	12000～15000	
			10000	0.3m^2/m^3	15000～20000	
4	木材加工厂	m^3	16000	0.0244m^2/m^3	18000～3600	进行原木、大方加工
			24000	0.0199m^2/m^3	2200～4800	
			30000	0.018m^2/m^3	3000～5500	
	综合木工加工厂	m^3	200	0.30m^2/m^3	100	加工门窗、模板、地板、屋架等
			600	0.25m^2/m^3	200	
			1000	0.20m^2/m^3	300	
			2000	0.15m^2/m^3	420	
	粗木加工厂	m^3	5000	0.12m^2/m^3	1350	加工屋架、模板
			10000	0.10m^2/m^3	2500	
			15000	0.09m^2/m^3	3750	
			20000	0.08m^2/m^3	4800	

续表

序号	加工厂名		年产量		单位产量所需建筑面积	占地总面积/m^2	备注
			单位	数量			
4	细木加工厂		万 m^3	5	0.140m^2/m^3	7000	加工、成型、焊接等
				10	0.0114m^2/m^3	10000	
				15	0.0106m^2/m^3	14300	
5	钢筋加工厂		t	200	0.35 (m^2/t)	280～500	加工、成型、焊接
				500	0.25 (m^2/t)	380～750	
				1000	0.20 (m^2/t)	400～800	
				2000	0.15 (m^2/t)	450～900	
	现场钢筋拉直或冷拉	拉直场	所需场地长(70～90)m×宽(3～4)m				包括材料及成品堆放
		卷扬机棚	所需场地为15～20m^2				3～5t电动卷扬机一台
		冷拉场	所需场地长(40～60)m×宽(3～4)m				包括材料及成品堆放
		时效场	所需场地长(30～40)m×宽(6～8)m				包括材料及成品堆放
	钢筋对焊	对焊场地	所需场地长(30～40)m×宽(4～5)m				包括材料及成品堆放
		对焊棚	所需场地为15～24m^2				包括材料及成品堆放，寒冷地区应适当增加
	钢筋冷加工	冷拔、冷轧机	所需场地为40～50m^2/台				
		剪断机	所需场地为30～50m^2/台				
		弯曲机ф12以下	所需场地为50～60m^2/台				
		弯曲机ф40以下	所需场地为60～70m^2/台				
6	金属结构加工（包括一般软件）		年产500t所需场地为10m^2/t				按一批加工数量计算
			年产1000t所需场地为8m^2/t				
			年产2000t所需场地为6m^2/t				
			年产30000t所需场地为5m^2/t				
7	石灰消化	贮灰池	所需场地为5×3=15(m^2)				每两个贮灰池配一套淋灰池和淋灰槽，每600kg石灰可消化1m^3石灰膏
		淋灰池	所需场地为4×3=12(m^2)				
		淋灰槽	所需场地为3×2=6(m^2)				
8	沥青锅场地		所需场地为20～24m^2				台班产量1～1.5t/台

表6-6 简易道路技术要求

指标名称	单位	技术标准
设计车速	km/h	≤20
路基宽度	m	双车道6～6.5；单车道4.4～5；困难地段3.5
路面宽度	m	双车道5～5.5；单车道3～3.5
平面曲线最小半径	m	平原、丘陵地区20；山区15；回头弯道12

续表

指标名称	单位	技术标准
最大纵坡	%	平原地区6；丘陵地区8；山区11
纵坡最短长度	m	平原地区100；山区50
桥面宽度	m	木桥4～4.5
桥涵载重等级	t	木桥涵7.8～10.4（汽-6～汽-8）

表6-7 行政、生活、福利、临时设施建筑面积参考资料（m^2/人）

序号	临时房屋名称	指标使用方法	参考指标	序号	临时房屋名称	指标使用方法	参考指标
一	办公室	使用人数	3～4	3	理发室	按高峰年平均人数	0.01～0.03
二	宿舍			4	俱乐部	按高峰年平均人数	0.1
1	单层通道	按高峰年（季）平均人数	2.5～3.0	5	小卖部	按高峰年平均人数	0.03
2	双层床	扣除不在工地居住人数	2.0～2.5	6	招待所	按高峰年平均人数	0.06
3	单层床	扣除不在工地居住人数	3.5～4.0	7	托儿所	按高峰年平均人数	0.03～0.06
三	家属宿舍	平均面积	16～25m^2/户	8	子弟学校	按高峰年平均人数	0.06～0.08
四	食堂	按高峰年平均人数	0.5～0.8	9	其他公用	按高峰年平均人数	0.05～0.10
	礼堂	按高峰年平均人数	0.6～0.9	六	小型		
五	其他合计	按高峰年平均人数	0.5～0.6	1	开水房	使用面积	10～40
1	医务所	按高峰年平均人数	0.05～0.07	2	厕所	按工地平均人数	0.02～0.07
2	浴室	按高峰年平均人数	0.07～0.1	3	工人休息室	按工地平均人数	0.15

6.2 施工总平面布置图

施工组织总设计（也称施工总体规划）是以一个建设项目或群体工程为编制对象，用以指导其施工全过程各项活动的技术、经济综合文件，是对建设项目施工组织的通盘规划。

施工组织总设计是整个建设项目或群体工程施工准备和施工的全局性、指导性文件，是为施工生产建立施工条件、集结施工力量、组织物资资源供应及进行现场生产与生活临时设施规划的依据，也是施工企业编制年度施工计划和单位工程施工组织设计的依据，还是实现建筑企业科学管理、保证施工任务最优完成的有效措施。

施工总平面布置图是在拟建项目的施工场地范围内，按照施工布置和施工总进度计划的要求，将拟建项目和各种临时设施进行合理部署的总体布置图，是施工组织设计的重要内容，也是实现现场文明施工、节约施工用地、减少各种临时设施数量、降低工程费用的先决条件。

施工总平面布置图应按照规定的图例进行绘制，一般比例为1∶1000或1∶2000。

对于特大型建设项目，当施工工期较长或受到场地限制，施工场地需几次周转使用时，可按照几个阶段分别设计施工总平面布置图。

1. 施工总平面布置图的原则

施工总平面布置图应符合下列原则。

(1) 平面布置科学合理，施工场地占用面积少。

(2) 合理组织运输，减少二次搬运。

(3) 施工区域的划分和场地的临时占用应符合总体施工部署和施工流程的要求，减少相互干扰。

(4) 充分利用既有建（构）筑物和既有设施为项目施工服务，降低临时设施的建造费用。

(5) 临时设施应方便生产和生活，办公区、生活区和生产区宜分开设置。

(6) 符合节能、环保、安全和消防等要求。

(7) 遵守当地主管部门和建设单位关于施工现场安全文明施工的相关规定。

2. 施工总平面布置图的要求

施工总平面布置图应符合下列要求。

(1) 根据项目总体施工部署，绘制现场不同施工阶段（期）的总平面布置图。

(2) 施工总平面布置图的绘制应符合国家相关标准要求，并附必要说明。

施工总平面布置应按照项目分期（分批）施工计划进行布置，并绘制施工总平面布置图。一些特殊的内容如现场临时用电、临时用水布置等，当施工总平面布置图不能清晰表示时，也可单独绘制其平面布置图。

施工总平面布置图绘制应有比例关系，各种临时设施应标注外围尺寸，并有文字说明。

3. 施工总平面布置图的内容

施工总平面布置图应包括下列内容。

(1) 项目施工用地范围内的地形状况。

(2) 全部拟建的建（构）筑物和其他基础设施的位置。

(3) 项目施工用地范围内的加工设施、运输设施、存储设施、供电设施、供水供热设施、排水排污设施、临时施工道路和办公生活用房等。

(4) 施工现场必备的安全、消防、保卫和环境保护等设施。

(5) 相邻的地上、地下既有建（构）筑物及相关环境。

注意现场所有设施、用房应由施工总平面布置图绘制表述，避免采用文字叙述的方式。

4. 施工总平面布置图的设计依据

施工总平面布置图包括下列设计依据。

(1) 设计资料，包括建筑总平面图、地形地貌图、区域规划图、建设项目范围内有关的一切已有的和拟建的各种地上、地下设施及位置图。

(2) 建设地区资料，包括当地的自然条件和经济技术条件，当地的资源供应状况和运输条件等。

(3) 建设项目的建设概况，包括施工方案、施工进度计划，以便了解各施工阶段情况，合理规划施工现场。

(4) 物资需求资料，包括建筑材料、构件、加工品、施工机械、运输工具等物资的需要量表，以及规划现场内部的运输线路和材料堆场等位置。

(5) 各构件加工厂、仓库、临时性建筑的位置和尺寸。

5. 施工总平面布置图的设计步骤

施工总平面布置图的设计步骤如图 6-5 所示。

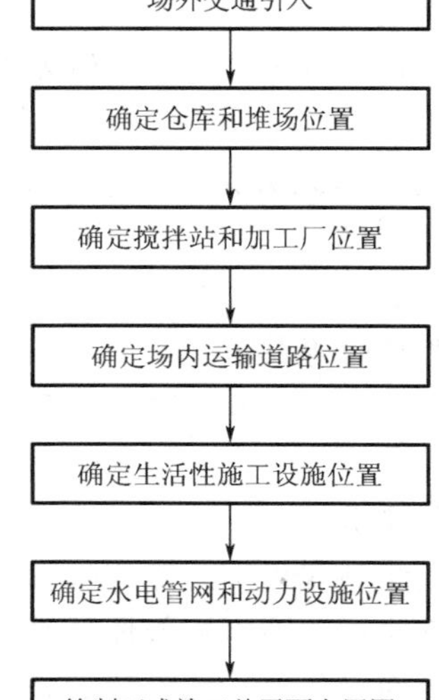

【设计步骤】

图 6-5 施工总平面布置图的设计步骤

6. 施工总平面布置图的绘制步骤

施工总平面布置图是施工组织总设计的重要内容，是要归入档案的技术文件之一，因此要求精心设计，认真绘制。其绘制步骤如下。

(1) 确定图幅大小和绘图比例。图幅大小和绘图比例应根据工地大小及布置内容的多少来确定。图幅一般可选用 A1 或 A2 图纸，比例一般采用 1∶1000 或 1∶2000。

(2) 合理规划和设计图面。施工总平面布置图除了要反映现场的布置内容外，还要反映周围的环境和面貌（如已有建筑物、场外道路等），故绘图时应合理规划和设计图面，并留出一定的空余图面绘制指北针、图例及文字说明等。

(3) 绘制建筑总平面图的有关内容。将现场测量的方格网，现场内外原有的并将保留的建筑物、构筑物和运输道路等其他设施按比例准确地绘制在图面上。

(4) 绘制工地需要的临时设施。根据施工平面布置的要求和面积计算的结果，将所确定的施工道路、仓库堆场、加工厂、施工机械、搅拌站等的位置、尺寸和水电管网的布置按比例准确地绘制在施工总平面布置图上。对复杂的工程，必要时可采用模型布置，布置内容应采用标准图例绘制在施工总平面布置图上。

(5) 形成施工总平面布置图。在完成各项布置后，再经分析、比较、优化、调整修改，形成施工总平面布置图，并做必要的文字说明，标上图例、比例、指北针等。完成的施工总平面布置图要比例正确，图例规范，线条粗细分明，字迹端正，图面整洁美观。

应该指出，上述各设计步骤并不是截然分开、各自孤立进行的，而是互相联系、互相制约的，需要综合考虑、反复修正才能确定下来。当有几种方案时，尚应进行方案比较。

7. 施工总平面布置图的科学管理

施工总平面布置图设计完成之后，就应认真贯彻其设计意图，发挥其应有作用，因此现场对施工总平面布置图的科学管理是非常重要的，否则难以保证施工的顺利进行。施工总平面布置图的科学管理包括以下内容。

(1) 建立统一的施工总平面布置图管理制度。划分施工总平面布置图的使用管理范围，做到责任到人，严格控制材料、构件、机具等物资占用的位置、时间和面积，不准乱堆乱放。

(2) 对水源、电源、交通等公共项目实行统一管理。不得随意挖路断道，不得擅自拆迁建筑物和水电线路，当工程需要断水、断电、断路时应申请，经批准后方可着手进行。

(3) 对施工总平面布置实行动态管理。在布置中，由于特殊情况或事先未预测到的情况需要变更原方案时，应根据现场实际情况统一协调，修正其中不合理的地方。

(4) 做好现场的清理和维护工作，经常性检修各种临时性设施，明确负责部门和人员。

6.3 单位工程施工平面布置图

单位工程施工平面布置图是对拟建单位工程施工现场所做的平面规划和空间布置图，是进行施工现场布置的依据和实现施工现场有计划、有组织进行文明施工的先决条件，因此是单位工程施工组织设计的重要组成部分。一般其绘制比例为1∶200～1∶500。

1. 单位工程施工平面布置图概述

单位工程施工平面布置图是施工方案在现场空间上的体现，是单位工程开工前准备工作的重要内容之一，主要包括对施工所需机械、临时加工场地、材料、构件仓库与堆场的布置，以及临时水网和电网、临时道路、临时设施用房的布置。其反映了已建工程和拟建工程之间，以及各种临时建筑、临时设施之间的合理位置关系。现场布置得好，就可以管理得好，为文明施工创造条件；反之，如果现场施工平面布置不佳，施工现场道路不通畅、材料堆放混乱，就会对施工进度、质量、安全、成本等带来不良后果。因此合理、科学地规划单位工程施工平面布置图并严格贯彻执行，加强督促和管理，不仅可以顺利完成施工任务，还能提高施工效率和效益。

建筑工程施工由于工程性质、规模、现场条件和环境的不同，所选的施工方案、施工机械的品种和数量也不同，因此施工现场要规划和布置的内容也有多有少。同时，工程施工又是一个复杂多变的过程，随着工程的展开，需要规划和布置的内容也逐渐增多；而随着工程的逐渐收尾，材料、构件等逐渐消耗，施工机械、施工设施逐渐退场和拆除。因此，在整个工程的不同阶段，施工现场布置的内容也各有侧重，且不断变化。所以，对工程规模较大、结构复杂、工期较长的单位工程，应当按不同的施工阶段设计施工平面布置图，但要统筹兼顾，如近期的应照顾远期的、土建施工的应照顾设备安装的、局部的应服从整体的。为此在整个工程施工中，各协作单位应以土建施工单位为主，共同协商，合理布置施工平面，做到各得其所。规模不大的砌体结构和框架结构工程，由于工期不长，施工也不复杂，因此这些工程往往只反映其主要施工阶段的现场平面规划布置，重点考虑主体结构施工阶段的施工平面布置，兼顾其他施工阶段的需要。如砌体结构工程的施工，其主体结构施工阶段要反映在施工平面布置图上的内容最多，但随着主体结构施工的结束，现场砌块、构件等的堆场将空出来，某些大型施工机械将拆除退场，施工现场也就变得宽松了，但应注意是否增加砂浆搅拌机的数量和相应堆场的面积。

2. 单位工程施工平面布置图设计原则

施工现场（特别是临街建筑）可供使用的面积受到一定的限制，而需要布置的各种临时建筑和设施又比较多，这必然产生矛盾；同时临时建筑设施要求有足够的面积，且要求使用方便、交通畅通、运距最短，有利于生产、生活，便于管理。这些问题处理不当，就会产生不良的后果。为了正确处理这些矛盾，在设计施工平面布置图时应遵循以下几项原则。

（1）在满足施工条件的前提下，应布置紧凑，尽可能减少施工占地面积，少占或不占农田。

（2）使场内运输距离最短，尽量做到短运距、少搬运，减少材料的二次搬运。各种材料、构件等要根据施工进度并在保证能连续施工的前提下，有计划地组织分期分批进场，充分利用场地；合理安排生产流程，材料、构件尽可能布置在使用地点附近，要垂直运输者尽可能布置在垂直运输机具附近，力求减少运距，达到节约用工和减少材料损耗的目的。

（3）在保证工程施工顺利进行的条件下，尽量减少临时设施的搭设。合理使用场地，一切临时性建筑设施，尽量不占用拟建的永久性建筑物的位置，以免造成不必要的搬迁和浪费；各种临时设施的布置，应便于生产和生活。

（4）各项布置内容，应符合劳动保护、技术安全、防火和防洪的要求。机械设备的钢丝绳、缆风绳，以及电缆、电线与管道等不要妨碍交通，保证道路畅通；各种易燃库、棚（如木工棚、油毡棚、油料棚等）及沥青灶、化灰池应布置在下风向，并远离生活区；炸药、雷管要严格控制并由专人保管；根据工程具体情况，考虑各种劳保、安全、消防设施；在山区雨期施工时，应考虑防洪、排涝等措施，做到有备无患。

3. 单位工程施工平面布置图的设计依据

设计单位工程施工平面布置图的目的是解决为一个单位工程施工服务的各项临时设施和永久建筑相互间的合理布局问题，因此在设计施工平面布置图之前，应先到现场察看，认真进行调查研究，并对设计施工平面布置图的有关资料进行分析，使其与施工现场的实际状况一致。其设计的主要依据如下。

1）设计和施工的原始资料

（1）自然条件调查资料，如气象、地形、水文及工程地质资料等。其主要用于布置地面水和地下水的排水沟，确定易燃、易爆、沥青灶、化灰池等有碍人体健康的设施位置，安排冬雨期施工期间所需设施的地点。

（2）技术经济条件调查资料，如交通运输、水源、电源、物资资源、生产和生活基地状况等。其主要用于布置水、电、暖、煤、卫等管线的位置及走向，交通道路、施工现场出入口的走向及位置，并确定临时设施的搭设数量。

2）建筑结构设计图样和说明书

(1) 建筑总平面图。建筑总平面图上有拟建和已建的建筑物和构筑物，可根据此图正确决定临时建筑和设施的位置。

(2) 地下和地上管道位置。在施工中，应尽可能考虑利用一切已有或拟建的管道，若对施工有影响，则需采用相应的解决措施，还应避免把临时建筑物布置在拟建的管道上面。

(3) 建筑区域的竖向设计资料和土方调配图。场地竖向设计资料和土方调配图对布置水、电管线，安排土方的挖填及确定取土和弃土地点等具有重要的影响。

3）施工方面资料

(1) 施工方案。施工方案和施工方法的要求应在施工平面图上具体体现，如起重机械和其他施工机具的位置、吊装方案，构件预制及堆场的布置等。

(2) 单位工程进度计划。根据进度计划的安排掌握各个施工阶段的情况，对分阶段布置施工现场、有效利用施工用地起着重要作用。

(3) 各种材料、半成品、构件需要量计划表。根据有关需要量计划表，计算仓库和堆场的面积、尺寸，并合理确定其位置。

(4) 建设单位能提供的已建房屋及其他生活设施的面积等有关情况，以便确定施工现场临时设施的搭设数量。

(5) 现场必须搭建的有关生产作业场所的规模要求，以便确定其面积和位置。

(6) 其他需要掌握的有关资料和特殊要求。

4. 单位工程施工平面布置图的设计步骤

单位工程施工平面布置图的设计步骤如图 6－6 所示。

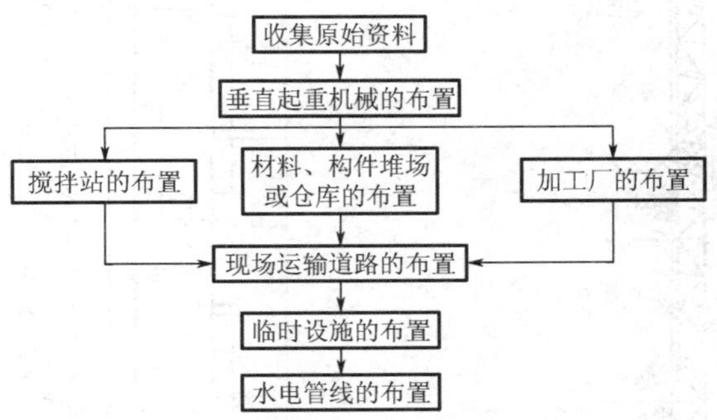

图 6－6　单位工程施工平面布置图的设计步骤

1）垂直起重机械的布置

【机械示意】

垂直起重机械的位置直接影响搅拌站、加工厂及材料、构件的堆场或仓库等的位置，以及现场运输道路、临时设施、水电管线的布置等，因此应予首先考虑。常用的垂直运输机械有塔式起重机（图 6－7）、井架（图 6－8）、龙门架（图 6－9）、施工电梯（图 6－10）等，由于各种起重机械性能不同，其布置位置也有所区别。

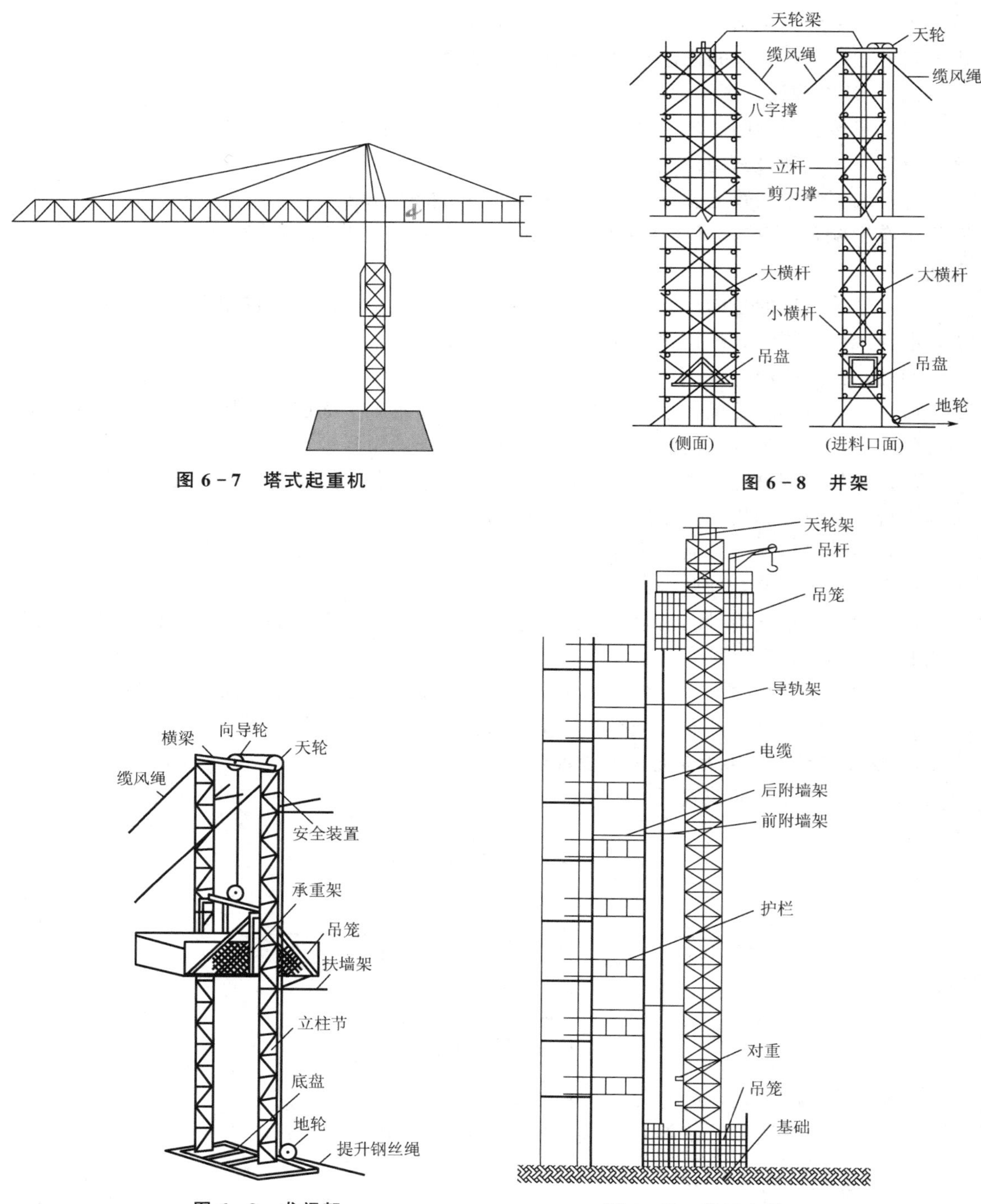

图 6－7　塔式起重机

图 6－8　井架

图 6－9　龙门架

图 6－10　施工电梯

(1) 塔式起重机的布置。塔式起重机平面位置的确定主要取决于建筑物的平面形状及周围的场地和吊装工艺。塔式起重机有行走式和固定式两种，行走式起重机由于其稳定性差，已经逐渐被淘汰。塔式起重机的布置除了应注意安全问题以外，还应着重解决布置的位置。建筑物的平面应尽可能处于吊臂回转半径之内，以便直接将材料和构件运至任何施工地点，尽量避免出现“死角”，如图 6－11(a) 所示。当多台塔式起重机在同一施工现场交叉作业时，应编制专项施工方案，如图 6－11(b) 所示，其中 d_1、d_2 均不得小于 2m。塔式起重机离建筑物的距离 B 应考虑脚手架的宽度、建筑物悬挑部位的宽度、安全距离、回转半径 R 等。

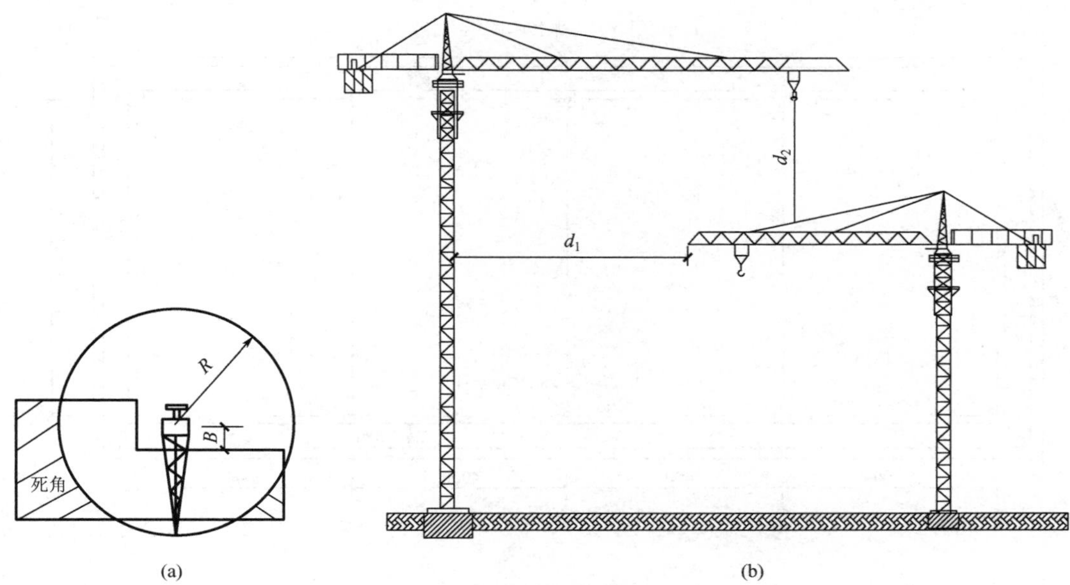

图 6－11　塔式起重机布置方案

(2) 施工电梯、龙门架的布置。施工电梯、龙门架以布置在窗口处为宜，以避免砌墙留槎和减少井架拆除后的修补工作。施工电梯、龙门架的数量要根据施工进度、垂直提升构件和材料的数量、台班工作效率等因素计算确定，其服务范围一般为 50～60m。

2) 搅拌站、加工厂及材料、构件堆场或仓库的布置

搅拌站、加工厂及材料、构件堆场或仓库的位置，应尽量靠近使用地点或在起重机起重能力范围内，并考虑运输和装卸的方便。

如搅拌站应有原材料堆放场地，并开好排水沟渠；防护棚应有一定的高度空间，有良好的通风、采光与照明；搅拌机的操作台应垫上橡胶板或干燥木板；搅拌机应选址合理、固定牢固，轮胎不得支撑在地面或其他物体上，操作手柄应设保险装置，传动部位防护罩应完好无损；宜选用自动计量搅拌站；搅拌站内需悬挂安全操作规程、安全警示牌及配合比标识牌，并组织好排水。

(1) 建筑物基础和第一施工层所用的材料，应布置在建筑物的四周。材料堆放位置应与基槽边缘保持一定的安全距离，以免造成基槽土壁的塌方事故。

(2) 第二施工层以上所用的材料，应布置在起重机附近。

(3) 砂、砾石、水泥等大宗材料应尽量布置在搅拌站附近。水泥宜入库存放，水泥库大小应根据施工现场情况确定，门尺寸不小于 1500mm×2100mm，水泥堆码时应用模板木方垫高 200mm，离墙 300mm 以上，堆放高度不超过 10 包。室外四周应设排水明沟，确保排水畅通。露天临时堆放时应用防雨棚布盖严，底板垫高，采用油纸或油布铺垫。

(4) 当多种材料同时布置时，大宗的、重大的和先期使用的材料应尽量布置在起重机

附近，少量的、轻的和后期使用的材料则可布置得稍远一些。

(5) 根据不同的施工阶段使用不同材料的特点，在同一位置上可先后布置不同的材料。

(6) 生产设施（如木工棚、钢筋加工棚）宜布置在建筑物四周稍远位置，且应有一定的材料、成品堆放场地。图 6－12 所示为加工棚。

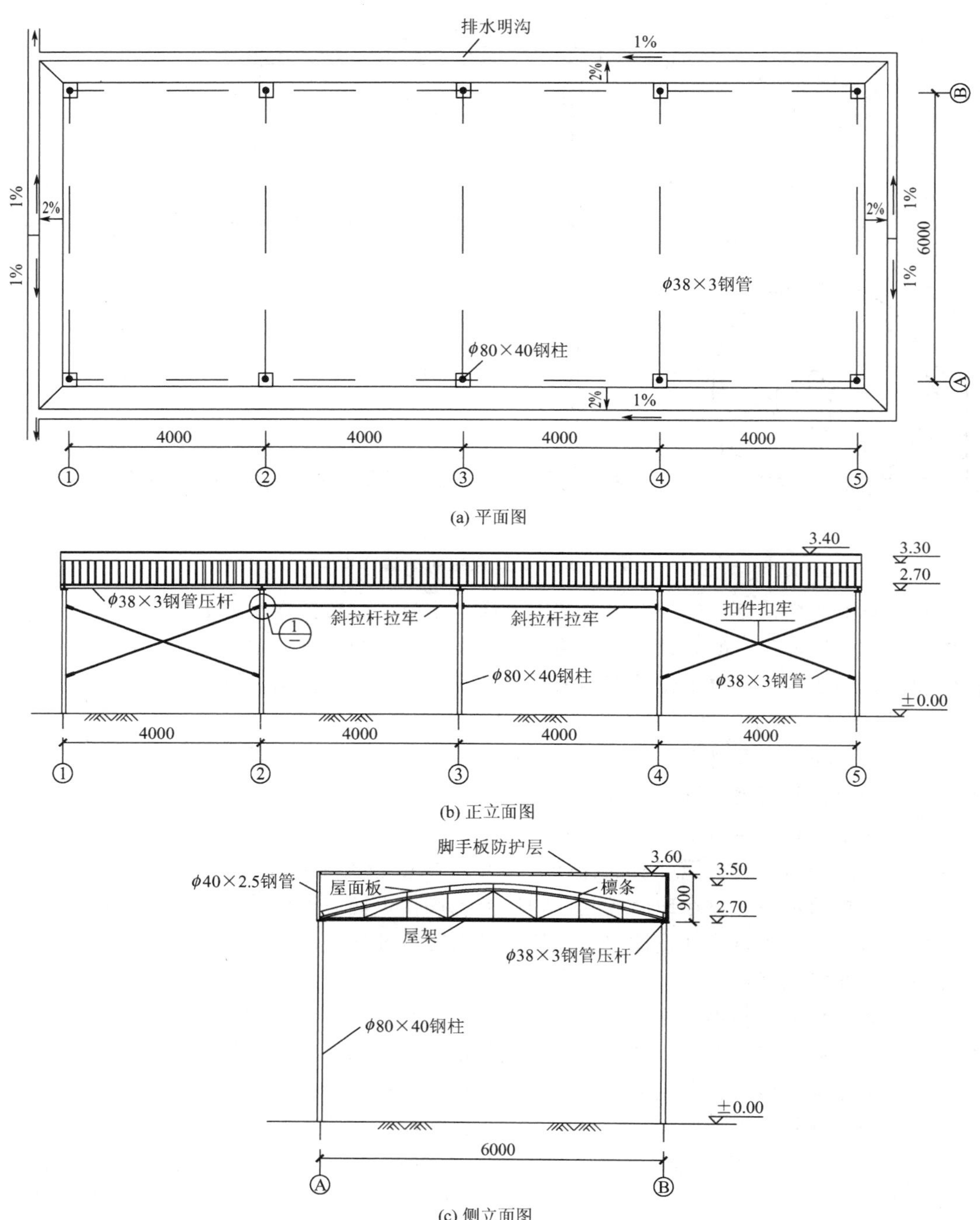

(a) 平面图

(b) 正立面图

(c) 侧立面图

图 6－12　加工棚（单位：mm）

① 加工棚宜采用工具式，可周转利用。加工棚外应设散水明沟，以确保排水畅通。注意防火，加工棚应悬挂防火警示标志。

② 当地基承载力小于 80kN/m^{2}时，应采用配筋基础。

③ 基础垫层采用 C10 混凝土，基础采用 C20 混凝土。

④ 螺栓采用 M16，孔为 ϕ17。

⑤ 未注明的焊接均为满焊。

⑥ 及时处理废渣料，做到工完场清，设置防爆照明灯具。

(7) 石灰仓库和淋灰池的位置应靠近搅拌站并设在下风向；沥青堆场及熬制锅的位置应远离易燃易爆物品，也应设在下风向。预制构件的堆放位置要考虑吊装顺序，先吊的放在上面，后吊的放在下面。各种材料现场堆场数量应根据其使用量的大小、使用时间的长短、供应与运输情况和现场实际条件等综合研究确定，如油库、氧气库等应布置在僻静、安全处，砖、瓦和预制构件等直接使用的材料应布置在施工现场吊车半径范围之内。

根据起重机械的类型，材料和构件堆场、仓库及搅拌站位置又有以下几种布置方式。

① 当采用固定式垂直运输设备时，须经起重机运送的材料和构件的堆场、仓库及搅拌站的位置应尽量靠近起重机，以缩短运距或减少二次搬运。

② 当采用塔式起重机进行垂直运输时，材料和构件堆场、仓库及搅拌站出料口的位置，应布置在塔式起重机的有效起重半径内。

③ 当用无轨自行式起重机进行水平和垂直运输时，材料和构件堆场、仓库及搅拌站等应沿起重机运行路线布置，且应在起重臂的最大外伸长度范围内。

3) 现场运输道路的布置

现场运输道路的布置主要解决材料构件运输和消防两个问题，首先应按材料和构件运输的需要，沿着仓库或堆场进行布置，并离仓库或堆场越近越好，以便装卸。消防上对道路的要求，除了消防车能直接开到消火栓处之外，还应使道路靠近建筑物、木料场，以便消防车能直接进行灭火抢救。施工现场主干道必须进行硬化，并针对项目的实际情况形成环形道路，道路宽度不小于 3.5m，双车道宽度不小于 6m，对不能形成环形道路的，要求设有不小于 12m×12m 的回车坪，回车坪地面做法同道路，如图 6-13 所示。道路两侧一般应结合地形设置排水沟，沟深不小于 0.4m，底宽不小于 0.3m。

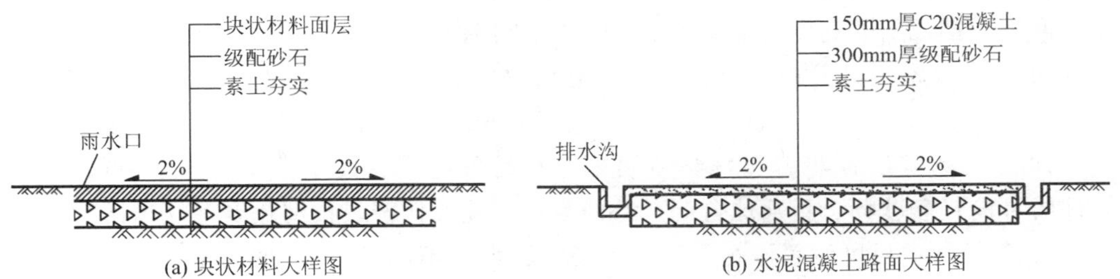

图 6-13 道路硬化做法

4) 临时设施的布置

(1) 临时设施分类及内容。

施工现场的临时设施可分为生产性与非生产性两大类。

生产性临时设施，包括在现场加工制作的作业棚，如木工棚、钢筋加工棚、薄钢板加工棚；各种材料库、棚，如水泥库、油料库、卷材库、沥青棚、石灰棚；各种机械操作棚，如搅拌机棚、卷扬机棚、电焊机棚；各种生产性用房，如锅炉房、烘炉房、机修房、水泵房、空气压缩机房等；其他设施，如变压器等。

非生产性临时设施，包括各种生产管理办公用房、会议室、文娱室、福利性用房、医务室、宿舍、食堂、浴室、开水房、警卫传达室、厕所等。

(2) 单位工程临时设施布置。

布置临时设施时，应遵循使用方便、有利施工、尽量合并搭建、符合防火安全的原则，同时结合现场地形和条件、施工道路的规划等因素分析考虑。临时设施采用的材料应达到消防安全要求，层数不超过两层；装配式临建设施宜采用金属面夹芯板作围护结构，夹芯板的芯材应采用自熄式轻质材料，面板厚度不应小于 0.5mm；临建设施应设置室外消防管道和消火栓，每 100m^{2}装配式活动板房应配备不少于两具灭火级别不小于 3A 的灭火器；临建设施的连续长度不应超过 30m，开间不宜大于 3.6m，进深不宜大于 6m，不得采用封闭式外走廊；施工现场临建设施内房间建筑面积超过 60m^{2}时，至少应设置两个疏散门；两层临建设施的疏散楼梯不应小于两处且应分散布置，两栋临建之间的水平间距必须大于 4m。各种临时设施均不能布置在拟建工程（或后续开工工程）、拟建地下管沟、取土、弃土等地点。通常办公楼可采用活动木板房或砖混结构，办公区的布置应靠近施工现场或设在施工现场出入口处，工人休息室应设在工人作业区，宿舍应布置在安全的上风向，门卫、收发室宜布置在工地出入口处。图 6－14 所示为某项目部办公区布置示意。

① 某项目部办公区无门楼式大门（图 6－15），门柱采用砌体砌筑，表面抹灰后刷涂料；门扇采用 ϕ50 钢管、1.5mm 厚钢板焊接而成，表面刷防锈漆两道，面漆一道。

② 某公司有门楼式大门（图 6－16）横梁采用∟40 角钢及 1mm 厚钢板制作，角钢全部焊接成整体，门楼应具有足够的承载力以抵抗风、雪等荷载。

③ 工地大门处应设门卫室，门卫室可采用砖混结构或活动岗亭，但面积不得小于 4m^2。

④ 各种临时设施应尽可能采用活动式、装拆式结构或就地取材。施工现场范围应设置临时围墙、围网或围笆。主要道路两侧的建筑施工现场围挡或围墙高度不低于 2.5m，次道路两侧围挡或围墙高度不低于 2m，市政施工路段临时围挡不低于 1.8m。

⑤ 项目会议室宜设置在办公楼一楼，会议室的大小可根据通常参会人员的多少按每人占用 2～2.5m^{2}的面积来考虑，高度不得低于 2.5m，有条件的可设置投影设备。

⑥ 施工现场应设置职工文化学习娱乐室，配备电视、报纸、期刊等学习娱乐用品，有条件的可设置篮球场、乒乓球台等，并经常组织篮球比赛、拔河比赛等娱乐活动。

⑦ 有条件的项目可设置停车场，停车场回转半径不小于 6m，地面采用预制砖块铺设或 100mm 厚 C15 素混凝土浇筑。

⑧ 宿舍室内净高不得小于 2400mm，通道宽度不得小于 900mm，每间宿舍居住人员不得超过 16 人。宿舍内的床铺不得超过两层，严禁使用通铺草垫。床铺应高于地面 300mm，人均床铺面积不得少于 1900mm×900mm。

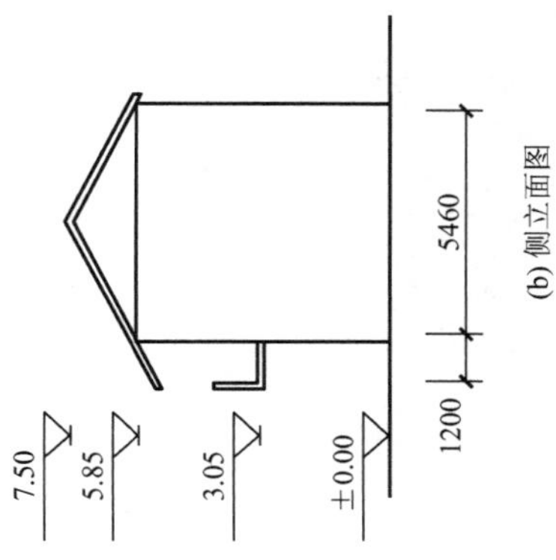

(b) 侧立面图

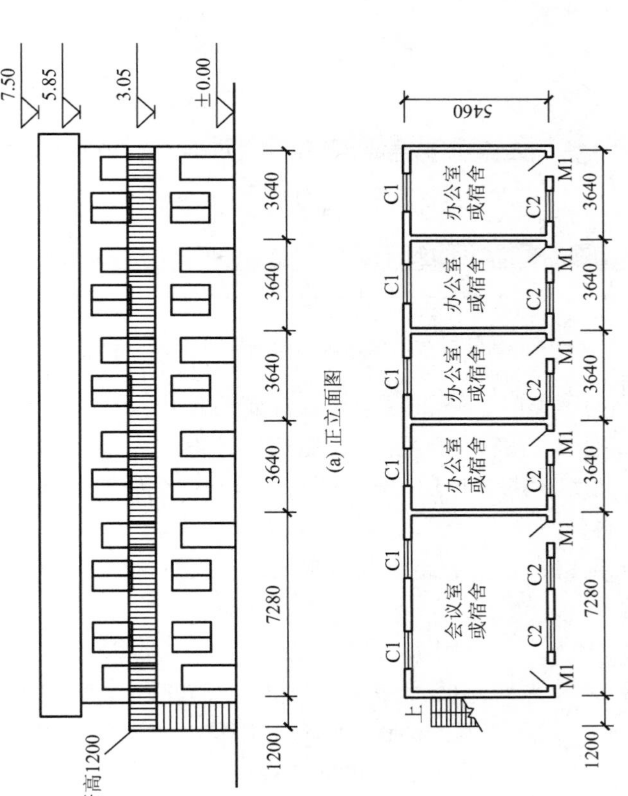

(a) 正立面图

(c) 平面图

图6-14 某项目部办公区布置示意(单位：mm)

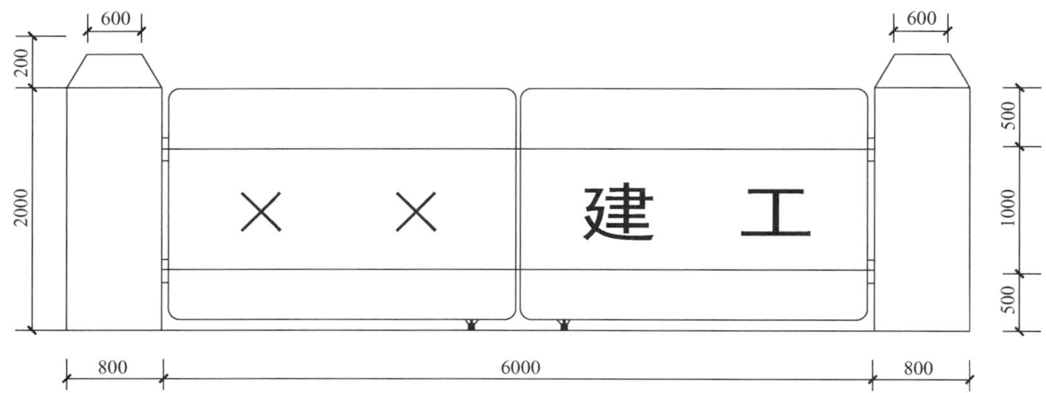

图 6-15　某项目部办公区无门楼式大门立面图（单位：mm）

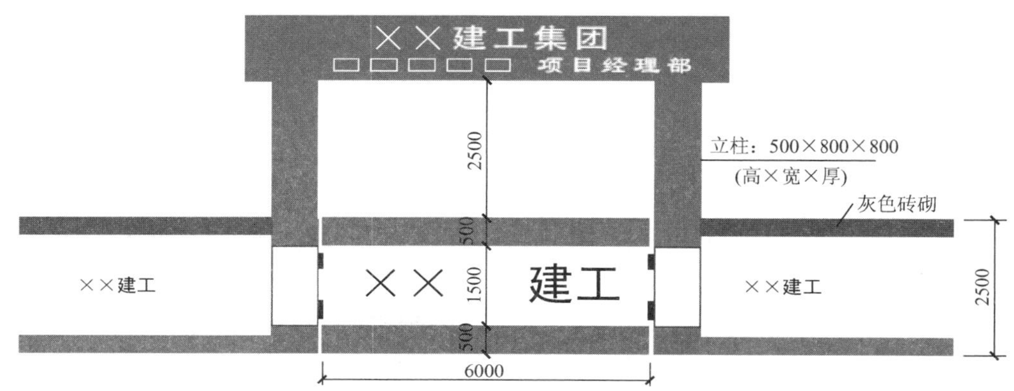

图 6-16　某公司有门楼式大门立面图（单位：mm）

⑨ 食堂应设置独立的制作间、储藏间，配备必要的排风设施和冷藏设施；门扇下方应设置不低于 200mm 的防鼠挡板，粮食存放台距墙和地面应大于 200mm，制作间灶台及其周边应贴白色瓷砖，高度不宜小于 1800mm，地面应做硬化防滑处理。砖混结构内外墙体必须抹灰，刷白色涂料。

⑩ 卫生间距离食堂在 30m 以上，蹲位数与现场施工人员比例为 1∶25，蹲位之间设置不低于 1200mm 的隔墙。

5）水电管线的布置

（1）施工用临时给水管，一般由建设单位的干管或施工用干管接到用水地点，有枝状、环状和混合状等布置方式，管网的铺设分明铺和暗铺。管网的布置应从经济和保证供水两个方面去考虑，管径的大小、龙头数目根据工程规模通过计算确定。工地内要设消防栓，消防栓距离建筑物应不小于 5m，也不应大于 25m，距离路边不大于 2m。供水管网的铺设要与土方平整规划协调一致，以防重复开挖。管网的布置要避开拟建工程和室外管沟，以防二次拆迁或改建，条件允许时，可利用城市或建设单位的永久消防设施。有时为防止供水的意外中断，可在建筑物附近设置简易蓄水池，储存一定数量的生产和消防用水，如果水压不足，尚应设置高压水泵。

（2）为了便于排除地面水和地下水，要及时修通永久性下水道，并结合现场地形，在建筑物四周设置排泄地面水和地下水的沟渠。

（3）施工中的临时供电，应在全工地性施工总平面图中一并考虑。只有在独立的单位工程施工时，才根据计算出的现场用电量选用变压器或由建设单位原有变压器供电。变压器应布置在现场边缘高压线接入处，但不宜布置在交通要道出入口处。现场导线宜采用绝缘线架空或电缆布置。

建筑施工是一个复杂多变的生产过程，各种施工材料、构件、机械等随着工程的进展而逐渐进场，又随着工程的进展而不断消耗、变动。在整个施工生产过程中，现场的实际布置情况是随时变动的，所以对大型工程、施工期限较长的工程或现场较为狭窄的工程，就需要按不同的施工阶段分别设计几张施工平面图，以便把在不同施工阶段内的现场合理布置情况全面地反映出来。

5. 单位工程施工平面布置图设计内容

【施工布置样板】

（1）工程施工场地状况。

（2）单位工程施工区域范围内，已建和拟建的地上、地下的建筑物及构筑物的平面尺寸、位置、层数等，河流、湖泊等的位置和尺寸，以及指北针、风向玫瑰图等。

（3）施工道路的布置、现场出入口位置等。

（4）各种预制构件堆放及预制场地的所需面积和位置，大宗材料堆场的面积和位置，仓库的面积和位置，装配式结构构件的就位位置等。

（5）生产性及非生产性临时设施的名称、面积、位置等。

（6）拟建工程所需的起重机械、垂直运输设备、搅拌机械及其他机械的布置位置，起重机械开行的线路及方向等。

（7）临时供电、供水、供热等管线的布置，水源、电源、变压器位置，现场排水沟渠及排水方向的考虑。

（8）土方工程的弃土及取土地点等有关说明。

（9）劳动保护、安全、防火及防洪设施布置，以及其他需要布置的内容。

6. 单位工程施工平面布置图案例

1）工程背景

某工程为某学院教学实验楼修建，位于某市南部。耐火等级为一级，屋面工程防水等级为Ⅱ级，设计使用年限为50年。

该工程设A、B、C三段，A段为教学楼和阶梯教室，B段为教学楼，C段为实验楼和阶梯教室，总建筑面积为25625.34m^2，基底面积为6489.22m^2，建筑总高度为21.75m，一层层高4.2m，二至五层层高3.9m，楼梯间与水箱间层高3.6m，室内外高差0.45m。

本工程建筑物类别为丙类，结构形式为现浇混凝土框架结构，抗震等级为二级。基础形式为钢筋混凝土柱下独立基础，局部为肋梁式筏片基础或柱下条形基础。建筑物抗震设防烈度为8度。

结构施工现场设3台QTZ6013型塔式起重机，主要负责钢筋、混凝土、模板、三钢工具的垂直运输；设置3座龙门架，主要负责砌砖、装饰工程及零星材料等的垂直运输；

设两座混凝土集中搅拌站搅拌，配备 4 台 JS500 型混凝土搅拌机，2 台自动配料机，2 台混凝土输送泵；钢筋加工机械准备配备钢筋对焊机 1 台，钢筋调直机、切断机、弯曲机各 2 台，电渣压力焊机 6 台。

在装饰施工阶段，将设 3 台砂浆机以满足各种砂浆的搅拌需要。为解决施工现场供水、供电应急需要，现场还准备了 1 台高压水泵及 1 台发电机。

2）施工平面布置图

根据上述工程背景及现场具体条件，按照前述施工平面布置图设计的原则、内容、步骤设计本工程施工平面布置图。按场地内原来的排水坡向，对场地进行平整，修筑 5m 宽现场临时道路，路基铺 100mm 厚砂夹石，压路机压实，路面浇 100mm 厚 C15 混凝土，纵向坡度 2%。施工现场道路循环，以满足材料运输、消防等要求。为了保证现场材料堆放有序，堆放场地将进行硬化处理。材料尽可能按计划分期、分批、分层供应，以减少二次搬运。

本工程施工平面布置图的最终设计结果如图 6－17 所示。

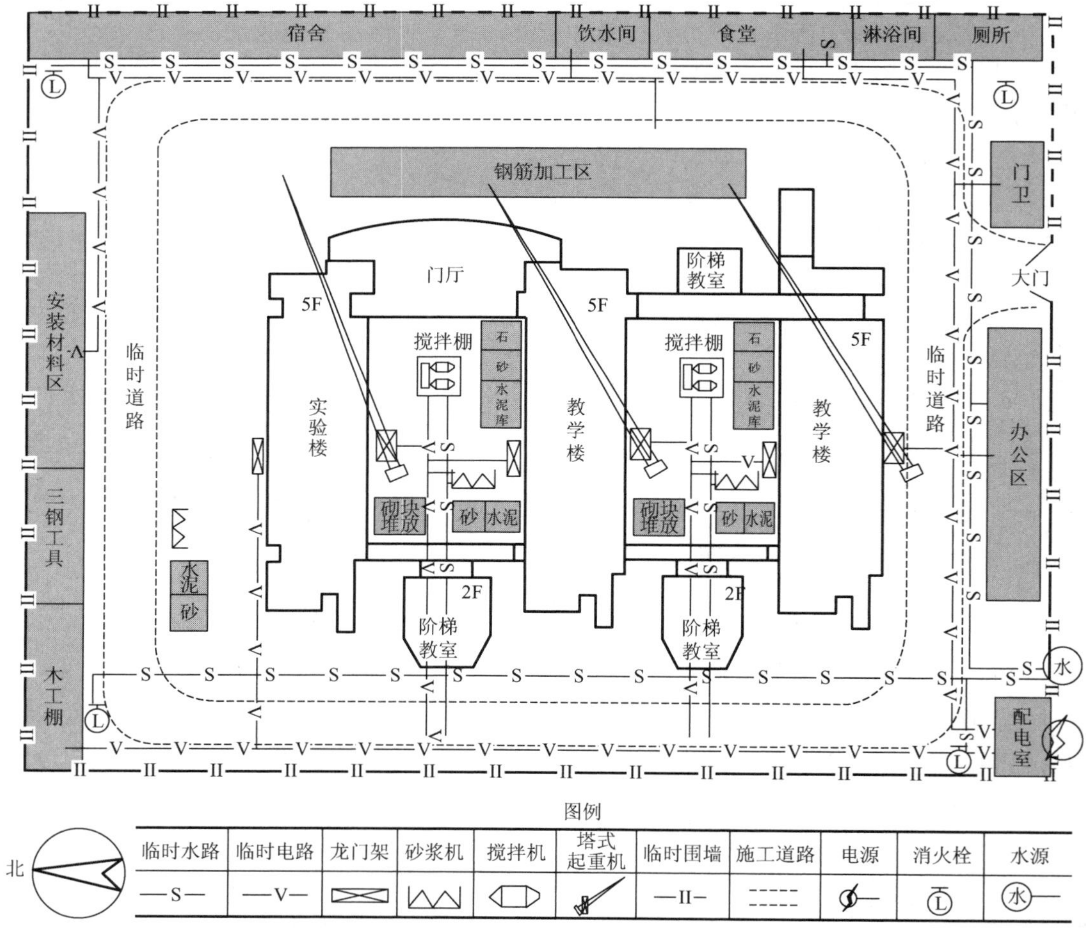

图例

临时水路	临时电路	龙门架	砂浆机	搅拌机	塔式起重机	临时围墙	施工道路	电源	消火栓	水源
—S—	—V—					—II—			Ⓛ	(水)—

图 6－17　某学院教学实验楼工程施工平面布置图

【例 6－1】 试绘制本单元典型工作任务的施工平面布置图。

【解】 考虑各种要求后，该任务的施工平面布置图如图 6－18 所示。

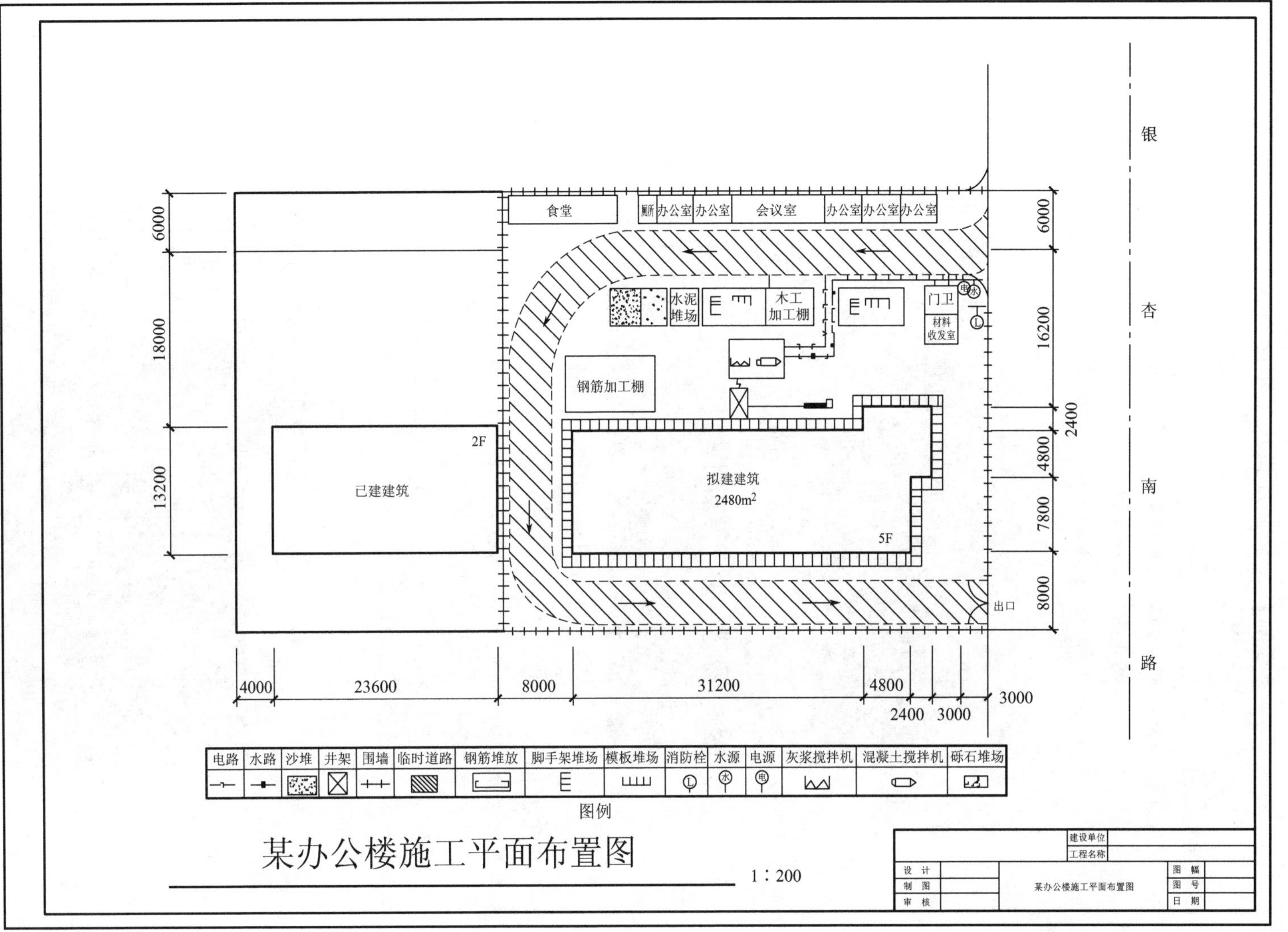

图6-18 典型工作任务的施工平面布置图

【案例】×××项目施工平面布置

1. 项目概况

×××项目位于长沙市开福区福元中路与万家丽北路交叉口以西地块。二期工程总建筑面积约380000m²，包括1栋4层办公用房、4栋18层住宅、4栋25层住宅、1栋22层住宅、6栋34层住宅、1栋2～3层幼儿园及1个学校。项目设计效果图如图6-19所示。

图6-19　项目设计效果图

2. 图纸复核

本工程为设计施工总承包项目，建设方要求二期工程杜绝设计变更。项目部及时引进BIM技术，在建模过程中发现设计图纸问题150余处，生成图纸问题报告，并与技术部进行对接，及时反馈到设计院进行解决，避免了设计变更。设计院回复后，对模型进行了修改完善。最后的土建整合模型如图6-20所示。

图6-20　土建整合模型

3. 施工平面布置

施工方建立了Revit三维场地布置模型，如图6－21所示。重点对塔式起重机布置进行了准确定位、优化、复核，绘制出塔式起重机定位图以指导施工。利用BIM技术建立三维模型，优化塔式起重机等机具布置，准确定位，出图指导施工，能直观反映其与建筑物之间的空间关系，避免碰撞，如图6－22所示。分施工阶段动态调整场地布置，规划好施工道路，使场地布置科学、合理，可有效减少材料转运，提高工作效率。

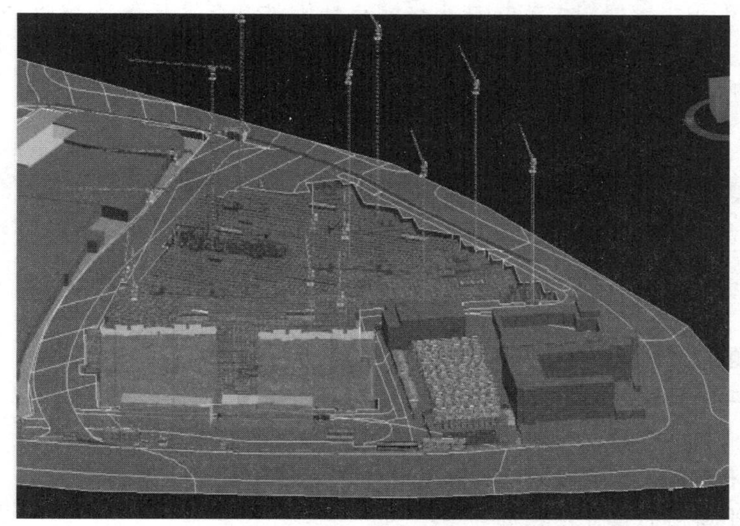

图6－21　Revit三维场地布置模型

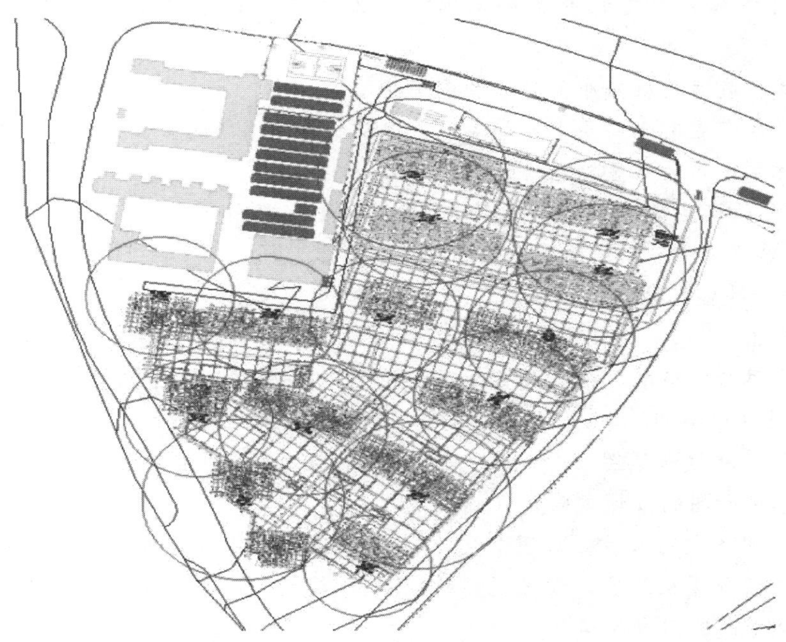

图6－22　塔式起重机平面布置图

小　结

施工平面图是对拟建工程的施工现场所做的平面规划和布置，是施工组织设计的主要内容，是现场文明施工的基本保证和布置施工现场的依据，也是施工准备工作的一项重要依据。

单位工程施工平面图的一般设计步骤是：确定垂直起重运输机械的位置→布置材料和构件堆场、仓库及搅拌站的位置→布置运输道路→布置行政管理、文化、生活、福利用房等临时设施→布置临时供水管网、临时供电管网。

供水管网布置形式，分为环形管网、枝形管网、混合式管网等。

习　题

一、思考题

1. 试述施工总进度计划的作用和编制步骤。

2. 什么是施工总平面图？施工总平面图设计的内容有哪些？

3. 施工总平面图设计的原则和依据是什么？

4. 施工总平面图的设计步骤有哪些？

5. 单位工程施工平面图的内容有哪些？试述单位工程施工平面图的一般设计步骤。

6. 什么叫作塔式起重机的服务范围？什么叫作“死角”？试述塔式起重机的布置要求。

7. 固定式垂直运输机械布置时应考虑哪些因素？

8. 搅拌站的布置有哪些要求？加工厂、材料和构件堆场的布置应注意哪些问题？

9. 试述施工道路的布置要求。

10. 现场临时设施有哪些内容？临时供水、供电有哪些布置要求？

11. 试述单位工程施工平面图的绘制步骤和要求。

二、岗位（执业）资格考试真题

单项选择题

1. 根据文明工地标准，施工现场必须设置“五牌一图”，其中的“一图”是（　　）。

A. 施工进度网络图　　B. 安全管理流程图

C. 大型施工机械布置图　　D. 施工现场平面布置图

2. 施工总平面图的设计步骤是（　　）。

A. 设置项目人员办公室，设置食堂　　B. 设置工程占地围墙，设置钢筋棚

C. 设置工程质量检测室，设置搅拌站　　D. 设置大门，引入场外道路

3. 施工总平面图内容包括（　　）。

A. 总体布局规划、形状和位置、地形和地貌、朝向和风速、其他

B. 总体布局规划、形状和位置、地形和地貌

C. 总体布局规划、形状和位置

D. 形状和位置、地形和地貌、朝向和风速

4. 下列叙述中正确的是（　　）。

A. 3%表示长度为100，高度为3的坡度倾斜度

B. 指北针一般画在总平面图和底层平面图上

C. 总平面图中的尺寸单位为毫米，标高尺寸单位为米

D. 总平面图的所有尺寸单位均为米，标注至小数点后两位

5. 单位工程施工平面图的设计原则是（　　）。

A. 尽量不利用永久工程设施　　B. 利用已有的临时工程

C. 短运输，少搬运　　D. 不占或少占农田

6. 单位工程施工组织设计中，平面布置图表达的内容不包括（　　）。

A. 临时设施　　B. 施工方案　　C. 搅拌站　　D. 施工道路

7. 房屋建筑工程中，单位工程施工平面布置图设计的第一步是（　　）。

A. 确定搅拌站的位置　　B. 确定垂直运输机械的位置

C. 布置主要材料堆场的位置　　D. 布置临时设施

8. 把施工所需的各种资源、生产、生活场地及各种临时设施合理地布置在施工现场，使整个现场能有组织地进行文明施工，属于施工组织设计中（　　）的内容。

A. 施工部署　　B. 施工方案

C. 安全施工专项方案　　D. 施工平面图

【单元6参考答案】

单元7 施工组织设计实施

施工员岗位工作标准

1. 能参与施工组织管理策划、参与制定管理制度。

2. 能编制施工组织设计及专项施工方案。

3. 能做好施工现场组织协调工作，合理调配生产资源，落实施工作业计划，负责施工平面布置的动态管理。

造价员岗位工作标准

具备从事和参与工程招标、投标文件编制的能力。

知识目标

1. 掌握施工组织设计文件的编制方法和步骤。

2. 掌握专项施工方案的编制方法和步骤。

【单元7任务答案】

典型工作任务

任务描述	专项施工方案的审批
考核时量	15分钟
背景资料	某现浇钢筋混凝土框架-剪力墙结构办公楼工程，地下一层，地上十六层，建筑面积18600m^2，基坑开挖深度5.5m。该工程由某施工单位总承包，其中基坑支护工程施工由专业分包单位承担。 在基坑支护工程施工前，分包单位编制了基坑支护安全专项施工方案，经分包单位技术负责人审批后组织专家论证，监理机构认为专项施工方案及专家论证均不符合规定，不同意进行论证。
问题描述	按照《危险性较大的分部分项工程安全管理办法》（住建部令〔2018〕37号）的规定，指出本工程的基坑支护安全专项施工方案审批及专家组织中的错误之处，并分别写出正确做法。

施工组织设计是以施工项目为对象编制的用以指导施工的技术、经济和管理的综合性文件。它为建设项目的施工做出全局性的战略部署，为组织整个施工活动提供科学方案和实施步骤，是施工单位做好施工准备工作、保证资源供应、编制施工作业计划的依据，是建筑施工企业加强生产管理的一项重要工作，也是建设单位编制工程建设计划、监理单位监督施工实施情况的重要依据。

本单元主要学习施工组织设计的基本概念、编制依据与原则、编制程序与内容，掌握工程项目施工部署及施工顺序，掌握施工方法及施工机械选择，熟悉工程概况、各项技术组织措施及技术经济分析方法，掌握专项施工方案、单位工程施工组织设计和施工组织总设计的编制方法。

7.1 工程概况

工程概况是对整个建设项目的总说明，即对整个建设项目或建筑群所做的一个简单扼要、突出重点的文字介绍，有时为了补充文字介绍的不足，还可以附上建设项目总平面图，主要建筑的平面、立面、剖面示意图及辅助表格。其一般应包括以下内容。

(1) 建设项目特点：包括拟建工程的建设单位、工程名称、性质、用途和建设目的，资金来源及工程造价，开工、竣工日期，设计单位、施工单位、监理单位，施工图纸情况，施工合同签订情况，上级的有关文件或要求及组织施工的指导思想等；建设地点、建设总规模、总工期、总占地面积、总建筑面积，分期分批投入使用的项目和工期、总投资，主要工种工程量、设备安装及其吨数、建筑安装工程量，生产流程和工艺特点，建筑结构类型，新技术、新材料、新工艺的复杂程度和应用情况，建筑、结构设计概况等。

(2) 建设地区特征：包括地形、地貌、水文、地质、气温、冬雨期时间、主导风向、风力和抗震设防烈度等情况，建设地区资源、交通、运输、水、电、劳动力、生活设施等情况。

(3) 施工条件及其他内容：包括施工企业的生产能力，技术装备，管理水平，主要设备、材料和特殊物资的供应情况；有关建设项目的决议、合同、协议，土地征用范围、数量和居民搬迁时间等情况。

7.2 施工部署

【案例——平安金融中心总承包项目】

施工部署是在对拟建工程的工程情况、建设要求、施工条件等进行充分了解的基础上，对项目实施过程涉及的任务、资源、时间、空间等做出的统筹规划和全面安排。

施工部署是施工组织设计的纲领性内容，施工进度计划、施工准备、资源配置计划、施工方法、施工现场平面布置和主要施工管理计划等施工组织设计的组成内容，都应该围绕施工部署的原则编制。

1. 工程目标

工程目标包括工程的质量、进度、成本、安全、环保及节能、绿色施工等管理目标。

2. 重点和难点分析

对工程施工各阶段的重点和难点应逐一分析并提出解决方案或对策，包括工程施工的组织管理和施工技术两个方面。

3. 工程管理组织

工程管理组织包括管理的组织机构，项目经理部的工作岗位设置及职责划分。岗位设置应与项目规模相匹配，且相应人员应具备相应的上岗资格。

项目管理组织机构形式，应根据施工项目的规模、复杂程度、专业特点、人员素质和地域范围确定。大中型项目宜设置矩阵式项目管理组织结构，小型项目宜设置线性职能式项目管理组织结构，远离企业管理层的大中型项目宜设置事业部式项目管理组织结构。

4. 进度安排和空间组织

(1) 工程主要施工内容及其进度安排应明确说明，施工顺序应符合工序逻辑关系。

(2) 施工流水段应根据工程特点及工程量分阶段合理划分，并应说明划分依据及流水方向，确保均衡流水施工。单位工程施工阶段，一般包括地基基础、主体结构、装饰装修和机电设备安装工程。

5. “四新”

“四新”是指新技术、新工艺、新材料、新设备。根据现有的施工技术水平和管理水平，对项目施工中开发和使用的“四新”成果应做出规划，并采取可行的技术、管理措施来满足工期和质量等要求。

6. 资源配置计划

(1) 根据施工进度计划各阶段的工程量来确定劳动力的配置，画出劳动力阶段需求图或曲线图。

(2) 根据施工总体部署和施工进度计划要求，做出分包计划、劳动力使用计划、材料供应计划和机械设备供应计划。

7. 项目管理总体安排

(1) 对主要分包工程施工单位的选择要求及管理方式应进行简要说明。

(2) 对主要分包项目施工单位的资质和能力应提出明确要求。

施工部署的各项内容，应能综合反映施工阶段的划分与衔接、施工任务的划分与协调、施工进度的安排与资源供应、组织指挥系统与调控机制。

7.3 施工方案

【深圳平安金融中心施工组织设计】

施工方案是以分部（分项）工程或专项工程为主要对象编制的施工技术与组织方案，用以具体指导其施工过程。

施工方案的选择是决定整个工程全局的关键，选择得恰当与否，将直接影响施工的效率、进度安排、施工质量、施工安全、工期长短等。因此，必须在若干个初步方案的基础上认真分析比较，力求选出一个最经济、合理的施工方案。

在选择施工方案时，应着重研究以下四个方面的内容：确定施工顺序；确定施工方法和施工机械；制定专项施工方案；组织流水施工。下面主要介绍前三个方面，最后一个方面“组织流水施工”在单元3已有介绍，此处不再赘述。

7.3.1 确定施工顺序

1. 确定施工顺序应遵循的基本原则和要求

确定合理的施工顺序，是选择施工方案首先应考虑的问题。施工顺序是指工程开工后各分部分项工程施工的先后次序。确定施工顺序既是为了按照客观规律组织施工，也是为了解决各工种之间的合理搭接，在保证工程质量和施工安全的前提下充分利用空间，以达到缩短工期的目的。

在实际工程中，施工顺序可以有多种，不仅不同类型建筑物的建造过程有不同的施工顺序，而且在同一类型的建筑工程甚至同一幢房屋的施工中，也会有不同的施工顺序。因此需要在众多的方案中，选择出既符合客观规律又经济合理的施工顺序。

1）确定施工顺序应遵循的基本原则

施工顺序的确定原则：工艺合理、保证质量、安全施工、充分利用工作面及缩短工期。

（1）先地下后地上：指的是在地上工程开始之前，把管道、线路等地下设施、土方工程和基础工程全部完成或基本完成。坚固耐用的建筑需要有一个坚实的基础，从工艺的角度考虑，也必须先地下后地上，地下工程施工时应做到先深后浅，这样可以避免：对地上部分施工产生干扰；带来施工不便；造成浪费；影响工程质量。

（2）先主体后围护：指的是在框架结构建筑和装配式单层工业厂房施工中，先进行主体结构施工，后完成围护工程。框架主体结构与围护工程在总的施工顺序上要合理搭接，一般来说，多层建筑以少搭接为宜，高层建筑则应尽量搭接施工，以缩短工期，而装配式单层工业厂房主体结构与围护工程一般不搭接。

（3）先结构后装修：是对一般情况而言的，有时为了缩短工期，也可以有部分合理的搭接。

（4）先土建后设备：指的是不论民用建筑还是工业建筑，一般来说，土建施工应先于水、暖、煤、卫、电等建筑设备的施工。但它们之间更多的是穿插配合关系，尤其在装修阶段，要从保证施工质量、降低成本的角度处理好相互之间的关系。

以上原则并不是一成不变的，在特殊情况下，如在冬期施工之前，应尽可能完成土建和围护工程，以利于施工中的防寒和室内作业的开展，从而达到改善工人的劳动环境、缩短工期的目的；又如大板建筑施工，大板承重结构部分和某些装饰部分宜在加工厂同时完成。随着我国施工技术的发展、企业经营管理水平的提高，以上原则也在进一步完善之中。

2）确定施工顺序的基本要求

（1）必须符合施工工艺的要求。建筑物在建造过程中，各分部分项工程之间存在着一定的工艺顺序关系，并随着建筑物结构和构造的不同而变化，应在分析建筑物各分部分项工程之间的工艺关系的基础上确定施工顺序。如基础工程未做完，其上部结构就不能进行作业，垫层需在土方开挖后才能施工；采用砌体结构时，下层的墙体砌筑完成后方能施工上层楼面。但在框架结构工程中，墙体作为围护或隔断，可安排在框架施工全部或部分完成后进行。

(2) 必须与施工方法协调一致。如在装配式单层工业厂房施工中，如采用分件吊装法，施工顺序是先吊装柱，再吊装梁，最后吊装各个节间的屋架及屋面板等；如采用综合吊装法，则施工顺序为一个节间全部构件吊装完成后，再依次吊装下一个节间，直至构件全部吊装完。

(3) 必须考虑施工组织的要求。如有地下室的高层建筑，其地下室地面工程可以安排在地下室顶板施工前进行，也可以安排在地下室顶板施工后进行。从施工组织方面考虑，前者施工较方便，上部空间宽敞，可以利用吊装机械直接将地面施工用的材料运送到地下室；而选择后者，地面材料运输和施工就比较困难，但可以加快主体施工的进度。

(4) 必须考虑施工质量的要求。在安排施工顺序时，要以保证和提高工程质量为前提，当影响工程质量时，则要重新安排施工顺序或采取必要的技术措施。如屋面防水层施工，必须等找平层干燥后才能进行，否则将影响防水工程的质量，特别是柔性防水层的施工。

(5) 必须考虑当地的气候条件。如在冬期和雨期施工到来之前，应尽量先做基础工程、室外工程、门窗玻璃工程，为地上和室内工程施工创造条件。这样有利于改善工人的劳动环境，有利于保证工程质量和加快施工进度。

(6) 必须考虑安全施工的要求。在进行立体交叉、平行搭接施工时，一定要注意安全问题。如在主体结构施工时，水、电、暖、卫的安装与构件、模板、钢筋等的吊装和安装不能在同一个工作面上，必要时应采取一定的安全保护措施。

2. 多层砌体结构民用房屋的施工顺序

多层砌体结构民用房屋按照结构各部位不同的施工特点，可分为基础工程、主体工程、屋面及装修工程三个施工阶段，如图 7 - 1 所示。

1) 基础工程阶段施工顺序

基础工程是指室内地面以下的工程，其施工顺序一般为挖土方→垫层→基础→回填土，具体内容视工程设计而定。如有桩基础工程，应另列桩基础工程。如有地下室，则施工过程和施工顺序一般为挖土方→垫层→地下室底板→地下室墙、柱结构→地下室顶板→防水层及保护层→回填土。但由于地下室结构、构造不同，有些施工内容应有一定的配合和交叉。

在基础工程施工阶段，挖土方与垫层这两道工序在施工安排上要紧凑，时间间隔不宜太长，必要时可将挖土方与垫层合并为一个施工过程。在施工中，可以采取集中兵力、分段流水进行施工，以避免基槽（坑）土方开挖后，因垫层施工未能及时进行而使基槽（坑）浸水或受冻害，从而使地基承载力下降，造成工程质量事故，或引起工程量、劳动力、机械等资源的增加。同时还应注意混凝土垫层施工后必须有一定的技术间歇时间，使之具有一定的强度后再进行下道工序的施工。各种管沟的挖土、铺设等施工过程，应尽可能与基础工程施工配合，采取平行搭接施工。回填土一般在基础工程完工后一次性分层、

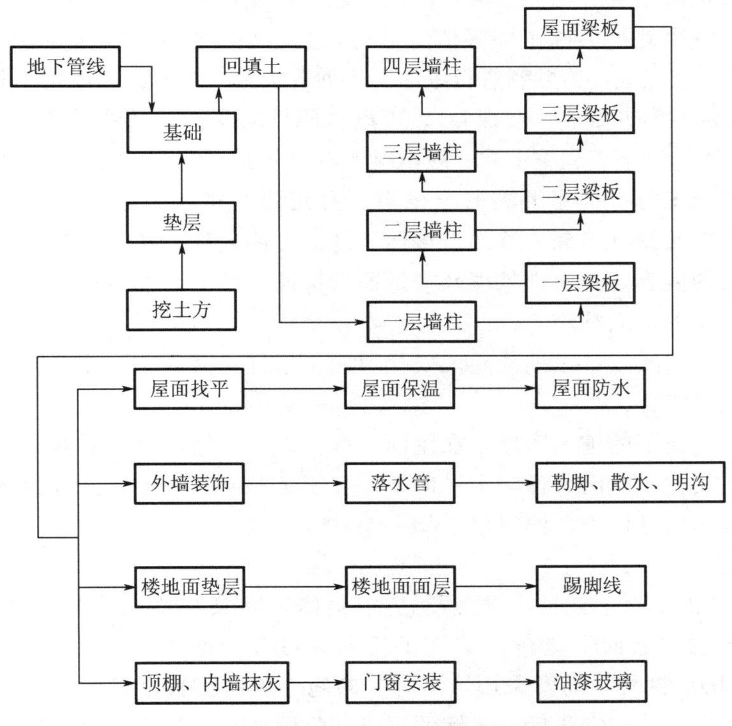

图 7-1 多层砌体结构民用房屋的施工顺序

对称夯填，以避免基础受到浸泡，并为后一道工序创造条件。当回填土工程量较大且工期较紧时，也可将回填土分段施工并与主体结构搭接进行，室内回填土可安排在室内装修施工前进行。

2）主体工程阶段施工顺序

主体工程是指基础工程以上、屋面板以下的所有工程。这一阶段的施工过程主要包括安装垂直运输机械，搭设脚手架，砌筑墙体，现浇柱、梁、楼板、雨篷、阳台、楼梯等。其中砌筑墙体和现浇楼板是主体工程阶段的主导施工过程，两者在各楼层中交替进行，应注意使它们在施工中保持均衡、连续、有节奏地进行作业，并以它们为主组织流水施工，根据每个施工段的砌筑墙体和现浇楼板工程量、工人人数、吊装机械的效率、施工组织的安排等计算确定流水节拍大小，而其他施工过程则应配合砌筑墙体和现浇楼板组织流水作业，搭接进行。如搭设脚手架应配合砌筑墙体和现浇楼板逐段逐层进行，现浇钢筋混凝土构件的支模、绑扎钢筋可安排在现浇楼板的同时或砌筑墙体的最后一步插入。要及时做好模板、钢筋的加工制作，以免影响后续工程的按期投入。

3）屋面及装修工程阶段施工顺序

屋面及装修工程是指屋面板完成以后的所有工作。这一阶段的施工特点是：施工内容多、繁、杂；有的工程量大而集中，有的工程量小而分散；劳动消耗大，手工作业多，工期较长。因此妥善安排屋面及装修工程的施工顺序，组织立体交叉流水作业，对加快工程进度有着特别重要的意义。

屋面工程的施工应根据屋面的设计要求逐层进行。如柔性屋面的施工按照隔汽层→保温

层→找平层→柔性防水层→隔热层的顺序依次进行，刚性屋面按照找平层→保温层→找平层→刚性防水层→隔热层的施工顺序依次进行，其中细石混凝土防水层、分仓缝施工应在主体结构完成后尽快完成，为顺利进行室内装修创造条件。为了保证屋面工程质量、防止屋面渗漏，屋面防水在南方做成“双保险”，即既做刚性防水层，又做柔性防水层，但也应精心施工、精心管理。屋面工程施工在一般情况下不划分流水段，可以和装修工程搭接施工。

装修工程的施工可分为室外装修（檐沟、女儿墙、外墙、勒脚、散水、台阶、明沟、雨水管等）和室内装修（顶棚、墙面、楼面、地面、踢脚线、楼梯、门窗、五金、油漆及玻璃等）两方面的内容，其中内外墙及楼地面的饰面是整个装修工程施工的主导过程，要着重解决饰面工作的空间顺序。

根据装修工程的质量、工期、施工安全及施工条件，其施工顺序有以下几种。

（1）室外装修工程。

一般采用自上而下的施工顺序，在屋面工程全部完工后，室外抹灰从顶层至底层依次逐层向下进行。其施工流向通常为水平向下，如图 7－2(a) 所示，采用这种顺序的优点是有利于室外装修的成品保护，同时便于脚手架及时拆除。

（2）室内装修工程。

① 室内装修自上而下的施工顺序，是指主体工程及屋面防水层完工后，室内抹灰从顶层往底层依次逐层向下进行。其施工流向又可分为水平向下［图 7－2(a)］和垂直向下［图 7－2(b)］两种，通常采用水平向下的施工流向。采用自上而下施工顺序的优点是：可以使房屋主体结构完成后有足够的沉降和收缩期，沉降变化趋于稳定，能避免产生沉降裂缝，保证室内装修质量，同时还可减少或避免各工种操作互相交叉，便于组织施工，有利于施工安全，也很方便楼层清理。其缺点是：不能与主体工程及屋面工程搭接施工，故总工期相应较长。

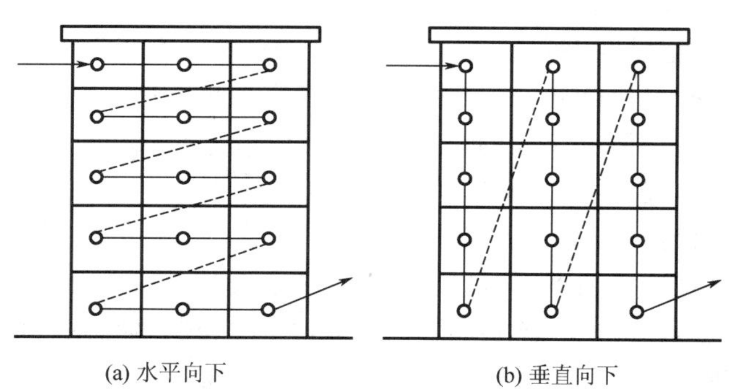

图 7－2　自上而下的施工流向

② 室内装修自下而上的施工顺序，是指主体结构施工到三层及三层以上时（有两层楼板，以确保底层施工安全），室内抹灰从底层开始逐层向上进行，一般与主体结构平行搭接施工。其施工流向又可分为水平向上［图 7－3(a)］和垂直向上［图 7－3(b)］两种，通常采用水平向上的施工流向。为了防止雨水或施工用水从上层楼板渗漏而影响装修质量，应先做好上层楼板的面层，再进行本层顶棚、墙面、楼地面的饰面。采用自下而上的施工顺序的优点是：可以与主体结构平行搭接施工，从而缩短工期。其缺点是：同时施工的工序多、人员多、工序间交叉作业多，要采取必要的安全措施；材料供应集中，施工机

具负担重，现场施工组织和管理比较复杂。因此只有当工期紧迫时，室内装修才考虑采取自下而上的施工顺序。

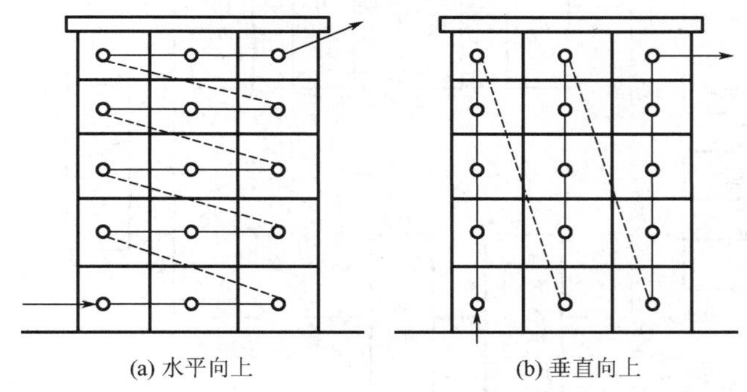
(a) 水平向上　　(b) 垂直向上

图 7－3　自下而上的施工流向

③ 室内装修的单元顺序，即在同一楼层内顶棚、墙面、楼地面之间的施工顺序，一般有两种选择：楼地面→顶棚→墙面，顶棚→墙面→楼地面。这两种施工顺序各有利弊，前者便于清理地面基层，楼地面质量易保证，而且便于收集墙面和顶棚的落地灰，从而节约材料，但要注意楼地面的成品保护，否则后一道工序不能及时进行；后者则在楼地面施工之前必须将落地灰清扫干净，否则会影响面层与结构层间的黏结，造成楼地面起壳，而且楼地面施工用水的渗漏可能影响下层墙面、顶棚的施工质量。底层地面施工通常在最后进行。

④ 楼梯间和楼梯踏步由于在施工期间易受损坏，为了保证装修工程质量，楼梯间和踏步装修往往安排在其他室内装修完工之后，自上而下统一进行。门窗的安装可在抹灰之前或之后进行，主要视气候和施工条件而定，但通常是安排在抹灰之后。而油漆和安装玻璃的次序是应先油漆门窗扇，后安装玻璃，以免油漆时弄脏玻璃。塑钢及铝合金门窗不受此限制。

在装修工程施工阶段，还需考虑室内装修与室外装修的先后顺序，这与施工条件和天气变化有关。通常有先内后外、先外后内、内外同时进行这三种施工顺序。当室内有水磨石楼面时，应先做水磨石楼面，再做室外装修，以免施工时渗漏水影响室外装修质量；当采用单排脚手架砌墙时，由于留有脚手眼需要填补，应先做室外装修，在拆除脚手架后同时填补脚手眼，再做室内装修；当装饰工人较少时，则不宜采用内外同时进行的施工顺序。一般来说，采用先外后内的施工顺序较为有利。

3. 钢筋混凝土框架结构房屋的施工顺序

钢筋混凝土框架结构房屋的施工顺序也可分为基础、主体、屋面及装修工程三个阶段。但它在主体工程施工时与多层砌体结构民用房屋有所区别，即框架柱、框架梁、板可交替进行，也可采用框架柱、框架梁、板同时进行，墙体工程则与框架柱、框架梁、板搭接施工，其他工程的施工顺序与多层砌体结构民用房屋相同。

4. 装配式单层工业厂房的施工顺序

装配式单层工业厂房按照结构各部位不同的施工特点，一般分为基础工程、预制工程、吊装工程、其他工程四个施工阶段，如图 7－4 所示。

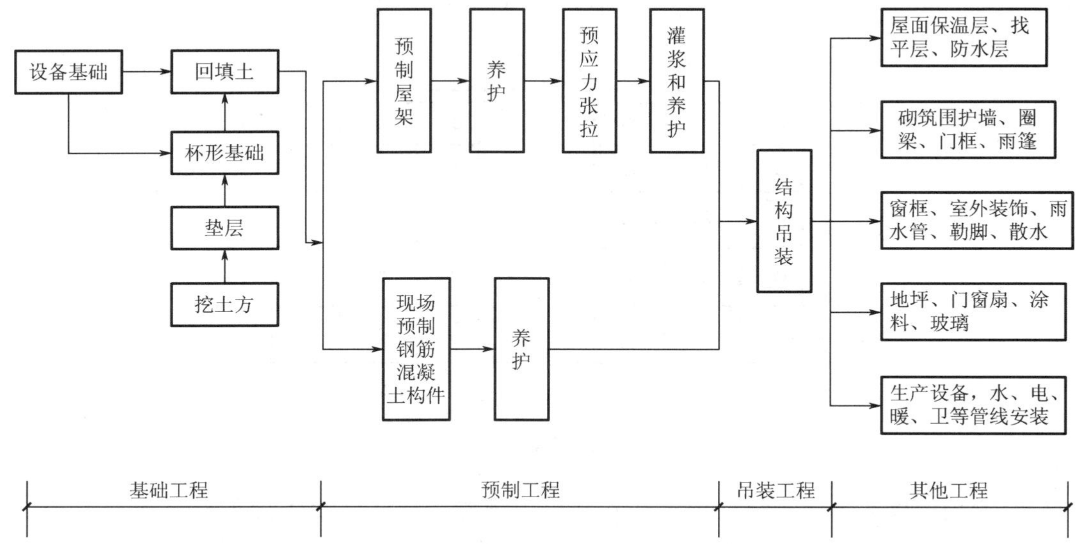

图 7－4　装配式单层工业厂房施工顺序

在施工中，有的装配式单层工业厂房由于工程规模较大、生产工艺复杂，需要按生产工艺要求来分区、分段。因此在确定装配式单层工业厂房的施工顺序时，不仅要考虑土建施工及施工组织的要求，而且要研究生产工艺流程，即先生产的区段先施工，以尽早交付使用，尽快发挥基本建设投资的效益。所以工程规模较大、生产工艺要求较复杂的装配式单层工业厂房施工时，要分期分批进行，分期分批交付试生产，这是确定其施工顺序的总要求。下面根据中小型装配式单层工业厂房各施工阶段来叙述其施工顺序。

1）基础工程阶段施工顺序

装配式单层工业厂房的柱基础大多采用钢筋混凝土杯形基础，基础工程施工阶段的施工顺序一般是：挖土方→垫层→杯形基础（也可分为绑扎钢筋、支模、浇筑混凝土、养护、拆模）→回填土。如有桩基础工程，则应另列桩基础工程。

在基础工程施工阶段，挖土方与垫层这两道工序在施工安排上要紧凑，时间间隔不宜太长。在施工中，挖土方、垫层及杯形基础，可集中力量分区、分段进行流水施工，但应注意混凝土垫层和钢筋混凝土杯形基础施工后必须有一定的技术间歇时间，须待其达到一定的强度后，再开展下一道工序。回填土必须在基础工程完工后及时一次性分层对称夯实，以保证基础工程质量，并及时提供现场预制构件制作场地。

装配式单层工业厂房往往都有设备基础，特别是重型工业厂房，其设备基础埋置深、体积大、所需工期长、施工条件差，比一般的柱基工程施工困难和复杂得多，有时还会因为设备基础施工顺序不同，影响到构件的吊装方法、设备安装及投入生产使用时间，因此对设备基础的施工必须引起足够的重视。

设备基础视其埋置深浅、体积大小、位置关系和施工条件，有两种施工顺序方案，即封闭式施工和敞开式施工。

（1）封闭式施工，是指厂房柱基础先施工，设备基础在结构吊装后施工。它适用于设备基础埋置浅（不超过厂房柱基础埋置深度）、体积小、土质较好、距柱基础较远和在厂房结构吊装后对厂房结构稳定性并无影响的情况。采用封闭式施工的优点是：土建施工工作面大，有利于构件现场预制、吊装和就位，便于选择合适的起重机械和开行路线；围护工程能及早完工，设备基础能在室内施工，不受气候影响，可以减少设备基础施工时的防雨、防寒及防暑费用；有时还可以利用厂房内的桥式吊车为设备基础施工服务。其缺点是：出现某些重复性工作，如部分柱基回填土的重复挖填；设备基础施工条件差，场地拥挤，其基坑不宜采用机械开挖；当厂房所在地点土质不佳时，设备基础基坑开挖过程中容易造成土体不稳定，需增加加固措施费用。

（2）敞开式施工，是指厂房柱基础与设备基础同时施工或设备基础先施工，它的适用范围和优缺点与封闭式施工正好相反。

这两种施工顺序方案各有优缺点，究竟采用哪一种方案，应根据工程的具体情况仔细分析、对比后加以确定。

2）预制工程阶段施工顺序

装配式单层工业厂房的钢筋混凝土结构构件较多，一般包括柱子、基础梁、连系梁、吊车梁、支撑、屋架、天窗架、屋面板、天沟板等。目前装配式单层工业厂房的构件，一般采用加工厂预制和现场预制（在拟建车间内部、外部）相结合的方式，这里着重介绍现场预制的施工顺序。对于质量大、批量小或运输不便的构件，一般采用现场预制的方式，如柱子、吊车梁、屋架等；对于中小型构件，一般采用加工厂预制的方式。但在具体确定构件预制方式时，应结合构件的技术特征、当地加工厂的生产能力、工期要求、现场施工条件、运输条件等因素进行技术经济分析后确定。

非预应力预制构件制作的施工顺序是：支模→绑扎钢筋→预埋铁件→浇筑混凝土→养护→拆模。

后张法预应力预制构件制作的施工顺序是：支模→绑扎钢筋→预埋铁件→孔道留设→浇筑混凝土→养护→拆模→预应力钢筋的张拉、锚固→孔道灌浆→养护。

预制构件开始制作的日期、位置、流向和顺序，在很大程度上取决于工作面和后续工程的要求。一般来说，只要基础回填土、场地平整完成一部分之后，结构吊装方案一经确定，构件制作即可开始。制作流向应与基础工程的施工流向一致，这样既能使构件制作早日开始，又能及早交出工作面，为结构吊装尽早进行创造条件。

当采用分件吊装法时，预制构件的制作有两种方案：当场地狭窄而工期允许时，构件制作可分批进行，首先制作柱子和吊车梁，待柱子和吊车梁吊装完后再进行屋架制作；当场地宽敞时，可考虑构件同时制作以缩短工期，柱子和吊车梁等构件在拟建车间内部预制，屋架在拟建车间外部制作。构件尤其是大型构件的制作位置需考虑方便以后吊装。

当采用综合吊装法时，预制构件需一次制作，视场地的具体情况确定构件是全部在拟建车间内制作，还是一部分在拟建车间内制作一部分在拟建车间外制作。

3）吊装工程阶段施工顺序

结构吊装工程是装配式单层工业厂房施工中的主导施工过程，其内容依次为柱子、基础梁、吊车梁、连系梁、屋架、天窗架、屋面板等构件的吊装、校正和固定。

构件吊装开始日期取决于吊装前准备工作完成的情况，吊装流向和顺序主要由后续工程对它的要求来确定。当柱基杯口弹线和杯底标高抄平、构件的弹线、吊装强度验算、加固设施、吊装机械进场等准备工作完成之后，就可以开始吊装。吊装流向通常应与构件制作的流向一致。但如果车间为多跨且有高低跨时，吊装流向应从高低跨柱列开始，以适应吊装工艺的要求。

吊装的顺序取决于吊装方法。当采用分件吊装法时，其吊装顺序是：第一次开行吊装柱子，随后校正与固定；第二次开行吊装基础梁、吊车梁、连系梁；第三次开行吊装屋盖构件。有时也可将第二次开行、第三次开行合并为一次开行。当采用综合吊装法时，其吊装顺序是：先吊装四根或六根柱子，迅速校正固定，再吊装基础梁、吊车梁、连系梁及屋盖构件等，如此逐个节间吊装，直至整个厂房吊装完毕。

装配式单层工业厂房两端山墙往往设有抗风柱，抗风柱有两种吊装顺序：一种是在吊装柱子的同时先吊装该跨一端的抗风柱，另一端抗风柱吊装则待屋盖吊装完之后进行；另一种是全部抗风柱均待屋盖吊装完之后进行吊装。

4）其他工程阶段施工顺序

其他工程阶段主要包括围护工程、屋面工程、装修工程、设备安装工程等内容，这一阶段总的施工顺序是围护工程→屋面工程→装修工程→设备安装工程，但有时也可互相交叉、平行搭接施工。

围护工程的施工顺序是：搭设垂直运输设备（一般选用井架）→砌墙（脚手架搭设与之配合进行）→现浇门框、雨篷等。

屋面工程在屋盖构件吊装完毕、垂直运输设备搭设好后，就可安排施工，其施工过程和顺序与前述多层砌体结构民用房屋基本相同。

装修工程包括室外装修和室内装修，两者可平行进行，并可与其他施工过程交叉进行。室外装修一般采用自上而下的施工顺序；室内装修按屋面板底→内墙→地面的顺序进行施工；门窗安装在粉刷过程中穿插进行。

设备安装包括水、电、暖、卫和生产设备安装。水、电、暖、卫安装与前述多层砌体结构民用房屋基本相同，而生产设备的安装由于专业性强、技术要求高等，一般由专业公司分包。

上述多层砌体结构民用房屋、钢筋混凝土框架结构房屋和装配式单层工业厂房的施工顺序，仅适用于一般情况。建筑施工顺序的确定是一个复杂的过程，也是一个发展的过程，随着科学技术的发展、人们观念的更新而在不断变化，因此针对每个建设项目，必须根据其施工特点和具体情况，合理确定其施工顺序。

7.3.2 确定施工方法和施工机械

正确选择施工方法和施工机械，是制订施工方案的关键。单位工程各个分部分项工程均可采用各种不同的施工方法和施工机械，而每一种施工方法和施工机械又都有其优缺点，因此必须从先进、经济、合理的角度出发进行选择，以达到提高工程质量、降低成本、提高劳动生产率和加快进度的预期效果。

1. 选择施工方法和施工机械的主要依据

施工方法和施工机械的选择，主要应根据工程建筑结构特点、质量要求、工期长短、资源供应条件、现场施工条件、施工单位的技术装备水平和管理水平等因素综合考虑。

2. 选择施工方法和施工机械的基本要求

(1) 应考虑主要分部分项工程的要求。应从工程施工全局出发，着重考虑影响整个工程施工的主要分部分项工程的施工方法和施工机械选择。而对于一般的、常见的、工人熟悉的、工程量小的、对施工全局和工期无多大影响的分部分项工程，只要提出若干注意事项和要求就可以了。

主要分部分项工程是指工程量大、所需时间长、占工期比例大的工程，施工技术复杂或采用新技术、新工艺、新材料、新设备的分部分项工程，以及对工程质量起关键作用的分部分项工程。对施工单位来说，某些结构特殊或缺乏施工经验的工程也属于主要分部分项工程。

(2) 应符合施工组织总设计的要求。如本工程是整个建设项目中的一个项目，则其施工方法和施工机械的选择应符合施工组织总设计中的有关要求。

(3) 应满足施工技术的要求。施工方法和施工机械的选择，必须满足施工技术的要求。如预应力张拉方法和机械的选择应满足设计、质量、施工技术的要求，又如吊装机械的类型、型号、数量的选择应满足构件吊装技术和工程进度的要求。

(4) 应符合工厂化、机械化施工的要求。单位工程施工，原则上应尽可能实现和提高工厂化和机械化程度，这是建筑施工发展的需要，也是提高工程质量、降低工程成本、提高劳动生产率、加快工程进度和实现文明施工的有效措施。这里所说的工厂化，是指建筑物的各种钢筋混凝土构件、钢结构构件、木构件、钢筋加工等应最大限度地实现工厂化制作，最大限度地减少现场作业。而机械化程度不仅是指单位工程施工要提高机械化程度，还要充分发挥机械设备的效率，减轻繁重的体力劳动。

(5) 应符合先进、合理、可行、经济的要求。选择施工方法和施工机械时，除要求先进、合理之外，还要考虑对施工单位来说是可行的、经济的。必要时要进行分析比较，从施工技术水平和实际情况出发，选择先进、合理、可行、经济的施工方法和施工机械。

(6) 应满足工期、质量、成本和安全的要求。所选择的施工方法和施工机械应尽量满足缩短工期、提高工程质量、降低工程成本、确保施工安全的要求。

3. 主要分部分项工程的施工方法和施工机械选择

主要分部分项工程的施工方法和施工机械在建筑施工技术中已有详细叙述，这里仅将需重点拟定的内容和要求归纳如下。

(1) 土石方与地基处理工程。

① 挖土方法。根据土方量大小，确定采用人工挖土还是机械挖土。当采用人工挖土时，应按进度要求确定劳动力人数，分区分段施工；当采用机械挖土时，应选择机械挖土的方式，再确定挖土机的型号和数量，机械开挖的方向与路线，人工如何配合修整基底、边坡。

② 地面水、地下水的排除方法。确定排水沟渠、集水井、井点的布置及所需设备的型号和数量。

③ 挖深基坑方法。应根据土质类别及场地周围情况确定边坡的放坡坡度或土壁的支撑形式和打设方法，确保安全。

④ 石方施工。确定石方的爆破方法，所需机具材料。

⑤ 在地形较复杂的地区进行场地平整时，应进行土方平衡计算，绘制平衡调配表。

⑥ 确定运输方式、运输机械型号和数量。

⑦ 确定土方回填的方法、填土压实的要求及机具选择。

⑧ 确定地基处理的方法（换填地基、夯实地基、挤密桩地基、注浆地基等）及相应的材料机具设备。

(2) 基础工程。

① 浅基础。确定垫层、钢筋混凝土基础施工的技术要求。

② 地下防水工程。应根据其防水方法（混凝土结构自防水、水泥砂浆抹面防水、卷材防水、涂料防水），确定用料要求和相关技术措施等。

③ 桩基。明确施工机械型号，入土方法，入土深度控制、检测、质量要求等。

④ 基础的深浅不同时，应确定基础施工的先后顺序、标高控制、质量安全措施等。

⑤ 各种变形缝。确定留设方法及注意事项。

⑥ 混凝土基础施工缝。确定留置位置、技术要求。

(3) 混凝土和钢筋混凝土工程。

① 模板的类型和支模方法的确定。根据不同的结构类型、现场施工条件和企业实际施工装备，确定模板种类、支承方法和施工方法，并分别列出采用的项目、部位、数量，明确加工制作的分工及选用的隔离剂，对于复杂的结构还需进行模板设计及模板放样图绘制。模板工程应向工具化方向努力，推广“快速脱模”装置，提高模板的周转利用率。采取分段流水工艺，减少模板的一次投入量，同时确定模板供应渠道（租用或内部调拨）。

② 钢筋的加工、运输和安装方法的确定。明确构件厂或现场加工的范围（如成型程度是加工成单根、网片或骨架），明确除锈、调直、切断、弯曲成型方法，明确钢筋冷拉、施加预应力方法，明确焊接方法（如电弧焊、对焊、点焊、气压焊等）或机械连接方法（如锥螺纹、直螺纹等），明确钢筋运输和安装方法，明确相应机具设备的型号和数量。

③ 混凝土搅拌和运输方法的确定。若当地有预拌混凝土供应，则首先应采用预拌混凝土，否则应根据混凝土工程量大小，合理选用搅拌方式，明确是集中搅拌还是分散搅拌；选用搅拌机型号和数量；进行配合比设计，确定掺合料、外加剂的品种和数量，确定砂石筛选、计量和后台上料方法；确定混凝土运输方法。

④ 混凝土的浇筑。确定浇筑顺序、施工缝位置、分层高度、工作班制、浇捣方法、养护制度及相应机械工具的型号和数量。

⑤ 冬期或高温条件下混凝土的浇筑。应制定相应的防冻或降温措施，落实测温工作，明确外加剂品种、数量和控制方法。

⑥ 大体积混凝土的浇筑。应制定防止温度裂缝的措施，落实测量孔的设置和测温记录等工作。

⑦ 有防水要求的特殊混凝土工程。应事先做好防渗等试验工作，明确用料和施工操

作等要求，加强检测控制措施，保证质量。

⑧ 装配式单层工业厂房的牛腿柱和屋架等大型的在现场预制的钢筋混凝土构件，应事先确定柱与屋架现场预制平面布置图。

（4）砌体工程。

① 明确砌体的组砌方法和质量要求，皮数杆的控制要求，施工段和劳动力的组合形式等。

② 明确砌体与钢筋混凝土构造柱、梁、圈梁、楼板、阳台、楼梯等构件的连接要求。

③ 明确配筋砌体工程的施工要求。

④ 明确砌筑砂浆的配合比计算及原材料要求，拌制和使用时的要求。

（5）结构安装工程。

① 选择吊装机械的类型和数量。需根据建筑物的外形尺寸，所吊装构件的外形尺寸、位置、质量、起重高度，工程量、工期，现场条件，吊装工地的拥挤程度，吊装机械通向建筑工地的可能性及工地上可能获得吊装机械的类型等条件来确定。

② 确定吊装方法，安排吊装顺序、机械位置、行驶路线、构件拼装方法及场地。

③ 有些跨度较大的建筑物的构件吊装，应认真制定吊装工艺，设定构件吊点位置，确定吊索的长短及夹角大小、起吊和扶正时的临时稳固措施、垂直度测量方法等。

④ 构件运输、装卸、堆放方法，以及所需机具设备（如平板拖车、载重汽车、卷扬机及手推车等）的型号、数量和对运输道路的要求。

⑤ 确定吊装工程准备工作内容，主要包括：起重机行走路线的压实加固；各种索具、吊具和辅助机械的准备；临时加固、校正和临时固定的工具、设备的准备；吊装质量要求和安全施工等相关技术措施。

（6）屋面工程。

① 屋面各个分项工程（如卷材防水屋面一般有找坡找平层、隔汽层、保温层、防水层、保护层等分项工程，刚性防水屋面一般有隔离层、刚性防水层等分项工程）的各层材料特别是防水材料的质量要求和施工操作要求。

② 屋盖系统的各种节点部位及各种接缝的密封防水施工。

③ 屋面材料的运输方式。

（7）装饰装修工程。

① 明确装修工程进入现场施工的时间、顺序和成品保护等具体要求，结构、装修、安装宜穿插施工，以缩短工期。

② 较高级的室内装修应先做样板间，通过设计、业主、监理等单位联合认定后，再全面开展工作。

③ 对于民用建筑，需提出室内装饰环境污染控制办法。

④ 室外装修工程应明确脚手架设置，饰面材料应有防止渗水、防止坠落及防止金属材料锈蚀的措施。

⑤ 确定分项工程的施工方法和要求，提出所需的机具设备的型号和数量。

⑥ 确定各种装饰装修材料的品种、规格、外观、尺寸、质量等要求。

⑦ 确定装修材料逐层堆放的数量和平面位置，提出材料储存要求。

⑧ 保证装饰工程施工防火安全的方法。如材料的防火处理、施工现场防火、电气防火、消防设施的保护等。

(8) 脚手架工程。

① 明确内外脚手架的用料、搭设、使用、拆除方法及安全措施，外墙脚手架大多从地面开始搭设，根据土质情况，应有防止脚手架不均匀下沉的措施。

高层建筑的外脚手架，应每隔几层与主体结构做固定拉结，以保证脚手架整体稳固；且一般不从地面开始一直向上，而应分段搭设，一般每段5～8层，大多采用工字钢或槽钢做外挑或组成钢三角架外挑的做法。

② 应明确特殊部位脚手架的搭设方案。如施工现场的主要出入口处，脚手架应留有较大的空间，便于行人或车辆进出，空间两边和上边均应用双杆处理，并局部设置剪刀撑，加强与主体结构的拉结固定。

③ 室内施工脚手架宜采用轻型的工具式脚手架，以便于装拆，且成本低。高度较大、跨度较大的厂房屋顶的顶棚喷刷工程宜采用移动式脚手架，既省工又不影响其他工程。

④ 脚手架工程还需确定安全网挂设方法及“四口”“五临边”防护方案。

(9) 现场水平、垂直运输设施。

① 确定垂直运输量，有标准层的需确定标准层运输量。

② 选择垂直运输方式及其机械型号、数量、布置、安全装置、服务范围、穿插班次，明确垂直运输设施使用中的注意事项。

③ 选择水平运输方式及其设备型号、数量。

【装配式施工全记录】

④ 确定地面和楼面上水平运输的行驶路线。

(10) 特殊项目。

① 采用“四新”（新技术、新工艺、新材料、新设备）的项目及高耸、大跨、重型构件，水下、深基、软弱地基、冬期施工等项目，均应单独编制施工方案，内容应包括施工方法、工艺流程、平立剖示意图、技术要求、质量安全注意事项、施工进度、劳动组织、材料构件及机械设备需用量。

② 对于大型土石方、打桩、构件吊装等项目，一般均需单独提出施工方法和技术组织措施。

7.3.3 制订专项施工方案

【专项施工方案要点】

施工单位应当在危险性较大的分部分项工程施工前编制专项方案。对于超过一定规模的危险性较大的分部分项工程，施工单位应当组织专家对专项方案进行论证。

危险性较大的分部分项工程，是指建筑工程在施工过程中存在的、可能导致作业人员群死群伤或造成重大不良社会影响的分部分项工程。施工单位应当在危险性较大的分部分项工程施工前编制专项方案；对于超过一定规模的危险性较大的分部分项工程，施工单位应当组织专家对专项方案进行论证。

危险性较大的分部分项工程安全专项施工方案，是指施工单位在编制施工组织（总）

设计的基础上，针对危险性较大的分部分项工程单独编制的安全技术措施文件。

《建设工程安全生产管理条例》规定：对达到一定规模的危险性较大的分部分项工程应当编制安全专项施工方案，并附具安全验算结果，经施工单位技术负责人、总监理工程师签字后实施，由专职安全生产管理人员进行现场监督。其中特别重要的专项施工方案还必须组织专家进行论证、审查，住建部发布的《危险性较大的分部分项工程安全管理办法》（住建部令〔2018〕37号）对此做了明确规定。

1. 专项施工方案编制范围

1）危险性较大的分部分项工程

（1）基坑工程。

① 开挖深度超过3m（含3m）的基坑（槽）的土方开挖、支护、降水工程。

② 开挖深度虽未超过3m，但地质条件、周围环境和地下管线复杂，或影响毗邻建（构）筑物安全的基坑（槽）的土方开挖、支护、降水工程。

（2）模板工程及支撑体系。

① 各类工具式模板工程：包括滑模、爬模、飞模、隧道模等工程。

② 混凝土模板支撑工程：搭设高度在5m及以上，或搭设跨度在10m及以上，或施工总荷载（荷载效应基本组合的设计值，以下简称设计值）在$10kN/m^2$及以上，或集中线荷载（设计值）在15kN/m及以上，或高度大于支撑水平投影宽度且相对独立无联系构件的混凝土模板支撑工程。

③ 承重支撑体系：用于钢结构安装等满堂支撑体系。

（3）起重吊装及起重机械安装拆卸工程。

① 采用非常规起重设备、方法，且单件起吊重量在10kN及以上的起重吊装工程。

② 采用起重机械进行安装的工程。

③ 起重机械安装和拆卸工程。

（4）脚手架工程。

① 搭设高度在24m及以上的落地式钢管脚手架工程（包括采光井、电梯井脚手架）。

② 附着式升降脚手架工程。

③ 悬挑式脚手架工程。

④ 高处作业吊篮。

⑤ 卸料平台、操作平台工程。

⑥ 异型脚手架工程。

（5）拆除工程。

可能影响行人、交通、电力设施、通信设施或其他建（构）筑物安全的拆除工程。

（6）暗挖工程。

采用矿山法、盾构法、顶管法施工的隧道、洞室工程。

（7）其他。

① 建筑幕墙安装工程。

② 钢结构、网架和索膜结构安装工程。

③ 人工挖孔桩工程。

④ 水下作业工程。

⑤ 装配式建筑混凝土预制构件安装工程。

⑥ 采用新技术、新工艺、新材料、新设备可能影响工程施工安全，尚无国家、行业及地方技术标准的分部分项工程。

2）超过一定规模的危险性较大的分部分项工程范围

（1）深基坑工程。

开挖深度超过 5m（含 5m）的基坑（槽）的土方开挖、支护、降水工程。

【高支模如何施工才能保证安全】

（2）模板工程及支撑体系。

① 各类工具式模板工程：包括滑模、爬模、飞模、隧道模等工程。

② 混凝土模板支撑工程：搭设高度在 8m 及以上，或搭设跨度在 18m 及以上，或施工总荷载（设计值）在 15kN/m^2 及以上，或集中线荷载（设计值）在 20kN/m 及以上。

③ 承重支撑体系：用于钢结构安装等满堂支撑体系，承受单点集中荷载 7kN 及以上。

（3）起重吊装及起重机械安装拆卸工程。

① 采用非常规起重设备、方法，且单件起吊重量在 100kN 及以上的起重吊装工程。

② 起重量在 300kN 及以上，或搭设总高度在 200m 及以上，或搭设基础标高在 200m 及以上的起重机械安装和拆卸工程。

（4）脚手架工程。

① 搭设高度在 50m 及以上的落地式钢管脚手架工程。

② 提升高度在 150m 及以上的附着式升降脚手架工程或附着式升降操作平台工程。

③ 分段架体搭设高度在 20m 及以上的悬挑式脚手架工程。

（5）拆除工程。

① 码头、桥梁、高架、烟囱、水塔或拆除中容易引起有毒有害气（液）体或粉尘扩散、易燃易爆事故发生的特殊建（构）筑物的拆除工程。

② 文物保护建筑、优秀历史建筑或历史文化风貌区影响范围内的拆除工程。

（6）暗挖工程。

采用矿山法、盾构法、顶管法施工的隧道、洞室工程。

（7）其他。

① 施工高度在 50m 及以上的建筑幕墙安装工程。

② 跨度在 36m 及以上的钢结构安装工程，或跨度在 60m 及以上的网架和索膜结构安装工程。

③ 开挖深度在 16m 及以上的人工挖孔桩工程。

④ 水下作业工程。

⑤ 重力在 1000kN 及以上的大型结构整体顶升、平移、转体等施工工艺。

⑥ 采用新技术、新工艺、新材料、新设备可能影响工程施工安全，尚无国家、行业及地方技术标准的分部分项工程。

2. 专项施工方案内容

（1）工程概况：包括危险性较大的分部分项工程概况、施工平面布置、施工要求和技术保证条件。

（2）编制依据：包括相关法律、法规、规范性文件、标准、规范及图纸（国标图集）、施工组织设计等。

（3）施工计划：包括施工进度计划、材料与设备计划。

（4）施工工艺技术：包括技术参数、工艺流程、施工方法、检查验收等。

（5）施工安全保证措施：包括组织保障、技术措施、应急预案、监测监控等。

（6）劳动力计划：包括专职安全生产管理人员、特种作业人员等。

（7）计算书及相关图纸。

3. 专家论证

超过一定规模的危险性较大的分部分项工程专项方案，应当由施工单位组织召开专家论证会，实行施工总承包的，由施工总承包单位组织召开专家论证会。专家组成员应当由5名及以上符合相关专业要求的专家组成，本项目参建各方的人员不得以专家身份参加专家论证会。

专家论证的主要内容：专项方案内容是否完整、可行，专项方案计算书和验算依据是否符合有关标准规范，安全施工的基本条件是否满足现场实际情况。

【某工程深基坑专项施工方案】

7.4 施工技术组织措施

【BIM技术对建筑施工组织设计的影响】

拓展讨论

结合"BIM技术对建筑施工组织设计的影响"和党的二十大报告提出"加快发展方式绿色转型。"讨论一下BIM技术是否可以加快建筑业绿色转型。

施工技术组织措施是指降低工程施工成本、保证工程质量、加快工程施工进度、保证工程施工文明和安全等方面的措施，它包括技术方面和组织管理方面的措施，能比较全面地反映施工单位对工程施工的筹划水平和承诺，促使业主对施工单位有比较全面的了解，增加信任感，同时对施工企业和工程项目也是一种约束，减少或杜绝施工过程的随意性。

施工技术组织措施是施工组织设计的重要内容，它的主要作用如下。

（1）从施工组织管理角度看，它可体现出科学的组织与资源的合理运用，提高效率，降低施工成本。

（2）从施工技术角度看，它可使各项技术措施更深化、更具体、更有保障和有可实施性、可监督性。

（3）明确项目各个层次人员的岗位责任，使全体项目施工人员的施工行为标准化、程序化、规范化。

1. 确保工程质量的技术组织措施

保证工程质量的关键是明确质量目标，建立质量保证体系，对工程对象经常发生的质量通病制定防治措施。

1）技术措施

（1）确保工程定位放线、标高测量等准确无误的措施。

（2）确保地基承载力及各种基础、地下结构、地下防水、土方回填施工质量的措施。

（3）确保主体承重结构各主要施工过程质量的措施。

（4）确保屋面、装修工程施工质量的措施。

（5）依据《建筑工程冬期施工规程》（JGJ/T 104—2011）、《冬期施工手册》等制定季节性施工的质量保证措施。

（6）解决质量通病的措施。

2）组织措施

（1）建立各级技术责任制，完善内部质保体系，明确质量目标及各级技术人员的职责范围，做到职责明确、各负其责。

（2）推行全面质量管理活动，开展 QC（质量管理）小组竞赛，制定奖优罚劣措施。

（3）定期进行质量检查活动，召开质量分析会议。

（4）加强人员培训工作，贯彻《建筑工程施工质量验收统一标准》（GB 50300—2013）及相关专业工程施工质量验收系列规范。对使用“四新”或有质量通病的分部分项工程，应进行分析讲解，以提高操作人员的质量意识和水平，从而确保工程质量。

（5）对影响质量的风险因素有识别管理办法和防范对策。

2. 确保安全生产的技术组织措施

1）技术措施

（1）施工准备阶段的安全技术措施。

① 技术准备中要了解工程设计对安全施工的要求，调查工程的自然环境对施工安全及施工对周围环境安全的影响等。

② 物资准备时要及时供应质量合格的安全防护用品，以满足施工需要等。

③ 施工现场准备中，各种临时设施、库房、易燃易爆品存放都必须符合安全规定。

④ 施工队伍准备中，总包、分包单位都应持有《安全生产许可证》。

（2）施工阶段的安全技术措施。

① 针对拟建工程地形、地貌、环境、自然气候、气象等情况，提出突然发生自然灾害时有关施工安全方面的措施，以减少损失，避免伤亡。

② 易燃、易爆品严格管理和安全使用的措施。

③ 防火、消防措施，高温、有毒、有尘、有害气体环境下的安全措施。

④ 土方、深基施工，高空作业，结构吊装、上下垂直平行施工时的安全措施。

⑤ 各种机械、机具的安全操作要求，外用电梯、井架及塔式起重机等垂直运输机具的安拆要求、安全装置和防倒塌措施，交通、车辆的安全管理。

⑥ 各种电气设备防短路、防触电的安全措施。

⑦ 狂风、暴雨、雷电等各种特殊天气发生前后的安全检查措施及安全维护制度。

⑧ 季节性施工的安全措施，如夏季作业有防暑降温措施，雨季作业有防雷电、防触电、防沉陷坍塌、防台风、防洪排水措施，冬季作业有防风、防火、防冻、防滑、防煤气中毒措施。

⑨ 脚手架、吊篮、安全网的设置，各类洞口、临边作业人员防止坠落的措施，现场周围通行道路及居民保护隔离措施。

⑩ 各施工部位要有明显的安全警示牌。

⑪ 操作者严格遵照安全操作规程，实行标准化作业。

⑫ 基坑支护、临时用电、模板搭拆、脚手架搭拆要编写专项施工方案。

⑬ 针对新技术、新工艺、新材料、新结构，应制定专门的施工安全技术措施。

2）组织措施

（1）明确安全目标，建立安全保证体系。

（2）执行国家、行业、地区安全法规、标准或规范，如《职业健康安全管理体系要求》(GB/T 28001—2011)、《建筑施工安全检查标准》(JGJ 59—2011）等，并以此制定本工程安全管理制度及各专业工作安全技术操作规程。

（3）建立各级安全生产责任制，明确各级施工人员的安全职责。

（4）提出安全施工宣传、教育的具体措施，进行安全思想、纪律、知识、技能、法制的教育，加强安全交底工作；施工班组要坚持每天开好班前会，针对施工操作中的安全问题及时提示；在工人进场上岗前，必须进行安全教育和安全操作培训。

（5）定期进行安全检查活动和召开安全生产分析会议，对不安全因素及时进行整改。

（6）需要持证上岗的工种必须持证上岗。

（7）对影响安全的风险因素制定识别管理办法和防范对策。

3. 确保工期的技术组织措施

1）技术措施

（1）采取加快施工进度的施工技术方法。

（2）规范操作程序，使施工操作能紧张而有序地进行，避免返工和浪费，以加快施工进度。

（3）采取网络计划技术及其他科学适用的计划方法，并结合电子计算机的应用，对进度实施动态控制。在发生进度延误时，能适时调整工作间的逻辑关系，保证进度目标的实现。

2）组织措施

（1）建立进度控制目标体系和进度控制组织系统，落实各层次进度控制人员及其工作职责。

（2）建立进度控制工作制度，如检查时间、方法、协调会议时间、参加人员等。定期召开工程例会，分析研究解决各种问题。

（3）建立图纸审查、工程变更与设计变更管理制度。

（4）建立对影响进度的因素进行分析和预测的管理制度，对影响工期的风险因素有识别管理手法和防范对策。

（5）组织劳动竞赛，有节奏地掀起几次生产高潮，调动职工积极性，保证进度目标的实现。

（6）组织流水作业。

(7) 对季节性施工项目进行合理排序。

4. 确保文明施工、环境保护的技术组织措施

1) 文明施工措施

(1) 建立现场文明施工责任制等管理制度。

(2) 定期进行检查活动，针对薄弱环节不断总结提高。

(3) 施工现场围栏与标牌设置规范，出入口交通安全，道路畅通，场地平整，安全与消防设施齐全。

(4) 临时设施规划整洁，办公室、宿舍、更衣室、食堂、厕所清洁卫生。

(5) 各种材料、半成品、构件进场有序，避免盲目进场或后用先进等情况，现场材料应堆放整齐、分类管理。

(6) 做好成品保护及施工机械的修养工作。

2) 环境保护措施

(1) 项目经理部应根据《环境管理体系 要求及使用指南》(GB/T 24001—2016) 建立项目环境监控体系，不断反馈监控信息，采取整改措施。

(2) 施工现场泥浆和污水未经处理，不得直接排入城市排水设施和河流、湖泊、池塘。

(3) 除有符合规定的装置外，不得在施工现场熔化沥青和焚烧油毡、油漆，亦不得焚烧其他可产生有毒、有害、烟尘和恶臭气味的废弃物，禁止将有毒、有害废弃物做土方回填。

(4) 施工现场每日进行清理，做到随做随清、谁做谁清。建筑垃圾、渣土应在指定地点堆放，高空施工的垃圾及废弃物应采用密闭式串筒或其他措施清理搬运。装载建筑材料、垃圾或渣土的车辆，应采取防止尘土飞扬、洒落或流溢的有效措施。施工现场应根据需要设置机动车辆冲洗设施。

(5) 在居民和单位密集区域进行爆破、打桩等施工作业前，项目经理部应按规定申请批准，还应将作业计划、影响范围、程度及有关措施等情况向受影响范围的居民和单位通报说明，以取得协作和配合；对施工机械的噪声与振动扰民，应采取相应措施予以控制。

(6) 经过施工现场的地下管线，应由发包人在施工前通知承包人，标出位置，加以保护。施工时发现文物、古迹、爆炸物、电缆等，应当停止施工保护好现场，及时向有关部门报告，按照有关规定处理后方可继续施工。

(7) 施工中需要停水、停电、封路而影响到施工现场周围地区的单位和居民时，必须经有关部门批准，事先告知。在行人、车辆通行的地方施工，沟、井、坎、穴应设置覆盖物和标志。

(8) 施工现场在温暖季节应绿化。

拓展讨论

党的二十大报告提出"推动绿色发展，促进人与自然和谐共生"。讨论一下施工中还可以采取哪些措施保护环境，促进人与自然和谐共生。

5. 降低施工成本的技术组织措施

制定降低成本的措施要依据三个原则，即全面控制原则、动态控制原则、创收与节约相结合的原则。具体可采用如下措施。

(1) 建立成本控制体系及成本目标责任制，实行全员全过程控制，做好变更、索赔工作，加快工程款回收。

(2) 临时设施尽量利用已有的各项设施或利用已建工程，或采用工具式活动工棚等，以减少临时设施费用。

(3) 劳动组织合理，提高劳动效率，减少总用工数。

(4) 增强物资管理的计划性，从采购、运输、现场管理、材料回收等方面最大限度地降低材料成本。

(5) 综合利用吊装机械，提高机械利用率，减少吊次，以节约台班费。缩短大型机械进出场时间，避免多次重复进场使用。

(6) 增收节支，减少施工管理费的支出。

(7) 保证工程质量，减少返工损失。

(8) 保证安全生产，减少事故频率，避免意外工伤事故带来的损失。

(9) 合理进行土石方平衡，以节约土方运输及人工费用。

(10) 提高模板精度，采用工具式模板、工具式脚手架，加速模板等材料的周转，以节约模板和脚手架费用。

(11) 采用先进的钢筋连接技术，以节约钢筋。

(12) 砂浆、混凝土中掺外加剂或掺合料（粉煤灰等），以节约水泥用量。

(13) 编制工程预算时，应“以支定收”，保证预算收入；在施工过程中，要“以收定支”，控制资源消耗和费用支出。

【某工程技术组织措施案例】

(14) 加强经常性的分部分项工程成本核算分析及月度成本核算分析，及时反馈，以纠正成本的不利偏差。

(15) 对费用超支风险因素有识别管理办法和防范对策。

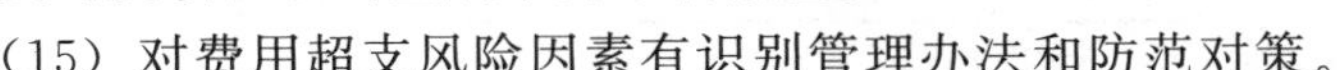

7.5 技术经济分析

技术经济分析是指对各种技术方案基于效益原则进行的计算、比较与论证，是优选各种技术方案的重要手段与科学方法。

施工组织设计技术经济分析是施工组织设计的重要内容，是论证施工组织设计在技术上是否可行、在经济上是否合算，通过科学的计算和分析比较，选择技术经济最佳的方案，为寻求增产节约的途径和提高经济效益提供信息，为不断改进与提高施工组织设计水平提供依据。

1. 技术经济分析的基本要求

(1) 全面分析。要对施工技术方法、组织方法及经济效果进行分析，对施工的具体环节及全过程进行分析。

(2) 做技术经济分析时，应抓住施工方案、施工进度计划和施工平面图三大重点，并据此建立技术经济分析指标体系。

(3) 做技术经济分析时，要灵活运用定性方法与定量方法。在做定量分析时，应对主要指标、辅助指标和综合指标区别对待。

(4) 技术经济分析应以设计方案的要求、有关的国家规定及工程的实际需要为依据。

2. 技术经济分析指标

在施工组织设计中，技术经济分析指标包括工期指标、劳动生产率指标、工程质量指标、降低成本指标、安全指标、机械指标、主要材料（钢筋、木材、水泥）节约指标、施工现场场地综合利用指标、预制化施工程度指标、临时工程投资比例指标等。以施工方案为例，其技术经济评价指标体系如图 7-5 所示。

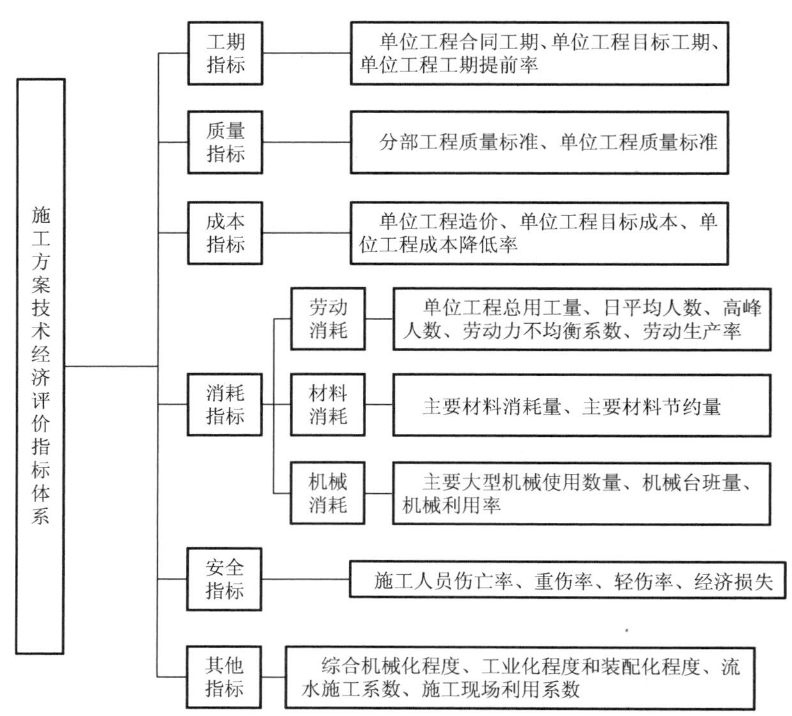

图 7-5 施工方案的技术经济评价指标体系

1) 工期指标

(1) 总工期：建设项目从工程正式开工到全部投产使用为止的全部日历天数。

(2) 施工准备期：从施工准备开始到主要项目开工的全部时间。

(3) 部分投产期：从主要项目开工到第一批项目投产使用的全部时间。

(4) 单位工程工期：建筑群中各单位工程从开工到竣工的全部时间。

2) 劳动生产率指标

(1) 全员劳动生产率 [元/(人·年)]。

全员劳动生产率＝报告期年度完成工作量/报告期年度全体职工平均人数

(2) 单方用工（工日/m^2）。

$$单位用工＝完成该工程消耗的全部劳动工日数/竣工面积$$

(3) 节约用工。

$$节约用工＝预算用工量－(施工组织设计)计划用工量$$

(4) 劳动力不均衡系数。

劳动力不均衡系数＝施工期高峰人数/施工期平均人数

3）工程质量指标

工程质量指标主要用以说明工程质量达到的等级，如合格、优良、省优、鲁班奖等。其中工程质量优良品率计算公式为

工程质量优良品率＝验收鉴定被评为优良品的单位工程个数/全部验收鉴定的单位工程个数×100%

（＝验收鉴定被评为优良品的房屋建筑竣工面积/全部验收鉴定的房屋建筑竣工面积×100%）

4）降低成本指标

降低成本额＝预算成本－（施工组织设计）计划成本

降低成本率＝降低成本额/预算成本×100%

5）安全指标

安全指标以工伤事故频率表示，其计算公式为

工伤事故频率＝工伤事故人次数/本年职工平均人数×100%

6）机械指标

（1）大型机械单方耗用台班。

大型机械单方耗用台班＝耗用总台班/建筑面积

（2）单方大型机械费。

单方大型机械费＝计划大型机械台班费（元）/建筑面积（平方米）

（3）施工机械化程度。

施工机械化程度＝机械化施工完成工作量/总工作量

（4）施工机械完好率。

施工机械完好率＝计划内机械完好台班数/计划内机械制度台班数×100%

（5）施工机械利用率。

施工机械利用率＝计划内机械工作台班数/计划内机械制度台班数×100%

7）主要材料（钢筋、木材、水泥）节约指标

主要材料节约量＝预算用量－（施工组织设计）计划用量

主要材料节约率＝主要材料节约量/主要材料预算用量×100%

8）施工现场场地综合利用指标

施工现场场地综合利用系数＝临时设施及材料堆场占地面积/（施工现场占地面积－待建建筑物占地面积）

9）预制化施工程度指标

预制化施工程度＝在工厂及现场预制的工作量/总工作量

10）临时工程投资比例指标

临时工程投资比例＝（临时工程投资－回收费＋租用费）/建筑安装工程总值

3. 技术经济分析要点

技术经济分析应围绕质量、工期、成本三个主要方面，在质量能符合要求的前提下，力求工期合理、成本节约。

对于单位工程施工组织设计的施工方案，不同的工程内容应有不同的技术经济分析重

点指标。

(1) 基础工程应以土方工程、现浇混凝土、打桩、排水和防水、运输进度与工期为重点。

(2) 结构工程应以垂直运输机械选择、流水段划分、劳动组织、现浇钢筋混凝土支模、浇灌及运输、脚手架选择、特殊分项工程施工方案、各项技术组织措施为重点。

(3) 装修阶段应以施工顺序、质量保证措施、劳动组织、分工协作配合、节约材料、技术组织措施为重点。

4. 技术经济分析程序

(1) 建立各种可能的施工组织设计(施工方案)。

(2) 分析每个方案的优缺点。

(3) 建立各自的数学模型。

(4) 计算求解数学模型。

(5) 做施工组织设计(施工方案)的最终综合评价。

5. 技术经济分析方法

技术经济分析有定性分析和定量分析两类方法。

1) 定性分析

定性分析是根据以往经验，经过广泛调查研究，对若干个施工方案进行优缺点比较，如技术上是否可行、安全上是否可靠、经济上是否合理、资源上能否满足要求等，从中选出比较合理的施工方案。此方法比较简单，但主观随意性较大。

2) 定量分析

定量分析是综合运用数学计算和论证分析的方法，计算施工方案中若干相同的、主要的技术经济指标，进行综合分析比较，选出各项指标较好的施工方案。这种方法比较客观，但指标的确定和计算比较复杂。

定量分析主要有以下几种方法。

(1) 综合评价法。常用的综合评价法有单指标评价法和多指标评价法。

① 单指标评价法是通过对某一项定量评价指标的计算、分析、比较来评价方案优劣，如在建设工程中较常采用的工期指标、劳动量消耗指标、材料物资消耗指标、费用(成本)指标等。

② 多指标评价法是通过对若干技术经济指标的计算、分析、比较来评价方案优劣，又可分为多指标对比法和多指标综合评分法。

a. 多指标对比法。这种方法首先需要将指标体系中的各个指标按其在评价中的重要性分为主要指标和辅助指标。主要指标是能够比较充分反映工程的技术经济特点的指标，是确定工程项目经济效果的主要依据；辅助指标在技术经济分析中处于次要地位，是主要指标的补充，当主要指标不足以说明方案的技术经济效果优劣时，辅助指标就成为进一步进行技术经济分析的依据。

该方法简便实用，应用广泛。比较时要选用适当的指标，同时注意满足需要、消耗费用、价格指标及时间上的可比性。有两种情况要分别对待：一种是一个方案的各项指标均优于另一个方案，优劣是明显的；另一种是通过计算，几个方案的指标优劣有穿插，分析比较时要进行加工，形成一种单指标，然后判别优劣。

b. 多指标综合评分法。这种方法首先要对设计、施工方案设定若干个评价指标，并按其重要程度确定各指标的权重，确定评分标准，然后就各设计方案对各指标的满足程度打分，最后计算各方案的加权得分，以得分最高者为最优方案。其计算公式为

$$S = \sum_{i=1}^{n} S_i W_i$$

式中 S——设计方案总得分；

S_i——某方案在评价指标 i 上的得分；

W_i——评价指标 i 的权重；

n——评价指标数。

【例 7-1】 某项目公开招标，有A、B、C三家公司投标，依据评标方案对三家公司施工组织设计中的施工部署、施工方案、施工进度计划、施工平面图、其他指标进行专家评审。评审时对三家公司施工组织设计的各项指标进行打分，具体数值见表7-1。

表 7-1 各施工组织设计评价指标得分表

X	*Y*	施工组织设计各指标得分		
		A公司	B公司	C公司
施工方案	0.3	85	70	90
施工部署	0.2	85	70	95
施工进度计划	0.2	80	90	85
施工平面图	0.2	90	90	80
其他指标	0.1	90	85	80
Z				

(1) 表7-1中，X、Y、Z分别代表的栏目名称应当是什么？

(2) 试对三家公司的施工组织设计进行评价分析。

【解】 (1) 表7-1中，X应为评价指标，Y应为各评价指标的权重，Z应为各方案的综合得分（或加权得分）。

(2) 各方案的综合得分等于各方案的各指标得分与该指标权重的乘积之和，见表7-2。

表 7-2 各方案综合评价计算表

评价指标	权重	施工组织设计各指标得分		
		A公司	B公司	C公司
施工方案	0.3	85×0.3=25.5	70×0.3=21.0	90×0.3=27.0
施工部署	0.2	85×0.2=17.0	70×0.2=14.0	95×0.2=19.0
施工进度计划	0.2	80×0.2=16.0	90×0.2=18.0	85×0.2=17.0
施工平面图	0.2	90×0.2=18.0	90×0.2=18.0	80×0.2=16.0
其他指标	0.1	90×0.1=9.0	85×0.1=8.5	80×0.1=8.0
综合得分		85.5	79.5	87.0

根据计算结果可知，C公司的综合得分最高，因此C公司编制的施工组织设计最优。

(2) 价值工程法。

① 价值工程法的基本原理。“价值”在此是功能和实现这个功能所耗费用(成本)的比值，其表达式为

$$V=F/C$$

式中 V 为价值系数，F 为功能系数，C 为成本系数，其各自的计算公式如下。

功能系数=各功能得分值/全部功能得分值之和

成本系数=各项目成本值/全部项目成本值之和

价值系数=功能系数/成本系数

② 价值工程法在施工组织设计中的应用。开展价值工程活动的一般步骤是：方案功能分析→方案功能评价→方案创新→方案评价。

a. 价值工程法在方案评价、改进中的应用。对一个方案进行评价和确定重点改进对象的基本步骤是：选择开展价值工程活动的对象；分析研究对象具有哪些功能，各项功能之间的关系，确定功能评价系数；计算实现各项功能的现实成本，确定成本系数；确定研究对象的目标成本，并将目标成本分摊到各项功能上；将各项功能的目标成本与现实成本进行对比，确定成本改进期望值大的功能项目作为重点改进对象。

b. 价值工程法在多方案评价、比选中的应用。对提出的若干可行方案进行评价、比选的基本步骤是：建立功能评价指标体系，并就每个方案对各项功能评价指标的满足程度打分；确定功能评价指标权重(即所有功能评价指标的相对重要程度系数)，其方法主要有0～1评分法和0～4评分法，用功能评价指标权重乘以每个方案的功能评价得分并求和，作为每个方案的加权得分；以每个方案的加权得分占所有方案加权得分合计的比值作为每个方案的功能系数(或称功能评价系数、功能评价指数)；以每个方案的成本占所有方案成本合计的比值作为每个方案的成本系数(或称成本评价系数、成本评价指数)；以每个方案的功能系数与成本系数的比值作为每个方案的价值系数；以价值系数最大的方案作为最优方案。

【例7-2】某承包商在某高层住宅楼的现浇楼板施工中，拟采用钢木组合模板体系或小钢模体系两个方案。经有关专家讨论，决定从模板总摊销费用 F_1、楼板浇筑质量 F_2、模板人工费 F_3、模板周转时间 F_4、模板装拆便利性 F_5 五个技术经济指标对该两个方案进行评价，并采用0～1评分法对各技术经济指标的重要程度进行评分，见表7-3。两方案各技术经济指标的得分见表7-4。

表7-3 指标重要程度评分

指　标	F_1	F_2	F_3	F_4	F_5
F_1	×	0	1	1	1
F_2		×	1	1	1
F_3			×	0	1
F_4				×	1
F_5					×

表 7-4 两方案各技术经济指标的得分

指标	方案	
	钢木组合模板体系	小钢模体系
F_1	10	8
F_2	8	10
F_3	8	10
F_4	10	7
F_5	10	9

经造价工程师估算，钢木组合模板体系在该工程的总摊销费用为 40 万元，每平方米楼板的模板人工费为 8.5 元；小钢模体系在该工程的总摊销费用为 50 万元，每平方米楼板的模板人工费为 6.8 元。该住宅楼的楼板工程量为 2.5 万平方米。

（1）试确定各技术经济指标的权重（计算结果保留三位小数）；

（2）若以楼板工程的单方模板费用作为成本比较对象，试用价值指数法选择较经济的模板体系（功能指数、成本指数、价值指数的计算结果均保留三位小数）。

【解】（1）根据 0～1 评分法的计分办法，两指标（或功能）相比较时，较重要的指标得 1 分，另一较不重要的指标得 0 分。各技术经济指标得分和权重的计算结果见表 7-5。

表 7-5 各技术经济指标得分和权重的计算结果

指标	F_1	F_2	F_3	F_4	F_5	得分	修正得分	权重
F_1	×	0	1	1	1	3	4	4/15＝0.267
F_2	1	×	1	1	1	4	5	5/15＝0.333
F_3	0	0	×	0	1	1	2	2/15＝0.133
F_4	0	0	1	×	1	2	3	3/15＝0.200
F_5	0	0	0	0	×	0	1	1/15＝0.067
合计						10	15	1.000

（2）计算两方案的功能指数、成本指数、价值指数。

① 计算两方案的功能指数，其结果见表 7-6。

表 7-6 两方案的功能指数计算结果

技术经济指标	权重	钢木组合模板体系方案	小钢模体系方案
F_1	0.267	10×0.267＝2.67	8×0.267＝2.14
F_2	0.333	8×0.333＝2.66	10×0.333＝3.33
F_3	0.133	8×0.133＝1.06	10×0.133＝1.33
F_4	0.200	10×0.200＝2.00	7×0.200＝1.40
F_5	0.067	10×0.067＝0.67	9×0.067＝0.60
合计	1.000	9.06	8.80
功能指数		9.06/(9.06＋8.80)＝0.507	8.80/(9.06＋8.80)＝0.493

② 计算两方案的成本指数时，需要根据背景资料所给出的数据先计算两方案楼板工程量的单方模板费用，再计算其成本指数。

钢木组合模板体系方案的单方模板费用＝40/2.5＋8.5＝24.5(元/m^2)

小钢模体系方案的单方模板费用＝50/2.5＋6.8＝26.8(元/m^2)

由此可得

钢木组合模板体系方案的成本指数＝24.5/(24.5＋26.8)＝0.478

小钢模体系的方案成本指数＝26.8/(24.5＋26.8)＝0.522

③ 计算两方案的价值指数。

钢木组合模板体系方案的价值指数＝0.507/0.478＝1.061

小钢模体系方案的价值指数＝0.493/0.522＝0.944

因为钢木组合模板体系方案的价值指数高于小钢模体系方案的价值指数，故应选用钢木组合模板体系。

（3）费用分析比较法。费用分析比较法包括最小费用法、最大收益法、净现值法、等额年值法等。在应用此法时，一般情况下先分别计算每一可行方案的全部费用，然后进行比较，从中选择最优方案。

随着各种先进的技术和理论不断引入建筑工程领域，施工组织设计（施工方案）技术经济分析的方式也在不断更新和完善，从而更具科学性、准确性。目前 ISO 9000 系列国际质量体系标准的广泛推行，也使得技术经济分析成为企业的必要行为，在合同评审、过程控制等程序中，技术经济分析是建筑产品质量控制的必要依据。

7.6 单位工程施工组织设计编制

单位工程施工组织设计是以单位（子单位）工程为主要对象编制的施工组织设计，对单位（子单位）工程的施工过程起指导和制约作用。它是建筑施工企业组织和指导单位工程施工全过程各项活动的技术经济文件，是基层施工单位编制季度、月度、旬施工作业计划、分部分项工程作业设计，以及劳动力、材料、预制构件、施工机具等供应计划的主要依据。

单位工程施工组织设计应由项目负责人主持编制，由施工单位技术负责人或技术负责人授权的技术人员审批。它必须在工程开工前编制完成，以作为工程施工技术资料准备的重要内容和关键成果，并应经该工程监理单位的总监理工程师批准方可实施。

1. 单位工程施工组织设计的编制依据

（1）与工程建设有关的法律、法规、标准和文件。

（2）工程施工合同或招标投标文件。

（3）主管部门的批示文件及有关要求，包括上级机关对工程的有关指示和要求及建设单位对施工的要求。

（4）工程设计文件，包括单位工程的全套施工图纸、图纸会审纪要及有关标准图。

（5）施工企业年度施工计划，主要有本工程开、竣工日期的规定，以及与其他项目穿插施工的要求等。

（6）施工组织总设计。单位工程是整个建设项目的一个组成部分，应把施工组织总设计作为编制依据。

（7）工程预算文件及有关定额。应有详细的分部分项工程量，必要时应有分层、分段、分部位的工程量，以及使用的预算定额和施工定额。

（8）建设单位对工程施工可能提供的条件，主要有供水、供电、供热的情况，及可借用作为临时办公、仓库、宿舍的施工用房等。

（9）施工条件，包括施工企业的生产能力、人员、机具设备状况、技术水平等。

（10）施工现场的勘察资料，主要有高程、地形、地质、水文、气象、交通运输、现场障碍物等情况，以及工程地质勘察报告、地形图、测量控制网。

（11）有关的参考资料及施工组织设计实例。

2. 单位工程施工组织设计的编制原则

单位工程施工组织设计的编制必须遵循工程建设程序，并应符合下列原则。

（1）符合施工合同或招标文件中有关工程进度、质量、安全、环境保护、造价等方面的要求。

（2）积极开发、使用新技术和新工艺，推广应用新材料和新设备。

（3）坚持科学的施工程序和合理的施工顺序，采用流水施工和网络计划等方法，科学配置资源，合理布置现场，采取季节性施工措施，实现均衡施工，达到合理的经济技术指标。

（4）采取技术和管理措施，推广建筑节能和绿色施工。

（5）与质量、环境和职业健康安全三个管理体系有效结合。

3. 单位工程施工组织设计的编制内容

根据工程的性质、规模、结构特点、技术复杂难易程度和施工条件等，单位工程施工组织设计编制内容的深度和广度也不尽相同，一般来说应包括下列主要内容。

1）工程概况

工程概况应包括工程主要情况、各专业设计简介和工程施工条件等。

（1）工程主要情况应包括下列内容。

① 工程名称、性质和地理位置。

② 工程的建设、勘察、设计、监理和总承包等相关单位的情况。

③ 工程承包范围和分包工程范围。

④ 施工合同、招标文件或总承包单位对工程施工的重点要求。

⑤ 其他应说明的情况。

（2）各专业设计简介应包括下列内容。

① 建筑设计简介应依据建设单位提供的建筑设计文件进行描述，包括建筑规模、建筑功能、建筑特点、建筑耐火、建筑防水及建筑节能要求等，并应简单描述工程的主要装修做法。

② 结构设计简介应依据建设单位提供的结构设计文件进行描述，包括结构形式、地基基础形式、结构安全等级、抗震设防类别、主要结构构件类型及要求等。

③ 机电及设备安装专业设计简介应依据建设单位提供的各相关专业设计文件进行描述，包括给水、排水及采暖系统，通风与空调系统，电气系统，智能化系统，电梯等各个专业系统的做法要求。

(3) 工程施工条件应包括下列内容。

① 项目建设地点气象状况。

② 项目施工区域地形和工程水文地质状况。

③ 项目施工区域地上、地下管线及相邻的地上、地下建（构）筑物情况。

④ 与项目施工有关的道路、河流等状况。

⑤ 当地建筑材料、设备供应和交通运输等服务能力状况。

⑥ 当地供电、供水、供热和通信能力状况。

⑦ 其他与施工有关的主要因素。

2) 施工部署

(1) 工程施工目标应根据施工合同、招标文件及本单位对工程管理目标的要求确定，包括进度、质量、安全、环境和成本等目标。各项目标应满足施工组织总设计中确定的总体目标。

(2) 施工部署中的进度安排和空间组织应符合下列规定。

① 应明确说明工程主要施工内容及其进度安排，施工顺序应符合工序逻辑关系。

② 施工流水段应结合工程具体情况进行划分，单位工程施工阶段的划分一般包括地基基础、主体结构、装饰装修和机电设备安装三个阶段。

(3) 对于工程施工的重点和难点应进行分析，包括组织管理和施工技术两个方面。

(4) 工程管理的组织机构形式宜采用框图的形式表示，并确定项目经理部的工作岗位设置及其职责划分。

(5) 对于工程施工中开发和使用的新技术、新工艺应做出部署，对新材料、新设备的使用应提出技术及管理要求。

(6) 对主要分包工程施工单位的选择要求及管理方式应进行简要说明。

3) 施工进度计划

(1) 单位工程施工进度计划应按照施工部署的安排进行编制。

(2) 施工进度计划可采用网络图或横道图表示，并附必要说明；对于工程规模较大或较复杂的工程，宜采用网络图表示。

4) 施工准备与资源配置计划

(1) 施工准备应包括技术准备、现场准备和资金准备等。

① 技术准备：应包括施工所需技术资料的准备、施工方案编制计划、试验检验及设备调试工作计划、样板制作计划等。

a. 主要分部（分项）工程和专项工程在施工前应单独编制施工方案，施工方案可根据工程进展情况分阶段编制完成；对需要编制的主要施工方案应制订编制计划。

b. 试验检验及设备调试工作计划应根据现行规范、标准中的有关要求及工程规模、进度等实际情况制订。

c. 样板制作计划应根据施工合同或招标文件的要求并结合工程特点制订。

② 现场准备：应根据现场施工条件和实际需要，准备现场生产、生活等临时设施。

③ 资金准备：应根据施工进度计划编制资金使用计划。

（2）资源配置计划应包括劳动力配置计划和物资配置计划等。

① 劳动力配置计划应包括下列内容。

a. 确定各施工阶段用工量。

b. 根据施工进度计划确定各施工阶段劳动力配置计划。

② 物资配置计划应包括下列内容。

a. 主要工程材料和设备的配置计划应根据施工进度计划确定，包括各施工阶段所需主要工程材料、设备的种类和数量。

b. 工程施工主要周转材料和施工机具的配置计划应根据施工部署和施工进度计划确定，包括各施工阶段所需主要周转材料、施工机具的种类和数量。

5）主要施工方案

（1）单位工程应按照《建筑工程施工质量验收统一标准》（GB 50300—2013）中分部、分项工程的划分原则，对主要分部、分项工程制定施工方案。

（2）对脚手架工程、起重吊装工程、临时用水用电工程、季节性施工等专项工程所采用的施工方案，应进行必要的验算和说明。

6）施工现场平面布置图

（1）施工现场平面布置图应结合施工组织总设计，按不同施工阶段分别绘制。

（2）施工现场平面布置图应包括下列内容。

① 工程施工场地状况。

② 拟建建（构）筑物的位置、轮廓尺寸、层数等。

③ 工程施工现场的加工设施、存贮设施、办公和生活用房等的位置和面积。

④ 布置在工程施工现场的垂直运输设施、供电设施、供水供热设施、排水排污设施和临时施工道路等。

⑤ 施工现场必备的安全、消防、保卫和环境保护等设施。

⑥ 相邻的地上、地下既有建（构）筑物及相关环境。

7）主要技术经济指标

主要包括工期指标、工程质量指标、降低成本指标、机械使用指标、劳动力指标、主要材料节约指标等内容。

对于建筑结构比较简单、工程规模比较小、技术要求比较低，拟采用传统施工方法组织施工的一般工业与民用建筑，其施工组织设计可以编制得简单一些，内容一般只包括施工方案、施工进度表、施工平面图，辅以扼要的文字说明即可，简称为“一案一表一图”。

4. 单位工程施工组织设计的编制程序

单位工程施工组织设计的编制程序，是指单位工程施工组织设计各个组成部分形成的先后次序及相互之间的制约关系，如图 7－6 所示。

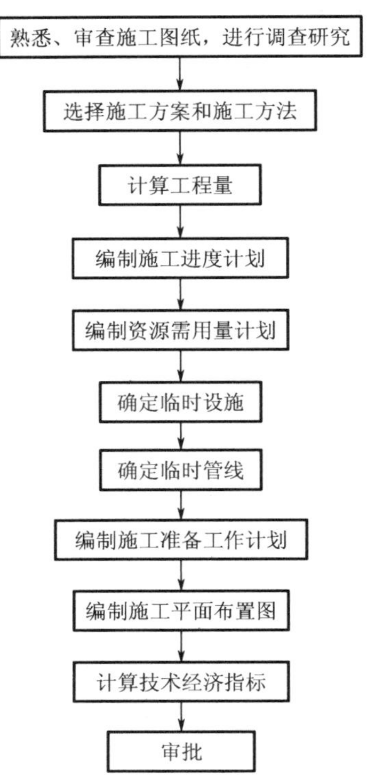

图 7－6　单位工程施工组织设计的编制程序

5. 单位工程施工组织设计实例

参见附录。

7.7　施工组织总设计编制

施工组织总设计是以若干单位工程组成的群体工程或特大型项目为主要对象编制的施工组织设计，对整个项目的施工过程起统筹规划、重点控制的作用。它是根据初步设计或扩大初步设计图纸，以及其他有关资料和现场施工条件编制，用以指导整个施工现场各项施工准备和组织施工活动的技术经济文件。

施工组织总设计应由项目负责人主持编制，由总承包单位技术负责人审批。施工组织总设计可根据需要分阶段编制和审批。

1. 施工组织总设计的作用

施工组织总设计一般由建设总承包单位或工程项目经理部的总工程师编制，其主要作用如下。

（1）为建设项目或建筑群的施工做出全局性的战略部署。

(2) 为做好施工准备工作、保证资源供应提供依据。

(3) 为建设单位编制工程建设计划提供依据。

(4) 为施工单位编制施工计划和单位工程施工组织设计提供依据。

(5) 为组织整个施工作业提供科学方案和实施步骤。

(6) 为确定设计方案的施工可行性和经济合理性提供依据。

2. 施工组织总设计的编制依据

为了保证施工组织总设计的编制工作顺利进行并提高质量，使设计文件更能结合工程实际情况，更好地发挥施工组织总设计的作用，在编制施工组织总设计时，应具备下列编制依据。

(1) 计划文件及有关合同，包括国家批准的基本建设计划、可行性研究报告、工程项目一览表、分期分批施工项目和投资计划、主管部门的批件、施工单位上级主管部门下达的施工任务计划、招投标文件及签订的工程承包合同、工程材料和设备的订货合同等。

(2) 设计文件及有关资料，包括建设项目的有关设计图纸、设计说明书、建筑总平面图、建设地区区域平面图、建筑竖向设计、总概算或修正概算等。

(3) 工程勘察和原始资料，包括建设地区的地形、地貌、工程地质及水文地质、气象等自然条件，交通运输、能源、预制构件、建筑材料、水电供应及机械设备等技术经济条件，建设地区的政治、经济、文化、生活、卫生等社会生活条件。

(4) 现行规范、规程和有关技术规定，包括国家现行的施工及验收规范、操作规程、定额、技术规定和技术经济指标。

(5) 类似工程的施工组织总设计和有关参考资料。

3. 施工组织总设计的编制内容

施工组织总设计的编制内容根据工程性质、规模、工期、结构特点及施工条件的不同而有所不同，通常应包括下列主要内容。

1) 工程概况

工程概况应包括项目主要情况和项目主要施工条件等。

(1) 项目主要情况应包括下列内容。

① 项目名称、性质、地理位置和建设规模。

② 项目的建设、勘察、设计和监理等相关单位的情况。

③ 项目设计概况。

④ 项目承包范围及主要分包工程范围。

⑤ 施工合同或招标文件对项目施工的重点要求。

⑥ 其他应说明的情况。

(2) 项目主要施工条件应包括下列内容。

① 项目建设地点气象状况。

② 项目施工区域地形和工程水文地质状况。

③ 项目施工区域地上、地下管线及相邻的地上、地下建（构）筑物情况。

④ 与项目施工有关的道路、河流等状况。

⑤ 当地建筑材料、设备供应和交通运输等服务能力状况。

⑥ 当地供电、供水、供热和通信能力状况。

⑦ 其他与施工有关的主要因素。

2）总体施工部署

(1) 施工组织总设计应对项目总体施工做出下列宏观部署。

① 确定项目施工总目标，包括进度、质量、安全、环境和成本目标。

② 根据项目施工总目标的要求，确定项目分阶段（期）交付的计划。

③ 确定项目分阶段（期）施工的合理顺序及空间组织。

(2) 对于项目施工的重点和难点应进行简要分析。

(3) 总承包单位应明确项目管理组织机构形式，并宜采用框图的形式表示。

(4) 对于项目施工中开发和使用的新技术、新工艺应做出部署。

(5) 对主要分包项目施工单位的资质和能力应提出明确要求。

3）施工总进度计划

(1) 施工总进度计划应按照项目总体施工部署的安排进行编制。

(2) 施工总进度计划可采用网络图或横道图表示，并附必要说明。

4）总体施工准备与主要资源配置计划

(1) 总体施工准备应包括技术准备、现场准备和资金准备等。

(2) 技术准备、现场准备和资金准备应满足项目分阶段（期）施工的需要。

(3) 主要资源配置计划应包括劳动力配置计划和物资配置计划等。

(4) 劳动力配置计划应包括下列内容。

① 确定各施工阶段（期）的总用工量。

② 根据施工总进度计划确定各施工阶段（期）的劳动力配置计划。

(5) 物资配置计划应包括下列内容。

① 根据施工总进度计划确定主要工程材料和设备的配置计划。

② 根据总体施工部署和施工总进度计划确定主要施工周转材料和施工机具的配置计划。

5）主要施工方法

(1) 施工组织总设计应对项目涉及的单位（子单位）工程和主要分部分项工程所采用的施工方法进行简要说明。

(2) 对脚手架工程、起重吊装工程、临时用水用电工程、季节性施工等专项工程所采用的施工方法应进行简要说明。

6）施工总平面布置图

(1) 施工总平面布置图应符合下列要求。

① 根据项目总体施工部署，绘制现场不同施工阶段（期）的总平面布置图。

② 施工总平面布置图的绘制应符合国家相关标准要求，并附必要说明。

(2) 施工总平面布置图应包括下列内容。

① 项目施工用地范围内的地形状况。

② 全部拟建的建（构）筑物和其他基础设施的位置。

③ 项目施工用地范围内的加工设施、运输设施、存储设施、供电设施、供水供热设施、排水排污设施、临时施工道路和办公生活用房等。

④ 施工现场必备的安全、消防、保卫和环境保护等设施。

⑤ 相邻的地上、地下既有建（构）筑物及相关环境。

7） 主要技术经济指标

主要包括工期指标、劳动生产率指标、质量指标、安全指标、降低成本指标、主要工程工种机械化程度指标、主要材料节约指标等内容。

4. 施工组织总设计的编制程序

施工组织总设计的编制程序如图 7－7 所示。

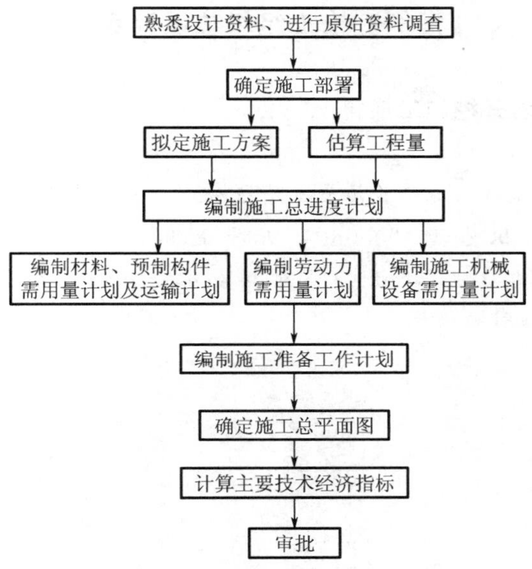

图 7－7　施工组织总设计的编制程序

5. 施工组织总设计的实施、修改、补充与过程监视

1） 施工组织设计的实施

（1） 施工组织总设计应在工程开工前编制完成。

（2） 施工单位应在危险性较大的分部分项工程施工前编制专项方案；对于超过一定规模的危险性较大的工程，施工单位应组织专家对专项方案进行论证。

（3） 项目施工前应进行施工组织总设计逐级交底，并形成“施工组织总设计交底记录”。

（4） 项目施工过程中，应按照施工组织总设计的要求实施，并对执行情况进行检查、分析和适时调整。

（5） 施工组织总设计应在工程竣工验收后归档。

2） 施工组织总设计的修改或补充

（1） 项目施工过程中发生以下情况之一时，施工组织总设计应及时进行修改或补充。

① 工程设计有重大修改。

② 有关法律、法规、规范和标准实施、修订或废止。

③ 主要施工方法有重大调整。

④ 主要施工资源配置有重大调整。

⑤ 施工环境有重大改变。

(2) 施工组织总设计修改或补充应按相关规定和程序办理审批手续。

3) 过程监视

(1) 施工企业工程管理部门应对施工组织总设计的实施情况进行不定期检查，发现问题要求被检查单位限期整改，并将整改记录反馈给检查部门及时验证。

【施工组织总设计实例】

(2) 项目部技术部门（技术负责人）应对施工组织总设计的执行情况进行监督检查。

【案例】施工组织总设计实例

一、×××项目基坑开挖施工部署

1. 项目概况

×××项目建设单位为九龙仓长沙置业有限公司，施工单位为中建二局，基坑占地面积为 98000m^2，建筑面积为 1010000m^2，开挖面积为 74000m^2，大面积开挖深度为 33.825m，开挖最大深度为 42.45m（1＃塔楼电梯井），1＃塔楼高 452m，2＃塔楼高 315m。图 7－8 所示为项目效果图。

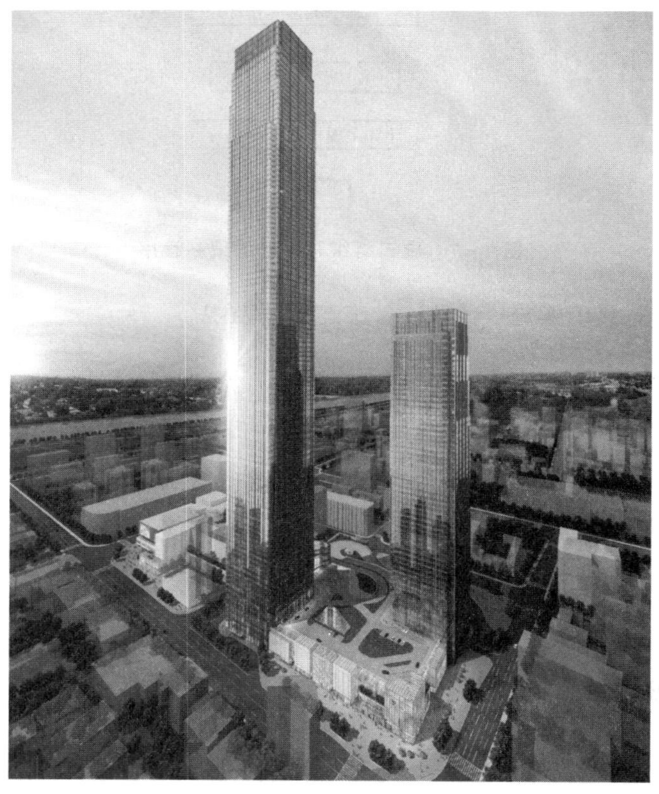

图 7－8　项目效果图

2. 周边环境

工程周边环境如图 7－9 所示。

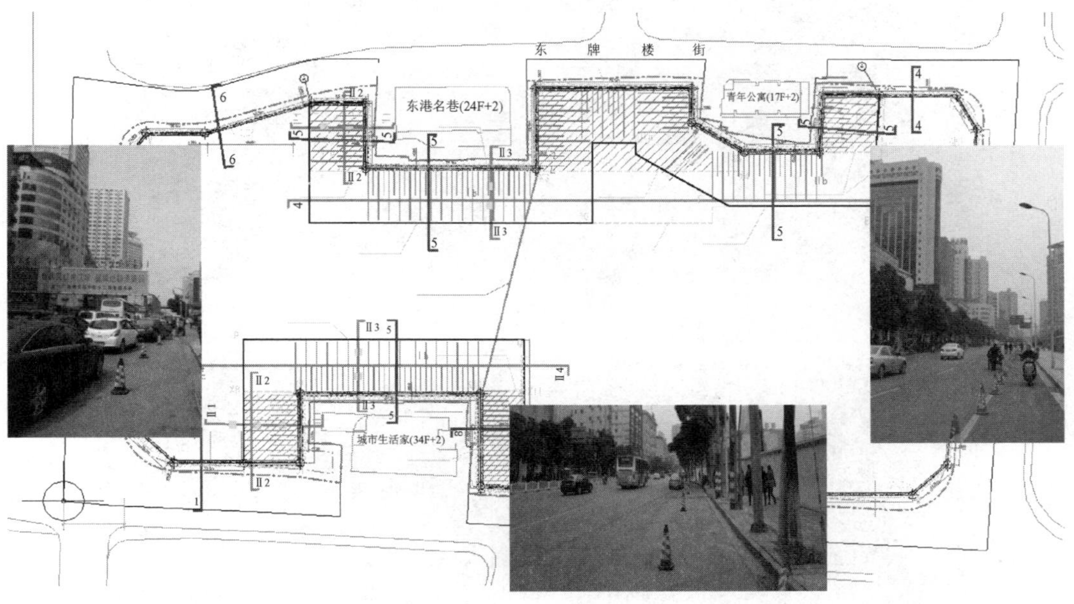

图 7－9　工程周边环境

3. 施工部署

施工部署如图 7－10～图 7－12 所示。

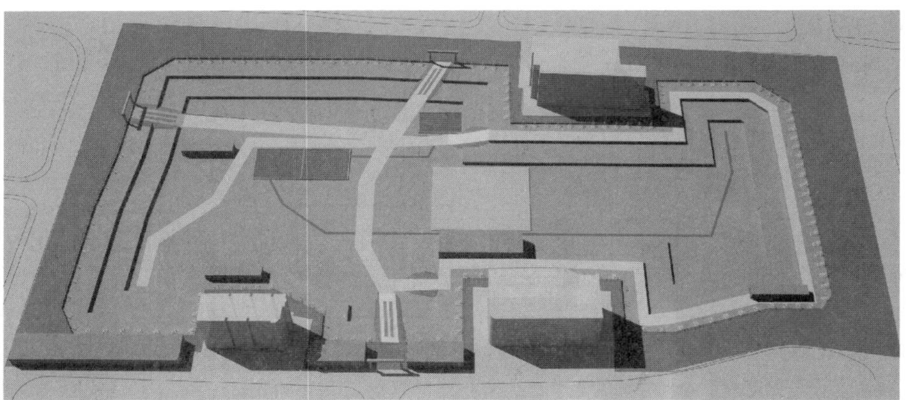

图 7-10　第一阶段基坑开挖

图 7-11　第二阶段基坑开挖

图 7-12　第一阶段基坑开挖实况

二、×××项目三、四区工程

1. 项目概况

×××项目是深圳市的重点工程，其中×××项目三、四区工程属于综合型商业住宅建筑群，集研发、商业、写字楼等众多功能为一体，占地面积为60000m^2，总建筑面积877242.59m^2，总投资约36亿元，分三、四两个区，由六栋塔楼、地下室、裙房组成，建筑总高度范围为63～273m。该项目于2013年12月1日开工，2018年1月20日竣工。图7-13为项目效果图。

图7-13 项目效果图

该项目三区的工程概况见表7-7、图7-14和图7-15，项目四区的工程概况见表7-8和图7-16。

表7-7 项目三区的工程概况

三区建筑概况				
用地面积	45000m^2			
地下室面积	119600m^2			
总建筑面积	468900m^2			
塔楼编号	11A	11B	10A	10B
楼层 地下/地上	−3F/43F	−3F/13F	−3F/30F	−3F/38F
总高度/m	190	60	130	170
用途	产业研发	酒店	商业、产业研发	产业研发

三区结构概况				
塔楼编号	11A	11B	10A	10B
基础形式	冲孔灌注桩	预应力管桩	冲孔灌注桩	冲孔灌注桩
结构类型	框架-核心筒结构	框架-核心筒结构	框架-核心筒结构	框架-核心筒结构
抗震设防热度	8度	7度	7度	8度
标准层高度/m	4.0	3.6/4.0	4.0	4.0

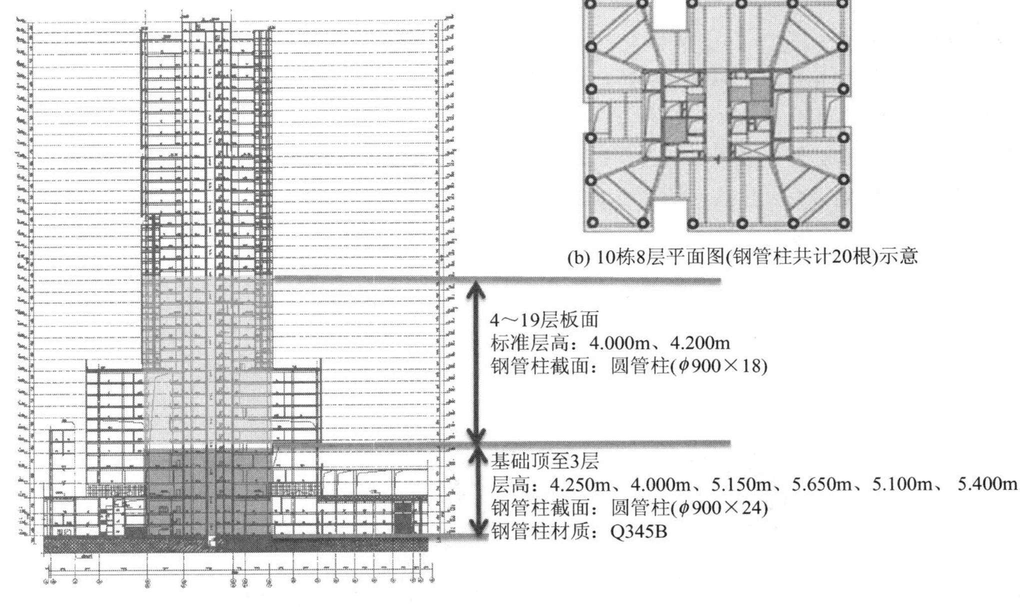

(b) 10栋8层平面图(钢管柱共计20根)示意

(a) 10栋B立面图(38层/159.2m)示意

图 7-14　三区 10 栋 B 钢结构概况

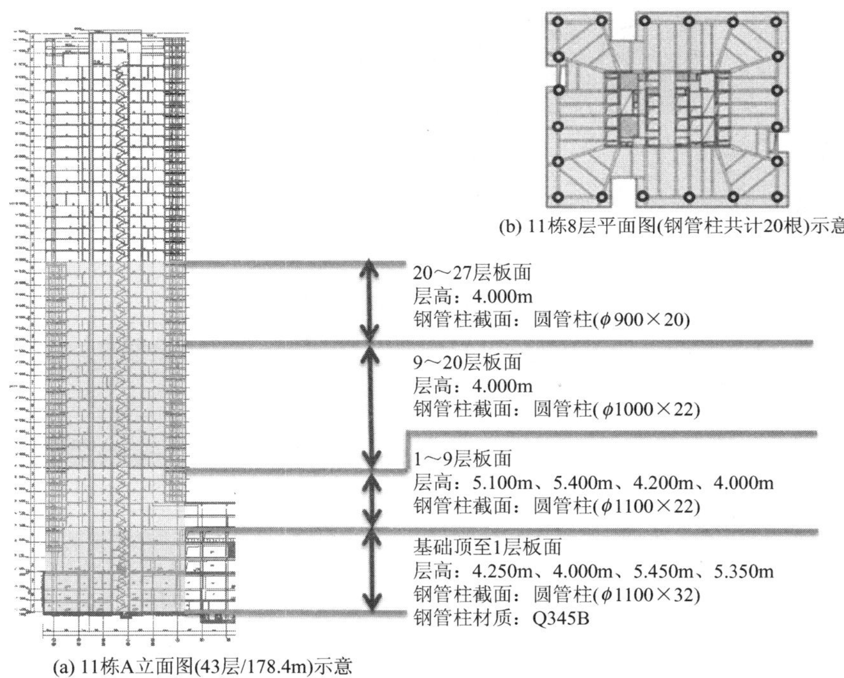

(b) 11栋8层平面图(钢管柱共计20根)示意

(a) 11栋A立面图(43层/178.4m)示意

图 7-15　三区 11 栋 A 钢结构概况

表 7-8　项目四区的工程概况

四区建筑概况			四区结构概况		
用地面积	27000m^2		塔楼编号	12A	12B
地下室面积	60400m^2		基础形式	冲孔灌注桩	冲孔灌注桩
总建筑面积	405400m^2				
塔楼编号	12A	12B	结构类型	框架-核心筒结构	框架-核心筒结构
楼层	−3F/43F	−3F/30F	抗震设防热度	8度	8度
总高度/m	273	245			
用途	产业研发酒店	商业、产业研发	标准层高度/m	4.2	4.2

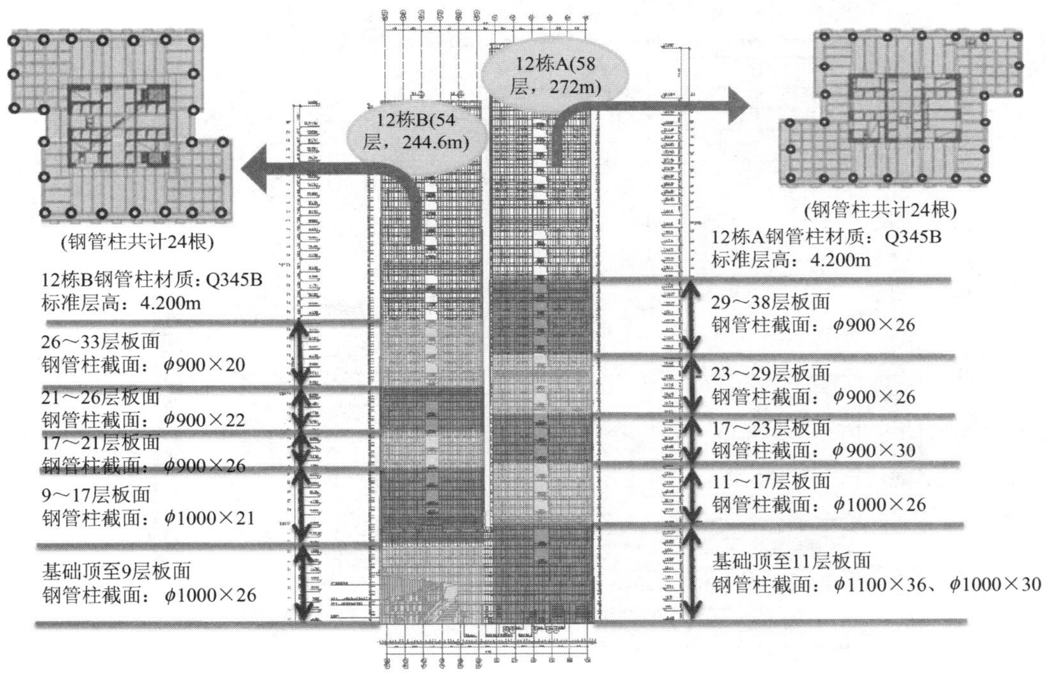

图 7-16　四区 12 栋钢结构概况

2. 施工总平面布置图

施工总平面布置图如图 7-17 所示。

3. 施工重点、难点

(1) 超长大直径冲孔灌注桩施工质量控制。本工程塔楼基础结构形式为大直径冲孔灌注桩，规模体量大，冲孔及入岩深度深。三、四区冲孔灌注桩总数量为 298 条，最大直径为 2.6m，最大孔深为 67m。针对超大、超长施工技术难点，通过采用分体式套筒连接、自动拉锤等各种施工技术防止冲孔桩塌孔现象产生。

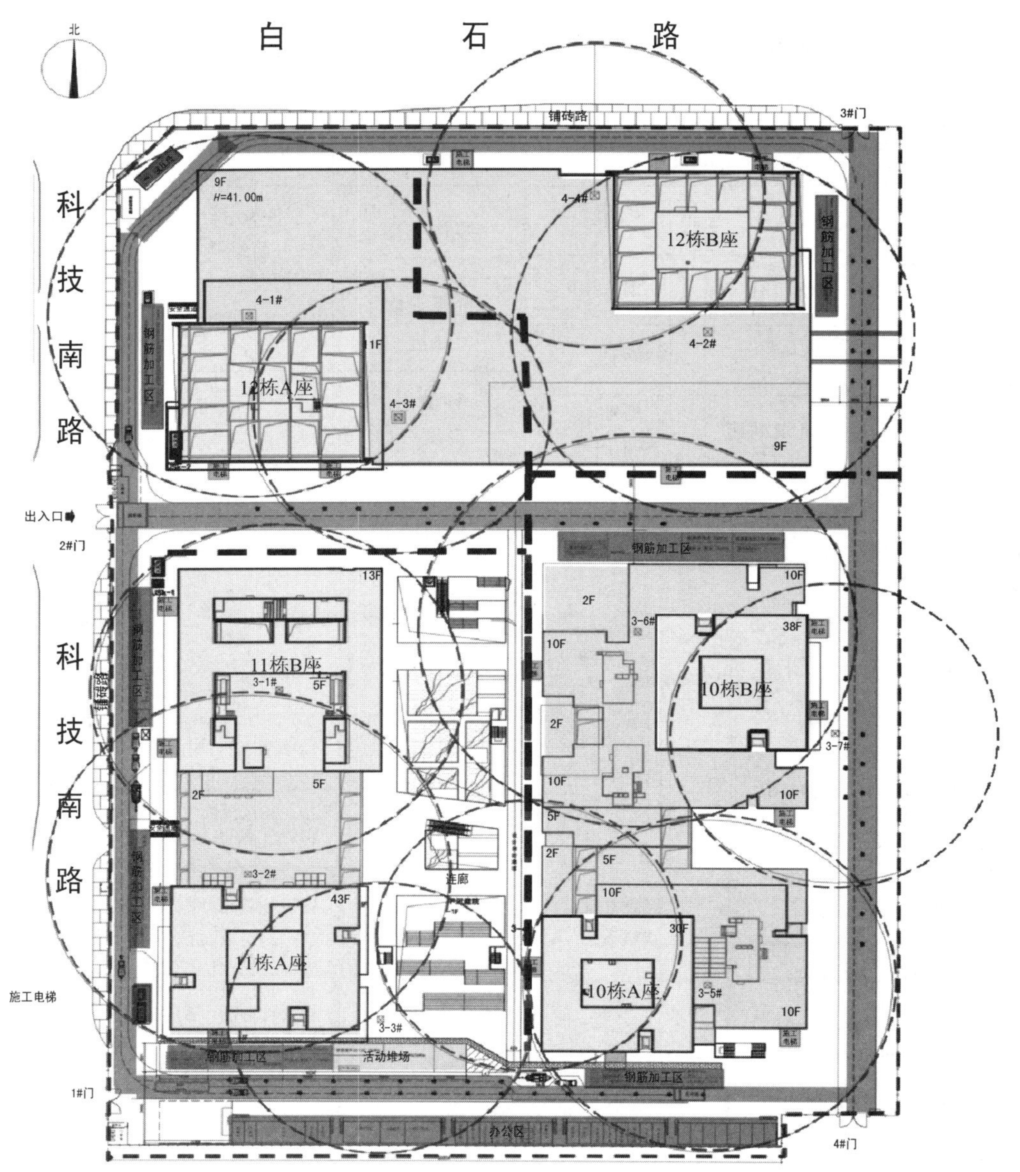

图 7-17　施工总平面布置图

(2) 大悬挑、大跨度钢结构施工质量控制。本工程四区 12 栋裙楼大悬挑钢结构部分挑出长度近 36m，下部净空近 23m，最大构件近 17t，是钢结构吊装施工的难点，如图 7-18 所示。为此采用钢桁架柱做临时支撑，进行原位散件拼装。

(3) 机电管线综合设计。本工程为大型综合项目，其中包含了研发、商业、酒店、写字楼，使用功能复杂、体量大、机电专业种类多，因而管线复杂，对机电深化设计的要求高。为此设立了专门的 BIM 深化设计团队，对机电工程做出深化设计并进行管线碰撞检查，在施工之前解决了碰撞冲突问题。

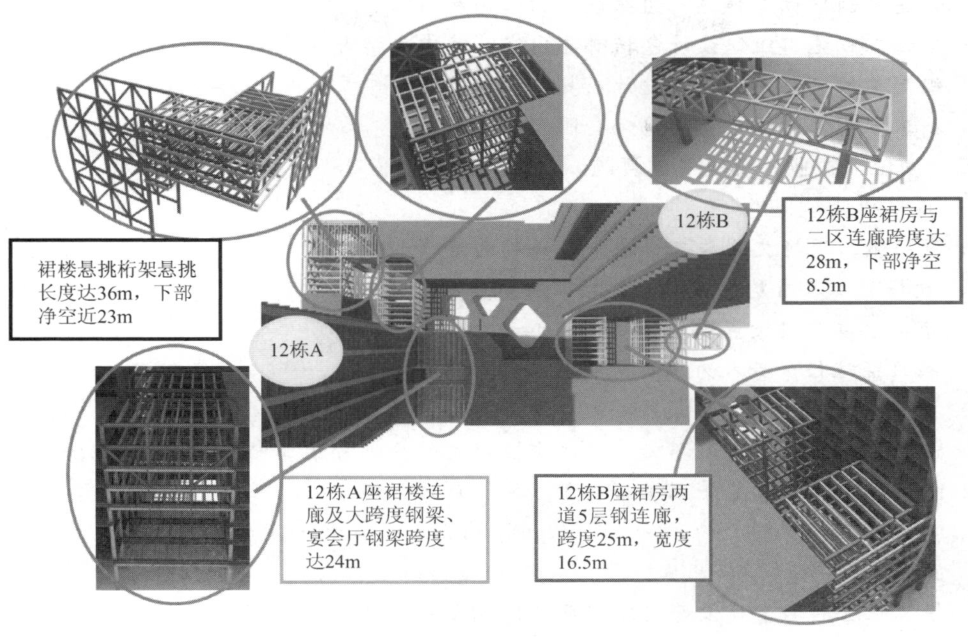
裙楼悬挑桁架悬挑
长度达36m，下部
净空近23m
12栋B
12栋B座裙房与
二区连廊跨度达
28m，下部净空
8.5m
12栋A
12栋A座裙楼连
廊及大跨度钢梁、
宴会厅钢梁跨度
达24m
12栋B座裙房两
道5层钢连廊，
跨度25m，宽度
16.5m

图 7－18 钢结构施工难点

小 结

本单元阐述了施工组织设计的具体内容，包括编制依据、工程概况、施工部署、主要工程项目施工方案、主要施工技术组织措施和技术经济指标等，重点介绍了施工部署、施工方案、主要技术组织措施的编制，而施工组织设计中的施工进度计划、资源需要量计划与施工准备工作计划、施工平面图等内容分别在其他单元中讲述。

施工部署是对整个建设项目全局做出的统筹规划和全面安排，主要解决影响建设项目全局的重大战略问题。施工方案是以分部分项工程或专项工程为主要对象编制的施工技术与组织方案，用以具体指导其施工过程。施工技术组织措施是指降低工程施工成本、保证工程质量、加快工程施工进度、保证工程施工文明和安全等方面的措施。

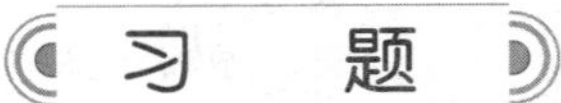

习 题

一、思考题

1. 什么是施工组织总设计？

2. 施工组织总设计的作用和编制依据是什么？

3. 试述编制单位工程施工组织设计的依据和内容。

4. 单位工程施工组织设计包括哪些内容？其中关键部分是哪几项？

5. 编制单位工程施工组织设计应具备哪些条件？

6. 施工方案的选择着重考虑哪些问题？

二、岗位（执业）资格考试真题

（一）单项选择题

1. 下列施工现场文明施工措施中，正确的是（　　）。

A. 现场施工人员均佩戴胸卡，按工种统一编号管理

B. 市区主要路段设置围挡的高度不低于2m

C. 项目经理任命专人为现场文明施工第一责任人

D. 建筑垃圾和生活垃圾集中一起堆放，并及时清运

2. 根据住房和城乡建设部文件《危险性较大的分部分项工程安全管理办法》，搭设高度为24m的落地式钢管脚手架工程属于（　　）的分部分项工程。

A. 危险性较大　　B. 超过一定规模的危险性较大

C. 无危险性　　D. 危险性非常大

3. 根据住房和城乡建设部文件《危险性较大的分部分项工程安全管理办法》，开挖深度为6m的基坑支护工程属于（　　）的分部分项工程。

A. 危险性一般　　B. 危险性较大

C. 超过一定规模的危险性较大　　D. 危险性非常大

4. 编制施工组织总设计涉及下列工作：①施工总平面图设计；②拟订施工方案；③编制施工总进度计划；④编制资源需求计划；⑤计算主要工种的工程量。正确的编制程序是（　　）。

A. ⑤—①—②—③—④　　B. ①—⑤—②—③—④

C. ①—②—③—④—⑤　　D. ⑤—②—③—④—①

（二）多项选择题

1. 下列分部分项工程的专项方案中，必须进行专家论证的有（　　）。

A. 爬模工程

B. 搭设高度为25m的落地式钢管脚手架工程

C. 施工高度为50m的建筑幕墙安装工程

D. 搭设高度为8m的混凝土模板支撑工程

E. 搭设高度为25m的悬挑式钢管脚手架工程

2. 单位工程施工组织设计中，施工方案的主要内容有（　　）。

A. 施工顺序　　B. 施工方法　　C. 施工机械　　D. 施工平面布置图

3. 编制施工作业指导书的要求有（　　）。

A. 应在作业后编制　　B. 应体现对现场作业的全过程控制

C. 要求概念清楚　　D. 由专业技术人员编写

（三）案例题

某高校新建一栋办公楼和一栋实验楼，均为现浇钢筋混凝土框架结构。办公楼地下一层，地上十一层，建筑檐高48m；实验楼六层，建筑檐高22m。建设单位与某施工总承包

单位签订了施工总承包合同。合同约定：①电梯安装工程由建设单位指定分包；②保温工程保修期限为10年。

施工过程中，发生了下述事件：总承包单位上报的施工组织设计中，办公楼采用一台塔式起重机；在七层楼面设置有自制卸料平台；外架采用悬挑脚手架，从地上2层开始分三次到顶。实验楼采用一台物料提升机；外架采用落地式钢管脚手架。监理工程师按照《危险性较大的分部分项工程安全管理办法》的规定，要求总承包单位编制与之相关的专项施工方案并上报。

请问该事件中，总承包单位必须单独编制哪些专项施工方案？

【单元7参考答案】

附录　单位工程施工组织设计实例——某住宅楼建安工程施工组织设计

目　录

第一章　编制依据

1. 施工图纸

施工图纸见附表1。

附表1　施工图纸

序号	图纸名称	备　　注
1	某住宅楼工程各专业施工图纸	

2. 主要规范规程

主要规范规程见附表2。

附表2　主要规范规程

序号	类别	规范、规程名称	编　　号
1	国家	混凝土结构工程施工质量验收规范	GB 50204—2002
2	国家	工程测量规范	GB 50026—2007
3	国家	砌体结构工程施工质量验收规范	GB 50203—2011
4	国家	屋面工程质量验收规范	GB 50207—2002
5	国家	建筑地面工程施工质量验收规范	GB 50209—2010
6	国家	建筑装饰装修工程质量验收规范	GB 50210—2001
7	国家	建筑给水排水及采暖工程施工质量验收规范	GB 50242—2002
8	国家	建筑电气工程施工质量验收规范	GB 50303—2002
9	国家	建设工程文件归档整理规范	GB/T 50328—2001
10	国家	建设工程项目管理规范	GB/T 50326—2006
11	国家	建设工程施工现场供用电安全规范	GB 50194—1993
12	行业	工程网络计划技术规程	JGJ/T 121—1999

续表

序号	类别	规范、规程名称	编　　号
13	行业	钢筋焊接及验收规范	JGJ 18—2003
14	行业	钢筋机械连接技术规程	JGJ 107—2010
15	行业	混凝土泵送施工技术规程	JGJ/T 10—1995
16	行业	建筑工程冬期施工规程	JGJ 104—1997
17	行业	建筑施工扣件式钢管脚手架安全技术规范	JGJ 130—2011
18	行业	建筑机械使用安全技术规程	JGJ 33—2001
19	行业	外墙饰面砖工程施工及验收规程	JGJ 126—2000
20	行业	建设工程施工安全技术操作规程	

3. 主要图集

主要图集见附表 3。

附表 3　主要图集

序号	类别	图 集 名 称	编　　号
1	国家	混凝土结构施工图平面整体表示方法制图规则和构造详图	03G101
2	地区	中南地区建筑标准设计建筑图集	11ZJ
3	地区	中南地区建筑标准设计结构图集	11ZJ
4	国家	建筑电气安装工程图集	JD10

4. 主要标准

主要标准见附表 4。

附表 4　主要标准

序号	类别	标 准 名 称	编　　号
1	国家	建筑工程施工质量验收统一标准	GB 50300—2001
2	国家	工程建设标准强制性条文（房屋建筑部分）	
3	国家	混凝土强度检验评定标准	GB 50107—2010
4	国家	房屋建筑制图统一标准	GB/T 50001—2010
5	国家	房屋建筑 CAD 制图统一规则	GB/T 18112—2000
6	行业	建筑施工安全检查标准	JGJ 59—2011
7	行业	建筑施工现场环境与卫生标准	JGJ 146—2004

5. 主要法规

主要法规见附表 5。

附表 5　主要法规

序号	类别	法 规 名 称	编　　号
1	国家	中华人民共和国建筑法	主席令第 91 号
2	国家	中华人民共和国环境保护法	主席令第 22 号
3	国家	中华人民共和国安全生产法	主席令第 70 号
4	国家	建设工程质量管理条例	国务院令第 279 号
5	国家	建设工程安全生产管理条例	国务院令第 393 号
6	行业	关于建筑业进一步应用推广 10 项新技术的通知	建建［1998］200 号
7	企业	建筑安全法规及文件汇编	

6. 合同及其他

合同及其他见附表6。

附表6　合同及其他

序号	类别	名　　称	编　　号
1	企业	公司质量、环境、职业健康安全管理体系程序文件	
2	企业	企业拥有的科技成果、工法成果、类似经验	
3		本工程施工总承包合同文件	
4		地质勘察资料	
5		设计交底及有关图纸答疑文件	

第二章　工程概况

1. 总体简介

某住宅楼位于××市韶山中路，韶山路西侧，某院内，该项目总建筑面积17543.97m²，一层架空层面积990.1m²，地下室面积2197.3m²，本工程地上18层，地下1层，建筑总高55.55m，地下室层高4.3m，标准层层高3m。本工程地下室为附建式人防工程，地下负一层建筑面积为2197.3m²，采用人工挖孔灌注桩基础（共计158根，桩长约15m/根，总长2293m），框架-剪力墙结构，6度抗震设防烈度，建筑耐火等级为二级，建筑结构安全等级为二级，屋面防水等级为Ⅱ级。工程基本信息见附表7。

附表7　工程基本信息

工程名称	某住宅楼	工程地址	××市韶山中路
建设单位	××开发有限公司	勘察单位	×××勘察设计院
设计单位	×××建筑规划设计院	监理单位	×××监理有限公司
安全监督单位	××市工程质量安全监督站	施工单位	×××建筑工程公司
主要分包单位		合同工期	355天

承包范围：土方、基础、主体、装饰装修、给排水、强电、弱电、消防、附属工程等（具体以工程量清单为准）。

2. 结构概况

1）地基基础

（1）水文地质情况。场地西侧地势较低，地下室以下地层为强透水层，可以不考虑抗浮，开挖时注意采取有效的排水措施。场地原始地貌为河谷冲积阶地，后经人工建筑用地整平，目前场地平整。场地土地类型为中硬土，建筑场地等级为二级。

（2）建筑采用桩基方案，桩型为人工挖孔灌注桩，桩径为800、900、1000、1100、1200（单位mm），桩长约15m，桩端持力层为圆砾层。人工挖孔桩终孔时，其桩底下3*d*（*d*为扩大头尺寸）或5m范围内应无空洞、破碎带、软弱夹层等不良地质条件。施工完成后的桩应进行质量检测，检测方式为钻孔抽芯法、声波透射法或动测法，检测桩数不得少于总桩数的10%。

2）主要结构材料

（1）混凝土：见附表8。

附表8　混凝土

项目名称	构件部位	混凝土强度等级	备　注
地下室	外墙、基础梁板、地下室顶梁板	C35	S8抗渗混凝土
	其他所有构件	C35	
	后浇带	C40	膨胀混凝土
	桩	C30	
地上1～18层	1～3层柱、墙	C35	
	3～8层柱、墙	C30	
	8层以上柱、墙	C25	
	1层梁、板、楼梯	C35	
	2层梁、板、楼梯	C30	
	3层以上梁、板、楼梯	C25	
其他	基础垫层	C15	
	圈梁、构造柱、现浇过梁	C25	
	标准构件		按标准图要求

（2）砌体：见附表9。

附表9　砌体

类　别	构件部位	砖、砌块强度等级	砂浆强度等级	备　注
外墙	填充墙	200mm厚MU10黏土多孔砖	M7.5	容重＜14kN/m^3
其他墙体	填充墙	200mm厚MU10加气混凝土砌块	M7.5	容重＜10kN/m^3

3. 建筑概况

1）建筑墙体

（1）外墙采用240mm厚MU10黏土多孔砖，用M5.0混合砂浆砌筑；需做基础的隔墙除另有要求者外，均随混凝土垫层做元宝基础，下底宽500mm，上底宽300mm，高300mm；位于楼层的隔墙可直接安装于结构梁（板）上。

（2）墙身防潮层。在室内地坪下约60mm处做20mm厚1∶2水泥砂浆内加3%～5%防水剂的防潮层（在此标高为钢筋混凝土构造或下为砌石构造时可不做），室内地坪标高变化处防潮层应重叠搭接，并在有高低差埋土一侧的墙身做20mm厚1∶2水泥砂浆防潮层。埋土一侧墙身还应刷水泥基渗透结晶型防水涂料。

(3) 墙体预留洞的封堵。混凝土留洞见结构施工图；砌筑墙留洞应待管道设备安装完毕后，用C20细石混凝土填实；变形缝处双墙留洞应在双墙分别增设套管，套管与穿墙管之间应嵌堵密实；防火墙上留洞的封堵应为非燃烧体材料。

2) 屋面工程

本工程的屋面为不上人有保温卷材防水屋面，具体做法参见屋顶平面图。屋面排水组织见屋面平面图，外排雨水斗、雨水管采用PVC材质，女儿墙、高低跨屋面等处均涉及泛水，泛水高度为360mm。

3) 地下室防水工程

地下室防水工程执行《地下工程防水技术规范》和地方有关规程和规定；根据地下室使用功能，防水等级为一级，设防做法为结构自防水和水泥基渗透结晶型涂料防水，并做BPS涂料防水层。临空且具有厚覆土层的地下室顶板，排水坡度为0.3%～0.5%，覆土层大于或等于规定厚度时可取消保温层。

防水混凝土的施工缝、穿墙管道的预留洞、转角、坑槽、后浇带、变形缝等地下工程防水薄弱环节的构造做法，应按《地下防水工程质量验收规范》处理。

4) 门窗工程

建筑外门窗抗风压性能等级为Ⅰ级，气密性能为4级，水密性能为Ⅰ级，保温性能为5级，隔声性能为4级。

门窗立樘：外门窗立樘详见墙身节点图；内门窗立樘除图中另有标明者外，立樘位置距轴线均为250mm；管道竖井门设门槛高300mm。

5) 内装修工程

凡设有地漏的房间都应做防水层，图中未注明整个房间做坡度者，均在地漏周围1m范围内做1%～2%的坡度坡向地漏；有水房间的楼地面应低于相邻房间30mm。防水混凝土工程采用低掺量抗裂、防渗建筑纤维材料新技术。

内装修选用的各种材料，均由施工单位制作样板和选样，经确认后进行封样，并据此进行验收。

6) 油漆涂料工程

内木门油漆选用清漆。楼梯、平台、护窗钢栏杆选用黑色调和漆，做法为05ZJ001涂12；钢构件除锈后先刷二遍防锈漆。室内外的露明金属件均刷二遍防锈漆，再做同室内外部位相同颜色的磁漆。

各种油漆涂料均由施工单位制作样板，经确认后进行封样，并据此进行验收。

7) 其他施工中注意事项

(1) 图中所选用标准图中的各种预埋件、预留洞，如楼梯、平台钢栏杆、门窗、建筑配件等本图所标注的各种预留洞与预埋件，应与各工种密切配合经确认无误后方可施工。

(2) 两种材料的墙体交接处，应根据饰面材质在做饰面前加金属网或在施工中加贴玻璃丝网格布，防止裂缝。

(3) 预埋木砖及与墙体接触的木质面均做防腐处理，露明铁件均做防锈处理。

(4) 楼板留洞待设备管线安装完毕后，用C20细石混凝土封堵密实；管道井每三层进行封堵。

8）建筑节能

本住宅朝向南偏东15°；体型为条式建筑，体型系数（建筑物与室外大气接触的外表面积与其所包围的体积的比值）为0.3；本住宅外墙采用面砖饰面，胶粉聚苯颗粒保温浆料保温系统。

围护结构保温体系基本组成如下。

（1）外墙（自外而内）：饰面砖＋镀锌钢丝网抗裂砂浆（锚固件固定）（5mm）＋胶粉聚苯颗粒保温浆料（40mm）＋黏土多孔砖（200m）＋混合砂浆（20m）。

（2）架空层楼板（自上而下）：水泥砂浆（20mm）＋挤塑聚苯板（20mm）＋钢筋混凝土（120mm）＋混合砂浆（20mm）。

（3）屋顶（自上而下）：细石混凝土（40mm）＋水泥砂浆（20mm）＋挤塑聚苯板（40mm）＋防水卷材＋水泥砂浆（20mm）＋钢筋混凝土（120mm）＋混合砂浆（20mm）。

（4）外窗：铝合金中空玻璃窗（5mm＋6A＋5mm），即2片5mm的玻璃中间6mm的空气层（AIR）。

（5）外门：双层金属门板，中间填充15mm厚玻璃棉板。

第三章 项目管理目标

业主对此工程要求很高，本项目部充分理解业主的需求，明确了工程总体质量目标、工期目标、安全文明施工目标、环保目标、科技创新目标、用户服务目标，并进行了分解，明确了责任人。

1. 质量管理目标

本工程质量目标：达到国家施工验收规范的合格标准，力争××省优质工程。

单位工程一次验收合格率100%；设备、材料采购合格率100%；交验工程一次试车成功率100%。

2. 安全与文明施工管理目标

获××省安全质量标准化示范工程。杜绝重伤及死亡事故，不发生火灾事故，不发生交通事故，不发生重大设备损坏事故，轻伤事故频率控制在0.05%以内。

3. 工期管理目标

施工工期：确保360天工程竣工验收。

工期控制如下：计划开工日期2008年12月31日，竣工日期2009年12月20日。开工至±0.00完成为2009年4月17日；2009年8月8日主体结构封顶，2009年8月16日主体结构验收；2009年12月20日竣工验收。

4. 环境管理目标

在项目规划、施工阶段中采用国际公认的可持续发展原则进行绿色施工。噪声排放、污水排放、烟尘排放达标；现场目测无扬尘，严格控制运输遗洒；最大限度地减少化学危险品、油品的泄漏，有毒有害废弃物实现分类管理提高回收利用率；节约能源、资源，建筑材料有害物质限量达标。

环境管理目标责任分解见附表10。

附表 10　环境管理目标责任分解

序号	目标分解项目	责 任 部 门
1	扬尘控制达标	质安管理部
2	噪声控制达标	质安管理部/工程施工部
3	废水管理达标	质安管理部
4	废弃物管理达标	质安管理部/工程施工部
5	运输遗洒达标	质安管理部
6	光污染控制达标	质安管理部

5. 成本管理目标

在保证工程工期和满足施工质量、安全文明施工的条件下，将实际成本控制在成本计划范围内。施工成本控制目标由项目经理负责，成本管理目标责任分解见附表 11。

附表 11　成本管理目标责任分解

序号	目标分解项目	成本降低率	责 任 部 门
1	施工成本计划		商务合约部
2	物资采购	1%	材料供应部
3	机械设备成本控制	2%	工程施工部/商务合约部
4	人工成本控制	1%	工程施工部/商务合约部
5	项目运营成本	5%	项目经理
6	其他成本	1%	财务室
7	施工成本核算		商务合约部
8	实际施工成本纠偏		项目经理

6. 用户服务目标

在履行合同义务的基础上，在工程施工中和交付使用后收集用户的各种意见，清楚顾客对公司的满意程度，逐步提高公司的服务水准，让顾客满意。用户服务目标责任分解见附表 12。

附表 12　用户服务目标责任分解

序号	目标分解项目	具体控制目标	责 任 部 门
1	顾客满意度	无论顾客有何需求，都应积极响应	项目经理
2	工程回访	保修期内每半年一次，定期进行电话回访	技术负责人
3	工程质量保修	保修期内 48 小时内进场	工程施工部
4	使用说明书	工程竣工时提供详细的使用说明书	技术负责人
5	培训	专业系统对用户进行培训后移交	技术负责人

第四章 施工部署

1. 施工组织管理

1）项目组织管理体系

实行项目经理负责制，全面履行对业主的承诺和施工总承包合同。

项目经理部的管理体现集中指挥、统一协调、各负其责的原则。项目经理对整个项目的合同、方案、质量、安全、财务和进度全面负责，委派的项目技术负责人、生产副经理协助项目经理管理项目部。项目部下设工程施工部、技术管理部、质安管理部、材料供应部、商务合约部、综合办公室、财务室等职能部门。

项目经理部的组织机构如附图 1 所示。

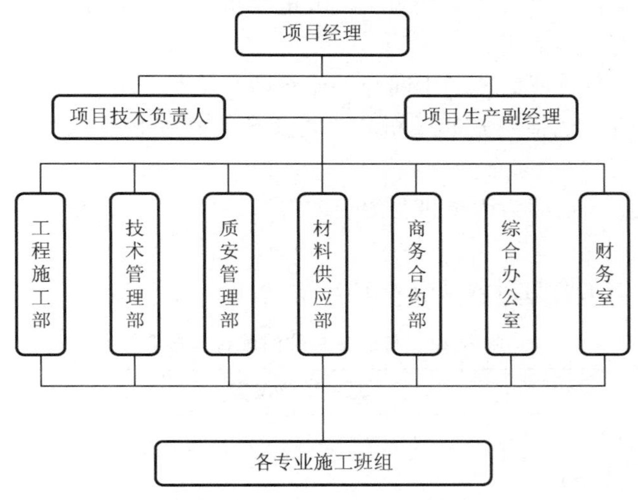

附图 1 项目经理部的组织机构

2）职能分工及职责

项目建立完善的岗位责任制，明确领导班子成员的责任，确定每个部门的职责，最后落实到项目每个管理人员，并签订相应的岗位责任状。

（1）项目领导层由一名项目经理、一名项目生产副经理、一名项目技术负责人组成。

① 项目经理为工程的总负责人，全面负责本工程的各项管理工作。

② 项目生产副经理负责土建与安装工程的生产调度、机械设备管理、材料供应与劳动力调动、安全生产和文明施工管理等。

③ 项目技术负责人负责技术攻关、内业资料、预结算、工程质量管理等。

（2）项目管理层由各专业工长（施工员）和内业管理人员组成，成立以下各专业管理部门。

① 工程施工部：负责全部施工管理，主要由各专业工长组成。

② 技术管理部：负责工程的技术管理工作及档案资料、工程技术资料的管理工作。

③ 质安管理部：负责工程质量、安全生产和文明施工管理。

④ 材料供应部：负责工程材料进场组织、周转材料与料具对内租赁管理，以及现场机械设备对内租赁、现场电气设计布置、现场机具的操作与维修保养等。

⑤ 商务合约部：负责工程进度安排、劳动力安排、预算、任务结算、工程合同管理等。

⑥ 综合办公室：负责职工食宿、现场卫生、现场保卫、外来接待、业余娱乐等。

⑦ 财务室：财务报销、财务清算、财务报表、财务费用支出等。

(3) 项目作业层主要为现场一、二线工人，由具有一定操作技术和操作经验的职工队伍组成，计划成立以下专业班组。

① 土方施工队：主要负责土方挖运。

② 结构专业班组：负责结构工程的钢筋、模板、混凝土施工，分钢筋班、木工班与混凝土班。

③ 装饰专业班组：负责装饰工程施工，分泥工班、木工班、油漆班等。

④ 安装专业班组：负责安装工程施工，分电工班、管工班等。

⑤ 普工班：为现场零散用工。

⑥ 防水专业班：负责屋面、卫生间与外墙的防水施工。

⑦ 二线技术班组：包括塔式起重机班、电工班、机修班、放线组、试验组、焊接班等，特种作业人员应经培训持证上岗。

⑧ 后勤服务班组：主要为炊事班与警卫班等。

2. 组织协调

1) 与业主单位的配合与协调（附表13）

附表13　与业主单位的配合与协调

序号	配合与协调要点
1	加强与业主的沟通和了解，征求业主对工程施工的意见，对业主提出的问题及时予以答复和处理，不断改进服务态度
2	根据业主的建设意图，发挥企业的技术优势。站在业主的角度，从工程的使用功能、设计的合理性等方面考虑问题，多提合理化施工建议
3	根据合同的要求，科学合理地组织施工，统一协调、管理、解决工程中存在的各种问题，让业主满意
4	配合业主处理好同设计单位、监理单位的关系，积极应邀参与发包人对指定承包专业工程的招标工作，使整个工程在一种和谐的氛围下进行
5	做好竣工后的服务，包括工程回访和保修工作

2) 与监理单位的配合与协调（附表14）

附表14　与监理单位的配合与协调

序号	配合与协调要点
1	工程开工前，向监理单位提交施工组织设计和工程总控进度计划，经审批后方可进行施工
2	在施工全过程中，服从监理单位的“四控”（质量控制、投资控制、工期控制和安全控制）、“两管”（即合同管理和资料管理）及监督与协调

续表

序号	配合与协调要点
3	在施工过程中严格执行“三检”制，配合监理单位验收和检查，并按照监理工程师提出的要求予以整改，对各分包单位予以检查，确保产品达到优良，杜绝现场施工分包单位不服从监理工作的现象发生，使监理的一切指令得到全面执行
4	所有进场的成品、半成品、设备、材料、器具等，使用前按规定进行检验、试验，并向监理单位提交产品合格证和检验报告，经确认后方可在工程上应用

3）与设计单位的配合与协调（附表 15）

附表 15　与设计单位的配合与协调

序号	配合与协调要点
1	在设计交底、图纸会审工作中积极和设计单位沟通，加强设计与施工在工程技术上的协调
2	提前了解设计意图，明确质量要求，将图纸上的问题、专业之间的矛盾等尽最大可能地解决在工程开工之前。对施工图设计不理解、不清楚的地方提出问题和建议；报请业主、监理，经设计单位同意及时下发工程设计变更或工程洽商，不擅自修改施工图纸。施工中出现问题及时与设计单位沟通、解决，尽量在施工前提出问题，以免造成损失
3	根据工程设计要求，配合设计单位绘制需要的施工图或大样图，及时报设计和监理审批
4	在深化设计中积极和设计单位沟通，了解设计理念，明确深化设计的思路，以求深化设计达到原设计的要求

4）公共关系协调与处理

（1）外部关系的协调与处理（附表 16）。

附表 16　外部关系的协调与处理

协调对象	协调内容或协调依据
政府主管部门	（1）提供所需的有关资料，包括图纸、样品、产品说明等； （2）接受领导、审查，主动请示汇报，取得支持和帮助
公共部门	（1）公共部门与项目施工极为密切，项目经理部应加强计划协调，在质量保证、施工协作、进度衔接等方面取得相应部门的支持和配合； （2）配合协调好道路、市政管理、自来水、燃气、热力、供电、通信等
质量安全监督部门	（1）接受其对施工全过程的质量安全监督、检查、竣工备案和质量评定； （2）工程施工过程中质量安全突发事故的协调和处理
交通管理部门	（1）密切联系交通管理部门，提前提交详细的临时占道、夜间运输计划等，并在交通管理部门批准后严格执行； （2）对于铸钢节点等超宽重型构件的运输，及时向交通管理部门提交运输申请，安排在特殊时段和专门线路进行运输

续表

协调对象	协调内容或协调依据
消防部门	(1) 施工现场消防布置平面图符合消防规范； (2) 消防报检、施工过程中消防检查、系统验收
物资供应单位	(1) 双方履行合同； (2) 充分利用市场竞争体制、价格调节和制约机制
环保部门	(1) 尊重街道居民、环保单位意见，改进工作，取得谅解与配合； (2) 施工现场周边环境卫生、夜间施工、综合治理的组织协调
公安部门	(1) 进场后应向所在地派出所汇报工地性质、人员状况，为外来人员申报暂住证； (2) 施工现场综合治理检查、突发事件处理

(2) 内部关系的协调与处理（附表 17）。

附表 17　内部关系的协调与处理

协调关系		协调方法
组织关系	项目组织系统内各组成部分的分工协作，信息沟通关系	(1) 按职能划分设置组织机构； (2) 以制度形式明确各机构之间的关系和职责权限； (3) 制订工作流程图、建立信息沟通制度，以协调方法、解决问题、缓冲矛盾
需求关系	劳动力、材料、机械设备、资金等供求关系	(1) 通过计划协调生产要求和供应之间的平衡关系； (2) 通过调度体系开展协调工作，排除干扰，抓住重点、关键环节，调节供需矛盾
经济制约关系	管理层与实施层存在弱化的行政领导关系，更多更直接的是以承包合同为中心的经济制约关系	(1) 坚持履行合同； (2) 工作上、技术上为实施层创造条件，保护利益； (3) 定期召开现场会，解决施工中存在的问题； (4) 实施层接受管理层的指导、监督和制约

3. 施工总体设想

根据本工程特点，将某住宅楼三个单元划分为三个施工段组织流水施工。

施工关键线路为：土方开挖→人工挖孔桩→地下室施工→主体结构施工→砌体工程→主体验收→外立面装饰工程→屋面工程→建筑给排水、电气施工→内装饰施工→竣工验收（附图 6）。

施工组织将优先安排关键线路上的分部分项工程施工，合理调配作业资源。本工程土建工程量较大，特别是钢筋混凝土结构房屋工程，施工时需投入大量的土建施工设备和人员。以土建为中心安排施工，遵循先地下后地上的原则，分专业组织流水施工。先主体后装修，水电安装工程随施工条件的具备情况插入施工。施工过程中，装修工程随主体进度安排插入施工。管线、设备安装、电气仪表等配套工程，配合土建施工协调进行。

1）施工阶段划分

根据各阶段的施工特点制定阶段节点目标，充分考虑各工序主要工种人力、工程材料和施工材料、关键机械设备的流水节拍和施工的均衡性，分析各方面的技术难点，提出实施目标的办法和途径。根据现场地质条件及施工方法的不同，结合工程设计图纸，将本工程按进度划分为四个阶段。

（1）第一阶段：施工准备阶段。调集人、材、物等施工力量，进行平面布置、图纸会审，办理开工有关手续，开展技术、质量交底工作，目标是充分做好开工前的各项准备，以满足开工要求。

（2）第二阶段：挖土方、基础结构施工阶段。

（3）第三阶段：上部结构施工阶段，在本阶段内适时插入安装工程，该阶段为工程的高峰期。

（4）第四阶段：装饰、安装阶段。该阶段前半部分以装饰为主，安装跟进，后半部分转换为以安装为主，装饰配合，其他各专业也全面展开。此阶段为工程竣工的关键阶段，是文明施工和安全生产较难控制的阶段，重点是做好各方的协调工作，特别是垂直运输设备的使用协调。

2）“七通一平”规划

七通一平：通给水、通排水、通电、通信、通路、通燃气、通热力，场地平整。

（1）临时用水用电接驳点由业主接至施工现场，再按施工总平面布置图进行临电临水的安装，现场布设排水沟和沉淀池。

（2）临时设施布置合理，生活区、生产区分离。

（3）按照施工总平面布置图的安排，尽量布设环形施工道路，地基碾压密实，面层做20cm厚C25混凝土，道路表面向排水沟找坡。

（4）为保证信息的及时沟通，项目部每个管理人员配备手机，项目部安装传真机、ADSL宽带网，施工现场内建立局域网，保证信息联络畅通。

3）工程重点及难点分析

（1）工期较紧，对各分部工程施工的合理安排、时间的搭接和穿插是本工程重点。

（2）工地现场狭窄，楼层高，材料、机械等的平面布置显得尤其重要，是工程的难点。

（3）××市四季分明，天气变化明显，工程跨冬季和雨季，且时间较长，与天气赛跑，是本工程的重要控制点。

（4）本工程业主另行招标确定专业分包的内容较多，涉及专业分包的内容包括机电安装、电梯供应与安装、场区绿化，总包项目经理部如何统一协调、统一指挥、统一管理好各专业分包，是本工程的又一重点。

（5）本工程外围边框线变化大、不规整、极其复杂，如何控制好轴线保证外边框、做好分块的控制点，是本工程施工的难点之一。

（6）施工投入的人员较多，人员的素质及技术水平不一，应特别加强对人员的HSE［即健康（Health）、安全（Safety）和环境（Environment）］管理及质量控制。

（7）减少扰民噪声、降低环境污染、对地下管线及其他设施的保护加固同样重要。

4）新技术应用

本工程拟采用如下多种较新的施工技术措施和施工方法。

(1) 清水混凝土模板施工技术。
(2) 高强钢筋应用技术。
(3) 预拌砂浆技术。
(4) 型钢悬挑脚手架施工技术。
(5) 混凝土裂缝控制技术。
(6) 管线综合布置技术。
(7) 高精度自动测量技术。
(8) 工程量自动计算技术。
(9) 项目各方协同管理信息化技术。

第五章　施工准备

1. 施工准备工作计划

施工准备是整个施工生产的前提，根据本工程的工程内容和实际情况，公司与项目部共同制订施工准备工作计划，为工程顺利进展打下良好基础。由于本工程现场狭窄、楼层高、工期紧，因此施工准备工作必须细致、认真地进行，否则可能造成人力、物力的浪费及耽误工程进度。具体的施工准备工作计划见附表18。

附表18　施工准备工作计划

序号	施工准备工作内容	负责单位	涉及单位	要求完成时间
1	施工组织设计编制	项目部	公司、监理、业主	2009.1.10
2	建立施工组织机构	公司	项目部	2008.12.15
3	现场定位放线	项目部	监理单位、业主	2008.12.20
4	现场平面布置设计	项目部	项目部	2008.12.20
5	主要材料计划	项目部	公司	2008.12.30
6	构配件加工计划	项目部	公司	2009.1.15
7	大型机具计划	项目部	公司	按需用进场
8	劳动力计划	项目部	公司	分阶段
9	专项施工方案编制及审核	项目部	公司、监理、业主	分阶段
10	编制施工预算	项目部	公司	分阶段
11	图纸会审	业主	公司、项目部、监理	2009.1.5

以上各项准备工作可分为施工技术准备、材料设备准备、劳动力准备、现场施工准备等几个部分。

2. 施工技术准备

1) 做好调查工作

(1) 气象、地形和水文地质的调查。

① 认真做好调查工作，对地质情况、水文情况、地下管线情况都必须有较为详细的了解，为顺利组织全过程均衡施工创造条件。

② 由于本工程所在地区雨水多，可能对施工带来十分不利的影响，所以必须制定必要的泄洪、排水措施。

（2）各种物质资源和技术条件的调查。

① 由于施工所需物质资源品种多、数量大，故应对各种物质资源的生产和供应情况、价格、品种等进行详细调查，以便及早进行供需联系，落实供需要求。

② 对水源、电源的供应情况应做详细调查，包括给水的水源、水量、压力、接管地点，供电的能力、线路距离等。

2）做好图纸会审工作

组织各专业人员熟悉图纸，对图纸进行自审，熟悉和掌握施工图纸的全部内容和设计意图。土建、安装各专业相互联系对照，发现问题提前与建设单位、设计单位协商，参加由建设单位、监理单位和设计单位组织的设计交底和图纸综合会审。

3）认真编制施工组织设计

（1）开工前，根据工程特点，认真编制施工组织设计和施工方案清单，明确时间和责任人。施工组织设计和施工方案在定稿前都要召开专题讨论会，充分参考有关部门和作业班组的意见。每个方案的实施都要通过方案提出→讨论→编制→审核→修改→定稿→交底→实施几个步骤进行。作为工程施工生产的指导性文件，方案一旦确定就不得随意更改。专项施工方案编制计划见附表19。

附表19　专项施工方案编制计划

序号	计划名称	责任部门	截止日期	审批单位
1	测量施工方案	技术管理部	2009.1.5	项目技术负责人
2	钢筋施工方案	技术管理部	2009.1.5	项目技术负责人
3	模板施工方案	技术管理部	2009.1.5	公司总工程师
4	脚手架施工方案	技术管理部	2009.1.5	公司总工程师
5	内装饰施工方案	技术管理部	2009.7.1	项目技术负责人
6	外墙装饰方案	技术管理部	2009.7.1	项目技术负责人
7	水电安装施工组织设计	机电管理部	2009.1.5	项目技术负责人
8	冬季施工方案	技术管理部	2009.1.5	项目技术负责人
9	人货电梯施工方案	技术管理部	2009.4.10	公司总工程师
10	临时施工用电、用水方案	机电管理部	2009.1.5	公司总工程师
11	安全施工方案	安全管理部	2009.1.5	公司总工程师
12	门窗安装方案	技术管理部	2009.7.15	项目技术负责人
13	塔式起重机安装拆除方案	技术管理部	2009.1.10	公司总工程师
14	计量与试验方案	技术管理部	2009.1.5	项目技术负责人

（2）施工中有了完备的施工组织设计和可行的施工方案，以及可操作性强的技术交底，就要严格按方案施工，从而保证全部工程整体部署有条不紊，施工现场整洁规矩，机械配备合理，人员编制有序，施工流水不乱，分部分项工程施工方案科学合理，施工操作严格执行规范、标准的要求，从而保证工程的质量和进度。

4）编制施工预算

根据施工图纸计算分部分项工程量，按规定套用施工定额，计算所需材料的详细数量、人员的工种和数量、大型机械台班数，以便做出详尽的进度计划和供应计划，更好地控制成本，减少消耗。

5）做好技术交底工作

本工程每一道工序开工前，均需进行技术交底。技术交底各专业均采用三级制，即项目部技术负责人→责任工程师（工长）→劳务分包商（班组长）→工人。技术交底均有书面文字及图表，逐级交底签字，工程技术负责人向专业工长进行交底要求细致、齐全、完善，并要结合具体操作部位和关键部位的质量要求、操作要点及注意事项等进行详细的讲述交底，工长接受后，应反复详细地向作业班组进行交底，班组长在接受交底后，应组织工人进行认真讨论，全面理解施工意图，确保工程的质量和进度。

3. 材料设备准备

施工所需的材料、构配件、施工机械品种多、数量大，保证按计划供应对整个施工过程举足轻重，会直接影响工期、质量和成本。

1）材料准备

（1）根据施工进度计划和施工预算的工料分析，拟定加工及订货计划。

（2）建筑材料及安全防护用品准备，应根据实际情况编制各项材料计划表，分批进场。

（3）对各种材料的入库、保管和出库制订完善的管理办法，同时加强防火、防盗的管理。

2）施工机械设备准备

工程开工时，应及时做好施工机械设备投入计划，分批组织进场。工程施工机械设备的准备见附表20。

附表20　工程施工机械设备的准备

序号	机械或设备名称	型号规格	数量	国别产地	制造年份	额定功率/kW	生产能力	备　注
1	全站仪		1	国产	2007			轴线测量
2	激光经纬仪	J2	1	国产	2007			轴线测量
3	水平仪	S3	2	国产	2008			标高传递沉降观测
4	计算机		6	国产	2006			施工管理
5	塔式起重机	QTZ63(5013)	2	国产	2004	60		垂直运输
6	施工外用电梯	SCD200/J	2	上海	2004	30	60m	垂直运输
7	潜水泵	$\phi30$	4	国产	2004			排水
8	加压水泵	$\phi50$	2	国产	2006		120m	给水
9	自卸汽车	$5m^3$	2	国产	2004			土方回填
10	潜水泵		4	国产	2004	2.2		基础工程

续表

序号	机械或设备名称	型号规格	数量	国别产地	制造年份	额定功率/kW	生产能力	备注
11	打夯机		2	国产	2004			土方回填
12	搅拌机	JK－500	1	国产	2005	15	$0.5m^3$	砌体、装饰
13	混凝土输送泵	HBT80	1	国产	2004	55	$50m^3/h$	混凝土工程
14	交流电焊机	BX3－630	2	国产	2004	23.4		普通焊接
15	电渣压力焊设备	ENS	2	国产	2004	20		钢筋连接
16	对焊机	VN1－100	1	国产	2004	100		钢筋连接
17	钢筋调直机		1	国产	2004	7.5		钢筋加工
18	钢筋弯曲机	GW40mm	2	国产	2004	3		钢筋加工
19	钢筋切断机	GQ40－2	1	国产	2004	7.5		钢筋加工
20	圆盘机	MJ109	1	国产	2004	3		模板工程
21	平刨机	MB540	2	国产	2004	5		模板工程
22	压刨机	MB104	2	国产	2004	4		模板工程
23	插入式振动器	50	3	国产	2006	2.2		环保型
24	平板振动器	MC	2	国产	2004	2.5		环保型
25	手提切割机		3	国产	2006			环保型
26	对讲机		6	国产	2006			现场指挥
27	电缆敷设支架、轴		2	国产	2006			安装工程
28	电缆滚轮、转向导轮		2	国产	2006			安装工程
29	液压煨管器		2	国产	2004			安装工程
30	液压开孔器		2	国产	2004			安装工程
31	千斤顶	5t 液压式	3	国产	2004			安装工程
32	千斤顶	10t 液压式	1	国产	2004			安装工程
33	接地电阻测试仪	ZC－81－10－1000	2	国产	2004			安装工程
34	兆欧表	2C25－4，500V，500MΩ	2	国产	2004			安装工程
35	钳型电流表	6266 型	2	国产	2004			安装工程
36	绝缘摇表	500V	2	国产	2004			安装工程

4. 劳动力准备

项目部在劳动力选择时，除劳务单位必须具备《营业执照》《资质等级》外，重点应对下列各项进行选择。

（1）劳务单位的信誉、人员配套情况及近阶段的实际表现。

（2）劳务单位的技术素质、施工能力和施工质量能否满足需要。

（3）劳务单位以往完成的施工对象和合同履行能力表现。

5. 现场施工准备

1）施工现场测量控制网点

项目部进场后，会同有关单位做好现场的移交工作，包括测量控制点及有关技术资料，并复核控制点。根据给定的控制点测设现场内的永久性标桩，并做好保护，作为工程测量的依据。

2）现场场地准备

（1）施工现场平整与硬化。视业主移交现场情况进行清理平整，现场道路、操作棚地面用混凝土硬化，其余场地用水泥砂浆或混凝土硬化，地面排水坡度为0.15%。

（2）施工道路。尽量布置成环形道路，道路宽4m，上铺20cm厚C20混凝土。

（3）现场排水。现场修建排水沟、截水沟、沉淀池，保证场区内排水顺畅。

第六章　主要施工方案

1. 土方工程

1）土方开挖

（1）工艺流程。

高程、轴线引测→放基坑开挖灰线→分层分段挖土→清槽。

（2）高程、轴线引测。

① 高程引测。根据建设单位给定高程，用全站仪引测至施工现场原有建筑物或构筑物上，以红油漆标示▼符号，其线上标注+0.00m，引测完成后予以保护。再以现场施工水准点为准，对本工程标高进行控制和传递。

② 轴线引测。根据建设方提供的坐标点，由专业测量人员进行测量，用全站仪测设出本工程的主要控制轴线，作为测量的控制网。每一条控制轴线在坑外地面用木桩定位，并用混凝土保护好，然后对控制轴线进行复测、闭合，闭合精度应在规范允许范围之内方可使用，最后用J2经纬仪测设出其他各轴线和承台，并做好定位桩，所有轴线测设完毕后，测量人员对测量成果进行复核并做好记录。

（3）土方开挖注意事项。

① 施工机械选择：本工程的基坑开挖选用国产反铲挖掘机一台，配4台东风渣土汽车外运土方。

② 施工顺序：由西向东分层开挖，分层厚度1.5m，由于土质较好，可以在东向预留坡道供渣土车进出运土，待机械开挖到位后退回来将东向坡道处开挖至设计标高。机械挖土挖至设计标高以上15cm处，以下采用人工开挖。

③ 开挖中应边开挖边测量，严格控制标高，严禁超挖，以免机械扰动基底原土。开始挖土到基底时应将标高引测至槽底，边挖土边复核坑底开挖尺寸及标高，按每个承台基底标高控制。

④ 将开挖土方运至指定堆土场。

⑤ 基底边线应与挖土同步测放至基坑，根据灰线随时调整挖土部位，以保证基坑几何尺寸。

⑥ 采用反铲挖掘机开挖时，挖土过程中应注意检查坑底是否有古墓、洞穴、暗沟或裂缝，如发现迹象应立即停止，并进行探察处理。为防止坑底扰动，基坑挖好后应尽量减

少暴露时间，及时进行下一道工序的施工。

⑦ 基坑开挖至设计标高后，及时通知勘察和设计单位、监理单位、建设单位、监督单位及公司技术管理部门共同参加验槽，合格后方可进行基础施工。

2）土方回填

（1）施工准备。

① 宜优先利用原土回填，使用前应过筛，其粒径不大于50mm，含水率应符合要求。

② 回填前基础应进行检查验收并达到合格。

③ 填土前应做好水平高程测量。

④ 施工机具选用打夯机、手推车、筛子、铁锹、木耙等。

（2）施工工艺。

① 工艺流程：坑底清理→检验土质→分层铺土→夯压密实→检验密实度→修整找平验收。

② 回填时间：在基础完工并验收合格后方可进行回填。

③ 回填要求：选择符合设计要求的土料，严格控制含水率。

④ 回填方法：在基础混凝土强度达到80%后，沿建筑物四周对称回填，分层压实，每层厚度不超过300mm。

⑤ 压实方法：先对填土初步整平，再采用打夯机依次夯打，均匀分布，不留间隙。每层均仔细夯实，对每层回填土采用环刀取样，检验填土压实后的干密度、压实系数等，应符合设计要求。

（3）质量标准。

① 基底处理必须符合设计要求和施工规范规定。

② 回填土料必须符合设计要求和施工规范规定。

③ 回填土必须分层夯实。

④ 顶面标高允许偏差为−50～0mm，表面平整度20mm。

⑤ 回填土分层铺摊和夯实。使用强力打夯机夯实，每层虚铺土厚度为300mm。每层填土压实后都应做干密度试验，用环刀法取样，基坑每20～50m间距取样一组（每个基坑不少于一组）；基槽或管沟填土按长度20～50m取样一组；室内填土按100～500m^2取样一组。

⑥ 基坑回填由最深处开始。

⑦ 回填完毕后用素混凝土进行封闭。

（4）安全技术措施。

① 操作人员应戴安全帽。

② 回填时对已拆除的护栏危险地段设置明显警示标志。

③ 对打夯机做漏电保护措施。

④ 对回填土进行压实，防止因虚土而造成人、机等下陷。

2. 人工挖孔桩

1）施工流程

场地整平→放线、定桩位→挖第一节桩孔土方→支模浇灌第一节混凝土护壁→在护壁上二次投测标高及桩位十字轴线→设置垂直运输架，安装电动葫芦（或卷扬机）、吊土桶，根据现场实际情况安装潜水泵、鼓风机、照明设施等→第二节桩身挖土→清理桩孔四壁、校核桩孔垂直度和直径→拆上节模板、支第二节模板、浇灌第二节混凝土护壁→以下各节重复挖土、支模、浇灌混凝土护壁等工序，循环作业直至设计深度→检查持力层后进行扩底、清孔→对桩孔直径、深度、扩底尺寸、持力层进行全面检查验收→吊放钢筋笼就位→清理虚土、排除孔底积水→浇灌桩身混凝土。

2）施工方法

（1）挖孔方法。

① 当桩净距小于2倍桩径且小于2.5m时，应采用间隔开挖。排桩跳挖的最小施工净距不得小于4.5m。

② 挖土由人工从上到下逐层用镐、锹进行，遇坚硬土层用锤、钎破碎，挖土次序为先挖中间部分后挖周边，按设计桩直径加2倍护壁厚度控制截面，允许尺寸误差3cm。每节的高度根据土质好坏、操作条件而定，一般以0.5～1.0m为宜。扩底部分采取先挖桩身圆柱体，再按扩底尺寸从上到下削土修成扩底形。弃土装入活底吊桶或箩筐内，在孔上口安支架、工字轨道、电动葫芦，用1～2t慢速卷扬机提升，吊至地面上后用机动翻斗车或手推车运出。

逐层往下循环作业，将桩孔挖至设计深度，清除虚土，检查土质情况，桩底应支承在设计所规定的持力层上。

（2）护壁施工。

① 护壁施工采取一节组合式钢模板由两块拼装而成，拆上节，支下节，循环周转使用。模板间用U形卡或螺栓连接，不另设支撑，以便浇灌混凝土和下一节挖土操作。混凝土用人工或机械拌制，用吊桶运输，人工浇筑。

② 第一节井圈护壁应符合下列规定：a. 井圈中心线与设计轴线的偏差不得大于20mm；b. 井圈顶面应比场地高出150～200mm，壁厚比下面井壁厚度增加100～150mm。

③井圈护壁应遵守下列规定：护壁的厚度、拉结钢筋、配筋、混凝土强度均应符合设计要求；上下节护壁的搭接长度不得小于50mm；每节护壁均应在当日连续施工完毕；护壁模板的拆除宜在24h之后进行；灌注护壁混凝土时，可敲击模板或用竹竿、木棒反复插捣；不得在桩孔水淹没模板的情况下灌注护壁混凝土。

（3）钢筋笼制作。为防止钢筋笼吊放时扭曲变形，一般在主筋内侧每隔2m加设一道直径16mm的加强箍，每隔一箍在箍内设一井字加强支撑，与主筋焊接牢固组成骨架。主筋在现场对焊连接。大直径螺旋形箍筋和加强箍的加工成形，可采取在常用弯曲机的顶盘上加一个直径同箍筋的圆盘以插销连接，在不改变传动机构的情况下进行弯曲成型，每根螺旋箍筋四圈。长度大（15m以上）的钢筋笼，为便于吊运，一般分两节制作。钢筋笼组装通常在桩基工程附近地面平卧进行，方法是在地面设两排轻轨，先将加强箍间距排列在轻轨上，按划线逐根放上主筋并与之点焊连接，控制平整度误差不大于50mm，上下节主筋接头错开50%，螺旋箍筋每隔1～1.5箍与主筋按梅花形用电弧焊点焊固定。在钢筋笼四侧主筋上每隔5m设置一个ϕ20耳环作定位垫块之用，使保护层保持5cm；钢筋笼外形尺寸要严格控制，比孔小11～12cm。

（4）钢筋笼就位。钢筋笼采用现场加工，材料质量及制作成型必须符合设计及规范要求。

采用塔式起重机吊运钢筋笼。钢筋笼放入前应先绑好砂浆垫块，按设计要求厚度一般为70mm（钢筋笼四周，在主筋上每隔3～4m设一个ϕ20耳环，作为定位垫块）；吊放钢筋笼时，要对准孔位，直吊扶稳、缓慢下沉，避免碰撞孔壁。钢筋笼放到设计位置时，应立即固定。遇有两段钢筋笼连接时，应采用焊接（搭接焊或帮条焊）方法双面焊接，接头数按50%错开，以确保钢筋位置正确，保护层厚度符合要求。

(5) 混凝土灌筑。挖孔桩灌筑混凝土前，应先放置钢筋笼，并再次测量孔内虚土厚度，超过要求应进行清理。混凝土采用商品混凝土，采用高压输送泵泵送。混凝土应连续分层浇灌、分层捣实，每层浇灌高度不得超过1.5m。第一次浇灌到扩底部位的顶面，随即振捣密实，再分层浇筑桩身，直至桩顶。在混凝土初凝前抹压平整，避免出现塑性收缩裂缝或环向干缩裂缝。表面有浮浆层应凿除，以保证与上部承台或底板的良好连接。

混凝土应边灌注边插实，宜采用插入式振动器和人工捣实相结合的方法，以保证混凝土的密实度。灌注桩身混凝土时应留置试块，每根桩不得少于一组。

(6) 混凝土水下浇筑。采用导管法水下浇筑混凝土。采用混凝土汽车泵浇捣，利用汽车泵布料杆及导管可直接将混凝土送到桩底，同时配备足够的混凝土搅拌输送车使混凝土不间断地得到供应。导管口预先塞隔水塞，并用8号铁丝固定在导管口，开始浇筑混凝土后，剪断铁丝，隔水塞下落埋入底部混凝土中。在整个浇筑过程中，导管应埋入混凝土中3m左右，最小不少于1.5m。导管随浇筑随提升，避免提升过快造成混凝土脱空现象，或提升过慢造成埋管事故。汽车泵料斗内初存的混凝土量要计算确定，以保证完全排出导管内泥浆，防止泥浆卷入混凝土内。导管内首批混凝土量V按下式计算。

$$V=h_1\times 3.14d^2/4+H_CA$$

式中 d——导管直径（m）；

H_C——首批混凝土要求浇筑的深度（m），$H_C=H_D+H_E$；

H_D——管底至槽底的高度，取0.4～0.5m；

H_E——导管的埋设深度；

A——浇筑槽段的平均横截面面积（m^2）；

h_1——槽段内混凝土达到H_C时，导管内混凝土柱与导管外水压平衡所需高度（m）。具体数值待实际情况而确定，暂不计算。

3) 常见质量问题的产生原因及预防措施

(1) 垂直偏差过大。由于开挖过程未按要求每节核验垂直度，致使挖完以后垂直度超偏。每挖完一节，必须根据桩孔口上的轴线吊直、修边，使孔壁圆弧保持上下顺直。

(2) 孔壁坍塌。因桩位土质不好，或地下水渗出而使孔壁坍塌。开挖前应掌握现场土质情况，必要时可在坍孔处用砌砖、钢板桩、木板桩封堵；操作过程要紧凑，不留间隔空隙，避免坍孔。

(3) 孔底残留虚土太多。成孔、修边以后有较多虚土、碎砖，未认真清除。在放钢筋笼前后均应认真检查孔底，清除虚土杂物，必要时用水泥砂浆或混凝土封底。

(4) 孔底出现积水。若地下水渗出较快或雨水流入，抽排水不及时，就会出现积水。开挖过程中孔底要挖集水坑，及时下泵抽水。如有少量积水，浇筑混凝土时可在首盘采用半干硬性的混凝土；在有大量积水，一时又排除困难的情况下，则应用导管水下浇筑混凝土的方法，确保施工质量。

（5）桩身混凝土质量差，有缩颈、空洞、夹土等现象。在浇筑混凝土前一定要做好操作技术交底，坚持分层浇筑、分层振捣、连续作业，必要时用铁管、竹竿、钢筋钎人工辅助插捣，以补充机械振捣的不足。

（6）钢筋笼扭曲变形。钢筋笼加工制作时点焊不牢，未支撑加强钢筋，运输、吊放时产生扭曲、变形。钢筋笼应在专用平台上加工，主筋与箍筋点焊牢固，支撑加固措施要可靠，吊运要竖直，使其平稳地放入桩孔中，保持骨架完好。

4）安全措施

（1）开挖前，施工单位应邀请设计、建设单位讨论会审挖桩次序和平面布置，完善施工安全防护措施，制定孔渣和废水的处理方案。

（2）施工负责人必须逐孔全面检查各项施工准备，做好安全技术交底，使安全管理在思想、组织、措施上都得到落实才通知开挖。

（3）桩孔开挖过程中，必须有专人巡视各开挖桩孔的施工情况，严格做好安全监护。孔内有人时，孔上必须有人监督防护，井孔周边作业人员、监督人员必须戴安全帽，严禁穿拖鞋、赤脚、酒后上岗作业，井孔内外设置对讲机，便于上下通信联系。

（4）桩孔开挖应交错进行。桩孔成型后即应验收、浇筑桩心混凝土。正在浇筑混凝土的孔，10m 半径内的其他桩孔下严禁有人作业。

（5）下孔人员必须戴安全帽、系安全带，安全带扣绳由孔上人员负责随作业面往下伸长，孔内必须设置应急软爬梯，供人员上下，使用的电动葫芦、吊笼等安全可靠并配有自动卡紧保险装置，使用前必须检查其安全起吊能力。

（6）挖孔人员应是 18～35 岁的男性青年，并经健康检查和井下、高空、用电、简单机械和吊装等安全培训考核。每孔作业人员应不少于 3 人。作业人员应自觉遵章守纪，严格按规定作业。

（7）挖孔、起吊、护壁、余渣运输等所使用的一切设备、设施、安全装置（含防毒面具）、工具、配件、材料和个人劳动防护用品等，必须经常检查，做好管、用、养、修、换，确保完好率和使用安全度。

（8）每次下孔作业前必须检查井下的有毒有害气体，一般宜用仪器检测，也可用简易办法，如在鸟笼内放置鸽子，吊放至桩孔底，放置时间不得少于 10min，经检查鸽子神态正常，方可下孔作业，并应有足够的安全防护措施。桩孔开挖深度超过 10m 时，应有专门向下通风的设备，风量不宜小于 25L/s，每班作业前必须强制性预先送风 10min 以上。必要时输送氧气，防止有毒气体危害。作业过程中必须保证持续通风，为防供电不正常等突发情况，确保通风和连续性生产，挖桩施工必须有备用应急柴油发电机。

（9）孔下作业必须在交接班前或终止当天当班作业时，用手钻或不小于 $\phi 16$ 钢钎对孔下不少于 3 点进行品字钎探。正常作业时，应每挖深 50cm 左右就对孔下做一次钎勘，确定无异常时，才继续下挖；发现异常，应即时报告。

（10）桩孔必须每挖深 0.5～1.0m 就护壁一次，严禁只下挖不及时护壁的冒险做法。第一节护壁要高出孔口 200mm 做孔口周围安全踢脚拦板，护壁拆模须经施工技术人员签证同意。

（11）孔井周围必须设不低于 1.2m 高的安全护栏和盖孔口板，护栏必须采用钢管脚手架制作。

(12) 工作人员上下桩孔所使用的电动葫芦、吊笼必须是合格的机械设备，同时应配备自动卡紧保险装置，以防突然停电。不得用人工拉绳子运送工作人员或脚踏井壁凸缘上下桩孔。电动葫芦宜用按钮式开关，上班前、下班后均应专人严格检查并且每天加足润滑油，保证开关灵活、准确，铁链无损、有保险扣且不打死结，钢丝绳无断丝。支承架应加固稳定，使用前必须检查其安全起吊能力。桩孔内必须放爬梯或设置尼龙绳，并随挖孔深度增加放长至工作面，作救急之备用。

(13) 桩孔开挖后，现场人员应注意观察地面和周围建（构）筑物的变化。桩孔如靠近旧建筑物或危房时，必须对旧建筑物或危房采取加固措施后才能施工。

(14) 挖出的土石方应及时运走，孔口四周 2m 范围内不得堆放余泥杂物。

(15) 挖孔抽水时，须在作业人员上地面后进行，抽水后检查已断开电源才准下孔。

(16) 挖孔桩的设计资料和施工方案必须报工程所在地工程质量监督站和安全监督部门备查。

3. 混凝土工程

1) 施工流程

基本流程为：钢筋、模板、预埋件验收→作业准备→混凝土搅拌、运输→混凝土浇筑与振捣→混凝土表面找平压实→混凝土养护。

梁、柱接头节点部位，因混凝土等级不一致，应先浇筑强度高的混凝土，然后再浇强度低的混凝土。

混凝土浇筑前，办理好有关部位的隐蔽工程验收和混凝土浇灌令。如果混凝土浇灌量大，必须昼夜连续施工时，还要预先办理夜间施工许可证。混凝土振捣操作人员，由经过专业技术培训的工作人员操作，现场混凝土浇筑指挥由工长或技术人员负责。混凝土浇筑施工随时掌握供料和浇筑状况，确保混凝土浇筑的连续性。浇筑混凝土期间，加强气象监测，及时预报天气状况，防止大雨、暴雨、暴晒等天气对混凝土质量的影响。当有必要时，应采取措施防止恶劣天气对混凝土施工的影响，以确保混凝土质量。

2) 混凝土浇捣要求

(1) 对预拌混凝土厂家及有关施工人员进行书面技术交底，技术交底中应包括混凝土每小时供应数量、缓凝时间、泵送速度、分层分块浇筑示意图及分块厚度、泵车布局、施工现场混凝土搅拌车行走路线等。

(2) 混凝土入场后应及时检测其坍落度，不符合要求时应退回或由搅拌站进行二次搅拌。现场对每车混凝土的出站时间、入场时间、开始浇筑及持续时间等各时间段进行登记，超出要求时间的混凝土不得使用。

(3) 浇筑混凝土时应分段分层连续进行，浇筑层高度应根据混凝土供应能力、一次浇筑量、混凝土初凝时间、结构特点、钢筋疏密综合考虑确定，一般为振捣器作用部分长度的 1.25 倍。混凝土分块大小及分层厚度以混凝土供应速度及混凝土各浇筑块、浇筑层均不出现施工冷缝为原则。

(4) 混凝土自泵管口下落的自由倾落高度不得超过 2m（竖向构件为 3m），若超过 2m（或 3m）应加软管或串筒下料，防止混凝土离析。

(5) 使用插入式振捣器应快插慢拔，插点要均匀排列，逐点移动，顺序进行，不得遗漏，做到均匀振实。移动间距不大于振捣棒作用半径的 1.5 倍（一般为 300～400mm）。振捣上一层时应插入下层5～10cm，以使两层混凝土结合牢固。振捣时，振捣棒不得触及钢筋和模板。表面振动器（平板振动器）的移动间距，应保证振动器的平板覆盖已振实部分的边缘。

(6) 浇筑混凝土应连续进行。如必须间歇，其间歇时间应尽量缩短（故意拉开前后层浇捣时间，减少结构沉陷收缩的除外），并应在前层混凝土初凝之前，将次层混凝土浇筑完毕。间歇的最长时间应按凝结时间确定，超过初凝时间应按施工缝处理。

(7) 混凝土浇筑完毕，表面泌水已处理，经刮杠刮平后即可用木抹搓平，二次振捣用平板振捣器或振捣棒滚动振捣，表面用木抹子压实。当混凝土表面用手按有明显印痕但下沉量不大时，即可进行二次搓毛压实。二次抹压时不可在混凝土表面洒水进行，而应将混凝土内部浆液挤压出来，用于表面混凝土湿润抹压。

(8) 浇筑混凝土时应派专人观察模板、钢筋、预留孔洞、预埋件和插筋等有无移动、变形或堵塞情况，发现问题应立即处理，并应在已浇筑的混凝土初凝前修整完好。

(9) 混凝土浇筑应避开雨天施工，若突遇降雨应用塑料薄膜及时覆盖进行保护。雨期施工前应准备足够的防护材料，防止新浇筑混凝土遭受雨淋。

(10) 泵送混凝土开始压送时速度宜慢，待混凝土送出管子端部时，速度可逐渐加快，并转入正常速度进行泵送。压送要连续进行，不应停顿，遇到运转不正常时，可放慢泵送速度。若混凝土供应不及时，需降低泵送速度。当泵送暂时中断供料时，应每隔5～10min利用泵机进行抽吸往复推动2～3次，以防堵管。混凝土因故间歇30min以上者，应排净管路内留存的混凝土，以防堵塞。

(11) 后浇带混凝土浇筑。

① 后浇带使用钢板网进行支挡，在支模时，应对先浇混凝土凿毛清洗。在混凝土浇筑之前应清除杂物并进行湿润，并应刷与混凝土成分相同的水泥砂浆。

② 后浇带新旧混凝土接槎部位采用设置企口的防水措施。

③ 施工后浇带使用补偿收缩混凝土填灌密实，并加强养护，防止新老混凝土之间出现裂缝。

3) 混凝土养护

混凝土表面泌水和浮浆应排除，待表面无积水时，宜进行二次压实抹光。泵送混凝土一般掺有缓凝剂，宜在混凝土终凝后才浇水养护，并应加强早期养护。

为了保证新浇的混凝土有适宜的硬化条件，防止早期由于干缩产生裂缩，混凝土浇筑完12h后应覆盖洒水养护；视气温变化情况每间隔一定时间浇水养护，养护次数以混凝土表面保持湿润为准。基础承台部分必须覆盖麻袋。普通混凝土的养护时间不得少于7天；防水混凝土的养护时间不得少于14天；后浇带混凝土的养护时间不得少于28天；掺外加剂的泵送混凝土的养护时间不少于14天。混凝土强度达到1.2N/mm^{2}前，不得在其上踩踏或安拆模板支撑。

4) 混凝土试块取样与留置

混凝土试块应在混凝土浇筑地点随机取样。

(1) 标准养护试块取样与留置原则。

① 每拌制100盘且不超过100m^{3}的同配合比的混凝土，取样不得少于一次。

② 每工作班拌制的同一配合比的混凝土不足100盘时，取样不得少于一次。

③ 当一次连续浇筑超过1000m^{3}时，同一配合比的混凝土每200m^{3}取样不得少于一次。

④ 每一楼层、同一配合比的混凝土，取样不得少于一次。

⑤ 每次取样应至少留置一组（一组为 3 个立方体试块）标准养护试块。

（2）同条件养护试块取样与留置原则。

① 结构实体同条件试块。

a. 同条件养护试件所对应的结构构件或结构部位，应由监理（建设）、施工单位等各方共同选定。

b. 根据既体现结构重要部位又适度控制实体检验数量的原则，重要部位建议如下：竖向构件中的墙、柱，水平构件中跨度大于或等于 8m 的梁、跨度大于或等于 5m 的单向板、跨度大于或等于 6m 的双向板、跨度大于或等于 2m 的悬挑梁板，若有工程不满足上述条件，则应按规范“同一强度等级的同条件养护试件不宜少于 3 组”，项目在具体实施中可以此为依据与监理协商确定。

② 拆模同条件试块（判定混凝土是否达到设计要求或规范要求的拆模强度），按每一施工流水段至少留置一组同条件试块。

（3）防水混凝土试块取样与留置原则。

① 防水混凝土的标养、同条件养护试块取样与留置原则同前述相关条款。

② 抗渗试块取样与留置原则（依据 GB 50208—2011）：连续浇筑混凝土每 500m^3应留置一组抗渗试块（一组为 6 个抗渗试块），且每项工程不得少于两组。配合比调整时，应相应增加试块的留置组数。

4. 钢筋工程

1）钢筋加工

（1）配筋工作由土建分包单位专职配筋人员严格按照国家、地方及行业的规范和设计要求执行。结构中所有大于 200mm 的洞口，按照洞口配筋全部留置出来，不允许出现现场割筋留洞的现象。

（2）加工工艺：钢筋除锈、除污→钢筋调直→钢筋切断→钢筋成型。

① 钢筋除锈可采用手工钢丝刷除锈。

② 一级钢的调直冷拉率不大于 4%，钢筋调直后应平直，且无局部曲折。

③ 钢筋切断时，应根据不同长度搭配，统筹安排，一般先断长料，后断短料，减少耗损，切断时避免用短尺量长料，防止产生累积误差。因此应在工作台上标出尺寸刻度线，并设置控制断料尺寸用的挡板。在切割过程中如发现钢筋有劈裂、缩头或严重的弯头等，必须切除。钢筋的断口不得有马蹄形或起弯等现象，长度允许偏差为±10mm。

④ 钢筋弯曲前，应计算好起弯点的位置，在钢筋上画好线，以进行准确的弯曲成型。钢筋弯曲成型后，弯曲点处不得有裂缝，二级钢不得反复弯折，钢筋成型后的允许偏差全长为±10mm。

⑤ 箍筋制作时，按抗震要求，其末端均要做成 135°弯钩，平直段长度取［10d，750mm］二者中的最大值。箍筋为复合箍筋时，为制作和安装方便（当设计无要求时），内箍取统一尺寸，柱纵筋间距做适当调整，柱纵筋间距最大差值不得大于 4d（d 为箍筋直径）。

2）钢筋定位、间距、保护层控制

墙、柱在底板中的插筋定位措施：墙体的钢筋采用定距框，以保证墙、柱主筋间距位置准确。

墙、柱侧面钢筋保护层采用塑料卡具，墙体结构放在外侧的水平钢筋上，柱结构放在箍筋上。

底板、楼板、梁使用砂浆垫块，砂浆垫块可以根据钢筋规格做成凹槽，使垫块和钢筋牢固地连在一起，保证不偏位。

保护层厚度（一类环境）须满足以下条件。

（1）梁、柱中保护层厚度不得小于 20mm。

（2）墙、板中保护层厚度不得小于 15mm。

3）钢筋绑扎搭接质量标准

（1）根据设计图纸检查钢筋的钢号、直径、根数、间距是否正确，特别要注意检查负筋的位置。

（2）检查钢筋接头的位置及搭接长度是否符合规定。

（3）检查混凝土保护层厚度是否符合要求。

（4）检查钢筋绑扎是否牢固，有无松动、变形现象。

（5）钢筋表面不允许有油渍、漆污和颗粒状（片状）铁锈。

（6）钢筋位置的允许偏差，见附表 21。

附表 21　钢筋位置的允许偏差

<table>
<tr><th>项　次</th><th colspan="2">项　目</th><th>允许偏差/mm</th></tr>
<tr><td>1</td><td colspan="2">受力钢筋的排距</td><td>±5</td></tr>
<tr><td>2</td><td colspan="2">钢筋弯起点的位置</td><td>20</td></tr>
<tr><td rowspan="2">3</td><td rowspan="2">箍筋、横向钢筋的间距</td><td>绑扎骨架</td><td>±20</td></tr>
<tr><td>焊接骨架</td><td>±10</td></tr>
<tr><td rowspan="2">4</td><td rowspan="2">焊接预埋件</td><td>中心线位置</td><td>5</td></tr>
<tr><td>水平高差</td><td>+3、-0</td></tr>
<tr><td rowspan="3">5</td><td rowspan="3">受力钢筋的保护层</td><td>基础</td><td>±10</td></tr>
<tr><td>柱、梁</td><td>±5</td></tr>
<tr><td>板、墙、壳</td><td>±3</td></tr>
</table>

5. 砌体工程

1）加气混凝土砌块砌体工程

（1）工艺流程。基础验收、墙体抄平放线→材料见证取样、配制砂浆→排砖撂底、墙体盘角→立杆、挂线、砌墙→验收、养护并转入下一循环。

（2）操作工艺。

① 墙体抄平放线：墙体施工前，应将基础顶面或楼层结构面按标高找平，依据图纸放出第一皮砌块的轴线、砌体的边线及门窗洞口位置线。

② 砌块提前 2 天进行浇水湿润，浇水时把砌块上的浮尘冲洗干净。

③ 根据砌体标高要求立好皮数杆，皮数杆立在砌体的转角处，纵向间距一般不应大于 15m。

④ 配制砂浆：按设计要求的砂浆品种、强度等级进行砂浆配置，配合比应由试验室确定。采用质量比，水泥、石灰膏的计量精度为±2%，砂的计量精度控制在±5%以内；应采用机械搅拌，搅拌时间不少于 2min。

⑤ 砌块的排列：应根据工程设计施工图纸，结合砌块的品种规格绘制砌体砌块的排列图，经审核无误后，按图进行排列。

⑥ 排列应从基础顶面或楼层面开始进行，排列时应尽量采用主规格的砌块，砌体中主规格砌块应占总量的80%以上。

⑦ 砌块排列上下皮应错缝搭砌，搭砌长度不得小于砌块长度的1/3，也不应小于150mm。

⑧ 外墙转角处及纵横墙交接处，应将砌块分皮咬槎，交错搭砌，砌体砌至门窗洞口边非整块时，应用同品种的砌块加工切割成，不得用其他砌块或砖镶砌。

⑨ 砌体水平灰缝厚度一般为15mm（如果为加网片筋的砌体，其水平灰缝的厚度为20～25mm），垂直灰缝的厚度为20mm，大于30mm的垂直灰缝应用C20级细石混凝土灌实。

⑩ 铺砂浆：将搅拌好的砂浆通过吊斗或手推车运至砌筑地点，在砌块就位前用大铁锹、灰勺进行分块铺灰，最大铺灰长度不得超过1500mm。

⑪ 竖缝灌砂浆：每砌一皮砌块就位后，应用砂浆灌实竖缝，随后进行灰缝的勒缝（原浆勾缝），深度一般为3～5mm。

2）黏土多孔砖砌块砌体工程

（1）组砌方法。一般采用一顺一丁、梅花丁或三顺一丁砌法。

（2）操作工艺。

① 抄平放线。

② 排砖撂底（摆干砖）：根据弹好的门窗洞口位置线，认真核对窗间墙、垛尺寸，看其长度是否符合排砖模数；当不符合模数时，七分头或丁砖应排在窗口中间、附墙垛或其他不明显的部位。

③ 选砖：砌清水墙应选择棱角整齐，无弯曲、裂纹，颜色均匀，规格基本一致的砖。敲击时声音响亮、焙烧过火变色、变形的砖可用在基础及不影响外观的内墙上。

④ 盘角：砌砖前应先盘角，每次盘角不要超过五层，新盘的大角及时进行吊、靠，如有偏差要及时修整。盘角时要仔细对照皮数杆的砖层和标高，控制好灰缝大小，使水平灰缝均匀一致。大角盘好后再复查一次，待平整度和垂直度完全符合要求后，再挂线砌墙。

⑤ 挂线：砌筑一砖半墙必须双面挂线，如果长墙几个人均使用一根通线，中间应设几个支线点，小线要拉紧，每层砖都要穿线看平，使水平灰缝均匀一致、平直通顺；砌一砖厚混水墙时宜采用外手挂线，可照顾砖墙两面平整，为下道工序控制抹灰厚度奠定基础。

⑥ 砌砖：砌砖宜采用一铲灰、一块砖、一挤揉的“三一”砌砖法。砌砖一定要跟线，做到“上跟线，下跟棱，左右相邻要对平”。水平灰缝厚度和竖向灰缝宽度一般为10mm，但不应小于8mm，也不应大于12mm。砌筑砂浆应随拌随用，常温下水泥砂浆必须在3h内用完，水泥混合砂浆必须在4h内用完，不得使用过夜砂浆。

⑦ 留槎：外墙转角处应同时砌筑。内外墙交接处不能同时砌筑时，必须留斜槎，槎子长度不应小于墙体高度的2/3（附图2），槎子必须平直、通顺。隔墙与墙或柱不同时砌筑时，可留直槎（阳槎）加预埋拉结筋，沿墙高每50cm预埋$\phi 6$钢筋2根，其埋入长度从墙的留槎处算起，一般每边均不小于50cm，末端应加90°弯钩（附图3）。施工洞口也应按以上要求留水平拉结筋。隔墙顶应用立砖斜砌挤紧。

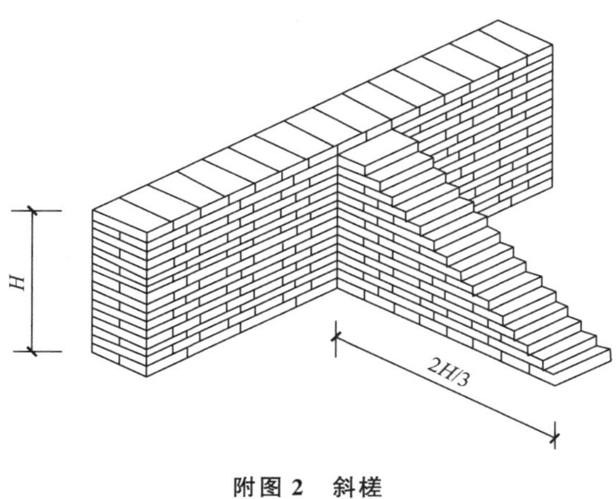

附图 2　斜槎

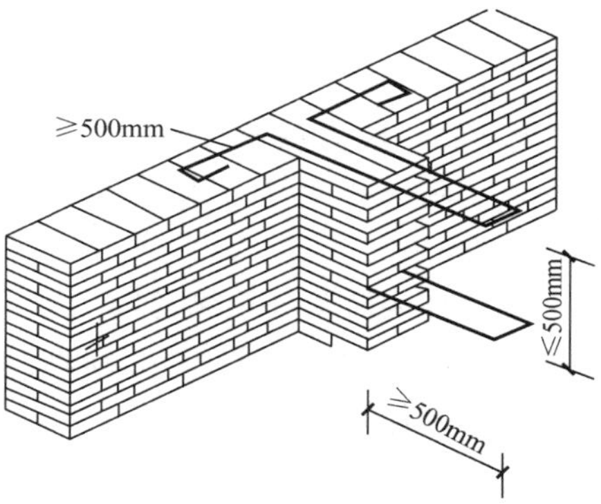

附图 3　直槎（阳槎）

⑧ 预埋木砖、墙体拉结筋：木砖预埋时应小头在外、大头在内，数量按洞口高度决定。洞口高在 1.2m 以内，每边放 2 块；高 1.2～2m，每边放 3 块；高 2～3m，每边放 4 块。预埋木砖的部位一般在洞口上边或下边四皮砖，中间均匀分布。木砖要提前做好防腐处理。墙体拉结筋的位置、规格、数量、间距均应按设计要求留置，不应错放、漏放。

⑨ 安装过梁、梁垫：安装过梁、梁垫时，其标高、位置及型号必须准确，坐浆饱满。如坐浆厚度超过 2cm，要用细石混凝土铺垫。过梁安装时，两端支承点的长度应一致。

⑩ 构造柱做法：凡设有构造柱的工程，在砌砖前，应先根据设计图纸将构造柱位置进行弹线，并把构造柱插筋处理顺直。砌砖墙时，与构造柱连接处砌成马牙槎。每一个马牙槎沿高度方向的尺寸不宜超过 30cm（即五皮砖），马牙槎应先退后进。拉结筋按设计要求放置，设计无要求时，一般沿墙高 50cm 设置 2 根 ϕ6 水平拉结筋，每边深入墙内不应小于 1m。构造柱做法示意如附图 4 所示。

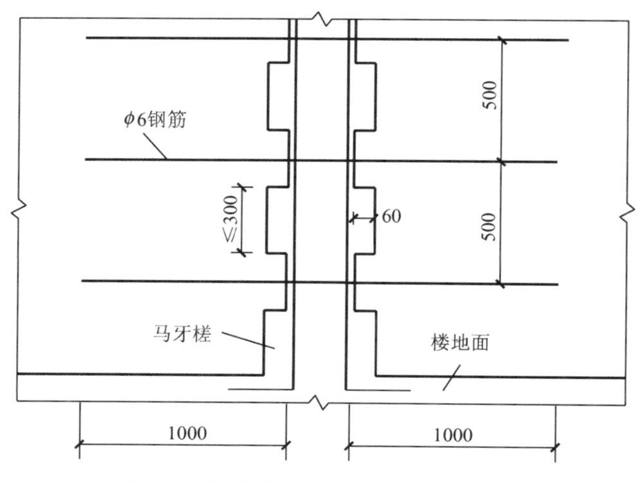

附图 4　构造柱做法示意（单位：mm）

第七章　施工进度计划

本工程总工期控制在 355 天内。某楼项目施工进度计划详见附图 5、附图 6。

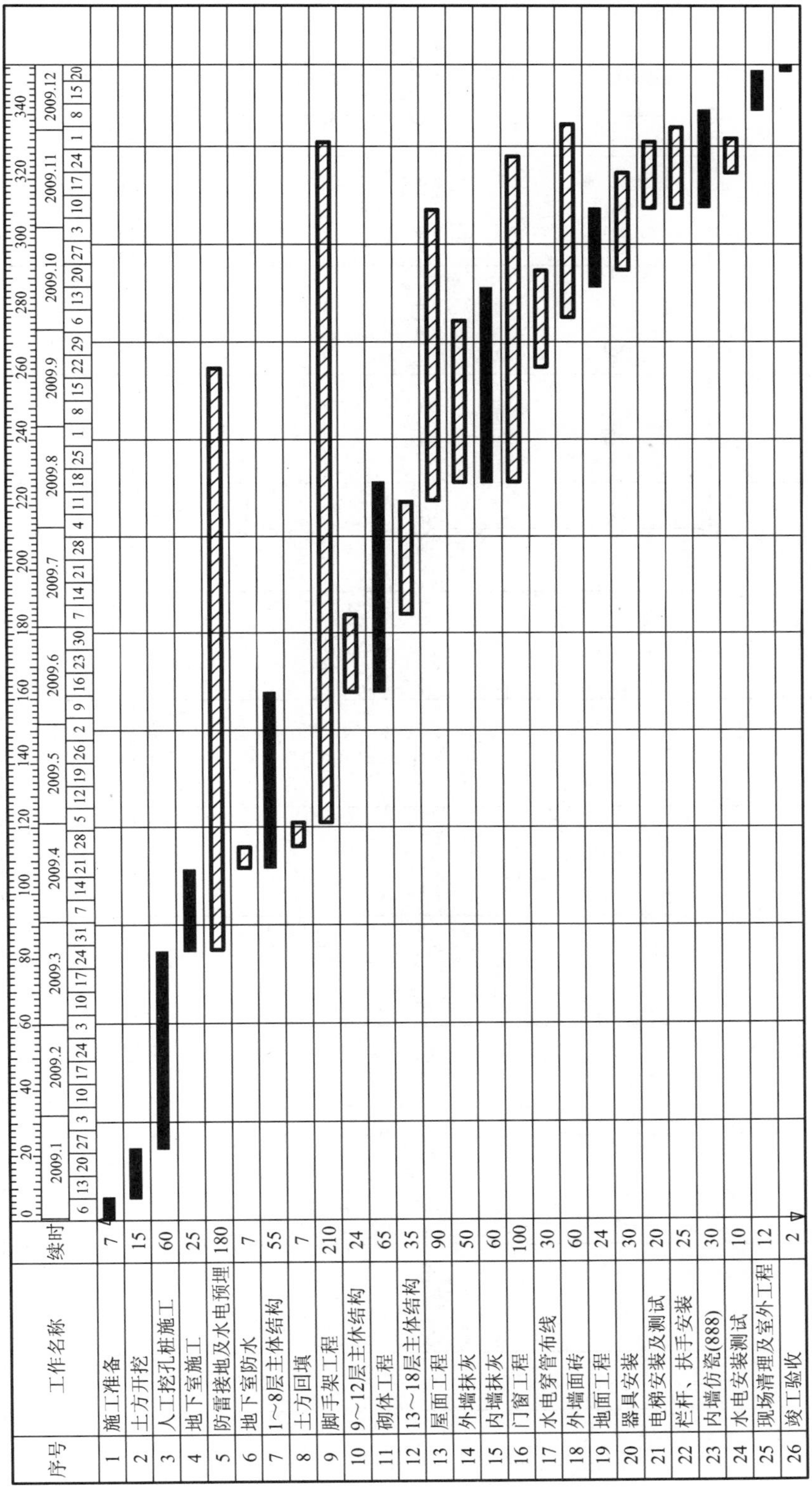

序号	工作名称	续时
1	施工准备	7
2	土方开挖	15
3	人工挖孔桩施工	60
4	地下室施工	25
5	防雷接地及水电预埋	180
6	地下室防水	7
7	1～8层主体结构	55
8	土方回填	7
9	脚手架工程	210
10	9～12层主休结构	24
11	砌体工程	65
12	13～18层主体结构	35
13	屋面工程	90
14	外墙抹灰	50
15	内墙抹灰	60
16	门窗工程	100
17	水电穿管布线	30
18	外墙面砖	60
19	地面工程	24
20	器具安装	30
21	电梯安装及测试	20
22	栏杆、扶手安装	25
23	内墙仿瓷(888)	30
24	水电安装测试	10
25	现场清理及室外工程	12
26	竣工验收	2

附图5　某楼项目进度计划(横道图)(单位：天)

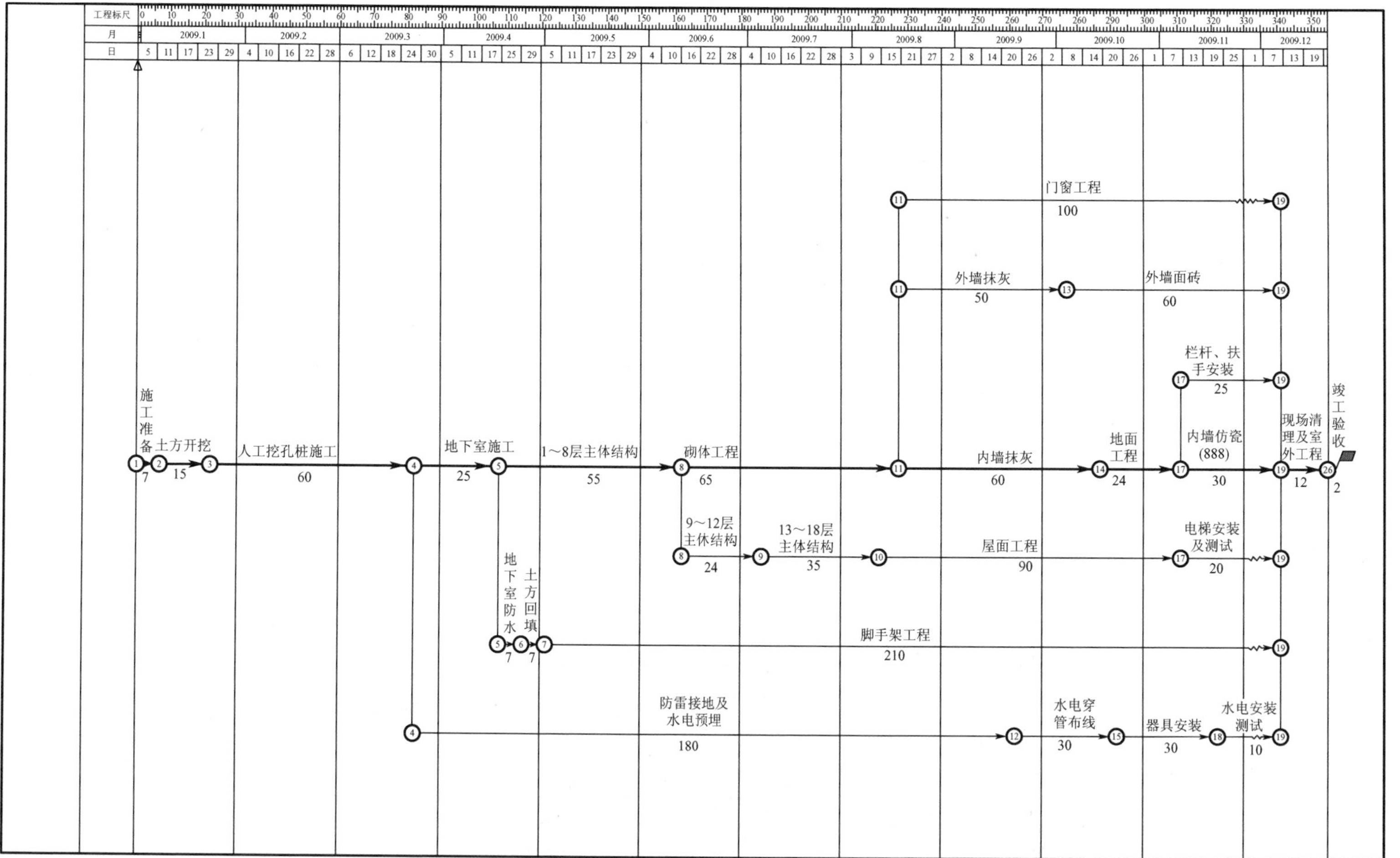

附图6 某楼项目进度计划（时标网络图）（单位：天）

第八章　施工平面布置图

1. 施工平面布置原则

施工平面布置原则见附表22。

附表22　施工平面布置原则

序号	内　　容
1	根据工程特点和现场周边环境的特征，充分利用现有施工场地，做好平面布置规划，满足生产、文明施工要求
2	做好现场平面布置和功能分区，对现有临建及管线进行调整
3	加强现场平面布置的分阶段调整，科学确定施工区域和场地平面布置，尽量减少专业工种之间的交叉作业，提高劳动效率
4	加强现场施工检查及监督整改，在保证运输通畅、材料堆放满足施工的前提下，最大限度地减少场内二次运输
5	满足生产、生活、安全防火、环境保护和劳动保护要求
6	根据各阶段施工需要，及时调整现场平面布置
7	现场场地狭小，必须合理布置现场交通路线，同时考虑排水措施等

2. 施工现场平面布置

(1) 由于本工程场地狭小，所以必须根据施工进度及时调整现场平面布置。

(2) 项目现场不设置生活区，管理人员办公、职工生活住宿均在附近租赁房屋。

(3) 现场布置塔式起重机一台，输送泵一台，施工电梯两台，砂浆搅拌站两个，钢筋棚、木工棚各一个，施工出入口两个，同时配有厕所、门卫室、工具间、农民工学校等临时设施，满足生产要求。

3. 临时用水用电

本工程临时用水用电均由建设单位指定点接入，装表单独计量，现场设置消防栓、消防水池、配电房。具体详情参见临时用水用电专项施工方案。

4. 附图

某楼项目基础施工阶段施工现场平面布置如附图7所示。

某楼项目主体装饰阶段施工现场平面布置如附图8所示。

第九章　主要技术组织措施

1. 质量保证措施

1) 质量目标

工程质量确保达到国家验收的合格标准，力争省优工程。

2) 质量管理机构

(1) 项目质量管理机构如附图9所示。

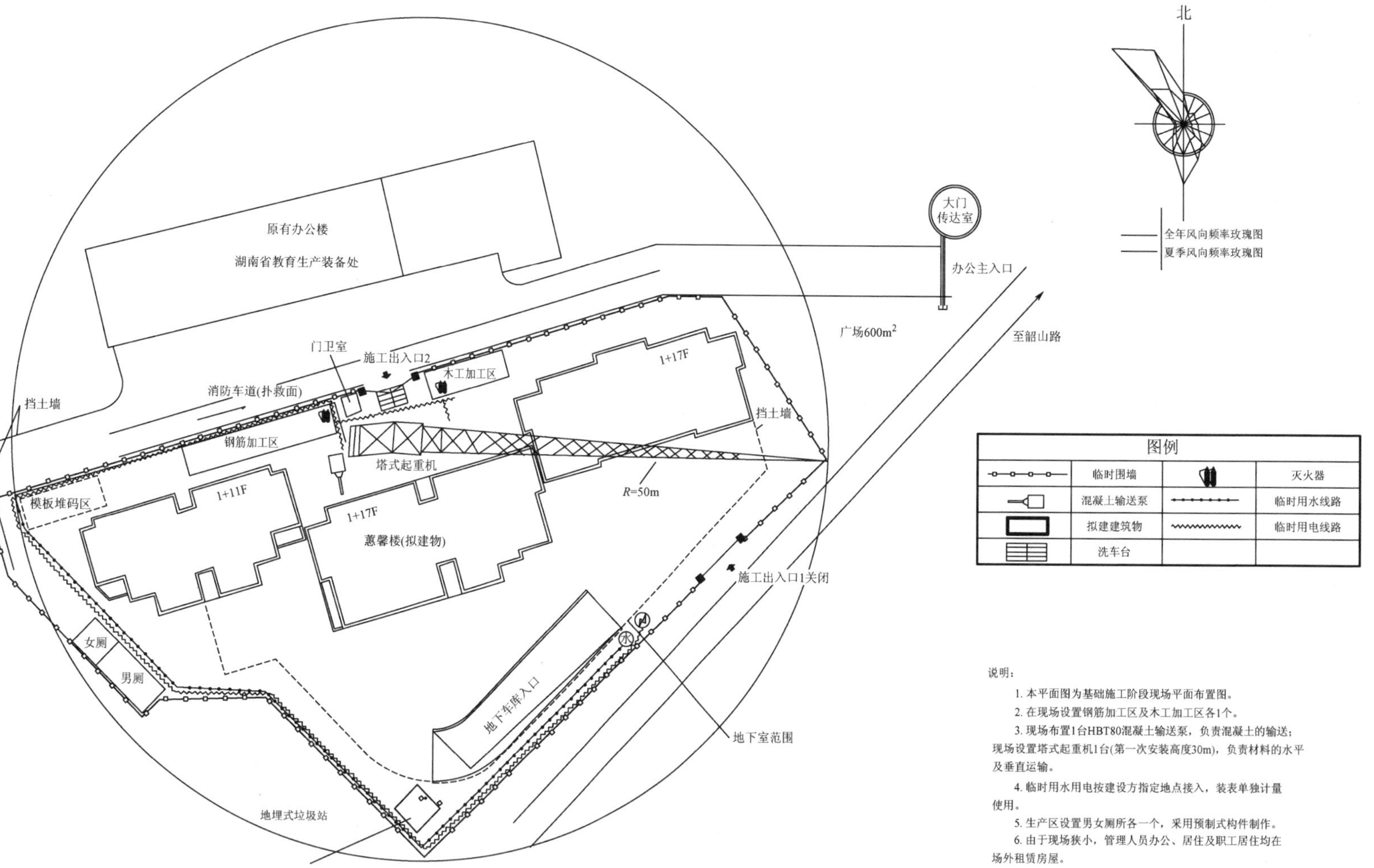

说明：

1. 本平面图为基础施工阶段现场平面布置图。

2. 在现场设置钢筋加工区及木工加工区各1个。

3. 现场布置1台HBT80混凝土输送泵，负责混凝土的输送；现场设置塔式起重机1台(第一次安装高度30m)，负责材料的水平及垂直运输。

4. 临时用水用电按建设方指定地点接入，装表单独计量使用。

5. 生产区设置男女厕所各一个，采用预制式构件制作。

6. 由于现场狭小，管理人员办公、居住及职工居住均在场外租赁房屋。

附图7　某楼项目基础施工阶段施工现场平面布置

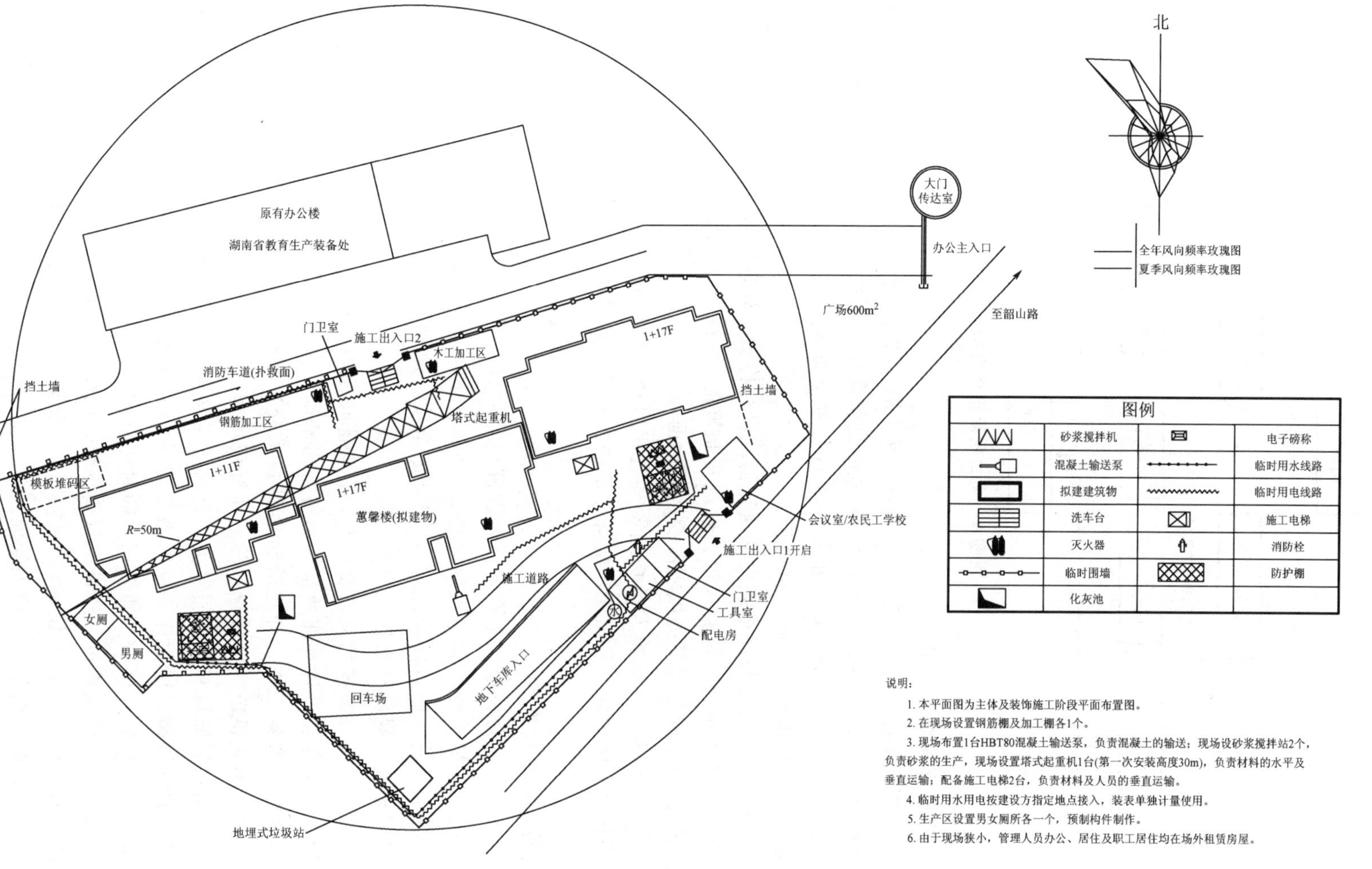

说明：

1. 本平面图为主体及装饰施工阶段平面布置图。
2. 在现场设置钢筋棚及加工棚各1个。
3. 现场布置1台HBT80混凝土输送泵，负责混凝土的输送；现场设砂浆搅拌站2个，负责砂浆的生产，现场设置塔式起重机1台(第一次安装高度30m)，负责材料的水平及垂直运输；配备施工电梯2台，负责材料及人员的垂直运输。
4. 临时用水用电按建设方指定地点接入，装表单独计量使用。
5. 生产区设置男女厕所各一个，预制构件制作。
6. 由于现场狭小，管理人员办公、居住及职工居住均在场外租赁房屋。

附图8　某楼项目主体装饰阶段施工现场平面布置

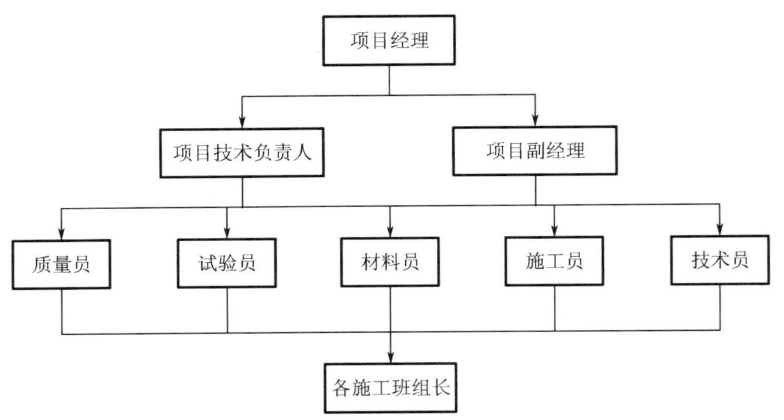

附图 9　项目质量管理机构

(2) 质量管理领导小组。

① 成立以技术负责人为组长的质量管理领导小组，负责本项目质检机构的组建、人员安排及各项规章制度的制定，组织各项工程的检查验收和质量检查评比、处理重大质量事故。

② 质量管理领导小组成员：组长为项目技术负责人，组员包括质量员、试验员、材料员、施工员、技术员、各施工班组长。

③ 质量员负责对各种规章制度的执行情况进行检查，处理质检方面的日常工作。

④ 试验员负责项目的试验规程、规范及制度的执行，制定试验方案，负责质量检查和试验工作，为监理工程师提供所需的试验数据。

⑤ 所有质检人员和试验人员均选派具有相应技术职称和多年工程实践经验、工作认真负责并获得上岗证的人员担任，配备完整的检测和试验设备，能独立地行使质量一票否决权。

3) 技术组织措施

全面推行《工程建设施工企业质量管理规范》(GB/T 50430—2007) 标准，认真贯彻执行公司的《质量手册》和《程序文件》，并结合本工程的实际情况，组织项目管理人员编制本工程项目的《质量保证计划》，建立健全项目质量管理和质量保证体系，确保本工程严格按国家现行规范和操作规程施工。

(1) 贯彻执行各级技术岗位责任制，在熟悉图纸的基础上，认真搞好图纸会审、施工组织设计、施工作业设计和作业指导书等技术基础工作。分部分项工程施工前，技术人员要认真做好技术准备工作，分层分级做好技术交底工作。在施工过程中密切配合建设单位、设计单位和质检单位的检查，共同抓好现场施工质量技术管理工作。

(2) 严格把好原材料进场质量关，材料进场必须有出厂合格证或材质证明，并应按要求做好原材料的送检试验工作，同时做好成品、半成品的保护工作，所有原材料、成品、半成品都必须经检验合格后方能使用，同时还应做好产品标识和可追溯性记录。

(3) 现场设专职质检员，严格执行质量检查制度，实行质量一票否决权。质检员对整个工程质量有严格把关的责任，对关键部位、隐蔽工程应重点检查，并随时检查各道工序，发现问题及时限期整改或停工处理。

(4) 施工过程中应严格按图纸设计要求和施工验收规范对施工全过程进行质量控制，

贯彻以自检为基础的自检、互检、专职检的“三检”制，每道工序经检查合格后，方可进行下道工序施工。对于特殊工序应编制作业指导书，并对施工过程进行连续监控。施工工长应认真及时办理各种隐蔽工程验收和签证。

(5) 组织高素质的专业施工队伍，对参加施工的人员必须进行进场教育和技术交底，特种作业人员必须持证上岗。

2. 安全保证措施

1) 安全生产管理体系

安全生产管理体系见附图10。

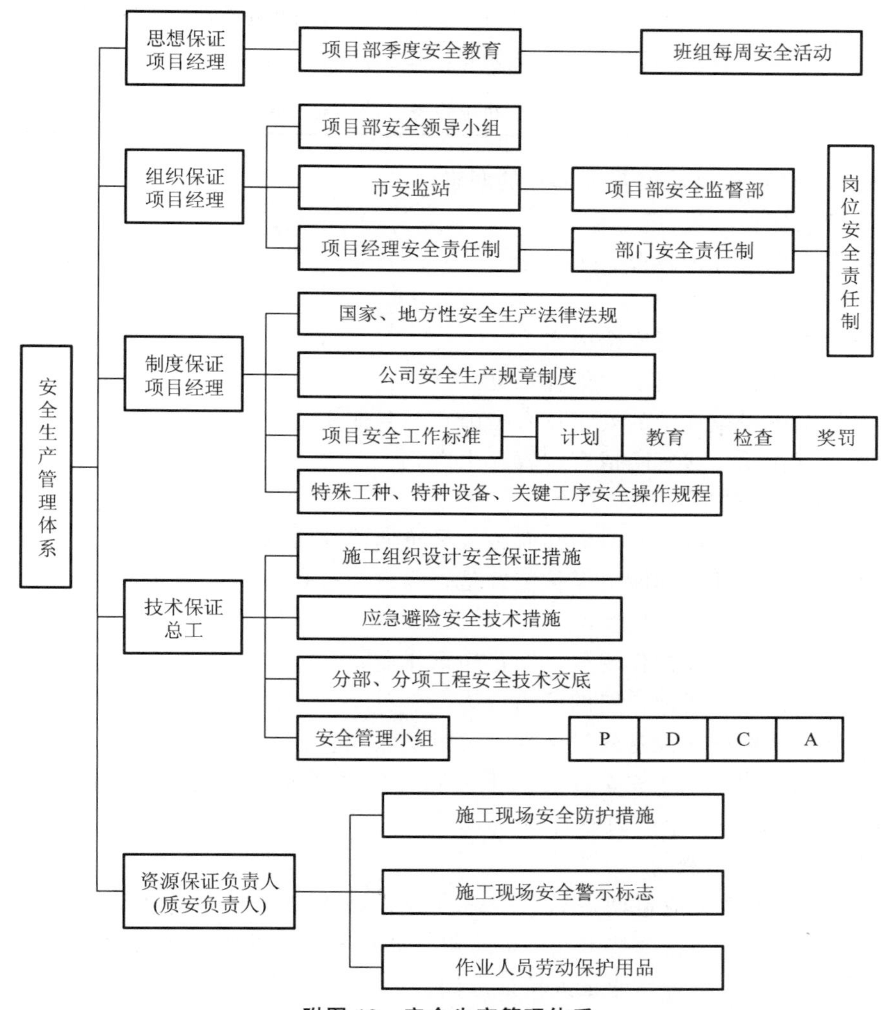

附图10 安全生产管理体系

2) 安全生产组织机构

(1) 安全生产领导小组。

项目经理部设质安管理部，由项目经理和项目副经理直接领导，现场安全员、施工员、班组长及工人均属于安全生产管理机构的组成部分。项目经理是项目部安全生产第一责任人；安全员对安全生产具有一票否决权，有权决定停工整改。

安全生产领导小组见附表 23。

附表 23　安全生产领导小组

职　务	人　员	主要工作分工
组长	项目经理	施工安全总负责
副组长	技术负责人	负责本工程全面安全技术管理，处理现场有关安全事务等
副组长	项目副经理	负责现场安全生产管理，落实各项安全防护工作等
组员	质安负责人	负责生产全过程安全管理工作等
组员	专职安全员	负责日常安全检查，督促隐患整改，监督安全事务工作等
组员	设备与安装负责人	负责现场设备与安装的安全管理，落实各项安全防护工作等
组员	机电设备负责人	负责机电设备、消防安全管理工作等

(2) 专职安全机构（质安管理部）的职责。

① 贯彻劳动保护法规。

② 开展安全生产宣传教育。

③ 组织安全生产检查。

④ 研究解决施工中的不安全因素。

⑤ 参加事故调查，提出事故处理意见。

⑥ 审查施工组织设计中的安全技术措施，并督促实施。

⑦ 制止违章作业，遇有险情有权暂停生产。

(3) 专职安全员的职责。

① 施工现场巡视检查，及时通知有关人员按期消除隐患。

② 检查电气线路开关和漏电保护装置是否都整齐有效。

③ 检查架子、安全网使用情况。

④ 监督施工人员遵守操作规程，制止违章作业。

⑤ 检查夜间值班及场内道路的照明设施。

⑥ 检查施工所用机械设备的安全性，及时消除隐患。

⑦ 按住建部《建筑施工安全检查标准》和公司现场安全管理各种表格要求及时填写安全资料归档，搞好安全生产内业管理。

3) 安全交底和安全教育

安全交底和安全教育应定期进行，安全交底由技术负责人主持。每一分项工程作业前，由施工员下达书面的安全技术交底，班组长履行签字后才能施工。进场的工人均进行严格的三级安全教育，特种作业工人持证上岗。

4) 生产现场安全技术措施

本工程属高层建筑，高空作业多，需高空吊装大体积构件，安装工程预留洞口众多，防护量大，因此安全防护工作很重要。

高层建筑施工外架 13～18 层采用悬挑式钢管外架，外架上满挂密目安全网进行全封闭，外设剪刀撑固定；同时为了减少施工噪声，在外架的内侧满挂钢丝网，用以悬挂吸音板，也能起到封闭外架的作用，增加施工安全系数。

外架的首层、顶层和施工作业层必须用脚手板铺满、铺平、铺稳，保证有三个支撑点绑扎牢固，不得有探头板。架体与建筑之间应逐层进行封闭（用水平网或板），防止坠物伤人。

进入施工现场的人员必须戴好安全帽，禁止穿高跟鞋、拖鞋，打赤脚、赤膊，施工人员必须佩戴好安全带。

凡人员进出的通道口搭设防护棚，严防高空坠物伤人；电梯井口及井道内设防护栏杆和防护网。

3. 进度保证措施

工期是工程建设控制的关键，在实际施工过程中，由于种种原因，可能会出现设备材料交付延误、设备缺陷、设计变更及自然灾害等，对工程进度造成不利影响。为确保本工程按要求如期完成，主要通过“可靠准确计划，及时衡量进度，果断定量调节，有效纠正偏差”的不断循环，并在循环中调整资源，实现对工程进度的有效控制，以达到预期的工期目标。

1）组织措施

（1）对设备材料交付延误，项目部除及时向公司有关部门书面汇报外，还将积极主动与相关单位加强协调，必要时项目部将根据情况尽最大努力帮助有关方面承担部分工作。

（2）对设备缺陷，无论是在开箱过程中还是在安装过程中发现的问题，项目部将尽快提出设备缺陷报告，并主动提出消除缺陷的建议，在供货方设备缺陷报告答复后，在现场条件允许的情况下，尽快组织人员消除缺陷，确保工程进度。

（3）对设计变更，项目部将在工程开工和每个专业工程开工前，按照《图纸会审管理程序》和《设计变更管理程序》的要求，由各级技术人员组织图纸会审，及时发现设计文件中存在的问题，对有可能出现的问题提出变更要求和变更建议，使问题消除在萌芽状态。

（4）对施工过程中出现的影响工期的自然灾害，项目部将听从业主的安排，协助业主调整二级进度计划，并根据二级进度计划的要求调整项目部的三级进度计划，在业主的总体计划安排下，按时完成任务。

（5）对雨季造成的施工停滞状态，项目部将采取有效的雨季施工措施，减少天气原因造成的施工停滞。

（6）针对夏季气温较高的情况，项目部采取夜间施工、白天休息的办法或适当调整作息时间，在保证不影响周边居民休息的情况下合理安排施工，从而保证施工正常进行。

（7）加强装修与安装、土建与给排水、电气安装与消防安装等各专业之间的衔接配合，在施工前组织各专业负责人根据各自的设计要求做好空间与时间的协调与安排，避免因工序安排的原因造成窝工。

（8）将外装修贴面砖、门窗工程与内装修抹灰、地面等工作合理安排时间，外装修及门窗安装从上至下进行，内装修先进行墙面抹灰工作。不使外装修及门窗安装影响到内装修中地面、顶棚、涂料等后续工作，确保工程的交叉作业和各工种之间的流水作业能够顺利进行。

2）技术措施

先进的施工工艺、材料和技术是进度计划成功的保证。针对本工程的特点和难点，采用先进的施工技术和材料以加快施工进度、缩短工期，从而确保各里程碑工期目标和总体工期目标的实现。

(1) 采用整体大模板施工技术，现浇柱、梁、板采用定型模板，并进行编号，缩短支模时间；梁、板混凝土掺早强剂以缩短养护时间，改善操作条件，加快混凝土强度的形成，提早拆模时间。

(2) 投入充足的支撑、模板等周转材料及技术娴熟的生产工人和高水平的管理人员，以缩短施工工期。

(3) 合理安排施工工艺，切实组织好多工序的交叉作业，加强土建与安装的配合协调，及时做好管道暗敷预埋，不事后凿墙打洞，以免相互影响而延误工期。

(4) 钢筋连接采用绑扎搭接，可大大加快施工进度。

(5) 混凝土的供应采用预拌混凝土，加快混凝土的浇筑工作。

(6) 门窗、栏杆等均采用外购成品、半成品，现场安装；在管道立管安装中采取先预制后安装的方法，以加快进度。

4. 现场文明施工措施

文明施工目标：实行现场标准化管理和开展创“省安全质量标准化示范工程”活动，施工现场和临时设施整洁、美观、卫生，施工过程有序、低噪、无尘，确保本工程达到“省级安全质量标准化示范工程”的要求。

1) 现场围挡

(1) 根据现场情况在工地四周设置连续、密闭的砖砌围墙，高 2.5m。

(2) 不得在工地围墙外堆放材料、垃圾。

2) 道路、场地硬化及绿化

(1) 道路、场地硬化。

① 施工现场临时道路应进行硬化，采用混凝土路面，道路宽度不小于 3.5m，消防通道净宽不小于 4m。

② 现场临时道路应尽量设成环形，对不能设成环路的道路应设不小于 12m×12m 的回车坪，回车坪地面做法同道路。

(2) 场地绿化。施工现场应视情况进行绿化，绿化宜种植草皮、灌木等易成活花木。

3) 材料堆放

(1) 施工现场工具、构件、材料的堆放，必须按照总平面图规定的位置放置。

(2) 各种材料、构件必须按品种、分规格堆放，并设置明显标志。

(3) 各种物料堆放必须整齐，砖成丁，砂、石等材料成方，大型工具应一头见齐，钢筋、构件、钢模板应堆放整齐并用木方垫起。

(4) 作业区及建筑物楼层内，应随完工随清理。各楼层内清理的垃圾应及时运走，施工现场的垃圾也应分类集中堆放。

4) 员工生活环境

(1) 卫生间。

① 施工现场应设厕所，并保持干净、定期消毒，有专人管理和清扫等。

② 卫生间内必须设置洗手池，卫生间外必须设置化粪池。

(2) 办公、生活区。由于本工程场地狭小，项目现场不设置办公、生活区，管理人员办公、职工生活住宿均在附近租赁房屋。

参 考 文 献

《建筑施工手册》编写组．建筑施工手册（第 4 卷）[M]．4 版．北京：中国建筑工业出版社，2003.

林孟洁，彭仁娥，刘孟良．建筑施工组织 [M]．2 版．长沙：中南大学出版社，2016.

全国二级建造师执业资格考试用书编委会．建设工程管理与实务 [M]．北京：中国建筑工业出版社，2017.

申永康．建筑工程施工组织 [M]．重庆：重庆大学出版社，2013.

危道军．建筑施工组织（土建类专业适用）[M]．3 版．北京：中国建筑工业出版社，2014.

张廷瑞．建筑施工组织与进度控制 [M]．北京：北京大学出版社，2012.

中华人民共和国国家标准．建筑施工组织设计规范（GB/T 50502—2009）[M]．北京：中国建筑工业出版社，2009.

中华人民共和国行业标准．工程网络计划技术规程（JGJ/T 121—2015）[S]．北京：中国建筑工业出版社，2015.

中华人民共和国行业标准．建筑与市政工程施工现场专业人员职业标准（JGJ/T 250—2011）[M]．北京：中国建筑工业出版社，2011.

中华人民共和国劳动和劳动安全行业标准．建设工程劳动定额：装饰工程（LD/73.1-4—2008）[S]．北京：中国建筑工业出版社，2009.